最新版

SAKE Perfect Bible

日本酒
完全バイブル

八田信江［監修］

ナツメ社

はじめに

「米からフルーツ？」。初めて日本酒を口にすると皆さんが発する言葉です……と、NYで酒蔵レストランを経営する名誉唎酒師《ききさけし》の知人が言いました。近年、海外での日本酒への注目度は高まるばかりで、日本酒の飲酒人口は着実に増えつつあります。そこで発せられるのが、日本酒のミラクルさ。そうなのです。米が原料なのに、日本酒はフルーツの香りがする。メロンや青リンゴ、熟したバナナの香りに例えられています。酵母《こうぼ》が発酵する過程で発する吟醸香《ぎんじょうか》で、華やかでフルーティな香り。多くの人が魅了される所以《ゆえん》です。

確かに日本酒は世界を代表する酒類といえます。並行複発酵《へいこうふくはっこう》という他に類を見ない発酵方法、「三段仕込み」と呼ばれ徐々に発酵を促して仕込んでいく手法、そして随所に見られる精緻で細やかな配慮。原料の米だけをとっても、精米を「磨く」と言い、ふかすを「蒸す」、醸造することを「醸《かも》す」と表現。造りにかける手間と時間と人の叡知といった総合的な観点からすると、日本酒は他の酒類を圧倒しています。日本酒造りの工程については、本書でもわかりやすく詳述しました。

それにしても、造りにかける情熱にはどこの蔵を訪ねても圧倒されます。私はローカル新聞の嘱託記者をしていた時代、「地酒ルネサンス」の題でコラムを担当する機会を得ました。県内の酒蔵に若手後継者を訪ね、なぜ酒造りに関わろうとしたかをインタビューするシリーズです。

そのなかに、兄弟で酒造りに励む蔵がありました。弟は副杜氏《とうじ》でその頃29歳。蔵に入ろうと決意したのは大学４年生の冬休みで、人手が足りないからと誘われてアルバイトに。そこで目にしたのが、当時、新潟から来ていた杜氏集団でした。その仕事ぶりを目の当たりにして、彼は言うのです。「60、70歳で腕一本。いいもの造るためにトコトン本気。米一粒の命も無駄にしないおやっさん（杜氏）たちはかっこよかった」と。

私は愕然としました。20歳そこそこで、「米一粒の命」を思いやれる酒造りの世界!!

私が日本酒行脚に踏み込むことになった瞬間でした。気付けば日本酒業界紙の世界に。そこで出合った名酒センター館長で『月刊ビミー』編集長の故・武《む》者《しゃ》英《えい》三《ぞう》氏に、たびたび指導を仰ぎました。氏は酒造りに携わる方々への深い尊敬と、お酒への畏敬の念を忘れない方でした。美味い、不味いの評価を決してすることなく、黙って酒と向き合っていた姿を思い出します。

本書刊行にあたり、中心的に編集を担当してくださったアーク・コミュニケーションズの谷岡幸恵さん、ナツメ出版企画の遠藤やよいさんには深く感謝を申し上げ、初代監修者の武者氏をともに偲びたいと思います。

監修者　八田信江

例えばこんな選び方…

キーワードをヒントに好みの日本酒を見つける

もっと自由に！
選ぼう・楽しもう
日本酒

吟醸、純米、本醸造……日本酒にまつわる言葉は、一見難しく感じてしまいがち。でも、実はこの言葉たちを「キーワード」として覚えておくだけで、自分好みの日本酒がぐっと見つけやすくなるのだ。

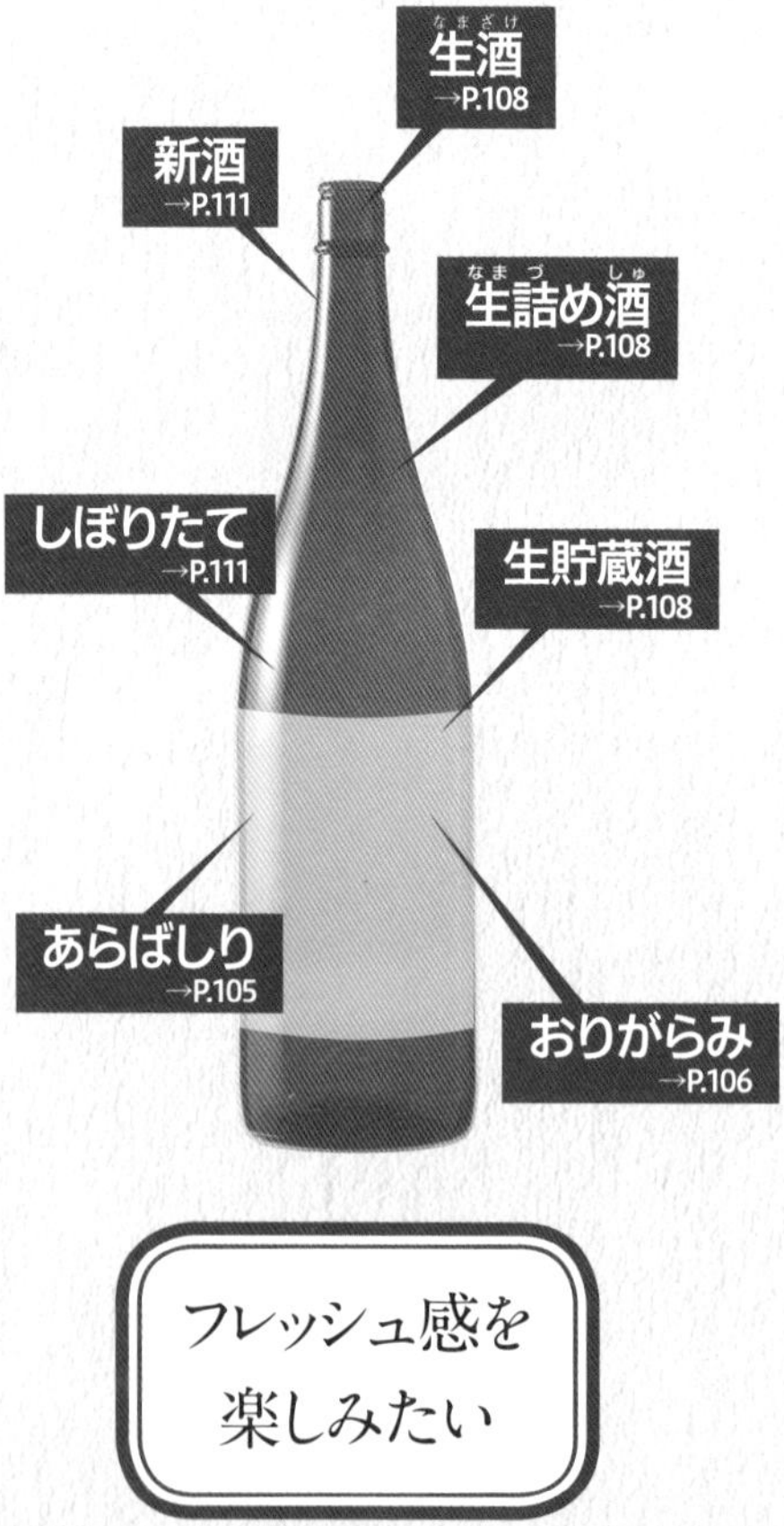

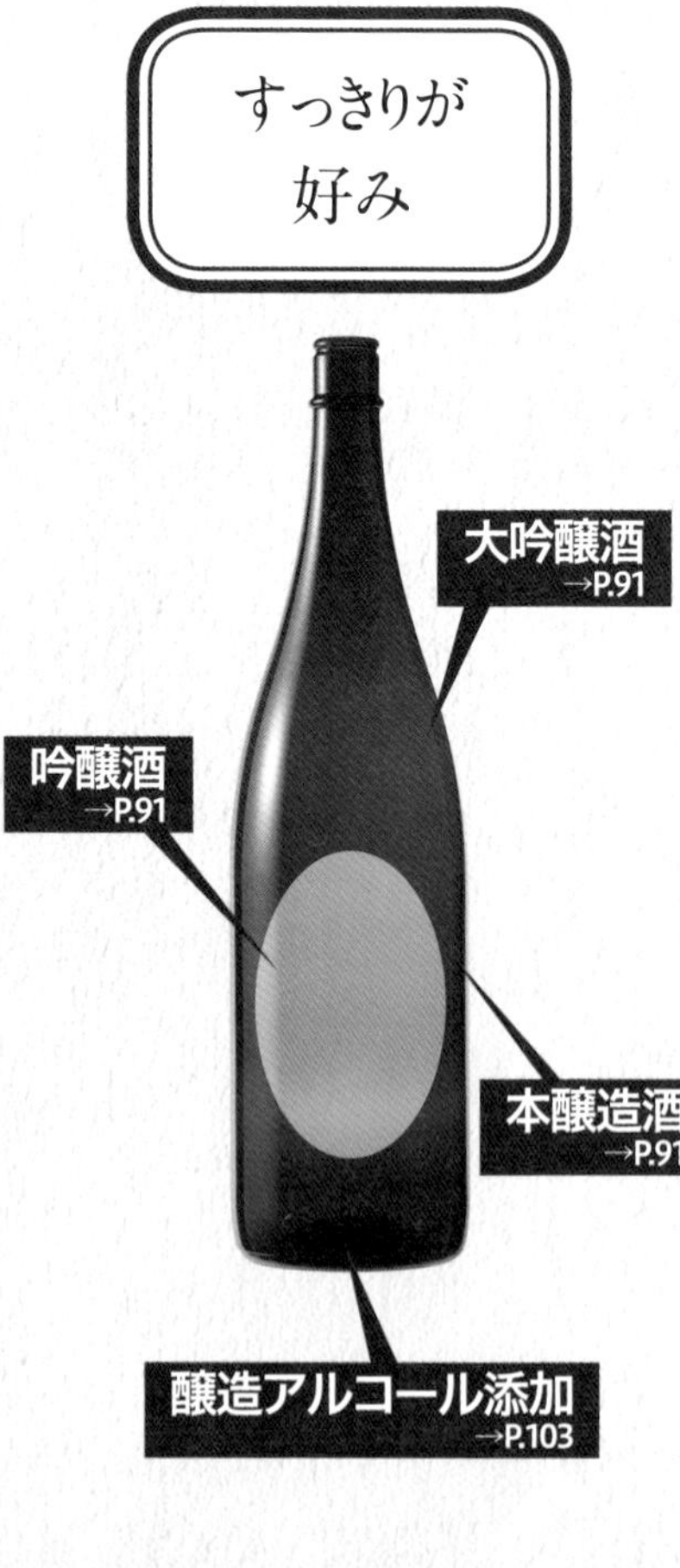

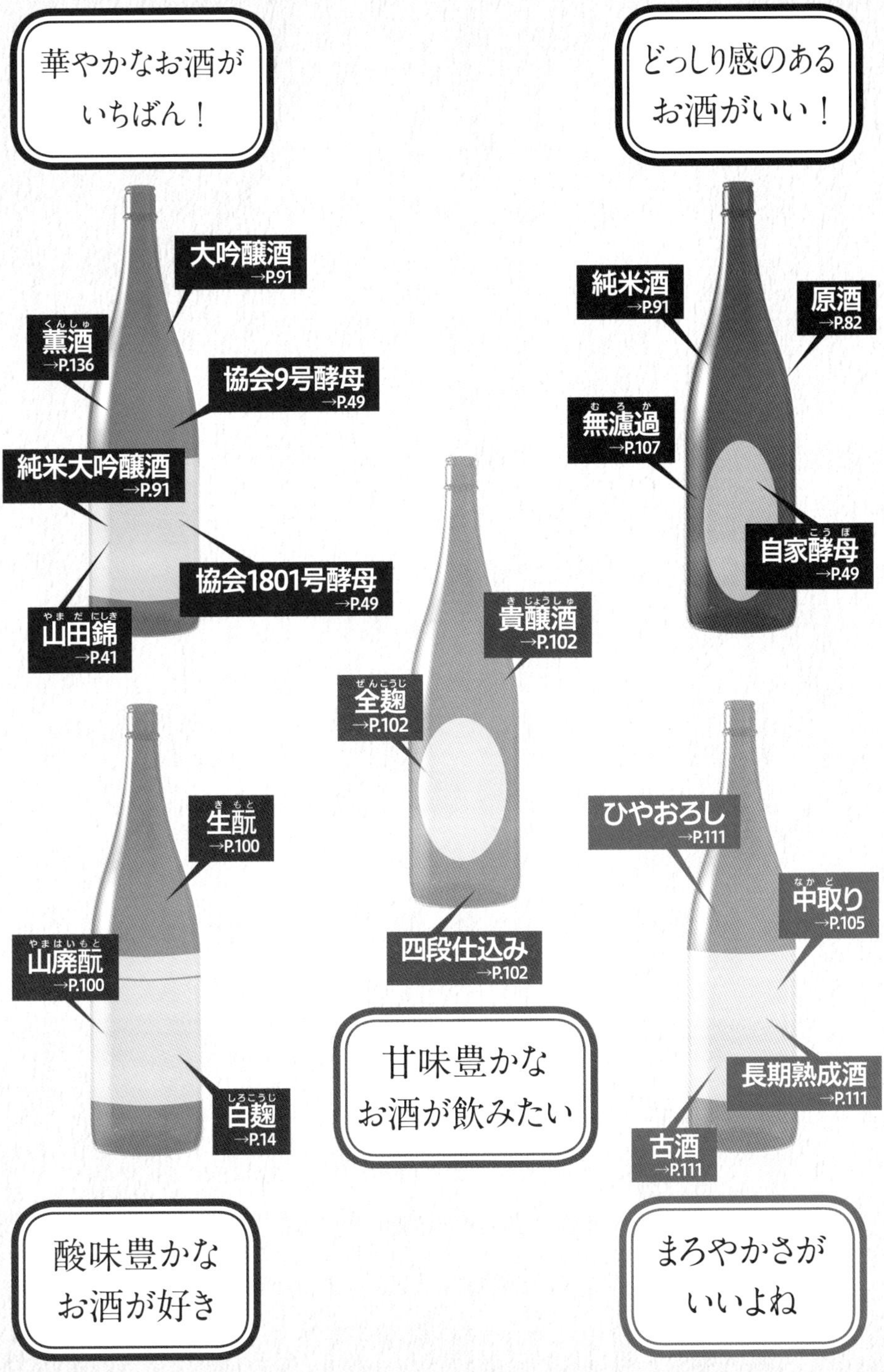
華やかなお酒がいちばん！
大吟醸酒 →P.91
薫酒《くんしゅ》 →P.136
協会9号酵母 →P.49
純米大吟醸酒 →P.91
協会1801号酵母 →P.49
山田錦《やまだにしき》 →P.41
どっしり感のあるお酒がいい！
純米酒 →P.91
原酒 →P.82
無濾過《むろか》 →P.107
自家酵母《こうぼ》 →P.49
貴醸酒《きじょうしゅ》 →P.102
全麹《ぜんこうじ》 →P.102
四段仕込み →P.102
甘味豊かなお酒が飲みたい
生酛《きもと》 →P.100
山廃酛《やまはいもと》 →P.100
白麹《しろこうじ》 →P.14
酸味豊かなお酒が好き
ひやおろし →P.111
中取《なかど》り →P.105
長期熟成酒 →P.111
古酒 →P.111
まろやかさがいいよね

例えばこんな選び方…

日本酒を“旬”で選んでみる

もっと自由に！
選ぼう・楽しもう
日本酒

いろいろな日本酒を試してみたいけれど、何を選べばいいのかわからない……。そんなときは、日本酒を“旬”で選んでみるのはいかが？　日本酒には、実は春夏秋冬それぞれに“旬”の味わいがあるのだ。

4月　3月　2月　1月　12月　11月

日本酒造りの期間

冬~春

1～5月

日本酒が造られる冬から春にかけては、できたてのフレッシュさを楽しむ季節。

うすにごり

うっすらとにごりがあり、にごり酒のなかでもあっさりと飲みやすい。角のない柔らかい口当たり。

→P.106

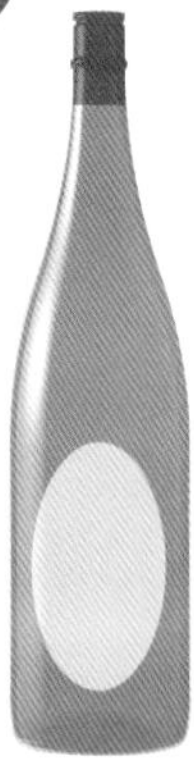

新酒

3月頃までにできたお酒。フレッシュ感、爽快感、荒々しさが感じられる。

→P.111

しぼりたて

搾ってすぐに出荷されたお酒。フレッシュで爽快な味わい。

→P.111

夏 6～8月

暑い夏には、冷やして美味しいお酒やすっきり爽やかなタイプの酒が登場する。

みぞれ酒

凍らせて楽しむ凍結酒《とうけつしゅ》。シャリシャリとしたシャーベット状で口当たり涼やか。

→P.121

夏吟醸

初夏を迎える頃にリリースされるさっぱりしたお酒。アルコール度数を抑え清涼感を出している。スッキリした喉越しとキレのある味わい。

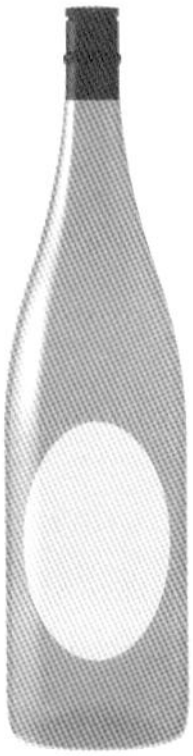

夏酒

6月頃から店頭に並ぶ、冷やして美味しいお酒。キーンと冷やして旨みが感じられるもの、発泡感のあるもの、ロックでも美味しいものなど。

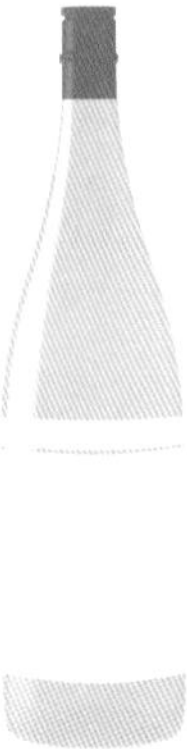

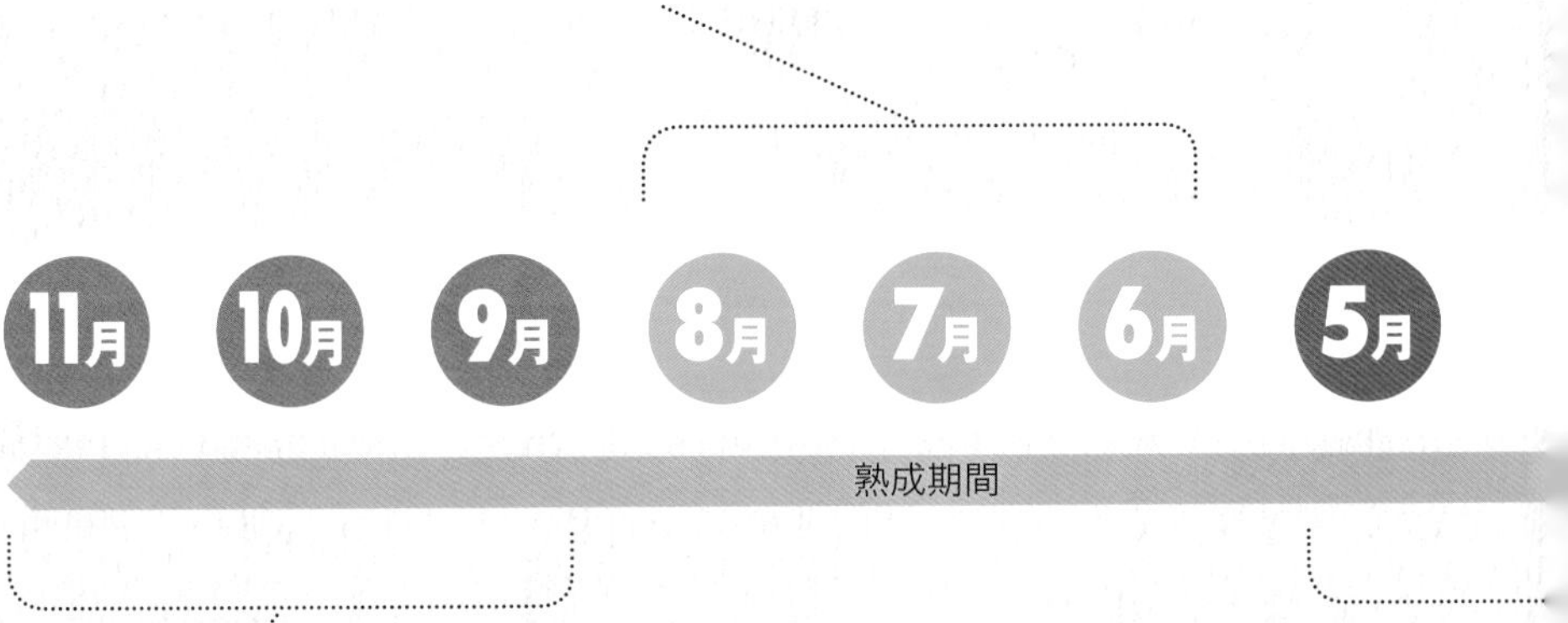

秋 9～11月

秋になると、その年造られたお酒がひと夏熟成され、こなれた味わいに。

ひやおろし

ひと夏寝かせたお酒。新酒よりなめらかになり、旨みがのりコクが増す。フレッシュ感と熟成感のバランスが楽しめる。

→P.111

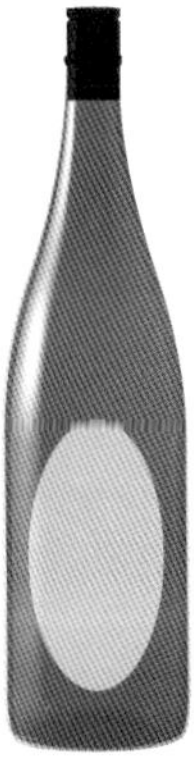

秋上《あきあ》がり

熟成がうまくいった日本酒。ひやおろしも含めてこう呼ぶが、出荷前に2回目の火入れをしている場合は、区別して秋上がりと呼ぶ。

→P.111

おりがらみ・かすみ酒

醪《もろみ》を搾った後、おり引き後の沈殿物も一緒に瓶詰めしたもの。旨みと微発泡感がある。

→P.106

例えばこんな楽しみ方…

美味しい“飲み方”いろいろ

もっと自由に！
選ぼう・楽しもう
日本酒

日本酒は温度によって味わいが変わるお酒。同じお酒でも、温めたり冷やしたりすると違った魅力が顔を出してくれる。さらに、氷や炭酸、ジュースを入れてもOK！　お気に入りの飲み方を探してみよう。

燗酒《かんざけ》

加熱した酒のこと。加熱する行為を、燗をつける、お燗するという。温めると香りや味に深みや複雑さが現れる。魚のヒレや骨を入れればヒレ酒、骨酒《こつざけ》に。

詳しくは→P.118

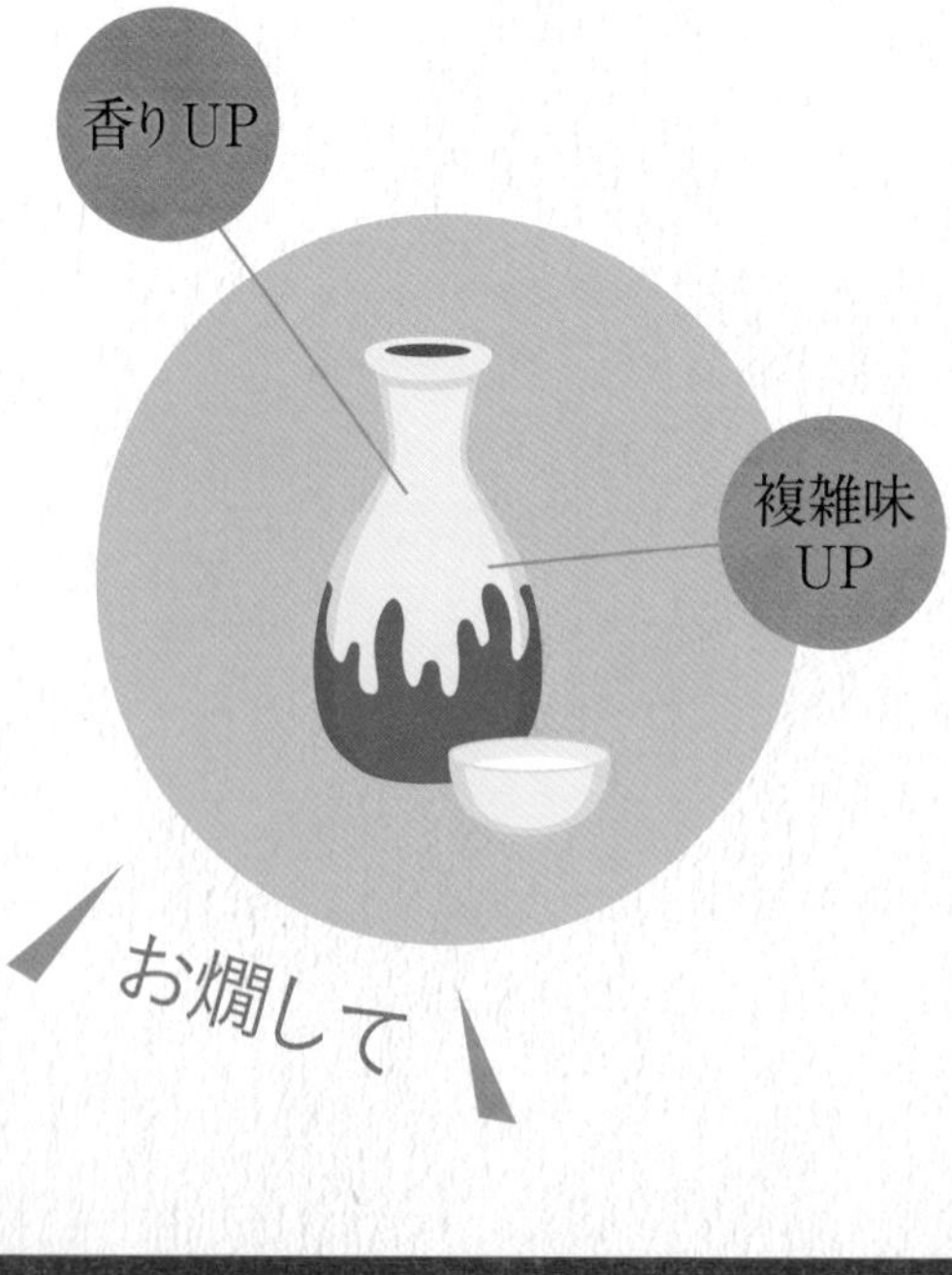

冷《ひ》や（常温）

常温とは、平均的な室内温度のことで20℃前後。「冷や」＝冷たいお酒と勘違いされるが、冷蔵庫のない時代、日本酒は　燗《かん》で飲むか常温で飲むかの二択だったので、燗より温度が低い常温を「冷や」と呼んだ。日本酒本来の味が一番よくわかる温度とされる。

詳しくは→P.117

ロック

氷を入れたグラスに日本酒を注いで、オンザロックに。甘い香り、濃厚な味わいをすっきり楽しめる。飲んでみて強すぎるなと思ったときにもおすすめ。

詳しくは→P.120

冷酒《れいしゅ》

冷やした酒のこと。温度は5℃〜15℃。冷やすことで繊細な香りを楽しめるようになる。一般にすっきりとした口当たりになるので、日本酒を飲み慣れない人にも飲みやすい。

詳しくは→P.120

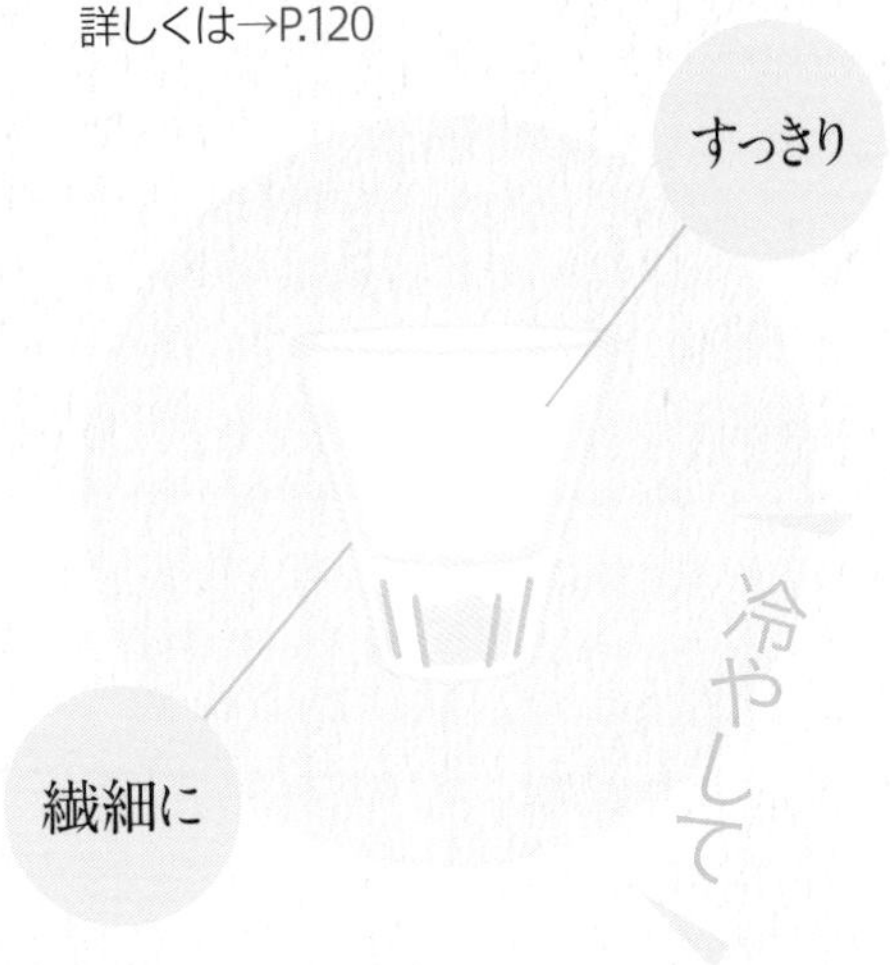

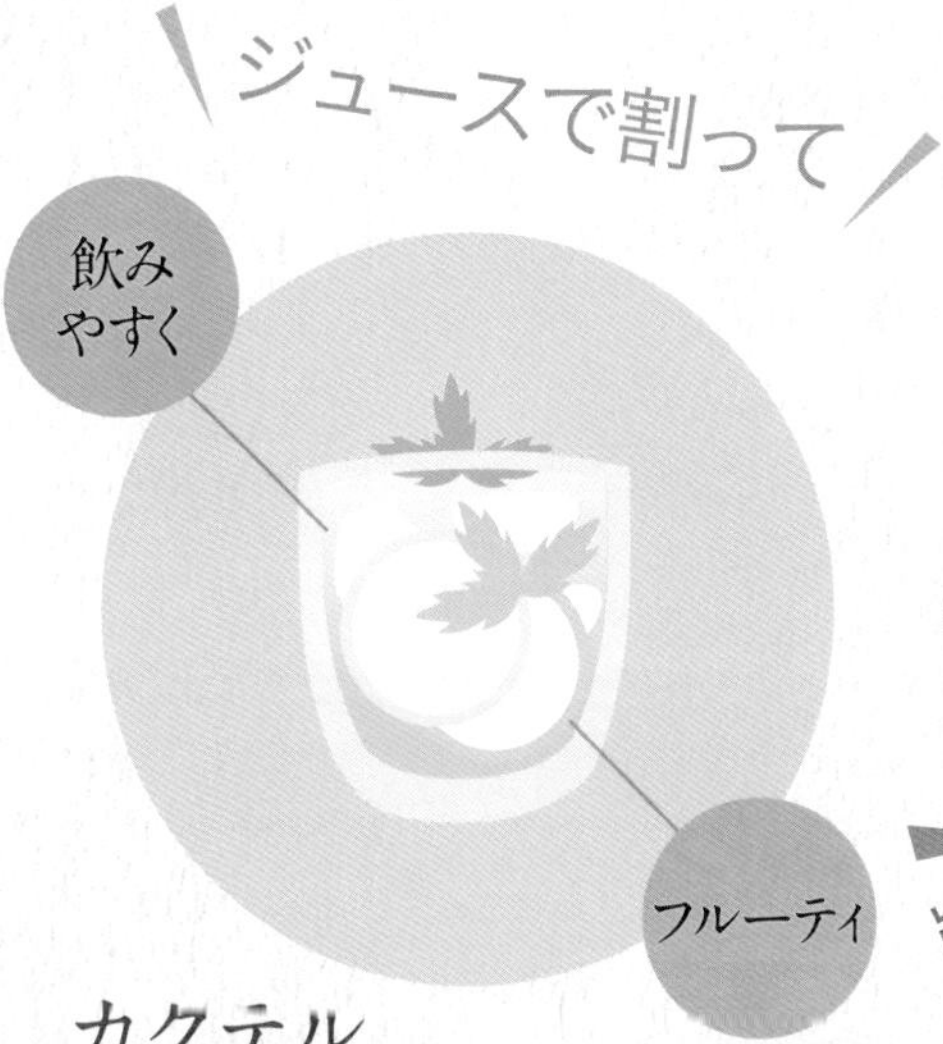

カクテル

ジュースなどで割れば、甘酸っぱい軽めのカクテルに。フレッシュな甘味と酸味が楽しめる。アルコールに不慣れな人でも気軽に試せる。

詳しくは→P.134

ハイボール

炭酸系の飲み物で割って、シュワッとした刺激が爽やかなハイボールに。暑い日のリフレッシュや乾杯のための一杯に最適。

詳しくは→P.134

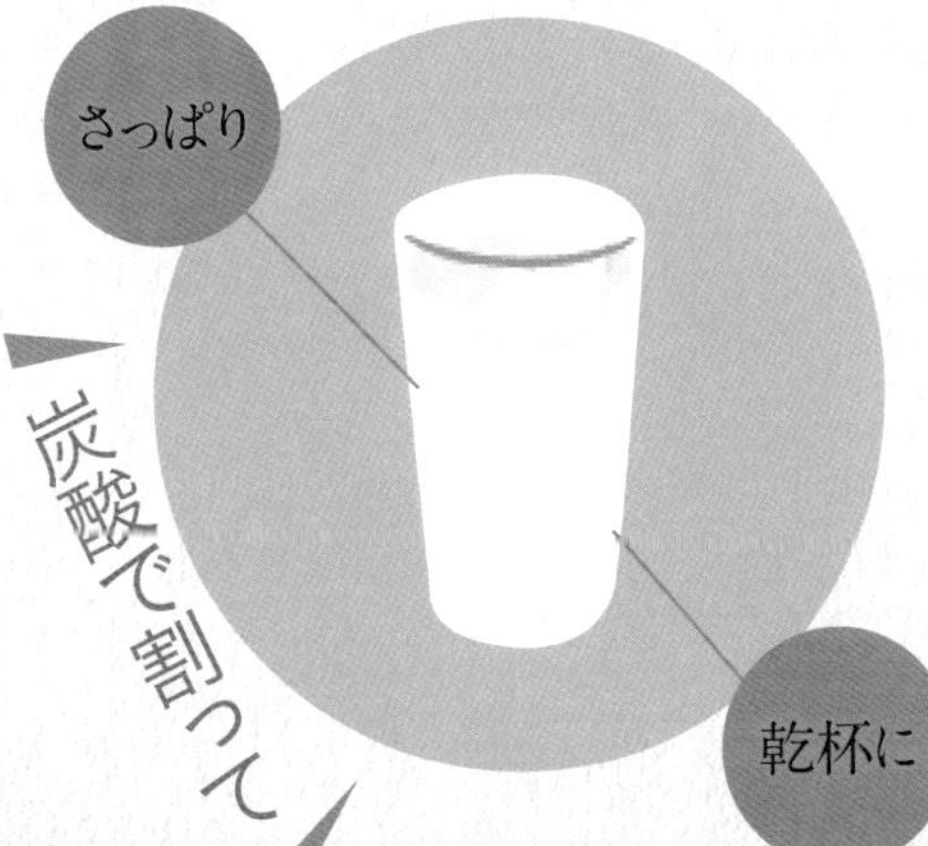

日本酒のトレンドを探る

バラエティに富んだ日本酒が揃う時代。どんな酒を選べばいいのか迷ったら、トレンドから入ってみるのもひとつの方法だ。スパークリング、白麹《しろこうじ》、有機米、低精白《ていせいはく》、低アルコールの5つのテーマで、話題の日本酒を見ていこう。

トレンド①

スパークリング日本酒

世界の多くのハレの場面で、乾杯に選ばれているスパークリングワイン。近年、こうした祝いの乾杯シーンに、ワインではなく「awa酒《あわさけ》」をはじめとした、発泡性のあるスパークリング日本酒が登場する場面が増えてきている。

エレガントな
一筋泡が続く
米の魅力を
引き出した辛口

awa酒

MIZUBASHO《ミズバショウ》 PURE《ピュア》

群馬県 永井酒造《ながいしゅぞう》

造 非公開　米 兵庫県産山田錦
精 非公開　酵 非公開　Al 13%
日 非公開　酸 非公開　容 720mL
¥ 4950円

尾瀬の天然水と、兵庫県三木市別所で契約栽培された「山田錦《やまだにしき》」を使用。awa酒協会の理事長を務める蔵元《くらもと》の永井則吉氏が構想から10年をかけ研究した、フランス・シャンパーニュ地方の伝統製法を取り入れた、本格的な瓶内二次発酵で造られる。ライチやチェリーの香りに米の旨み。アルコール感もしっかりあり、華やかな印象。グラスに注いだときの外観も美しい。

awa酒

南部美人《なんぶびじん》 あわさけ スパークリング

岩手県 南部美人《なんぶびじん》

造 純米吟醸　米 ぎんおとめ　精 55%
酵 非公開　Al 14%　日 −20
酸 1.6　容 720mL　¥ 4950円

米の旨みも
しっかりと感じられる
爽やかな味わい

シャンパンと同じ瓶内二次発酵の製法で造ったスパークリング。蔵元の久慈浩介氏は、awa酒協会に立ち上げ時から参加し、副理事長を務める。ふわっとした優しい口当たりで梨のような吟醸香《ぎんじょうか》が心地よく、後味にしっかりした旨みが残る。生牡蠣などの三陸の海の幸と。

ピンクの
色合いが華やか
フルーティな
ロゼスパークリング

awa酒

菊泉《きくいずみ》 ひとすじロゼ

埼玉県 滝澤酒造《たきざわしゅぞう》

造 純米　米 さけ武蔵、五百万石
精 60%　酵 赤色酵母ほか　Al 11%
日 −45　酸 3.8　容 720mL
¥ 9900円

埼玉県産「さけ武蔵《むさし》」と「五百万石《ごひゃくまんごく》」を赤色酵母《こうぼ》で醸《かも》したスパークリング。薄紅色がチャーミングで、いちごのようなフルーティさがある。甘味と酸味がバランスよく調和しつつも、ソフトな飲み心地。日本酒業界初のロゼタイプの本格スパークリングとして注目される。デザート酒におすすめだ。

awa酒とは？

世界の乾杯酒となる日本酒を造る！との思いから誕生したのが「awa酒」。平成28年に立ち上げられた一般社団法人awa酒協会が認定基準を定め運用。品質向上を図り、市場拡大に貢献することに努めている。スパークリング日本酒は、従来の活性にごり酒タイプのほか、透明だがガスを注入するタイプ、二次発酵による発泡だが濁っているタイプのいずれかだったが、awa酒協会では、二次発酵で、濁らず透明、かつシャンパンと同じ強いガス圧をもち、グラスに注ぐと一筋の泡が立ち上がるスパークリングを想定。スパークリング日本酒の歴史に、新風を巻き起こしたといえる。

awa酒

真澄《ますみ》スパークリング

長野県　宮坂醸造《みやさかじょうぞう》

造純米　米非公開　精55%　酵非公開　Al12%
日非公開　酸非公開　容750mL　¥5500円

美しく弾ける泡が
華やかなシーンを演出

協会7号酵母《こうぼ》の発祥蔵による、瓶内二次発酵で醸《かも》したスパークリング。丁寧なおり引き作業により、クリアで美しい酒に仕上げている。グラスの底から力強く浮き上がる泡、ほんのり感じる米の甘味とともに、凝縮感ある旨みが口いっぱいに広がる。ミートローフなどの肉料理をはじめ、和食にも合う。

awa酒

七賢《しちけん》スパークリング

星《ほし》ノ《の》輝《かがやき》

山梨県　山梨銘醸《やまなしめいじょう》

造普通酒　米非公開　精非公開　酵非公開　Al11%
日非公開　酸非公開　容720mL　¥5500円

白州《はくしゅう》の夜空に
きらめく星のように
きめ細やかで豊かな泡立ち

日本酒にしかたどり着けない発泡の境地を目指した、瓶内二次発酵によるスパークリング。驚くほど角がなくキレが心地よい、地元白州の名水を使用。グラスに注げば、輝く星のごとく一筋の泡が立ち上がり、米でしか生まれ得ない芳醇《ほうじゅん》な香りが広がる。味わいはすっきりとドライ。

奥《おく》の松《まつ》
純米大吟醸 プレミアムスパークリング

福島県 奥《おく》の松酒造《まつしゅぞう》

造 純米大吟醸　米 福島県産五百万石
精 50%　酵 奥の松酵母　Al 11%
日 −25　酸 2.5　容 720mL
¥ 5500円

福島県産の良質な「五百《ごひゃく》万石《まんごく》」を使用し、安達太《あだた》良《ら》山《やま》の伏流水で仕込まれた醪《もろみ》を瓶内で発酵。軽やかだがしっかりとした味わいでバランスがよい。「MFJ全日本ロードレース選手権」の表彰台で勝利を祝う酒として使用されている。

祝いの席にもふさわしい贅沢なスパークリング

米の旨みを感じるさっぱりとしたにごり活性

少量の醪を含んだにごり生酒《なまざけ》を瓶内二次発酵させた純米酒。麹《こうじ》や米の香りと、醪由来の米の旨みを感じさせつつ、辛口に仕上げている。後味には渋味とキレがある。甘いにごり酒が苦手な人でも楽しめる味わい。

瑞冠《ずいかん》
純米 発泡にごり生酒

広島県 山岡酒造《やまおかしゅぞう》

造 純米　米 雄町　精 65%
酵 協会1401号　Al 15.8%
日 +10　酸 1.7　容 720mL
¥ 1243円

口当たりの優しいさっぱりとした甘やかさ

純米大吟醸と「山田錦《やまだにしき》」でしか酒を造らない、世界30カ国で愛される「獺祭」のスパークリングタイプ。梨やライチのような優しい香り、きれいでふくよかな甘味、瓶内二次発酵による発泡がもたらす、キレのよさと爽快感が楽しめる。

獺祭《だっさい》
純米大吟醸スパークリング45

山口県 旭酒造《あさひしゅぞう》

造 純米大吟醸　米 山田錦　精 45%
酵 非公開　Al 14%　日 非公開
酸 非公開　容 720mL　¥ 2046円

トレンド②

白麹《しろこうじ》の日本酒

一般的に黄麹《きこうじ》は日本酒に、白麹は焼酎、黒《くろ》麹《こうじ》は泡盛と焼酎に使われている。だが最近、日本酒に白麹を使う例が増えている。白麹由来のクエン酸がもたらす爽やかな香味が、日本酒の新たな魅力として注目されているのだ。

「奥行き深く…深く…」をテーマに、赤武酒造の若き蔵人《くらびと》たちが挑戦した新世代の日本酒。バナナやメロンの柔らかい香り。ライトな甘味と柑橘系の酸味が一体となった瑞々しい酒質。余韻は爽やかで軽快、ほのかなガス感によりシャープに締まる。

壮大な山《MOUNTAIN》を表現した
瑞々しく奥行きのある味わい

AKABU《アカブ》 MOUNTAIN《マウンテン》

岩手県 赤武酒造《あかぶしゅぞう》

造 純米 米 岩手県産吟ぎんが 精 60%
酵 岩手酵母 Al 14% 日 非公開
酸 非公開 容 720mL ¥ 1980円

一度飲んだら忘れられない
印象的な
酸味と甘味のバランス

亜麻猫《あまねこ》 第12世代

秋田県 新政酒造《あらまさしゅぞう》

造 純米 米 酒こまち
精 麹:55%、掛:60%
酵 きょうかい6号 Al 13%
日 非公開 酸 非公開
容 720mL ¥ 1860円

通常の清酒用麹に加え、焼酎用麹の白麹も用いており、日本酒離れした酸味が楽しめる。平成21年にリリースされたこの「亜麻猫」の印象的な酸味とバランスのとれた甘味は、一度飲んだ人を虜にし、センセーションをもって迎えられ、白麹を使った日本酒造りを業界に広めるきっかけとなった。現在も新政の実験的精神を端的に表した作品として、ひときわ異彩を放つ存在。

白麹由来の酸味が支える豊かで軽やかなボディ

添加物を使用しない生酛《きもと》造りにこだわる蔵による、飲みやすさとコクを追求した一本。12%と低いアルコール度数でも薄い印象にならないよう、白麹を一部使用することで酸味により味のボディを表現。軽やかながら旨みは濃い。

Tsuchida《ツチダ》 12

群馬県 土田酒造《つちだしゅぞう》

造 純米　米 群馬県産飯米
精 90%　酵 協会601号　Al 12%
日 −17　酸 2.7　容 720mL
¥ 1950円

白ワインを思わせる料理にも負けない酸味

鳴海《なるか》 VIRGINITY《ヴァージニティ》

純米吟醸 白麹

千葉県 東灘醸造《あずまなだじょうぞう》

造 純米吟醸　米 千葉県産ふさこがね
精 50%　酵 協会901号　Al 15%
日 −10　酸 4.0
容 720mL　¥ 1650円

クエン酸を多く生成する白麹の使用により、通常の約2倍の酸を有する白ワイン風の純米吟醸。酸味と甘味の絶妙なバランスが特長。濃厚な料理を洗い流す酸味と心地よい余韻をもっており、チーズや肉料理とも好相性だ。

魚介類やトマトソースと好相性な軽やかな爽やかさ

広島杜氏《とうじ》のふるさと安芸《あき》津町《つちょう》（現・東広島市）で、地元の名産である牡蠣にペアリングすべく造られた純米酒。広島県酵母《こうぼ》由来のリンゴのような爽やかな香り。白麹由来の柑橘系の爽やかな酸味と、牡蠣のやや強い味わいともマッチする米の旨みが味わえる。アルコール度数は13%と軽やか。

富久長《ふくちょう》

白麹純米酒 海風土《しーふーど》 seafood《シーフード》

広島県 今田酒造本店《いまだしゅぞうほんてん》

造 純米　米 国産米　精 70%
酵 広島県酵母　Al 13%
日 非公開　酸 非公開
容 720mL　¥ 1650円

トレンド③

有機米の日本酒

食の世界では有機、オーガニックへの関心が高まっている。日本酒の世界も同様で、ハードルの高さから多くはないが、オーガニック志向の酒が登場してきた。有機栽培米は一般に力強い米になり、味わい深い酒になるといわれている。

酒米と微生物を生かす 自然主義が生む品格ある味わい

昭和35年（1960）から契約栽培に取り組み、平成18年より有機栽培を開始。日本、アメリカ、EUの有機認証を取得している。醸造工程では酒米の個性を尊重し、酒米と微生物がのびのびと力を発揮するよう、自然主義の酒造りを貫く。力強さとふくらみ、軽さ、心地よい余韻が調和した、品格のある味わい。

禱《いのり》と稔《みのり》 山田錦

石川県 福光屋《ふくみつや》

造 純米　米 兵庫県多可郡多可町中区坂本産有機山田錦 100%
精 65%　酵 自社酵母　Al 15%　日 +3　酸 1.7　容 720mL
¥ 4180円

爽やかに弾ける 辛口有機スパークリング

有機特性を損なうことなく醸造することを心がけた、甘くない本格純米の瓶内二次発酵スパークリング。穏やかな米の香り、辛口で口中で弾ける爽やかな刺激。後味はすっきりとして口中を爽やかにする。日本、アメリカ、EUの有機認証、ヴィーガン認証を取得。社員による米作りも行っている。

天鷹《てんたか》 有機純米スパークリング

栃木県 天鷹酒造《てんたかしゅぞう》

造 純米　米 有機五百万石、有機あさひの夢
精 68%　酵 901号
Al 15%　日 +3
酸 1.8　容 720mL
¥ 1595円

身体に馴染《なじ》む優しさと
芯のある味わいを両立

6代目蔵元の闘病を通して、少しでも身体に優しい和みのある味を目指して造られた有機の酒。茨城県産の有機栽培米「山《やま》田錦《だにしき》」を39%まで磨き、乳酸はもちろん酵母《こうぼ》も添加しない生酛《きもと》造りで造られる。複雑でありながらもクリアで、身体に沁みる味わい。

和《な》の月《つき》39
有機純米大吟醸

茨城県 月《つき》の井酒造店《いしゅぞうてん》

造 純米大吟醸　米 有機山田錦
精 39%　酵 無添加　Al 16%
日 非公開　酸 非公開
容 720mL　¥ 6600円

一ノ蔵《いちのくら》
有機米仕込　特別純米酒

宮城県 一ノ蔵《いちのくら》

造 特別純米
米 宮城県産有機ひとめぼれ100%
精 55%　酵 協会9号系　Al 14%
日 −1〜+1　酸 1.2〜1.4
容 720mL　¥ 1781円(箱付き)

宮城県の有機米「ひとめぼれ」を100%使用。「ひとめぼれ」は甘味や味わいを強く感じるのが特徴。料理の味を受け止め、香味を引き立てるような食中酒をコンセプトにしている。米由来の穏やかで優しい香り。丸みのある穏やかな味わいで、余韻には熟成感も感じる。

米由来の穏やかな香りと
甘味、旨みが優しくふくらむ

有機米生産者である「金沢大地」の前代表・井村滉《いむらあきら》氏に敬意を表し名付けられた純米酒。平成15年より有機純米酒を発売。EU、アメリカ、カナダの認証を取得している。米の香りがふわりと鼻を抜け、丸みのある口当たり。旨みと酸味が調和し、やや濃醇《のうじゅん》でコクのある味わい。

柔らかく飽きのこない
米本来の味わいをそのままに醸す

AKIRA《アキラ》
有機純米酒

石川県 中村酒造《なかむらしゅぞう》

造 純米　米 契約栽培有機米　精 70%
酵 自社酵母　Al 14%　日 ±0
酸 2.5　容 720mL　¥ 2365円

トレンド④

低精白《ていせいはく》の日本酒

精白とは、米を磨いて白くすること。一般的には、精白度が高い日本酒はクリアで香りよく仕上がるとされるが、近年、「低精白のお酒」が登場。醸造・精米技術の発展が、低精白の日本酒に味幅の広がりをもたらしたのだ。

鬼怒川系伏流水で仕込まれる
米本来のふくよかさ

「山田錦《やまだにしき》」をほとんど磨かずに醸した純米酒。磨かないことで出やすいとされる糠《ぬか》っぽさを出さないよう、吟醸酒を造るように低温発酵させる。香りは穏やか、雑味ではなく米本来の味わいをしっかりと引き出した、ふくよかな味わい。「赤磐雄町《あかいわおまち》」バージョンもある。

富久福《ふくふく》 純米酒 michiko《ミチコ》90

茨城県 結城酒造《ゆうきしゅぞう》

造 純米　米 山田錦　精 90%
酵 7号系　Al 16%　日 非公開
酵 非公開　容 720mL　¥ 1430円

ジューシーで爽やかな
果実を思わせる
ナチュラルな旨み

江戸時代の製法、自然な造りを大切にした「ナチュール」シリーズは、古代米「亀《かめ》の尾《お》」を磨かずに用い、酵母《こうぼ》無添加、木桶《きおけ》仕込み、生酛《きもと》造りで醸《かも》される。穏やかなブドウを思わせる果実香が爽やかに鼻を抜ける。芳醇《ほうじゅん》な酸味と甘味、ジューシーで爽やかな果実のような旨みを感じる。

仙禽《せんきん》 オーガニックナチュール 2021

栃木県 せんきん

造 純米　米 有機亀の尾
精 90%　酵 無添加
Al 14%　日 非公開
酸 非公開　容 720mL
¥ 2000円

無農薬・無化学肥料で育った
自然米の旨みを凝縮

創業300余年。創業以来受け継がれる「酒はからだによいものである」という信条のもと、無農薬・無化学肥料の自然米と、山の湧き水・田んぼ近くの井戸水だけで酒造りを行う。原料米は自然栽培米100%。生酛仕込み、酵母無添加。香りは控えめで味わいは濃《のう》醇《じゅん》。余韻も長い。

しぜんしゅ
純米原酒

福島県　仁井田本家《にいだほんけ》

造 純米　米 トヨニシキ　精 80%
酵 無添加（蔵付き酵母）
Al 16%　日 非公開　酸 非公開
容 720mL　¥ 1540円

妙《たえ》の華《はな》
Challenge90《チャレンジ》 生原酒

三重県　森喜酒造場《もりきしゅぞうじょう》

造 純米　米 農薬不使用山田錦
精 90%　酵 無添加　Al 17%
日 +8　酸 1.8　容 720mL
¥ 1485円

農薬不使用の「山田錦」を90%の低精白で使用。酵母無添加の生酛造りで日本酒の原点を追求した純米酒。「Challenge90」は90%の低精白米の酒造りを試行錯誤しながら挑戦し続けるという思いから。かすかな乳酸発酵の香り。低精白を感じさせないきれいさがあり、深みのある酸をもつ。

日本酒の原点を追求した
深みのある美しさ

ひと口目から旨いと思える
ジューシーな香りと味わい

米の個性を大切にするため、低精白の酒をメインで醸す。精米歩合が90%のため吸水が少なく、溶かすのが難しくきれいな酒になりがち。香り、旨みがあってジューシーな酒となるように心がけている。バナナやマスカットの香り、ジューシーな甘味と透明感のある酸が心地よい。

若駒《わかこま》 愛山90
無加圧採り 無濾過生原酒

栃木県　若駒酒造《わかこましゅぞう》

造 純米　米 愛山　精 90%
酵 T-ND、T-S　Al 16%　日 非公開
酸 非公開　容 720mL　¥ 1870円

トレンド⑤

低アルコール日本酒

アルコールに弱い人にも飲みやすい、「低アルコール日本酒」が増えている。現在は15%前後の酒が主流だが、近年、13%以下と低めの日本酒にスポットが当たっている。口当たりの軽やかさと優しい印象が魅力で、初心者も十分楽しめる。

すっきり甘く飲みやすい
優しい米の旨み

しっかりとした米の旨みが詰まっている優しい味わい。ほんのり白く濁った色合いと、まろやかな甘味とすっきりした酸味がまるでカルピスのよう。アルコール分は5%で飲みやすく、発泡感も爽快さを誘う。

雪香《ゆきか》 発泡清酒

島根県 一宮酒造《いちのみやしゅぞう》

造 普通酒　米 改良八反流　精 70%
酵 協会9号　Al 5%　日 −80〜−90
酸 4.0〜5.0　容 200mL　¥ 594円

甘すぎず軽やか
オールラウンドな
発泡清酒

すず音《ね》

一ノ蔵《いちのくら》 発泡清酒

宮城県 一ノ蔵《いちのくら》

造 普通酒
米 トヨニシキ
精 65%
酵 協会901号
Al 5%
日 −90〜−70
酸 3.0〜4.0
容 300mL
¥ 815円

米由来の優しい香りと柔らかな甘酸っぱさ、そしてシュワシュワ滑らかな喉越し。泡立ちは自然の炭酸ガスによるもので、アルコール分は5%と低め。甘すぎず、初めてでも抵抗なくするすると楽しめる優しい味わいだ。

搾りたてのそのままの味わいを届けるため、濾過《ろか》も上槽《じょうそう》後の加水もしない、無濾過無加水の生酒《なまざけ》に特化。飲んだときの充実感を損なわぬよう、12%と低アルコールながらも、甘味と酸味のバランスのとれた果実感や密度ある味わいを表現できるよう設計した。

何杯も盃が進む
充実感のある低アルコール

風《かぜ》の森《もり》
ALPHA TYPE 1《アルファタイプ》
「次章への扉」

奈良県 油長酒造《ゆうちょうしゅぞう》

造 純米　米 奈良県産秋津穂
精 65%　酵 7号系酵母　Al 12%
日 非公開　酸 非公開
容 720mL　¥ 1265円

十六代《じゅうろくだい》九郎右衛門《くろうえもん》
山廃純米
低アルコール原酒

長野県 湯川酒造店《ゆかわしゅぞうてん》

造 純米　酵 信州産美山錦
精 65%　酵 非公開　Al 13%
日 非公開　酸 非公開　容 720mL
¥ 1487円

アルコール度数13%台の原酒で仕上げた純米酒。山廃《やまはい》仕込みにすることで、酸と旨みのバランスをとり、アルコール分の低さを感じさせない奥行きを表現している。山廃由来のミルキーな上立《うわだ》ち香《か》、酸味に支えられた米の旨みがあり、スパイスを利かせた料理と好相性。

山廃《やまはい》らしい酸味と香りで
奥行きのある味わいに

料理とともに楽しみたい
優しくソフトな味わい

昭和54年（1979）の東京サミットの折に開発された低アルコール酒。低アルコールでも味わいのある酒質になるよう、麹《こうじ》歩合の多い醪《もろみ》から造られる。香りは穏やか、ソフトで優雅な味わいで後味はすっきり。料理と合わせると旨さが引き立つ。

稲花正宗《いなはなまさむね》
純米原酒 やわくち

千葉県 稲花酒造《いなはなしゅぞう》

造 純米　米 非公開
精 60%（扁平精米）　酵 非公開
Al 11.9%　日 非公開　酸 非公開
容 720mL　¥ 1298円

トレンドはこれ！

話題の日本酒

蔵紀行

日本酒はいま、
美味しく酔える個性が百花繚乱《ひゃっかりょうらん》。
とりわけ注目されているのは、
新たな可能性を模索する醸造家たちだ。
日本酒ファンを魅了する
二人のスペシャリストを、
東と西の酒どころに訪ねてみた。

〔秋田県 秋田市〕

新政酒造《あらまさしゅぞう》

先人の知恵の深さをリスペクト トラディショナルに徹しモダンを醸《かも》す 若き8代当主佐藤祐輔氏の酒

口に含むとあふれる酸味と果汁のような甘味。心地よく五感に沁み入る味わいの「亜麻猫《あまねこ》」。焼酎用の白麹《しろこうじ》を使い、乳酸添加なしの生酛《きもと》仕込み純米酒だ。風変わりなネーミングとともに一度飲んだら忘れられない酒となる。

ほかにも、柑橘系のフレッシュな酸とプチプチしたガス感をともなう低酒精《ていしゅせい》発泡純米酒「天蛙《あまがえる》」、蜜のような味わいの貴醸酒《きじょうしゅ》「陽乃鳥《ひのとり》」、そして6号酵母《こうぼ》の軽やかさを素直に伝える「№6」。新政酒造の8代当主佐藤祐輔氏が繰り出す酒は、彗星のような勢いで市場を駆け抜けていく。

西から東へのトレンドは6号酵母が原動力に

新政酒造の応接室には「名誉賞」と彫られた額縁が飾られている。金色に浮き出た文字の重厚な趣《おもむき》に見入っていると、佐藤氏が応対に現れた。

「ああ、これですか。5代目のときに全国清酒品評会で受賞したものです」と、佐藤氏は名誉賞をさらりと語った。が、実はめったにお目にかかれない代物。「全国清酒品評会」は明治40年（1907）、

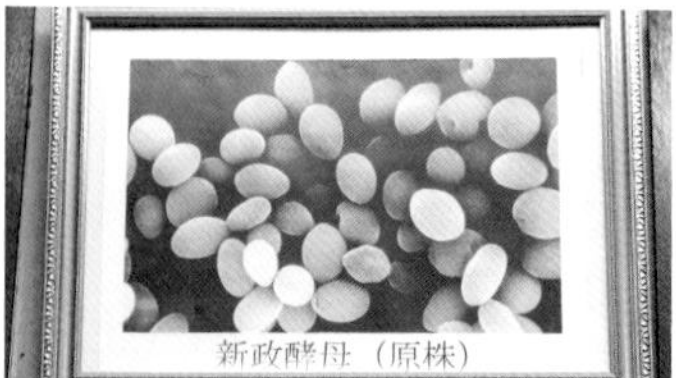

↑新政酒造は6号酵母の発祥蔵。現存する最古の酵母として知られる

←5代目の時代に「全国清酒品評会」で授与された最高賞の「名誉賞」

佐藤祐輔〈 Yusuke Sato 〉

新政酒造8代目蔵元。
昭和49年(1974) 秋田県秋田市生まれ。東京大学文学部卒業後、フリーのジャーナリストに。30歳で日本酒に開眼し、酒類総合研究所などでの研修を経て平成19年に帰郷。平成24年に新政酒造代表取締役就任。次々と革新的な日本酒を生み出し、次世代を担う造り手として注目を浴びている。

船橋陽馬(根子写真館)

日本醸造協会が創設し、秋上《あきあ》がりの酒を対象に当時8000といわれた全国の酒造業者が腕を競った晴れの舞台。ここで優等賞を3回連続でもらうと名誉賞が授与される。秋田県ではほんの数例しか実績がないという。

「5代目佐藤卯兵衛《うへえ》は僕のひい爺さんなんですよ」。曽祖父は氏の理想と尊敬の対象のようだ。大阪大学の前身・大阪高等工業学校醸造科を卒業した5代目は、大正期、いわゆる吟醸造りに挑んでいた。この目新しい醸造法を続けるなかから、誕生したのが新政酵母《あらまさこうぼ》、後に協会6号に認定される酵母である。

「東北や信越が酒どころと今では認識されていますが、実は昭和10年（1935）、6号酵母が頒布《はんぷ》されてからのことなのです」。

酒の本場といえば灘《なだ》・伏見《ふしみ》・広島などの西日本。対する雪深い東の寒冷地は発酵に適さないと思われていた。この常識を覆したのが6号酵母。発酵力豊かな6号の登場により、東北の酒蔵にも全国レベルの酒が生まれる。実際、「新政」は明治44年（1911）に始まった国税庁醸造試験所主催の「全国新酒鑑評会」でも、輝かしい記録を樹立。昭和初期には上位3位内に登場、2年連続で首席も取っている。

普通酒9割から全量純米酒へ わずか5年で時代の潮流に

東京大学の英文学科に学び、作家を志してジャーナリストをしていた佐藤氏が、日本酒の世界に対峙することを決めたのは30歳のとき。2年間の研修を経て平成19年、父の経営する新政酒造に入社した。「そのとき、製造量5500石、地元向け普通酒90%の地酒蔵でした」。

翌平成20年から、創業156年の老舗蔵に新風が吹くことに。伸びやかな発想で改革は進んだ。

舵取りの軸は「6号酵母」。「6号が登場すると協会1~5号は廃版になりました。ですから6号は現役最古。90年近くも昔から使われている酵母は世界でも珍しいと思うのです」と、祖先の功績をリスペ

←四方を山に囲まれ、ふたつの川に挟まれた鵜養。平成28年からこの地での酒米の契約栽培を進め、今では自社圃場を含め23町歩以上の無農薬田が広がる ©松田高明

クト。全ての酒は6号で醸《かも》すことに決めた。

しかし、戦後に7号や9号の個性鮮やかな酵母が登場し、6号はクラシックな存在に。いうなれば個性に乏しい。

「ええ、だから逆にトラディショナルに徹することとしたのです」。5代目の時代と同じに副原料は使わず、米は秋田県産米を使い、全量純米造りも達成。わずか5年での転換だった。

自社圃場《はじょう》で酒米の無農薬栽培を開始 秋田杉で木桶《きおけ》工房の設立も

かねてから無農薬栽培米を育てたいと考えていた佐藤氏は、平成27年、山村・鵜養《うやしない》に出合った。蔵のある秋田市中心部から車で40分、「日本農村の原風景という印象でした」。

村の景観の豊かさと水量の豊富さ、その水の清浄さに心打たれ、たちまち虜になった。高度に過疎化が進み、耕作放棄地が目立つこの村を、後世に残したいとの思いから、自社圃場の所有を決断。酒米の無農薬栽培を農家に説き、理解を求めた。

「収量は低いものの引き締まった素晴らしい米が採れるんです」。

いずれ圃場の収量が目標に達したら、鵜養に新たな酒蔵を設立することも構想。また、田んぼの周囲の森林から木桶を制作する工房も造りたいと、令和4年には鵜養に設営を予定している。木桶造りの技術を大阪にただ1軒残る木桶製造会社に社員を派遣して習得させ、その技術を次代に繋げたいという。

かくして、平成25年から徐々に増やしてきた吉野杉の木桶に加えて、秋田杉の木桶が新たな酒造りに加わることになる。

「秋田杉は目が詰まって軽く、吉野杉の方が堅牢だというイメージですが、利《き》き酒《ざけ》では、秋田杉は吉野杉に劣らないという結論でした」。

秋田に生育する杉にはいろいろ種類があり、木桶の世界も奥が深いのでこれから探求していきたい、と佐藤氏。木桶工房と林業の活性化、米作りと酒蔵の運営によって、循環型の経済を鵜養にもたらしたい、との思いが垣間見えた。

↑米を蒸す道具には昔ながらの「せいろ」を採用。蔵内から機械らしい機械はほぼなくなり、蒸し米を冷やす放冷機も撤廃。外気にさらしてゆっくり冷やす古典的な「自然放冷」に変更した　©Shingo Aiba

→ずらりと木桶が並ぶ明醸蔵《みょうじょうぐら》。令和4年には全ての仕込み容器が木桶になるという。このほか、完成まで40日かかる生酛《きもと》による酒母《しゅぼ》造り、「蓋《ふた》」を使った江戸時代の麹《こうじ》作り「蓋麹法」など、佐藤氏は手間と技術を要する伝統製法を次々と復活させている　©Kiyohide HORI

トレンドはこれ！
話題の日本酒

蔵紀行

〔京都府　京丹後市〕

木下酒造

きのしたしゅぞう

千変万化の世界に囚われて。イギリス人杜氏《とうじ》フィリップ・ハーパー氏の酒

↑京都府の美しい海辺、久美浜に「玉川」の蔵元《くらもと》はある

米の酒から果物の香り……。初めて飲んだ吟醸酒は、英国からやってきた文学青年を虜にした。その発酵の不思議に迫り、五感を使って酒を醸《かも》しているのが、日本初の外国人杜氏フィリップ・ハーパー氏だ。彼が次々に生み出す新しいお酒は、人気商品に。その魅力を探るべく、京都府丹後《たんご》半島の久美浜《くみはま》にある木下酒造にハーパー氏を訪ねた。

湧き出るアイデアで次々に新商品 完売続出のヒット生む「自然仕込」

「蔵の皆さん全員からアイデア禁止令が出ているんです」……とハーパー氏は肩をすくめた。「玉川《たまがわ》」の醸造元、木下酒造で杜氏に就任して15年目、四季折々に旬を見計らって送り出す酒も含めれば、商品アイテムは100種類以上に及んでいた。例えば、はちみつやイチジク、干しブドウのような香りがして、アイスクリームにかけたら思わずほほ笑みたくなるほど大人《おとな》甘味《あまあじ》の「Time Machine」シリーズ。ロックにしたら氷の溶け具合で味わいの変化がエンドレスに楽しめる「Ice Breaker」。控えめながらも気品ある吟醸《ぎんじょう》香《か》が旨みと溶け合う純米大吟醸「玉龍《ぎょくりゅう》」などなど。どれもハーパー氏のアイデアから生まれた新商品であり、続々とヒットを飛ばす「玉川」ブランドは、ファンの心をつかんでいる。

なかでも注目されているのは、明治以前に行われていた酵母《こうぼ》無添加による「自然仕込」。蔵に棲《す》みついた微生物によって「自然に醸し上がるのを待つ」醸造法だと、氏は説明する。現代的には生酛《きもと》造りや山《やま》廃《はい》造りと呼ばれ、醸造プロセスでは安定性や安全性の面でリスキー。手間も技も要する。だが、「旨みの出方に深みがあるんです」とその魅力を氏は解析する。確かにするするとした口当たりのなかに、ふんわりと、しかし豊かに広がる米の旨み、そして瑞々しい甘味と心地よい酸味。ふっと心身が蘇るような奥深い味わいだ。

「微生物に働いていただいて旨酒《うまざけ》になる。僕らは待つだけです」

この豊かなコクを生かした商品群のアイデアが、単なる思いつきではないことをすぐに気付かされた。小柄で穏やかな物腰のハーパー氏だが、仕込み蔵に入ると顔つきが変わった。江戸時代建造の建物

Philip Harper
〈フィリップ・ハーパー〉

木下酒造杜氏。
1966年イギリス生まれ。オックスフォード大学卒業後、英語教師として昭和63年（1988）に来日。日本酒の魅力に目覚め、平成3年より蔵人として酒造りの道へ。各工程の責任者として経験を積み、平成13年、南部杜氏協会主催「南部杜氏資格選考試験」に合格。平成19年より木下酒造の杜氏として、国内外から注目される商品を次々と生み出している。

は木造土壁で、そこかしこに蔵付き酵母《こうぼ》の気配がする。その微生物と氏の細胞が対話を始めたかのよう。生き生きと軽やかな身のこなしで隅々に慈愛の視線が向けられる。蔵は連綿《れんめん》と造りの時が紡《つむ》がれたカプセル、まさしくタイムマシーンだった。

英国出身のハーパー氏はオックスフォード大学で純文学を学び、英語教師として来日。大阪に赴任した。そこで初めて飲んだ吟醸酒に衝撃を受け、日本酒にのめり込んでゆく。

やがて探索の果て造り手に転身。10年間、奈良の著名な醸造場で但馬杜氏《たじまとうじ》・南部《なんぶ》杜氏を「おやっさん」と呼び、一から順次技を積み重ねて蔵人《くらびと》(醸造人)修業をした。ここで山廃《やまはい》・生酛《きもと》造りも体験する。杜氏は酒造り集団の最高責任者。職人徒弟制度を受け継ぐ昔ながらの杜氏集団において、こうした経験をしてきた若手醸造家はいまや希少だ。しかも南部杜氏協会の杜氏資格試験にも合格している。

「西の酒の但馬流と東北が地盤の南部流、両方を経験できたのも貴重でした。基本をきちんと丁寧にというのが、おやっさんの教え。酵母にちゃんと働いていただかないといけないわけで、裏ワザはないんです」。

「『自然仕込』は、お世話になるいい微生物群に、この蔵が恵まれているからできることだと思う……」と心境を述べる。酵母たちに頭《こうべ》を垂れるこの姿勢こそ、ハーパー氏の生み出す酒に古来の醸造の神秘が息づいている所以《ゆえん》だ。

ドキュメンタリー映画に出演し日本酒の認知を広げることにも尽力

京都府は丹後《たんご》半島の久美浜《くみはま》に蔵を構える木下酒造《きのしたしゅぞう》は、天保13年（1842）に創業。11代目当主の木下善人氏は、ハーパー氏と出会ったときをこう振り返る。

「日本酒への思い入れが半端ではなかったのです。なので地元で支持されてきた普通酒と、大吟醸の味の踏襲以外は全面的に任せることにしました」。すかさずハーパー氏は山廃造りを提案、初年度にタン

蔵の創業は天保13年(1842)。江戸時代建造の建物は木造土壁で、そこかしこに蔵付き酵母の気配がする。「この蔵は、お世話になるいい微生物群に恵まれている」と語るハーパー氏

ク1本半仕込んだ酒は、「今までに私が飲んだことのないコクの豊かな味わいでした」と蔵元《くらもと》をうならせた。そしてその酒は瞬く間に売り切れ、2年目は4本に、3年目は8本になって、ハーパー杜氏着任後、売り上げは急増した。敷地内には貯蔵設備が増設・増築されて、蔵には新たな建設の息吹がそよいでいる。

「『自然仕込』が珍しいので注目されていますが、それだけを面白がっているわけではありません。乳酸や酵母を加える一般的な速醸《そくじょう》造り、アルコールを添加する普通酒や本醸造系もそれぞれに面白い。日本酒は幅が広くて、多様に表現できるんです」とハーパー氏。生酛系は旨みの出方に深みがあり、本醸造系は口当たりが優しくなる。アルコール添加は味わいを軽くするといわれるが、やり方によっては味をのせることもできる。山廃とブレンドしても面白く、結果は未知数……と、氏の探究心はとどまるところを知らない。

平成28年、日本酒の魅力に迫った長編ドキュメンタリー『カンパイ!世界が恋する日本酒』への出演依頼を受け、日本酒の認知を広げることになるなら、と承諾した。また、外国人向け専門書の執筆を手がけるなど、日本酒の深遠さを世界に発信もしている。そのパワーソースは、「日本酒を造るのも飲むのも大好き」と楽しそうに語るなかにあるようだ。

↑利《き》き酒《ざけ》の感想は「『自然仕込』の酒は旨みの出方に深みがある」とのこと

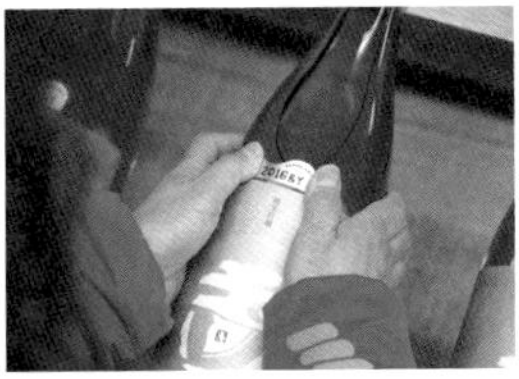

↑法律で定められた「製造年月」とは別に、製造した年がわかるよう手貼りのラベルで「BY（酒造年度）表示」を行う

↑ハーパー氏の熱情に感服したと語る木下酒造11代当主の木下善人氏（写真左）

平成27年には新たな貯蔵庫の増設をはじめ、大規模な増設を行った。熟成は常温管理中心。現在、火入れタイプの商品の多くは、3年以上の熟成を経て出荷される

Contents

巻頭付録

第1章

基本データの見方

本書で紹介する日本酒の基本データの各アイコンは、以下の内容を示している。データは全て令和3年7月現在のもの（酒造年度などによって各データは変動する場合がある）。

- 造 ＝ 特定名称の呼称。特定名称酒でない場合は基本的に普通酒と表記
- 米 ＝ 原料米の品種名。麹米《こうじまい》、酒母《しゅぼ》、掛《か》け米《まい》で異なる場合は、それぞれの品種を表記
- 精 ＝ 精米歩合《せいまいぶあい》を％で表記。麹米、酒母、掛け米で異なる場合はそれぞれの％を表記
- 酵 ＝ 使用している酵母《こうぼ》
- Al ＝ アルコール度数
- 日 ＝ 日本酒度（→P.88）
- 酸 ＝ 酸度（→P.88）
- 容 ＝ 容量
- ¥ ＝ 紹介している容量の商品の価格。価格は希望小売価格、もしくはオープン価格を税込みで表記

第2章

造りを知れば日本酒がわかる!
日本酒ができるまで

第3章

第4章

第5章

第1章

まずは日本酒の
キホンを知ろう!

日本酒の基本

写真協力／木内酒造、賀茂泉酒造、賀茂鶴酒造、新潟県醸造試験場、日本醸造協会、吉川まちづくり公社

日本酒のキホン 1

日本酒とは

世界でも希少な発酵方法で造る米を原料とした醸造酒《じょうぞうしゅ》

日本酒は米を原料とした醸造酒である。醸造酒とは、原料となる米などの穀物や果実などをアルコール発酵させることによって生まれるシンプルな酒類のこと。蒸留などの工程がないため、原料そのものの味わいがダイレクトに反映される酒といえる。

日本酒と同じく醸造酒に分類される酒には、ワインやビールなどがあるが、その発酵方法はそれぞれ異なる。ワインの場合、原料となるブドウの果実に糖分が含まれているため、

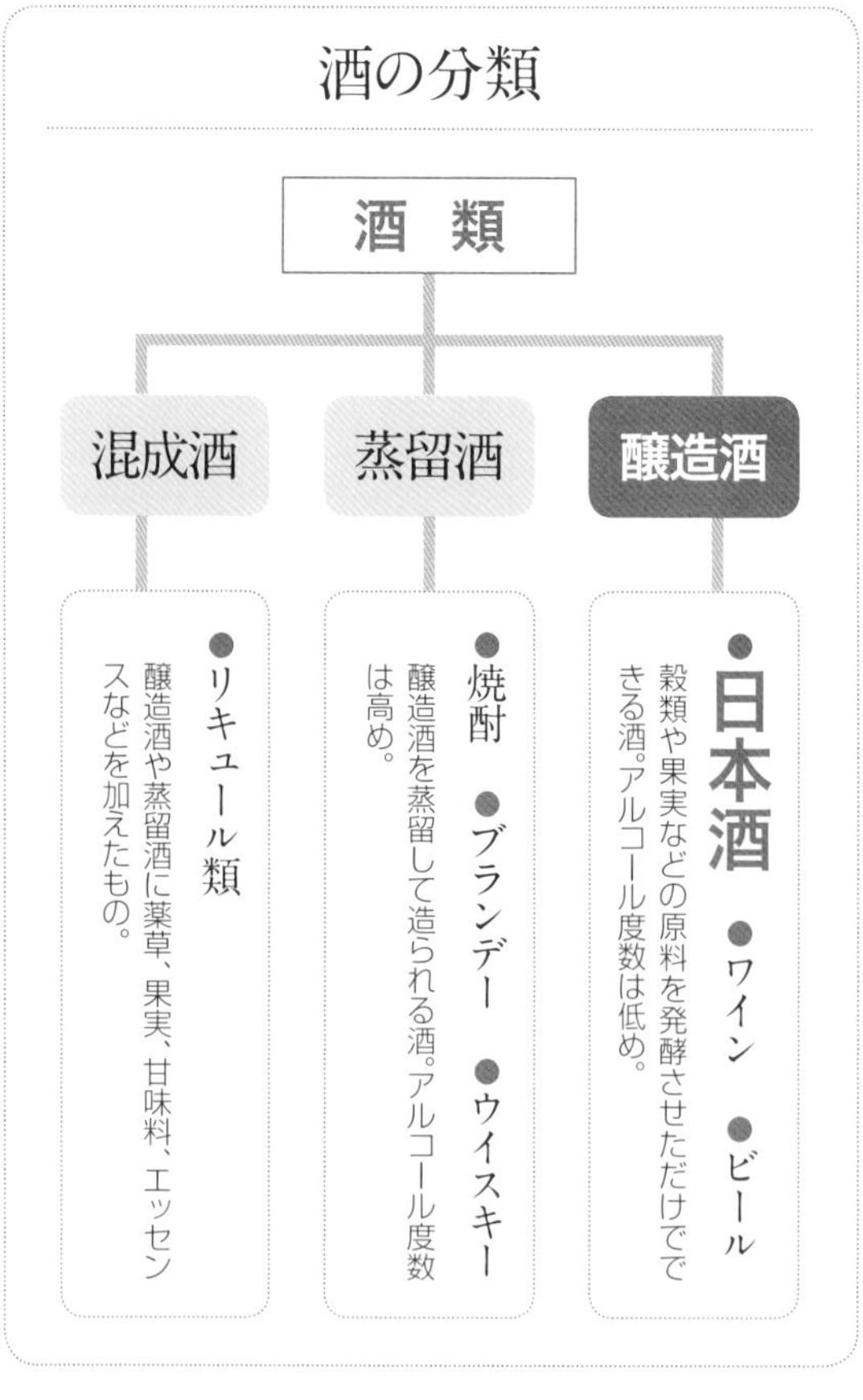
酒の分類
酒類
混成酒
蒸留酒
醸造酒
●リキュール類
醸造酒や蒸留酒に薬草、果実、甘味料、エッセンスなどを加えたもの。
●焼酎 ●ブランデー ●ウイスキー
醸造酒を蒸留して造られる酒。アルコール度数は高め。
●日本酒 ●ワイン ●ビール
穀類や果実などの原料を発酵させただけでできる酒。アルコール度数は低め。

A 搾りたての酒は少し黄色味を帯びている。無濾過《むろか》の酒や原酒ではその色味が残る。また、熟成によっても色が付く。

そのまま発酵させることができる。一方で日本酒やビールには、原料となる穀物のデンプン質を糖分に変える「糖化《とうか》」の作業が必要だ。ビールでは糖化と発酵は別々に行われるが、日本酒の場合はひとつのタンクの中で糖化と発酵が同時に行われる。この並行複発酵《へいこうふくはっこう》という発酵方法で造られる醸造酒は、世界でも希少だ。

糖化と発酵を同時に行う並行複発酵は、実に複雑な工程を踏む。まずは原料となる米を磨き（⬇P.60）、糖化に必要な菌を増やすために麹《こうじ》を作り（⬇P.68）、さらに発酵のスターターとなる酒母《しゅぼ》を造る（⬇P.72）。その酒母に麹や蒸し米《まい》、水を仕込んでいくのだが、通常、仕込みは3回に分けて行い（⬇P.76）、まんべんなく糖化と発酵が進むようにする。細やかな作業の積み重ねによって、徐々に米を発酵させ日本酒へと醸《かも》していくのだ。

日本酒造りは高い醸造技術が必要となる緻《ち》密《みつ》な作業。その繊細な造りから、世界中のどの酒とも異なる、日本酒独自の奥深い味わいが生まれるのである。

醸造酒の発酵方法による違い

醸造酒は発酵方法の違いで3つに分類される。原料中の糖分をそのまま発酵させるシンプルな発酵方法が単発酵《たんはっこう》。デンプン質が原料のため糖化の必要がある複発酵は、糖化と発酵のタイミングでさらにふたつに分類される。

単発酵

ワインなどの果実酒は、原料の果実に糖分が含まれているので酵母《こうぼ》を加えるだけで発酵させることができる。

単行複発酵

ビールの場合、まず先に原料の麦芽に含まれるデンプン質を糖分に変え、次にその糖分を発酵させる。

並行複発酵

日本酒の場合､米に含まれるデンプン質を糖分に変える工程と､その糖分を発酵させる工程が同時に行われる。

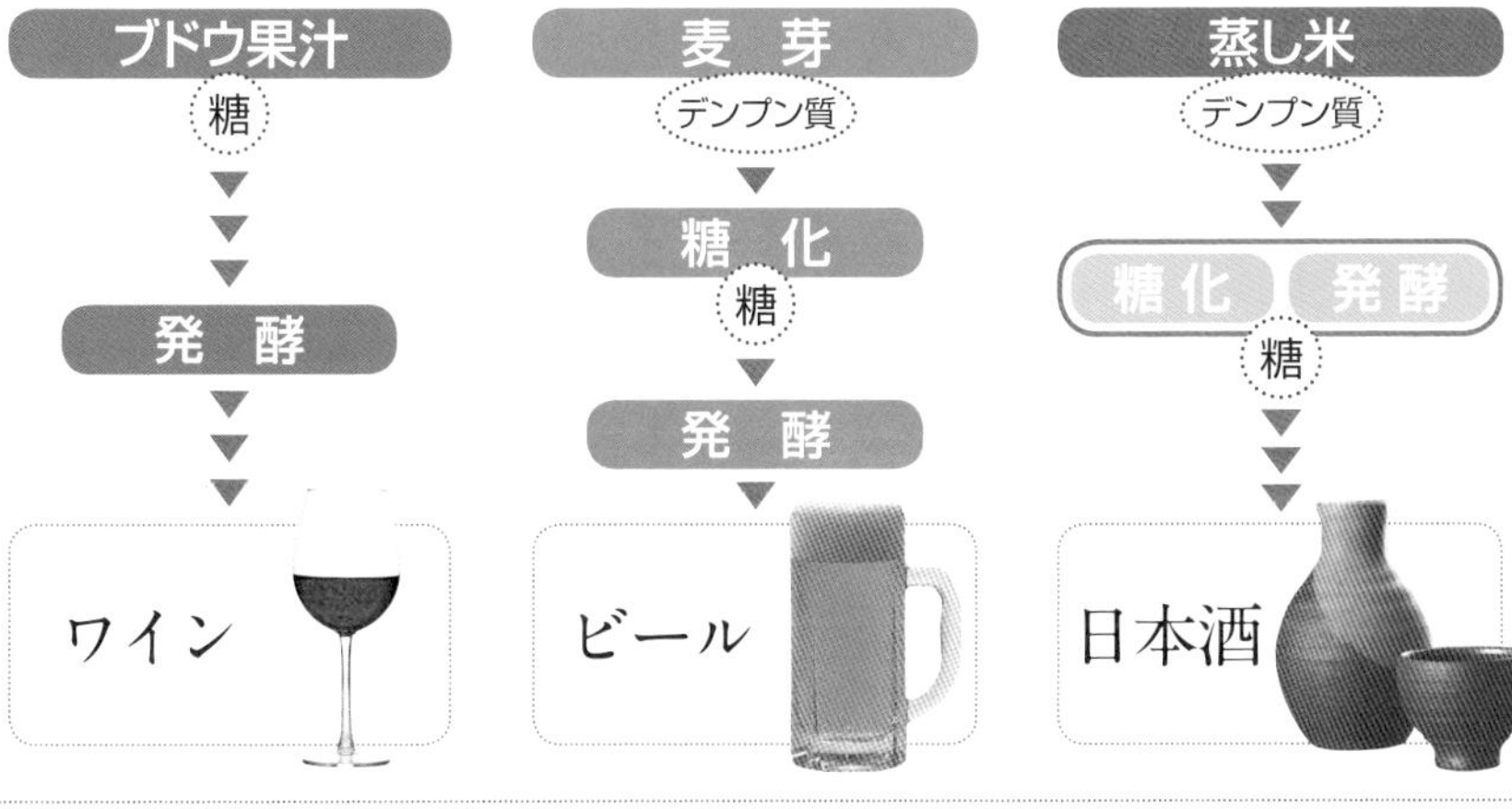

甘い辛いだけでは言い尽くせない奥深く繊細な日本酒の味わい

「甘口よりも辛口の日本酒が好き」といった具合に、日本酒の味わいを表現する際よく使われるのが甘口、辛口という言葉。だが実際に日本酒を味わってみると、このふたつの言葉だけでは到底表現しきれないほど、複雑で奥深いものであるのを感じるはずだ。この繊細な奥行きと微妙な味わいの違いが、日本酒の面白さなのだ

日本酒度と酸度による甘辛濃淡図

下図は、昭和49年(1974)に国税庁醸造試験所で制作された甘辛濃淡図を基に、日本酒度と酸度(➡P.89)による日本酒の甘辛度と味わいの濃淡の傾向を示したもの。これらの数値はあくまでも目安であるが、日本酒のラベルに味わいの目安として書かれている場合もあるので(➡P.88)、自分が感じる味わいと、数値が示す傾向を比べてみるのも面白い。

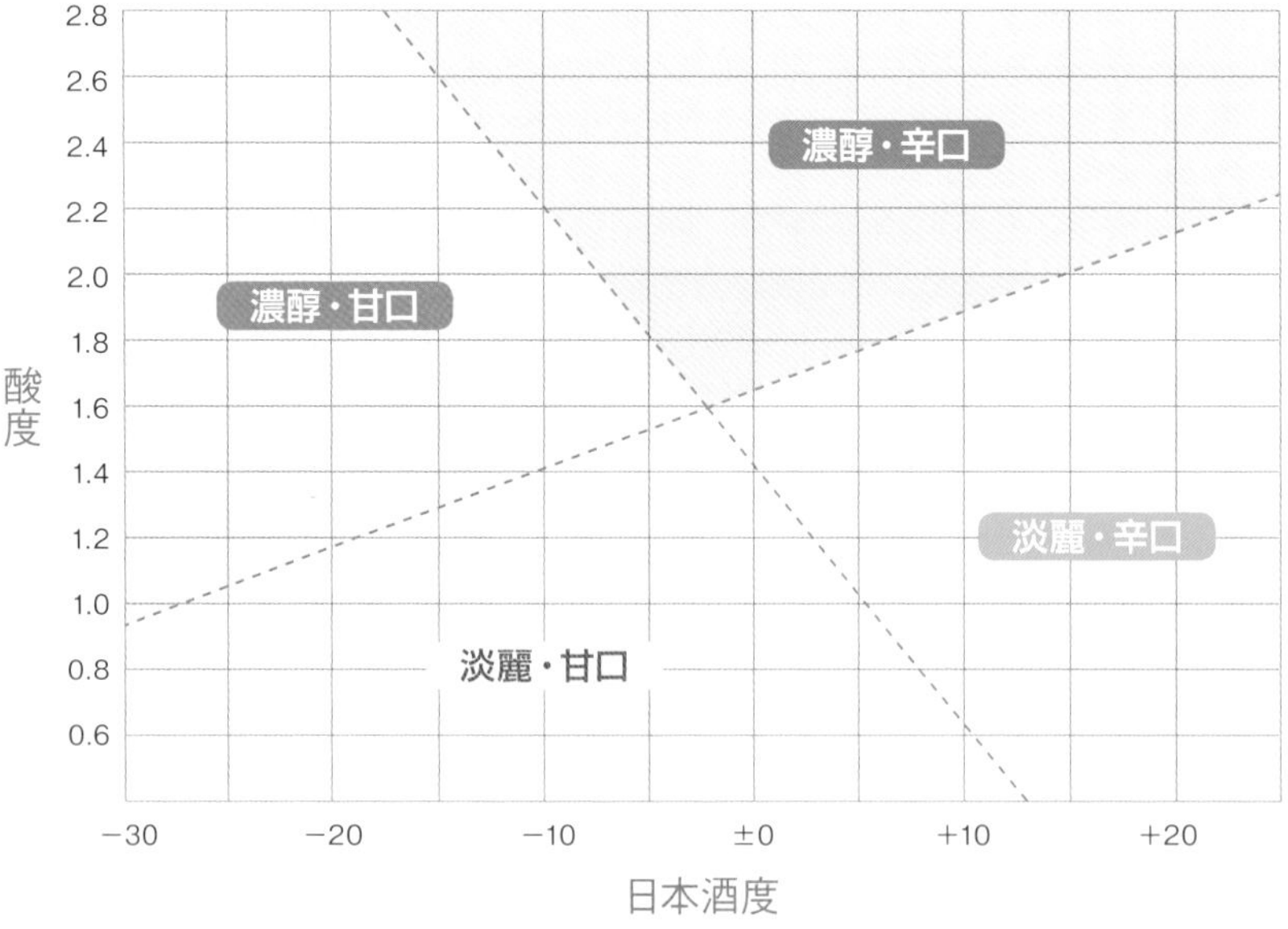

Ⓐ 日本酒は日光に当たると酒質が劣化してしまうので、それを防ぐために黒、茶、緑、青色などの瓶を使用している。

が、同時に味わいを表現することを難しくする要因にもなっている。

　もちろん、日本酒を楽しむうえで最も重要なことは「自分にとって美味しいかどうか」である。難しいことを考えず、「美味しい」と楽しむのが一番だ。それを踏まえて、自分が美味しいと感じた日本酒がどんな味わいかを表現し覚えていくことが、自分の好みを知り、好みの日本酒が選べるようになる秘訣でもある。味わいを表現するといっても、高度な技術が必要なわけではない。まずは自分が美味しいと感じた日本酒の味わいを、甘口、辛口といった甘辛度と、淡麗、濃醇《のうじゅん》といった味わいの濃淡で表現することから始めてみればいい。初めのうちは基準がわからないかもしれないが、いくつかの種類を飲み比べたり、ほかの人と意見を交わしたりするうちに自分なりの基準が出来上がっていく。美味しい日本酒に出合うためと思えば、その過程も楽しいものになるはずだ。

　さらに、飲む温度や一緒に食べるものによって味わいが変わることも日本酒の大きな特徴だ。「この日本酒は冷酒で」「このタイプの日本酒にはこの料理」といった指標は参考にはなるが、それ以外の温度帯や他の料理との組み合わせも、ぜひ自由に試してほしい。温度によって、同じ酒でもいろいろな顔を見せてくれるし、思わぬ料理との組み合わせから日本酒の新たな味わいを発見できることもある。どんな料理にもそっと寄り添ってくれる、日本酒の味わいにはそんな懐の深さもあるのだ。

日本酒の繊細な味わいはどんな料理とも合わせやすい。ぜひ自由に試してみよう

日本酒の味わいは球体？

甘口、辛口、淡麗、濃醇といった甘辛度や味わいの濃淡で日本酒の味わいをとらえることに慣れてくると、さらにそれだけでは日本酒の味わいは表現しきれないことに気が付くだろう。そう感じたなら、次のステップとして甘味、辛味、酸味、苦味、渋味の五味で日本酒の味わいをとらえてみてほしい。これらの味わいは単に強弱だけで表せるものではなく、単独で存在しているものでもない。球体の中に各味わいが漂うように存在している姿をイメージするとわかりやすい。平面ではなく、立体的なイメージで味わいをとらえることで、日本酒の奥深さをより具体的に感じることができるはずだ。

日本酒のキホン 2

日本酒の原料 ～米～

食べる米とどこが違う? 酒造りに適した米・酒造好適米《しゅぞうこうてきまい》

我々が普段食べている食用米は、酒造りにおいて一般米と呼ばれる。米にはデンプン質のほか、タンパク質や脂質が含まれている。食べる場合には、タンパク質や脂質があるので旨みを感じられるのだが、酒造りの場合はこれらが多すぎると雑味の原因になってしまう。そのため酒造りでは、精米という工程で表面を磨き（削り）、タンパク質や脂質を取り除く作業が行われる。この精米をはじめ、酒造りのさまざまな工程において扱いやすく、美味しい日本酒になるように品種改良された特別な米が酒造好適米である。

一般米と比較して酒造好適米は、①米粒が大きい、②心白《しんぱく》が大きい、③タンパク質が少ない、④吸水性がよい、⑤糖化《とうか》性がよい、⑥醪《もろみ》に溶けやすい、などの特性がある。心白とは

酒造好適米の特性

酒造好適米を一般米と比較した場合の特性と、その特性がどのような点で酒造りに適しているのかを見てみよう。精米で割れにくく、麹《こうじ》作りや酒母《しゅぼ》造り、仕込みなどの各工程や酒質の管理において扱いやすいということがわかる。

❶ 米粒が大きい
大粒で均一な大きさの米であれば、表面を3～7割削る高度な精米でも割れにくい。

❷ 心白が大きい
心白はデンプン質が集中しているため、大きければ効率よくタンパク質などを除去できる。

❸ タンパク質が少ない
雑味の原因になってしまうタンパク質は、少ない方が酒質を管理しやすい。

❹ 吸水性がよい
中まで水分が吸収されることで、蒸し米の内側が柔らかくなり、麹菌《こうじきん》が繁殖しやすい。

❺ 糖化性がよい
デンプン質は発酵前に糖化が必要なため、糖化がスムーズであれば酒母が管理しやすい。

❻ 醪に溶けやすい
内側は柔らかく外側は硬い蒸し米《まい》になる一方、醪には溶けやすく発酵がスムーズ。

Ⓐ 日本酒を低温加熱殺菌する工程のことで、酵素の働きを止め、劣化を促進する菌を殺菌する役割がある。

米の中央に白く見えるデンプン質の組織が粗い部分のこと。米粒を光に透かしてみると、酒造好適米は中心部に心白が白く見えるが、一般米にはほとんどないに等しい。

酒造好適米の代表格は「山田錦《やまだにしき》」。次いで「五百万石《ごひゃくまんごく》」、「美山錦《みやまにしき》」、「雄町《おまち》」などがあり、「強力《ごうりき》」や「渡船《わたりぶね》」など、幻になっていた品種を復活させたものもある。酒造好適米の生育には、日照がよく、昼夜の寒暖差が大きい土地が適している。例えば「山田錦」は兵庫県三木《みき》市、加東《かとう》市付近が適地の代表格といわれ、「雄町」は岡山県の赤磐《あかいわ》市あたりが適地のひとつとされている。米の種類によっては山間部の棚田《たなだ》がよいとされ、こうなってくると農耕具が入らず作業効率は極端に低下する。当然収穫量も少ない。さらに酒造好適米は稲穂の背丈が非常に高く、収穫時期が一般米よりも遅いため、台風による倒伏《とうふく》の被害に遭いやすい。農家の人にとってはやっかいな品種でもある。そのため一般米よりも高値で取り引きされるものもあるのだ。

最近では地元産の米を使った酒造りが盛んで、各地の気候風土に合った米の開発も進んでいる。

代表的な酒造好適米の特徴

酒造好適米の代表的品種は、三大酒造好適米と呼ばれる「山田錦」、「五百万石」、「美山錦」。それぞれの品種について、その特徴を見てみよう。

山田錦

主産地は兵庫県で、約6割を生産している。吟醸酒によく使われ、すっきりとした味わいの酒に。

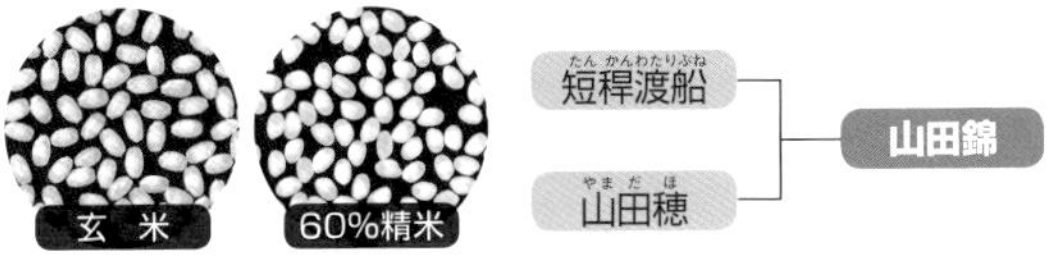

五百万石

新潟県で生まれた品種。最も広く使用されている酒造好適米で、ふっくらとした味わいの酒に。

美山錦

長野県で誕生した、冷涼な地域でも育つ品種で、多くの子孫をもつ。優しい味わいの酒に。

全国酒造好適米《しゅぞうこうてきまい》MAP

日本全国で生産される酒造好適米を見てみよう。酒造好適米とは、農産物検査法の醸造用玄米に分類される品種のことを指し、特上、特等、1等、2等、3等まで品質によって等級格付けされる。

農林水産省「令和3年産 醸造用玄米の産地品種銘柄一覧」参照。
都道府県名に付いている( )内の数字は銘柄数。

北陸エリア

石川県(5)

石川門《いしかわもん》　五百万石
北陸12号　山田錦
石川酒《いしかわさけ》68号

富山県(5)

雄山錦《おやまにしき》　五百万石
富《とみ》の香《かおり》　美山錦
山田錦

福井県(7)

おくほまれ　さかほまれ
九頭竜《くずりゅう》　越《こし》の雫《しずく》
五百万石　神力《しんりき》
山田錦

北海道エリア

北海道(3)

吟風《ぎんぷう》

心白《しんぱく》の発現率が高い。まろやかで柔らかい味の酒を醸《かも》し出す。

彗星《すいせい》　きたしずく

東北エリア

岩手県(3)

吟《ぎん》ぎんが

「出羽燦々」と「秋田酒49号」をかけ合わせた、岩手のオリジナル酒米。

ぎんおとめ　結《ゆい》の香《か》

青森県(6)

華吹雪《はなふぶき》

大粒で心白が大きい反面、高精米に耐えられないが、安定品種。

古城錦《こじょうにしき》　豊盃《ほうはい》
華想《はなおも》い　吟烏帽子《ぎんえぼし》
華《はな》さやか

宮城県(5)

蔵《くら》の華《はな》

「美山錦」に代わる品種を目指し開発。雑味が少なくすっきりした味に。

ひより　美山錦
山田錦　吟《ぎん》のいろは

秋田県(10)

秋田酒こまち

大粒で高精白が可能。香り高く上品で、軽快な後味の酒に。

吟《ぎん》の精《せい》

「合川《あいかわ》1号」と「秋系《あきけい》53」を交配。大粒で高精米にも耐えられる。

秋《あき》の精《せい》　改良信交《かいりょうしんこう》
華吹雪　星《ほし》あかり
美郷錦《みさとにしき》　美山錦《みやまにしき》
一穂積《いちほづみ》　百田《ひゃくでん》

福島県(7)

夢《ゆめ》の香《かおり》

福島県オリジナル。「五百万石」より病気や寒さに強いのが特徴。

五百万石　華吹雪
美山錦　京《きょう》の華《はな》1号
福乃香《ふくのか》　山田錦

山形県(14)

出羽燦々《でわさんさん》

山形県が山形酵母《こうぼ》に適合するようにと11年かけて開発した。

出羽の里

高品質で安価な日本酒をと、「出羽燦々」に続いて開発された。

羽州誉《うしゅうほまれ》　改良信交
亀粋《きっすい》　京《きょう》の華《はな》
五百万石《ごひゃくまんごく》　酒未来《さけみらい》
豊国《とよくに》　美山錦
山酒4号　山田錦《やまだにしき》
龍《たつ》の落《お》とし子《ご》
雪女神《ゆきめがみ》

関東エリア

群馬県(6)

五百万石　舞風《まいかぜ》
若水　改良信交
山酒4号　山田錦

千葉県(4)

五百万石　総《ふさ》の舞《まい》
雄町《おまち》　山田錦

神奈川県(3)

若水　山田錦
楽風舞《らくふうまい》

山梨県(6)

玉栄《たまさかえ》　ひとごこち
吟《ぎん》のさと　山田錦
夢山水《ゆめさんすい》　美山錦

埼玉県(3)

さけ武蔵《むさし》　五百万石
山田錦

茨城県(6)

渡船《わたりぶね》

「山田錦」の親にあたる系統。作付けが途絶えていたが、復活。

五百万石　ひたち錦
美山錦　山田錦
若水《わかみず》

栃木県(6)

とちぎ酒14

栃木県開発の酒米。シャープさとまろやかさを併せもつ酒に。

五百万石　ひとごこち
美山錦　山田錦
夢《ゆめ》ささら

東海エリア

愛知県(4)

夢山水　若水
夢吟香《ゆめぎんが》　山田錦

三重県(5)

伊勢錦《いせにしき》　神《かみ》の穂《ほ》
五百万石　山田錦
弓形穂《ゆみなりほ》

岐阜県(3)

ひだほまれ

大粒でやや柔らかい。米のもつ甘味が強く、優しい味わいの酒に。

五百万石　揖斐《いび》の誉《ほまれ》

静岡県(3)

誉富士《ほまれふじ》

「山田錦」の人為的突然変異により誕生。粒、心白の形状とも「山田錦」並み。

五百万石　山田錦

中国エリア

広島県(6)

千本錦《せんぼんにしき》

「山田錦」を広島の気候風土に適するように改良した品種。すっきりとした酒に。

八反《はったん》

明治時代に誕生。年月とともに品種改良され多くの八反系の元となっている。

雄町　こいおまち

八反錦1号

山田錦

島根県(7)

改良八反流《かいりょうはったんながれ》

栽培が難しいため一度姿を消したが、復活した品種。

佐香錦《さかにしき》

「改良八反流」を母に、「金紋錦」を父に交配。高級酒用品種として開発された。

改良雄町　神《かん》の舞《まい》

五百万石　山田錦

縁《えにし》の舞《まい》

岡山県(3)

雄町

酒造米のルーツとされる品種。コクのある味わいの酒に。

山田錦　吟のさと

鳥取県(5)

強力《ごうりき》　五百万石

玉栄　山田錦

鳥系酒《とりけいさけ》105号

山口県(4)

五百万石

西都《さいと》の雫《しずく》

白鶴錦　山田錦

関西エリア

兵庫県(22)

愛山《あいやま》

兵庫県の特定地域でごく少量生産される。上品な酸味と甘さの酒に。

神力

明治から昭和初期まで代表的な酒米《さかまい》だった。一時姿を消したが復活。

兵庫北錦《きたにしき》

但馬・丹波地域に適し、耐倒伏性が強い。大粒で心白発現率が高い。

いにしえの舞　五百万石

新山田穂1号　白菊《しらぎく》

たかね錦《にしき》　伊勢錦《いせにしき》

但馬強力《たじまごうりき》　杜氏《とうじ》の夢

野条穂《のじょうほ》　白鶴錦《はくつるにしき》

兵庫恋錦《こいにしき》　兵庫錦

兵庫夢錦《ゆめにしき》　フクノハナ

山田錦　山田穂

渡船2号　辨慶《べんけい》

Hyogo Sake 85

京都府(3)

祝《いわい》

2度姿を消し、幻とされた。淡麗な味と独特の芳香が特徴。

五百万石　山田錦

滋賀県(4)

吟吹雪《ぎんふぶき》

滋賀渡船6号

玉栄　山田錦

和歌山県(3)

五百万石　玉栄

山田錦

奈良県(2)

露葉風《つゆばかぜ》　山田錦

大阪府(3)

雄町　五百万石

山田錦

九州エリア

福岡県(4)

山田錦　雄町

吟のさと　壽限無《じゅげむ》

長崎県(1)

山田錦

佐賀県(3)

さがの華　西海《さいかい》134号

山田錦

大分県(5)

雄町　吟のさと

五百万石　山田錦

若水

熊本県(4)

神力　山田錦

吟のさと　華錦《はなにしき》

宮崎県(3)

はなかぐら　山田錦

ちほのまい

鹿児島県(1)

山田錦

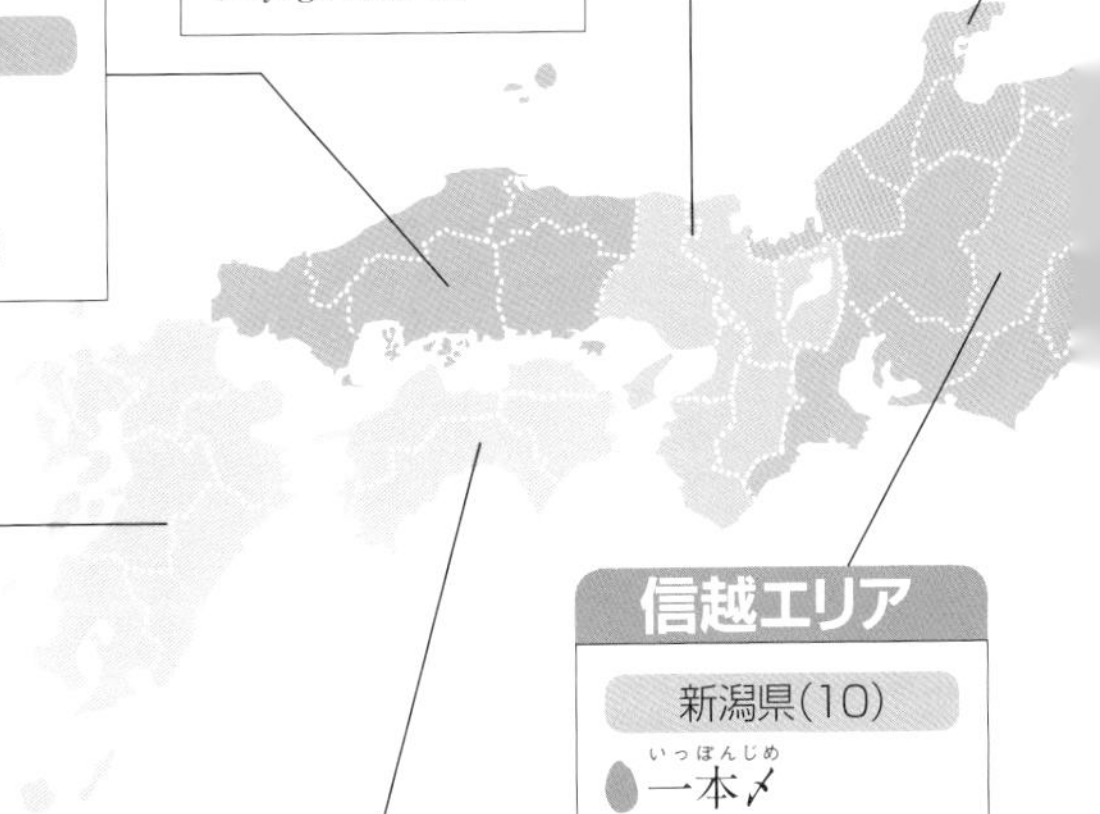

四国エリア

愛媛県(2)

しずく媛《ひめ》

県奨励品種の「松山三井《まつやまみい》」を改良。粒が大きく、低タンパク質。

山田錦

徳島県(2)

吟のさと　山田錦

香川県(2)

雄町　山田錦

高知県(4)

風鳴子《かぜなるこ》　吟の夢

山田錦　土佐麗《とさうらら》

信越エリア

新潟県(10)

一本〆《いっぽんじめ》

「五百万石」を母に、「豊盃」を父に開発された。寒さに強い。

越淡麗《こしたんれい》

「山田錦」と「五百万石」を交配。柔らかくふくらみのある味に。

楽風舞　菊水《きくすい》

五百万石　たかね錦

八反錦《はったんにしき》2号　北陸12号

山田錦　越神楽《こしかぐら》

長野県(7)

ひとごこち

大粒で心白発現率が高い。「美山錦」より淡麗。味に幅がある酒に。

金紋錦《きんもんにしき》　しらかば錦

たかね錦　美山錦

山恵錦《さんけいにしき》　山田錦

日本酒のキホン 2

日本酒の原料 〜水〜

日本酒の成分の約8割を占め、味わいの骨格を担う重要な存在

日本酒の成分のうち約8割が水である。仕込みに使用する水以外にも、米を洗い、吸水させるための水や、アルコール度数の調整のために原酒に加える水、道具や瓶を洗うための水なども必要になる。日本酒造りには実に大量の水が使われているのだ。

まず、日本酒造りに使われる水は、有害物質が含まれていないことが第一条件。水道水よりも厳しい基準をクリアした水のみが、酒造りに使用されている。

では、原料の大部分を占める水は日本酒にどのような影響をもたらすのだろうか。最もはっきり

日本酒造りに使われる水

日本酒造りに使用される水を酒造用水《しゅぞうようすい》という。直接原料となる水から、道具などを洗うための水までその用途は幅広く、細分化され使い分けられている。酒造用水は使用する米の総重量の数十倍も必要といわれている。

- 酒造用水
  - 醸造用水
    - **雑用用水**：醸造に使う容器や道具を洗う水など
    - **仕込み用水**：仕込みに使用し、直接日本酒の原料となる水
    - **洗米・浸漬《しんせき》用水**：米を洗う水や米に水分を吸わせるための水
  - 瓶詰め用水
    - **雑用用水**：瓶詰め作業に使う道具を洗う水など
    - **割り水用水**：アルコール度数を調整するため原酒に加える水
    - **洗瓶用水**：日本酒を入れる瓶を洗う水

A 大きな違いはクエン酸の生成量。黄麹はクエン酸をほとんど出さないが、白麹は雑菌の繁殖を防ぐクエン酸を多く生成する。

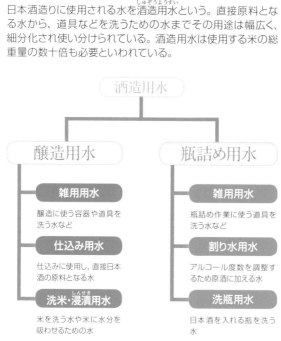

とした影響が出るのが、カリウムやリン酸、マグネシウムなどのミネラル含有量《がんゆうりょう》の違い。これにより日本酒の味わいの骨格が決まってくる。一般的に、ミネラル含有量が多い硬水《こうすい》で仕込んだ酒はしっかりとした味わいに、逆に含有量が少ない軟水《なんすい》の場合は、柔らかい味わいの酒になる傾向がある。

多くの蔵では自家の井戸から汲《く》み上げた水を使っているが、現在では濾過《ろか》や醸造技術の発達により、同じ水から多彩な酒が造り出せるようになったため、以前より水質由来の地域による味わいの違いは曖昧《あいまい》になってきたともいわれている。

とはいえ、各蔵では、土地の恵みである水の特徴を生かしながら、その土地に根付いた酒造りが行われているのだ。

醸造用水の有効成分と有害成分

水に含まれる成分のうち、カリウム、リン酸、マグネシウムは日本酒造りに有効な成分となる。逆に、非常に有害なのが鉄とマンガンで、このふたつをはじめ醸造用水の水質基準は水道水より全体的に厳しく設定されている。

有効成分

カリウム　リン酸　マグネシウム

麹菌《こうじきん》や酵母《こうぼ》など、微生物の栄養源となって増殖を助ける。これらの成分が不足すると発酵が正常に進まない場合も。

有害成分

鉄　マンガン　重金属類　アンモニア　亜硝酸　有機物　細菌　野生酵母

鉄とマンガンは日本酒を褐色化《かっしょくか》させ、香味を悪くさせる原因に。そのほかの物質に汚染された水も酒造りに適さない。

■醸造用水と水道水の主な水質基準

※基準データは変更される場合がある

	醸造用水	水道水
鉄	0.02ppm以下(検出されないことが望ましい)	0.3ppm(0.3mg/L)以下
マンガン	0.02ppm以下(検出されないことが望ましい)	0.05ppm(0.05mg/L)以下
亜硝酸性窒素	検出されないこと	10ppm(10mg/L)以下
有機物	5ppm以下	3ppm(3mg/L)以下
色	無色透明	
臭気・味	異常のないこと	

日本酒と水にまつわる7つのギモン

軟水《なんすい》、硬水《こうすい》をはじめ、伏流水《ふくりゅうすい》、和《やわ》らぎ水《みず》、割り水、仕込み水と、同じ「水」が付く言葉でも全く意味が異なる、日本酒にまつわる水の表現。これらの言葉がわかれば、日本酒への理解がぐっと深まるはずだ。

Q1 軟水と硬水で酒の味わいは違う？

軟水の特徴

ミネラル分が少ないのでクセがなく柔らかな味わい。

軟水で仕込むと……

発酵を促進するミネラル分が少ないので、ゆるやかに発酵が進む。出来上がる日本酒は、軽やかで柔らかく雑味のない味わいとなり、ほのかな甘味を感じる傾向がある。

硬水の特徴

ミネラル分を口中に感じるクリアでクセのある味わい。

硬水で仕込むと……

ミネラル分が発酵を促進させるので、発酵が早く進みやすい。出来上がる日本酒は、しっかりとコシがあり、酸が強めでキリッとした辛口の味わいになりやすい。

硬度とは、水に含まれるカルシウムやマグネシウムの濃度を表したもの。硬度が低い水を軟水、高い水を硬水という。軟水と硬水の基準にはいくつかの種類があり、酒造用水《しゅぞうようすい》は下図のような基準で分類される。一方、一般的な日本の基準ではドイツ硬度で10以下が軟水、10 ～ 20が中硬水、20以上が硬水とされ、ミネラルウォーターなどに用いられる国際的な硬度基準とも異なる。

■酒造用水における水の硬度

※国税庁所定分析法による

軟水	中軟水	軽硬水	中硬水	硬水	高硬水

3　6　8　14　20

（ドイツ硬度）

Q2 男酒《おとこざけ》・女酒《おんなざけ》って何？

灘《なだ》の男酒、伏見《ふしみ》の女酒という言葉がある。灘の男酒とは、兵庫県の灘五郷《なだごごう》地域で造られる酒の総称で、この地域の名水、宮《みや》水《みず》で仕込まれた酒だ。宮水はリン酸やカルシウムの含有量《がんゆうりょう》が多い硬水で鉄分が少ないため、酒造りに適した水といわれ、仕込んだ酒は力強く辛口の味わいになる。一方、宮水よりも硬度の低い京都・伏見の水で仕込んだ酒は柔らかい味わいになることから、伏見の女酒といわれる。男酒と女酒とは、水の硬度による銘醸地《めいじょうち》の酒の違いを表現した言葉なのである。

Q3 名水百選とは？

名水百選とは昭和60年（1985）に環境庁（現・環境省）の水質保全局によって選定されたもの。さらに平成20年には環境省の水・大気環境局が新たに「平成の名水百選」を選定。そのため、以前の名水百選は「昭和の名水百選」ともいわれる。名水の基準には、水質のほか水量や周辺環境、規模、希少性、保全活動の有無などの条件があるため、必ずしも飲んで美味しい水だという規定ではない。名水と日本酒造りの関係でいえば、名水がある豊かな自然環境の地域には、酒蔵《さかぐら》が多く集まっている傾向がある。

名水百選の第1号に選定された、岐阜県郡上《ぐじょう》市八幡町にある湧水「宗祇水《そうぎすい》」

Q4 伏流水とは？

山地に降った雨や雪は、地表を流れ、河川となって海へ流れ込むものと、地表から地中に染み込むものがある。また、河川からも一部の水が地中に染み込んでいく。日本酒の原料である仕込み水によく使われる伏流水とは、これらの地表や河川から地中に染み込み、地層に沿って流れる水のこと。伏流水は地層によって濾過《ろか》され、さらに土壌のミネラル分を取り込み、酒造りに適した水質になる。

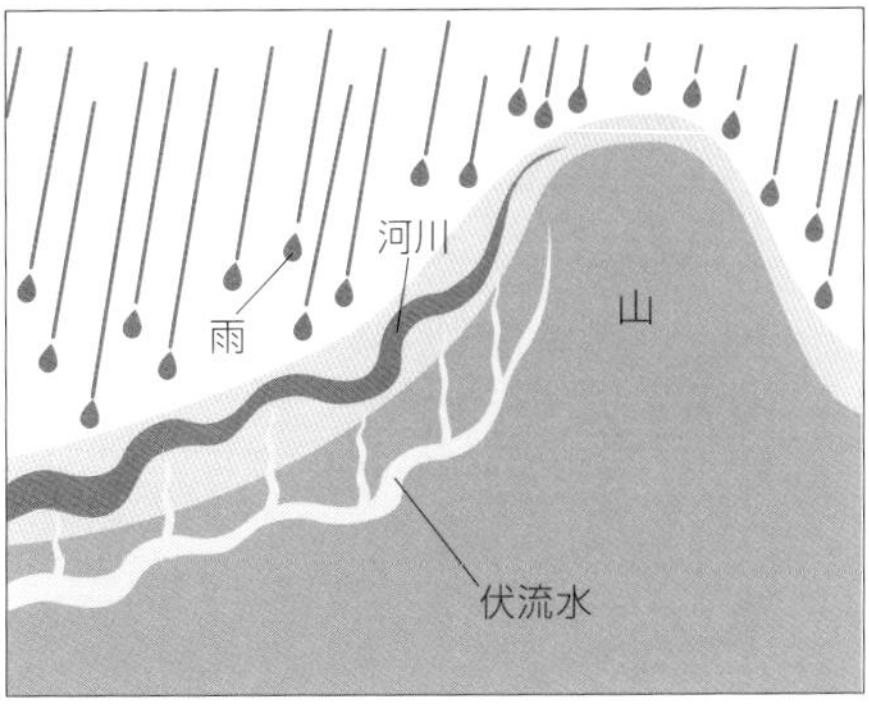

Q5 割り水って？

割り水とは、出来上がった原酒に水を加えてアルコール度数を調整すること。日本酒は数回に分けて仕込み、じっくりと発酵させるため、醸造《じょうぞう》酒《しゅ》のなかでは最もアルコール度数が高い。そのため、水を加えて造り手が目標とするアルコール度数に調整するのだ。

Q6 和らぎ水って？

日本酒を飲む際、チェイサーとして飲む水を和らぎ水という。和らぎ水を飲むことで酔いすぎを防ぎ、カラダに優しい飲み方ができる。さらには口中や舌の感覚をリフレッシュさせ、次の1杯も新鮮に、もっと美味しく楽しく飲めるというメリットもある。

Q7 仕込み水って飲める？

仕込み水を飲む方法はいくつかある。まずは蔵見学で仕込み水を飲ませてくれる蔵に足を運ぶこと。蔵まで足を運ぶのが難しい場合は、試飲会に参加してみるのもいいだろう。持ち帰りはできないが、各蔵が仕込み水を持ち込んでいることも多い。最も手軽な方法は、蔵が販売している仕込み水を購入する方法だ。

広島県東広島市の西条《さいじょう》では、8蔵が仕込み水の井戸を一般開放。仕込み水の飲み比べもできる

白露垂珠《はくろすいしゅ》 仕込水 シリカ天然水

敷地内の竹林、地下300mの水晶地層帯から湧き上がる月山《がっさん》の深層水。無殺菌充填が許可された、希少な天然生水だ。

採水地 山形県鶴岡市羽黒町
硬度 19mg/L(JIS硬度)
¥ 4400円(1.8L瓶1ケース8本)
※送料別途
発売元 竹の露酒造場

龍勢《りゅうせい》の 仕込み水

広島県南央部を流れる賀茂川《かもがわ》上流地域の井戸から汲《く》み上げた仕込み水。旨みや爽やかさ、しっかりとした味わいを感じる。

採水地 広島県竹原市田万里
硬度 3.8(ドイツ硬度)
¥ 3888円(500mLペットボトル1ケース24本)※送料別途
発売元 藤井酒造

日本酒のキホン 2

日本酒の原料 〜麹菌《こうじきん》と酵母《こうぼ》〜

米を酒へと変身させる日本酒造りの小さな立役者

日本酒の代表的な原料といえば米と水だが、実は米と水だけでは日本酒は造り出せない。米が日本酒になるまでには、米に含まれるデンプン質を糖分に変える糖化《とうか》と、その糖分をアルコールに変える発酵の段階を踏まなくてはならないからだ。これらの各段階で活躍するのが麹菌、酵母といった小さな微生物である。

まず、糖化に欠かせない微生物が麹菌だ。麹菌はカビの一種で、日本で使

麹菌と酵母の役割

●デンプン質を糖分に

米に含まれるデンプン質を分解させる酵素(糖化酵素)を作り出し、デンプン質を糖分に分解する。

- タンパク質をアミノ酸に分解する
- 香味成分を作り出す

Photo by Sadamu Saito

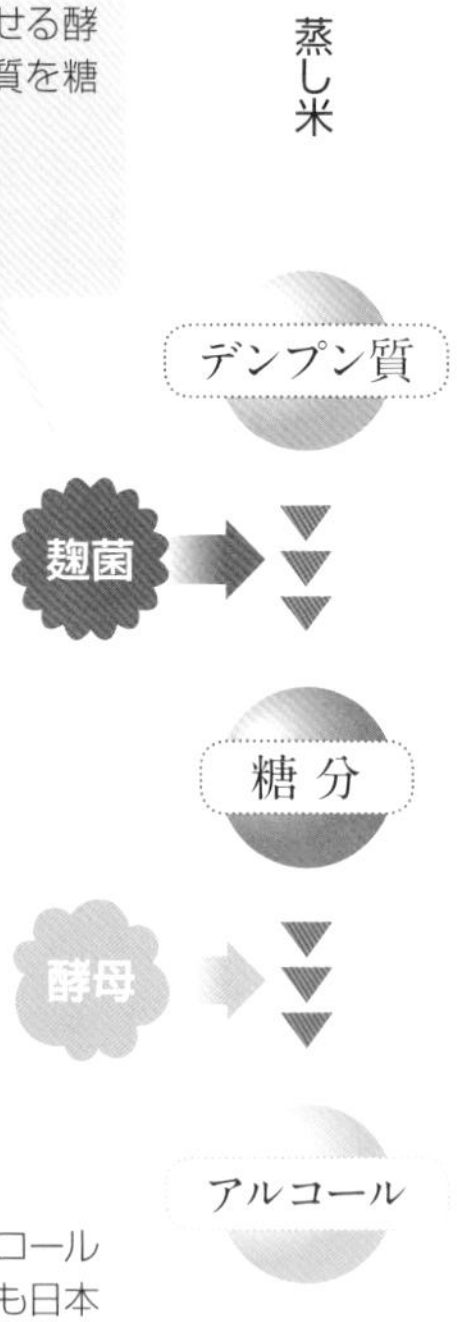

●糖分をアルコールに

麹菌が作った糖分を発酵させ、アルコールを生成する。酵母の発酵力によっても日本酒の味わいは変わってくる。

- 味わいを構成する酸を作り出す
- 香味成分を作り出す

A 泡あり酵母は、発酵の際、泡が立つと容器からあふれるなどの手間がかかるため、現在は泡なし酵母が主流だ。

われる麹菌には数々の種類があり、焼酎には白麹《しろこうじ》、黒麹《くろこうじ》、黄麹《きこうじ》、泡盛には黒麹、日本酒の場合は味噌や醤油と同じく、通常は黄麹が用いられる。麹菌は蒸し米《まい》に振りかけて増殖させることで麹となる。なお、麹菌には糖化だけでなく、タンパク質をアミノ酸に変えて旨みや香味成分を作り出す役割もある。

そして、発酵に欠かせない微生物が酵母。酵母は発酵する際に酸や香味成分を作り出す。近年、酵母が味や香りに大きく影響することが解明され、酒類総合研究所や日本醸造協会だけでなく、各都道府県や蔵でも独自の酵母を培養し使うようになってきた。

米を酒へと醸《かも》すために不可欠なだけでなく、日本酒の香りや味わいにまで影響するこれらの微生物は、蔵の個性を発揮するための重要な要素のひとつになっている。

酵母の種類いろいろ

■協会系酵母

協会酵母は日本醸造協会が頒布《はんぷ》。最も多く使用されているのが7号、9号。01が付くものは発酵時に泡が立ちにくい、泡なし酵母だ。平成26年に1901号の頒布が開始された。主な酵母は以下の通り。

酵母番号		特　徴
泡あり	泡なし	
6号	601号	秋田県の「新政酒造《あらまさしゅぞう》」の醪《もろみ》から分離した酵母。発酵力が強く、香りはやや低くまろやか。淡麗な酒質になる。
7号	701号	別名真澄《ますみ》酵母。「真澄」の醸造元、長野県の「宮坂醸造《みやさかじょうぞう》」の醪から分離した酵母。華やかな香り。吟醸から普通酒まで幅広く使われている。
9号	901号	「香露《こうろ》」の醸造元でもある「熊本県酒造研究所」の醪から分離した酵母。短期間で仕上がる醪になりやすく、華やかな香りで吟醸香《ぎんじょうか》が高い。
10号	1001号	東北地方の酒造場から分離、選別された酵母。低温で長期間発酵する醪になりやすく、酸が少なく吟醸香が高い。別名小川《おがわ》酵母、明利《めいり》酵母。
14号	1401号	別名金沢酵母。低温で発酵期間が中期型の醪になりやすい。酸が少なく穏やかな味わいに。特定名称酒に適している。
―	1501号	別名秋田流花酵母《はなこうぼ》 AK-1。酸が少なく吟醸香が高い。
―	1801号	1601号と9号の交雑株。華やかな吟醸香が特徴。

■自治体による開発酵母

その土地の水や生産される米などと合う酵母として、各都道府県で新しい酵母の開発が盛んになっている。

酵母名称	特　徴
山形酵母	控えめで上品な吟醸香。純米吟醸のほか、大吟醸にもよく使われている。
長野酵母	吟醸香のひとつ、カプロン酸エチルという成分を多く生成する。華やかな香りに。
静岡酵母	柔らかな果実香。酸が少なく、吟醸香が高い。
広島酵母	安定した発酵力や発酵力の強さが特徴。

■花酵母

花から分離した酵母。東京農業大学名誉教授中田久保氏が、在籍中の研究により分離法を確立した。発酵力が強く香味豊かな味わいの酒になるのが特徴。

■自家酵母

蔵に棲《す》みついた、「蔵付き」の酵母を使用する蔵もある。最近では蔵独自の酵母を培養して積極的に使い、個性を打ち出した酒を造る蔵も増えてきた。

日本酒のキホン 3

造り手

The basics of sake-3

蔵人《くらびと》の知恵と技術が美味しい酒の最大条件

酒の醸造元を酒蔵《さかぐら》、蔵、蔵元《くらもと》などと呼ぶ。そして酒蔵で働く人々のことを蔵人といい、その蔵の代表者を蔵元、酒造りの責任者を杜氏《とうじ》と呼ぶ。美味しい酒とは、杜氏をはじめとする蔵人たちの知恵、技術、工夫によって生まれるもの。それに蔵元の酒造姿勢が加わって酒はさらに美味しくなっていくのだ。

江戸時代から、日本酒は新米が収穫された後の冬場を中心に年間必要な量の酒を造る「寒造《かんづく》り」が主流になった。米を作る農民にとっては農閑期《のうかんき》に酒造りが行われることから、格好の出稼ぎの場となり、次第に集団を形成。この集団が杜氏集団の始まりである。

一般的には蔵元と杜氏の間で契約が交わされ、酒造りの全てが杜氏に任される。杜氏は必要な蔵人を集め、冬の間酒蔵に寝泊まりして酒を造る。近年、杜氏の高齢化問題などから、杜氏や蔵人を現地採用し育てる動きも活発だ。どちらにしても、多様な条件を勘案《かんあん》して行われる酒造りは繊細で大変な重労働であることに変わりない。

米や水などの原料やその土地の風土は、日本酒造りにとってもちろん重要な要素だが、人間の知恵抜きに美酒は生まれないのである。

A ラベルの日付が示すのは賞味期限ではなく、製造時期。酒が瓶詰めされた日だ。この日付から約6カ月間が飲み頃。

蔵人の役職と役割

流派により多少異なるが、杜氏制度の役職と主な作業内容は右図の通り。酒造りの責任者である杜氏を頂点に、明確な役割分担がなされている。一方で蔵元はその蔵の代表者であり、経営を含めた蔵全体の責任者である。

杜氏の語源は？

杜氏の語源は定かではないが、かつて一家の主婦が酒造りを行っており、主婦のことを刀自《とじ》と呼んだことから転じて杜氏になったといわれている。

蔵　元	その蔵の代表者。営業など含めた経営の責任者
杜氏	酒造責任者。蔵の管理、帳簿管理、醪《もろみ》の仕込みと管理を行う
頭《かしら》（三役《さんやく》）	杜氏からの指令伝達、蔵人の指揮、仕込み水汲《く》み、麹《こうじ》仕込み主任を担う
麹《こうじ》屋《や》（三役《さんやく》）	麹用蒸し米の取り込み、麹室《こうじむろ》仕事の一切を行う。大師《だいし》や麹師《こうじし》というところもある
酛《もと》屋《や》（三役《さんやく》）	酛立《もとだ》ての仕事一切、醪仕込みを行う。酛《もと》廻《まわ》しや酛師《もとし》というところもある
釜《かま》屋《や》	甑《こしき》蒸し、釜焚きつけ、米洗い、米量り、仕込み水汲みを行う
船《せん》頭《どう》	酒を搾る上槽《じょうそう》を担当する
炭《すみ》屋《や》	濾過《ろか》を担当する
道具廻し	酒造用具の管理、洗浄、水の運搬、米洗い、蒸し米《まい》取り出しを行う
追《おい》廻《まわし》	洗いものや米洗い、水汲みなどを行う

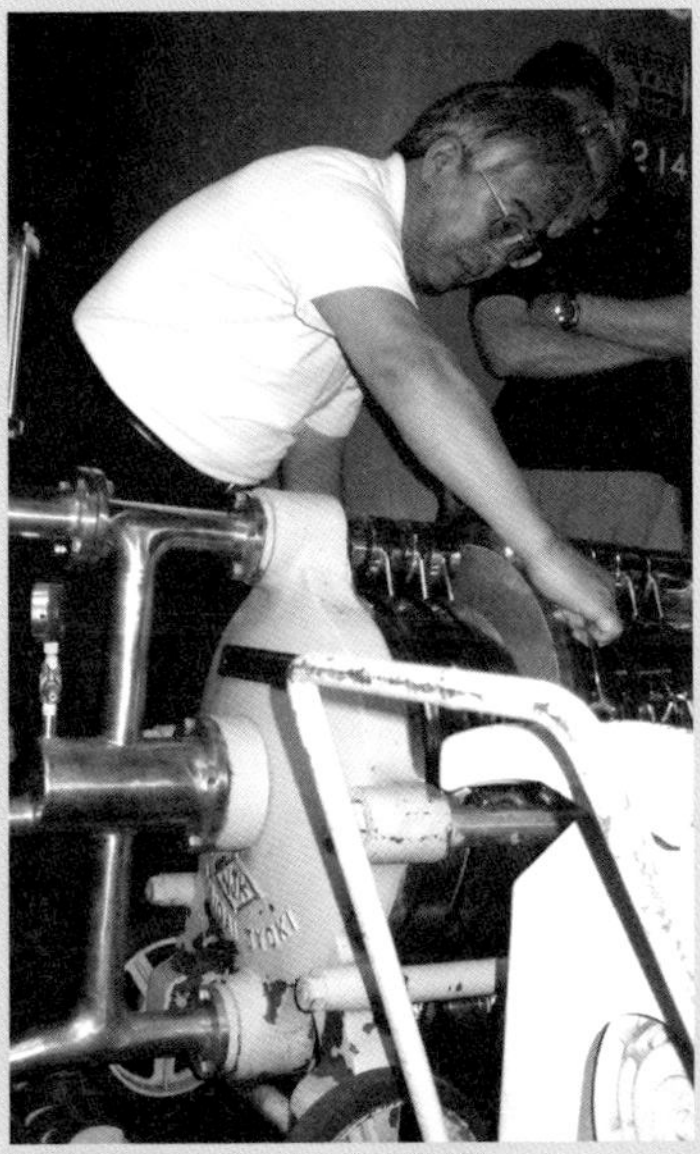

↑濾過作業を行う長野県・美寿々酒造《みすずしゅぞう》のオーナー杜氏、熊谷直二蔵元

日本酒COLUMN 増加するオーナーマイスター

小規模な蔵では、蔵元自身が酒造りに従事、杜氏を兼務する、いわゆるオーナーマイスターであるケースが増えている。蔵元が酒造りにタッチすることは以前からあり目新しいことではない。ただ、杜氏という酒造責任者を別に置いて自身はフォロー的な役割を担ったり、酒造技術の優れた蔵元が杜氏に技術的な指導をしたり、自蔵の酒の型を伝授したりといった、分業制のうえでの関係だったのだ。蔵元が杜氏を兼務する背景には、酒造りの規模が小さくなってきたことが挙げられる。年間500石ほどまでの蔵なら、杜氏を雇わなくとも蔵元に酒造技術があれば数量的に不可能な話ではない。自分の思い通りの酒を目指すことができるし、人件費を考えなくてもよいので、コスト削減の近道ともなる。ただし、営業販売面に注力できず、売り上げの減少を招くようなことは避けなければならない。酒造りと販売の両面を見る蔵元の仕事の大変さを、改めて痛感する次第だ。

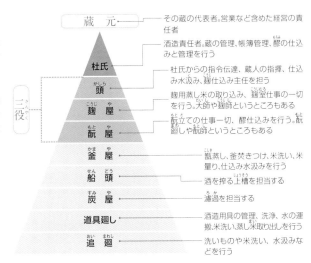

全国 杜氏《とうじ》分布図

三大杜氏と呼ばれる南部《なんぶ》杜氏、越後《えちご》杜氏、但馬《たじま》杜氏をはじめ、日本全国に多彩な杜氏集団がある。杜氏集団の規模は年々減少傾向にあるが、それぞれが南部流、越後流、但馬流などと称して独自の技術と誇りをもって酒造りを行っている。栃木で下野《しもつけ》杜氏が誕生するなど、新しい動きもある。

青森

津軽《つがる》杜氏

南部の八戸《はちのへ》周辺とともに酒造りが盛んな北部の津軽地方。津軽杜氏のほとんどは、弘前《ひろさき》出身者だ。杜氏の数はだいぶ減少したが、地元の味を守り続けている。

岩手

南部《なんぶ》杜氏

三大杜氏のひとつで、全国最多の杜氏数を誇る集団。最盛期の昭和40年（1965）には、3200名が加盟していたという。南部杜氏の中心地、花巻市石鳥谷《いしどりや》町《ちょう》は、優良な米ができる穀倉地帯として知られ、酒造りも盛んな土地。

秋田

山内《さんない》杜氏

東北では南部杜氏に次ぐ規模の杜氏集団。横手《よこて》市（旧・山内村《さんないむら》）を本拠地とする。秋田では杜氏の大部分が山内杜氏で占められ、秋田の酒造りに大きく貢献している。

福島

会津《あいづ》杜氏

県内では岩手の南部杜氏が多いなか、福島唯一の組合として平成元年に発足した。

栃木

下野《しもつけ》杜氏

日本酒造杜氏組合連合会には加盟していないが、栃木で大きく育ちつつある杜氏集団。

新潟

越後《えちご》杜氏

南部杜氏に次いで杜氏数全国2位の杜氏集団。昭和33年（1958）の結成時には900名を超えていた。長岡市寺泊《てらどまり》野積《のづみ》をはじめとする県内各地が出身地。いくつもの支流派がある。新潟の酒造業を支えているほか、全国各地にて名酒造りに携わっている。

長野

小谷《おたり》杜氏、諏訪《すわ》杜氏、飯山《いいやま》杜氏

かつては、長野に地元の杜氏はおらず、越後杜氏や広島杜氏を雇うなどしていた。大正8年（1919）、県によって、小谷、諏訪、飯山それぞれで育成が始まり、その際に誕生したのがこの3杜氏だ。昭和25年（1950）に3つが合同で杜氏組合を発足させた。

兵庫

但馬《たじま》杜氏

美方《みかた》郡を中心とした兵庫県北部がふるさと。この地域の冬は積雪が多く農業ができないため、古くから出稼ぎとして酒造りに携わる人が多数いた。南部杜氏、越後杜氏に次ぐ規模。品評会などの活動も積極的に行っている。

丹波《たんば》杜氏

丹波杜氏の始まりは宝暦5年(1755)とされる。江戸時代から名高い灘《なだ》の名酒を支えている。

南但《なんたん》杜氏

但馬南部が本拠地。大正10年(1921)に朝来郡《あさごぐん》酒造組合として発足、戦争で中断し昭和23年(1948)再開。

城崎《きのさき》杜氏

漁業の盛んな豊岡市城崎町《きのさきちょう》が中心地。誕生時期は不明。新しい試みにも熱心に取り組む。

石川

能登《のと》杜氏

珠洲《すず》市や旧・内浦町《うちうらまち》(現・能登町《のとまち》)が発祥地。能登流は一般に味の濃い酒質を特徴とする。全盛期の昭和初期にはアジア各地にも赴任した。

福井

越前糠《えちぜんぬか》杜氏

拠点の南条《なんじょう》郡南越《みなみえち》前町《ぜんちょう》糠地区は漁業が盛んな地域。冬は漁業ができないため、酒造りに携わるようになった。最盛期には200人以上の杜氏がいた。

大野《おおの》杜氏

京都の伏見《ふしみ》や愛知の半田《はんだ》などの酒造業者へ出稼ぎに。組合発足当時は精米技術者中心の集団だった。

島根

出雲《いずも》杜氏

松江市秋鹿《あいか》周辺が出身地のため、秋鹿杜氏と呼ばれた。大正初期に創立。後に出雲杜氏組合に発展した。

石見《いわみ》杜氏

浜田市美浜地区の美《み》浜《はま》杜氏、周布地区の周《す》布《ふ》杜氏、益田《ますだ》市喜阿弥地区の喜阿弥《きあみ》杜氏が統合して発足。

岡山

備中《びっちゅう》杜氏

笠岡《かさおか》市、浅口《あさくち》市などの県南西部は、かつて備中と呼ばれた地。大正末期には500名を超える杜氏集団となり、全盛期は満州や朝鮮まで出向いた。

広島

広島杜氏

軟水醸造《なんすいじょうぞう》法という製法を開発し、広島の酒の品質を向上させた三浦仙三郎氏。彼により、東広島市安《あ》芸津町《きつちょう》三津《みつ》の杜氏を中心とした組合が発足した。

山口

大津《おおつ》杜氏

日本海沿いの長門《ながと》市周辺が拠点。稲作が盛んで、その傍《かたわ》ら酒造りに携わる人も多い。

熊毛《くまげ》杜氏

周南《しゅうなん》市周辺が出身地。戦前は満州、朝鮮、上海の酒蔵の杜氏はほぼ熊毛杜氏だった。

福岡

柳川《やながわ》杜氏、久留米《くるめ》杜氏、三潴《みつま》杜氏

福岡県南部の柳川杜氏、三潴杜氏、久留米杜氏が大きな集団であり、九州の中心的存在だ。

佐賀・長崎

肥前《ひぜん》杜氏、生月《いきつき》杜氏、小値賀《おちか》杜氏

佐賀の肥前杜氏、長崎の生月杜氏や小値賀杜氏など、九州の杜氏たちで九州酒造杜氏組合を結成。

愛媛

越智《おち》杜氏、伊方《いかた》杜氏

越智杜氏は今治《いまばり》市と越智郡の島々が出身地。伊方杜氏は伊方半島突端の西宇和《にしうわ》郡に生まれた流派。

高知

土佐《とさ》杜氏

南国《なんこく》市周辺が出身地。温暖な気候と戦いながら土佐の気質と風土に合った酒を醸《かも》した。現在は高知県全域の杜氏が支えている。

今は日本酒黄金期?

日本から世界へ これからの日本酒

新たな日本酒黄金期 そして世界の「SAKE」へ

販売数量、酒造場数とも減少傾向にある日本酒だが、業界全体の低迷により、むしろ美味しい酒がたくさん出回ってきている。精米技術の進展による酒質の向上に加え、全国の酒蔵が生き残りをかけて本気で市場獲得に乗り出してきたことが大きな要因だろう。王道の酒造りに加え、独自の酒米の開発、酵母《こうぼ》の研究、原点回帰などで各蔵が個性を競っている。若手蔵元《くらもと》を中心に芽生えてきたオリジナリティの追求が、市場をにぎやかにしているのだ。消費者にしてみれば、バラエティに富んだ完成度の高い酒を手軽に買えるのである。この日本酒の黄金期は、さらなる高みを目指してしばらく続いていくだろう。

もうひとつの特徴が海外での日本酒人気。「SAKE」として日本酒の認知度は確実に上がっており、日本酒造組合中央会によれば令和2年度の清酒輸出額は約241億円で、11年連続で過去最高金額を更新。実際、海外のレストランでブランド価値のある日本酒を多く見かけるようになった。NYの酒蔵レストランでは数百種の日本酒を日本から取り寄せている。

また、「CRAFT《クラフト》 SAKE《サケ》」を造る現地の酒蔵も目立つ。NYの「Brooklyn《ブルックリン》 Kura《クラ》」や、日本からパリに進出した「WAKAZE《ワカゼ》」の「KURA《クラ》 GRAND《グラン》 PARIS《パリ》」はその代表。どんな料理とも合わせられる日本酒の魅力に、世界が気付きはじめたといえるだろう。

日本の酒から世界のSAKEへ。日本酒は世界中で愛される存在になりつつある。

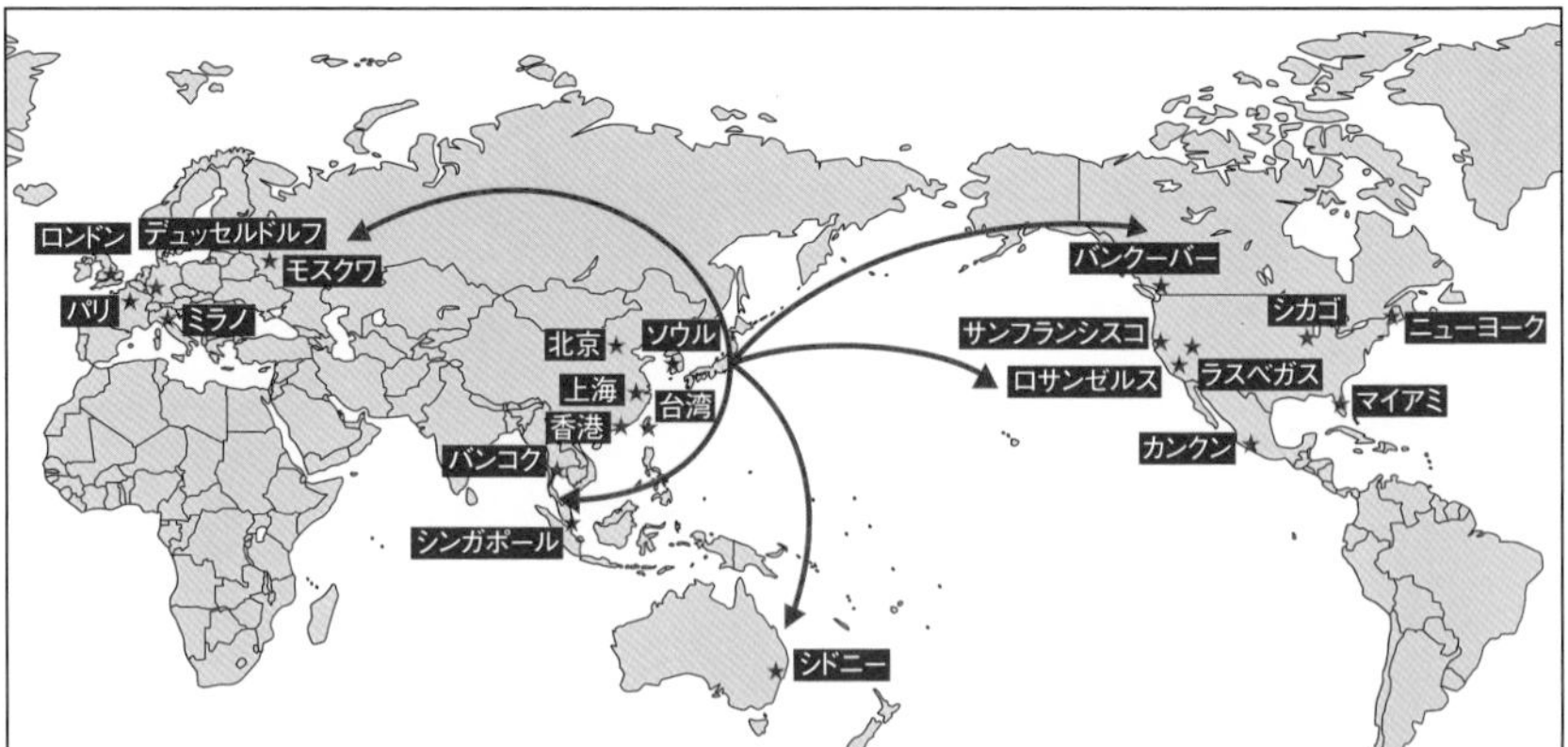

■日本酒が飲まれている主な海外の都市や地域

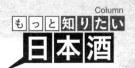

第2章

造りを知れば
日本酒がわかる！

日本酒ができるまで

写真協力／石本酒蔵、一ノ蔵、奥の松酒造、賀茂鶴酒造、菊姫、木内酒造、小坂酒造場、小嶋総本店、島岡酒造、大七酒造、出羽桜酒造、
南部美人、布屋 原酒造場、本田商店、吉川まちづくり公社

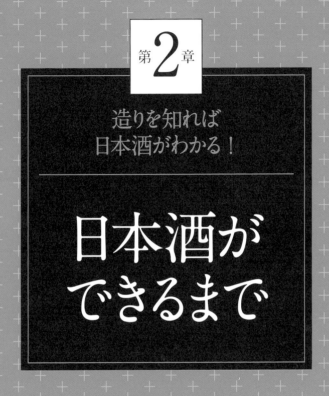

日本酒造りを知る

日本酒造りの工程を追うことで蔵人《くらびと》の想いが見えてくる

世界でも希少な並行複発酵《へいこうふくはっこう》という発酵方法で造られる日本酒は、実に複雑な作業の積み重ねによって完成する。そして、その作業ひとつひとつに出来上がりは影響を受けるため、日本酒造りはどの工程も気を抜けない緻密《ちみつ》な作業になってくるのだ。

まずは精米、洗米・浸漬《しんせき》、蒸しなどの原料処理の段階から、目指す酒を醸《かも》すためのこだわりは始まる。製麹《せいきく》、酒母《しゅぼ》造り、仕込みといった微生物相手の作業では、最良の状態になるよう昼夜を問わず気を配り、さらに出荷直前まで、酒質を調整する作業は続いていく。

日本酒の造りを知れば、そこに蔵人の想いが見えてくる。そして蔵人の想いを知ることで、日本酒の味わいはもっと美味しく、奥深いものになるはずだ。

日本酒造りの工程

蒸し米に麹菌《こうじきん》の胞子を繁殖させ、麹を作る作業。菌が相手の作業のため、昼夜を問わず温度や湿度の管理が行われる。➡P.68

日本酒造りは、原料となる玄米を白米に「磨く」精米から始まる。どのくらい磨くかが酒質に大きな影響を与える。➡P.60

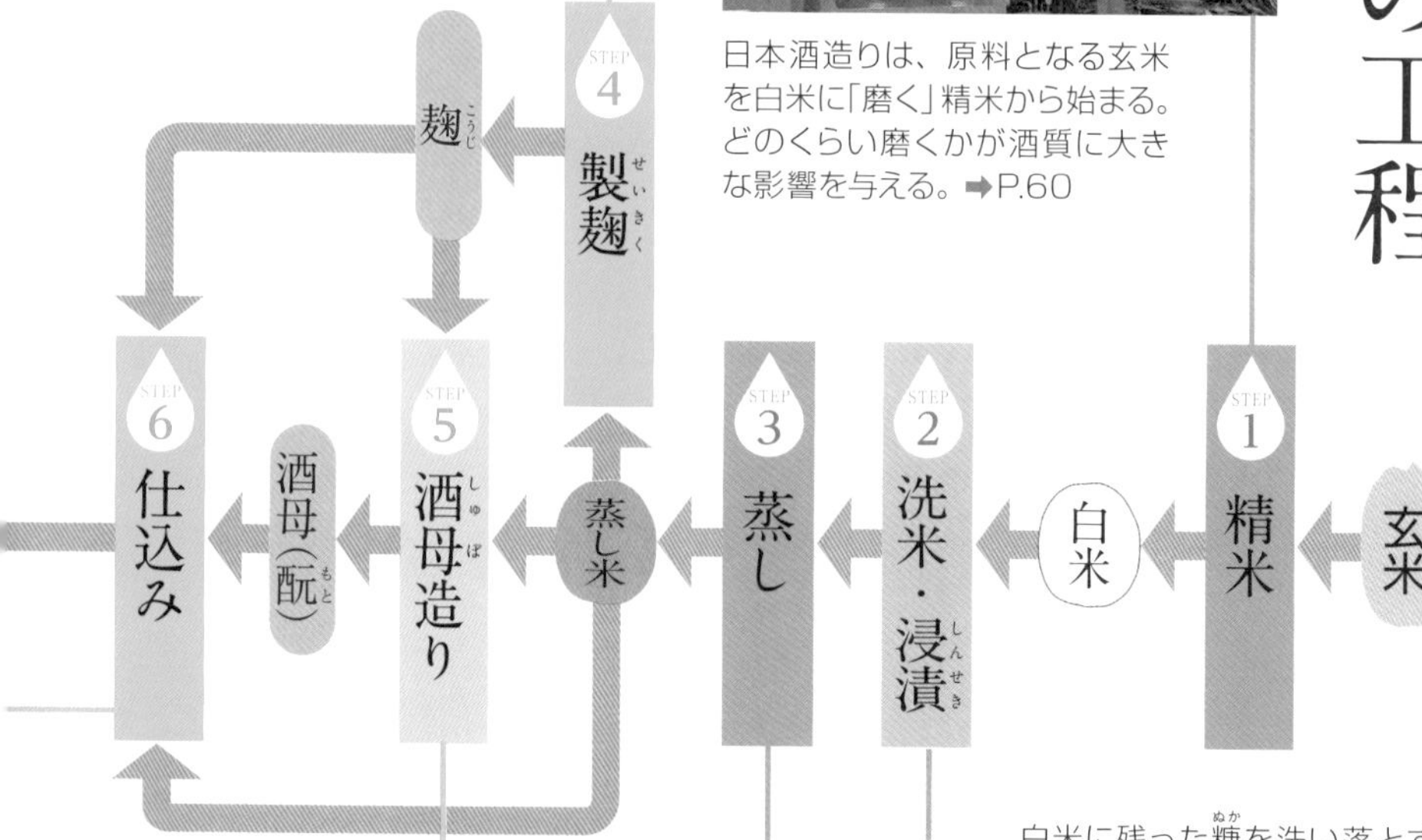

白米に残った糠《ぬか》を洗い落とすのが洗米。白米に水分を吸収させる作業が浸漬だ。浸漬は蒸し米の出来に影響する。➡P.62

強い蒸気で米を蒸す作業。蒸し上げられた米は、製麹や酒母造り、仕込みに使われる。➡P.64

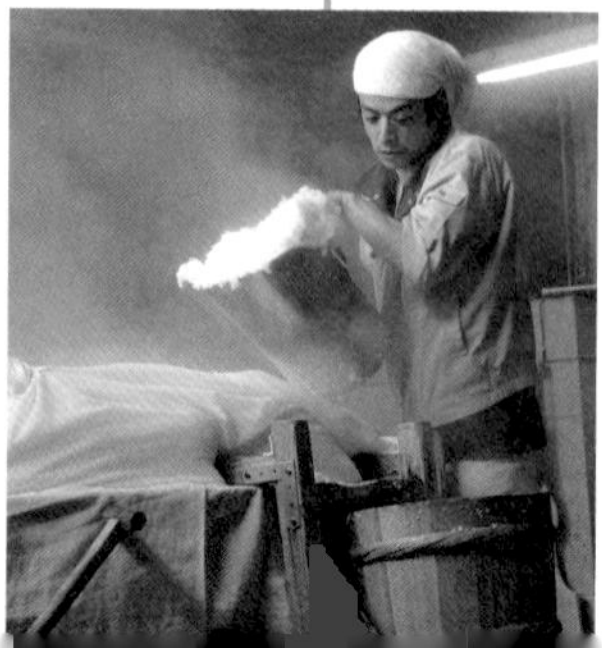

乳酸菌や酵母《こうぼ》などの目に見えぬ戦いをサポート。大量の酵母を培養した、発酵の基となる酒母が造られる。➡P.72

発酵を終えた醪を搾り、原酒と酒《さけ》粕《かす》に分ける。どのタイミングでどのように搾るかが酒質を左右する繊細な作業。
➡P.78

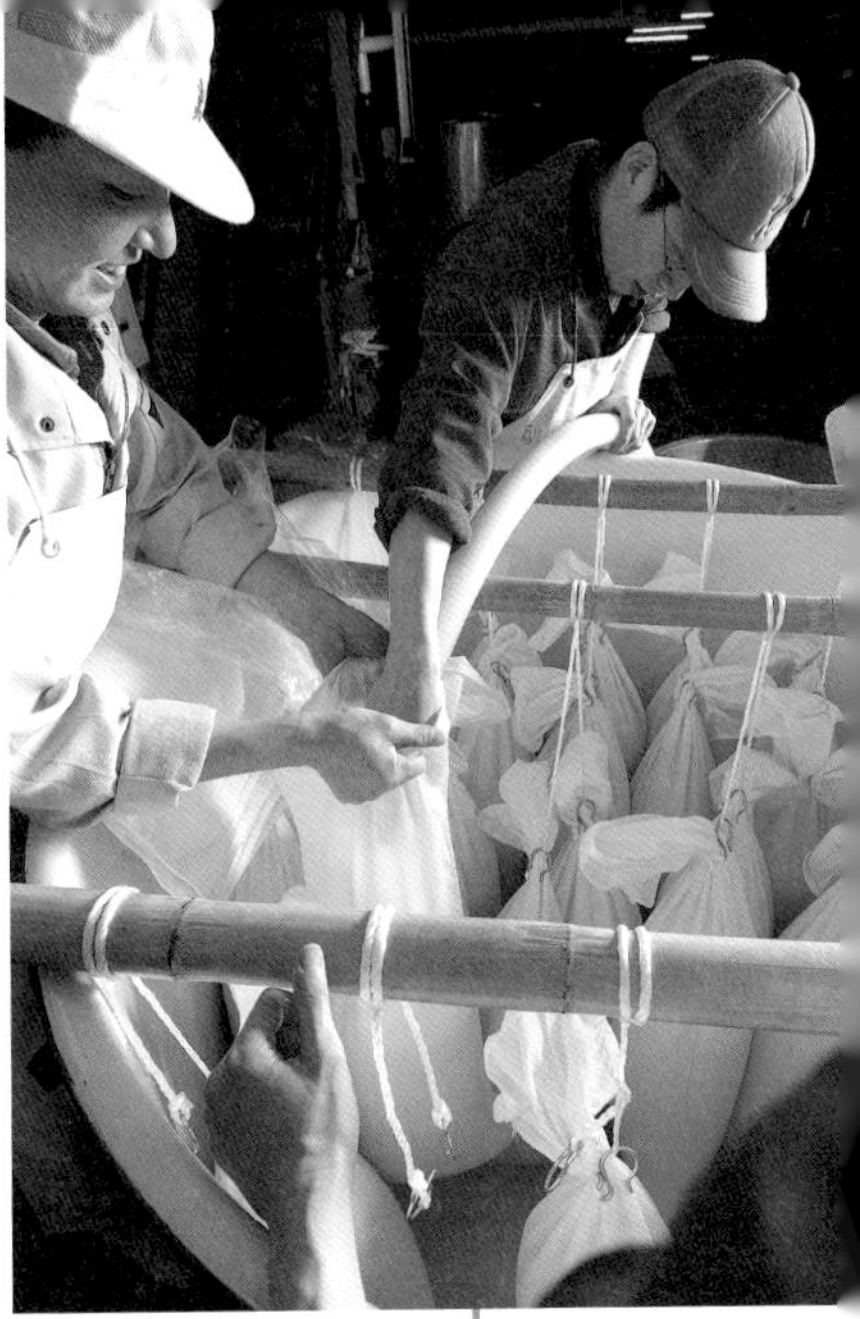

貯蔵されていた原酒は、出荷直前の工程に至るまで、蔵人《くらびと》が理想とする日本酒に近づけるための調整作業が続けられる。
➡P.82

醪《もろみ》 ⇐ STEP 7 上槽《じょうそう》 ⇐ 原酒 ⇐ STEP 8 おり引き・濾《ろ》過《か》 ⇐ STEP 8 火入れ ⇐ STEP 8 貯蔵 ⇐ STEP 9 調合・割り水 ⇐ STEP 9 火入れ・瓶詰め ⇐ 出荷

搾った原酒をどのような酒質にするか、上槽後の工程によって酒質の調整が行われる。➡P.80

酒母に麹、蒸し米、水を3回に分けて加える三段仕込みが行われ、確実な醪の発酵を促す。
➡P.76

STEP 1

精米 ～玄米から白米へ～

精米のPOINT　精米歩合

$$\frac{\text{精米後の白米の重さ}}{\text{玄米の重さ}} \times 100 = \text{精米歩合}$$

精米歩合とは、玄米を削って残った白米の割合をパーセントで表したもの。精米歩合70%とは、米の外側を30%削り取って、70%の白米が残った状態のこと。精米歩合の数値が低いほど、より多く削ったことになる。一般的には精米歩合が使われるが、一部の蔵では精白率《せいはくりつ》を使っているところもある。精白率とは削り取った外側の割合を表し、精米歩合70%と精白率30%は同じ意味になる。

精米歩合と所要時間

目標とする精米歩合にするために、どのくらい時間がかかるかを見てみよう。米は磨けば磨くほど割れやすくなるため、徐々に精米機の中の金剛《こんごう》ロール(左図参照)の回転速度を落としてゆっくりと磨いていく。精米機の性能によっても時間は変わるが、40%まで磨くには約3日間もかかる。

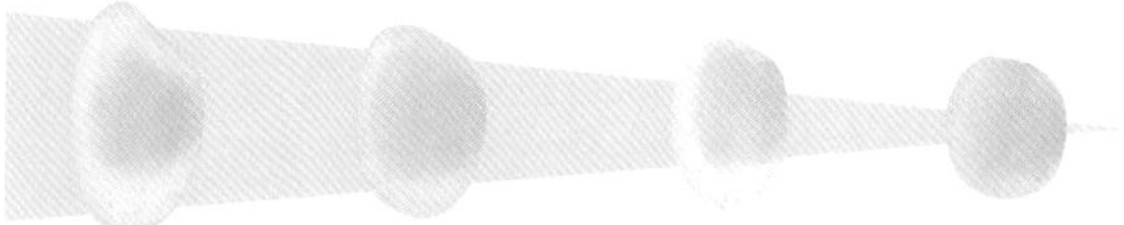

70%	60%	50%	40%
約11時間	約22時間	約45時間	約70時間
70%まで磨くのに約半日かかる。本醸造酒の精米歩合による規定は70%以下。	60%にするのはほぼ1日がかり。吟醸酒、純米吟醸酒の精米歩合の規定は60%以下。	50%にするまで約2日かかる。大吟醸酒、純米大吟醸酒の精米歩合の規定は50%以下。	鑑評会に出品される大吟醸酒などの高級酒は、40%以下まで精米されることも。

日本酒造りのスタートは玄米を白米に「磨く」ことから

精米とは、玄米の外側部分を削り、白米にする作業のこと。米を削ることを蔵人《くらびと》は「磨く」と言う。

原料となる玄米の外側部分には、タンパク質や脂質が多く含まれている。タンパク質や脂質が多いと、麹菌《こうじきん》や酵《こう》母《ぼ》がどんどん増殖してしまい、蔵人が思った酒質にもっていくことが難しくなる。そのため、外側部分を削り、タンパク質や脂質を取り除くのだ。

どのくらい精米したかを表す数値を、精米歩合《せいまいぶあい》と呼ぶ(詳しくは上記参照)。我々が普段食べている米の精米歩合は95%程度で、玄米の殻を取ったもの。しかし、日本酒造り

A 醪《もろみ》を搾った際、酒が流れ出るタイミングで呼び名が違う。中取りとは中盤に出てくる酒で、最もバランスがよいとされている。

精米の仕組み（縦型精米機の場合）

1 玄米を入れる

自家精米を行う蔵は、玄米の状態で米を仕入れる。この玄米をタンクの上部から精米機に入れて、精米がスタートする。

2 米を磨く

精米機の中では金剛ロールと呼ばれる大きな砥石《といし》が回転しており、その砥石に触れることで米の外側が削られていく。

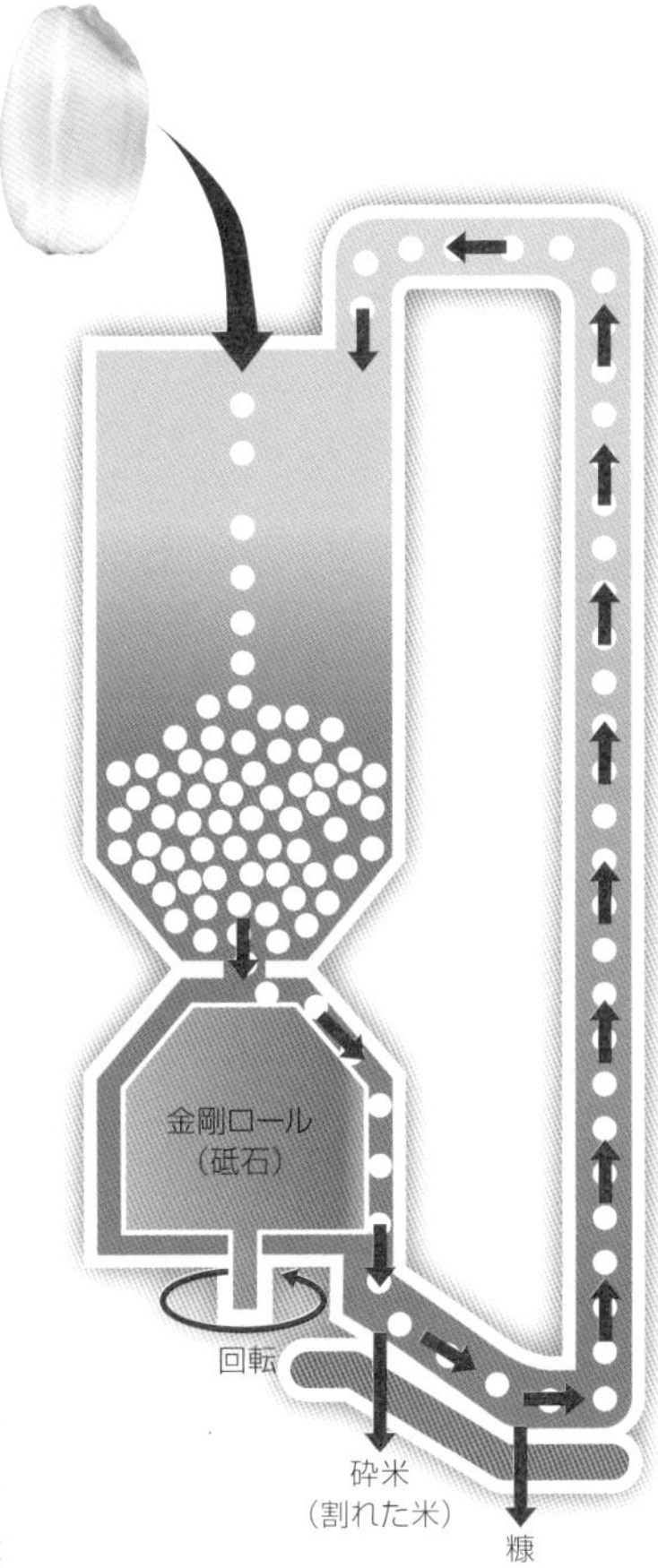

3 糠《ぬか》・砕米《さいまい》を分離する

糠や砕けた米がふるいにかけられて取り除かれる。糠は赤糠《あかぬか》、中糠《ちゅうぬか》、白糠《しろぬか》、上白《じょうしろ》糠《ぬか》と分類され、飼料や米菓子の原料などになる。

4 目標の精米歩合になるまで繰り返す

米は割れやすいため、一度に削るのではなく、精米機内を巡回させながら少しずつ何度も削る。

5 白米を取り出す

目標とする精米歩合になったら、精米機から米を取り出す。現在は全工程コンピュータ制御の精米機が多い。

column

扁平精米《へんぺいせいまい》とは？

どの部分も米の表面から等しい厚さに削り取る精米方法。球状に米を削る通常の精米（球形精米）より効率よく心白《しんぱく》を残すことができる。そのため、扁平精米の場合は、同じ割合で磨かれた球形精米の米より、数値の低い精米歩合のものと成分的に近くなる。

の場合は70％、60％、さらに大吟醸酒になると50％、40％、30％と米を磨いていく。

ある一定のところまでは、米を磨けば磨くほど酒質は向上するといわれるが、蔵人がどんな酒にしたいのかによって、最適な精米歩合はそれぞれ異なってくる。雑味の少ないすっきりとした味わいにしたければ精米歩合の数値を低くし、複雑で豊かな旨みを感じる味わいにしたければ精米歩合の数値を高くする。

精米歩合により、出来上がる日本酒の味わいや香りには大きな違いが出る。そのため蔵人は、目標とする酒質にするために、時には麹《こうじ》用と仕込み用の精米歩合を変える技も使い、どの程度精米するのかを細やかに調整していくのだ。

STEP 2

洗米・浸漬《しんせき》

～白米を洗い、吸水させる～

「どのくらい水を吸わせるか」秒単位で進む繊細な作業

精米された白米は、一定期間休ませた後、糠《ぬか》などを洗い落とす洗米と、水分を吸わせる浸漬の作業に入る。

高度に精米された米は割れやすく、水を吸うスピードが速い。割れた米や吸水しすぎた米を蒸すと、蒸し米はべたついたものになってしまう。蒸し米の出来具合は、その後の麹《こうじ》作りに影響を与え、最終的には酒質にも影響を与える。そのため、洗米・浸漬の作業は、繊細で厳密な管理のもとに行われる。

吸水率の管理の要になるのが浸漬の作業。吟醸酒用などの高度に精米された米の場合、秒単位で浸漬時間を計測し、厳密に管理する限定吸水で、理想の吸水率になるようコントロールしている。

さらにいえば、吸水率の管理は浸漬作業だけではない。例えば洗米前の「枯《か》らし」もそのひとつ。

精米直後の白米は摩擦《まさつ》による熱を帯び、水分も奪われている状態。そのまま水に漬けると、米が割れやすく、吸水にもムラができてしまう。

そのため一定期間休ませる枯らしによって温度を下げ、白米内部の水分を均一化し、吸水率を管理しやすいように状態を整えているのだ。もちろん、実際に白米を水に浸けて洗う洗米作業の時間も、吸水時間に勘案《かんあん》されている。

原料処理の段階から、理想とする酒を醸《かも》すための作業は始まっているのだ。

洗米・浸漬の工程

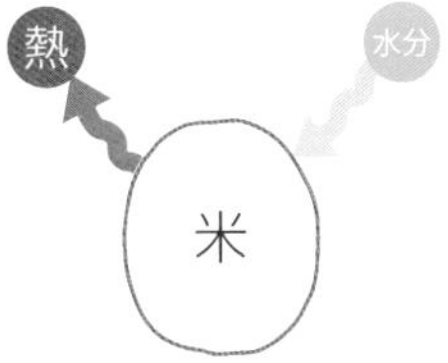

枯らし

精米による摩擦熱を下げ、熱によって奪われた白米の水分量を落ち着かせるために、精米後2～3週間、冷暗所で保管される。

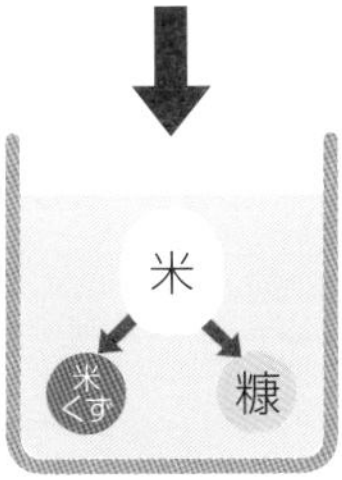

洗　米

白米の表面についている糠や米くずを洗い落とす作業。精米された米は割れやすいため、米が傷まないように細心の注意が払われる。

洗米方法いろいろ

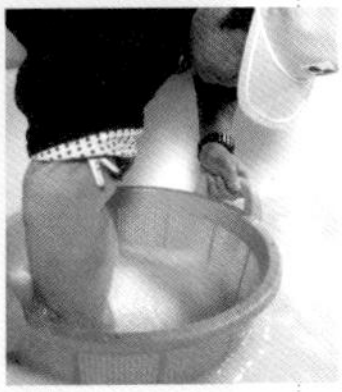

昔ながらの人の手による洗米(写真右)は、寒い冬の過酷な作業。最近では米が傷まない洗米機(写真上)が登場し、蔵人《くらびと》の負担を和らげている。

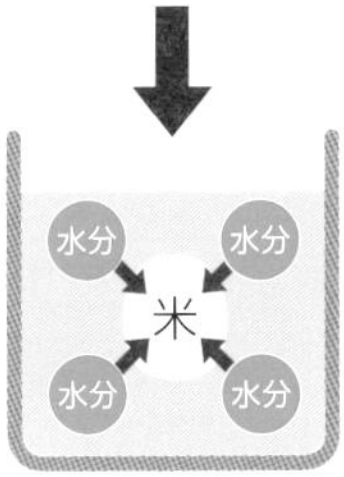

浸　漬

洗米後すぐに白米を浸漬用の新しい水に浸け、米の重量に対して30％程度の水を吸わせる。浸漬用の水の水温は10～15℃が一般的。

浸漬の方法いろいろ

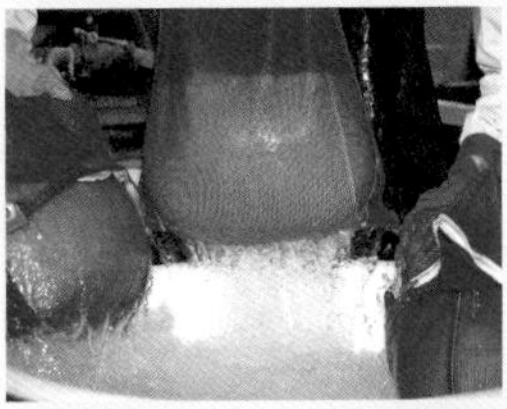

浸漬具合の確認には、袋に入れた米を浸漬して重さを量る方法(写真上)や、黒い皿の上に何粒か米を並べて目視で確認する方法(写真右)などがある。

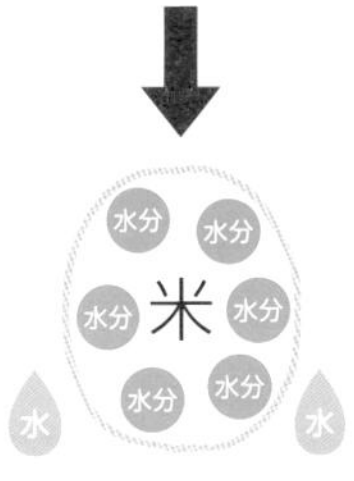

水切り

予定の浸漬時間になったら余分な水を切る作業を行う。水切りの時間は浸漬時間や洗米した時刻、次の蒸し時間によって異なる。

精米のPOINT 限定吸水

精米《せいまい》歩合《ぶあい》の数値が低いよく磨かれた米は、急速に水を吸う。そのため、ストップウォッチで計測しながら秒単位で浸漬時間を管理し、吸水をコントロールするのだ。吸水の速度は気温や湿度、水温などさまざまな条件によって異なる。浸漬時間はその日の条件に合わせて、蓄積した計測データや経験を基に杜氏《とうじ》が決定する。

STEP 3

蒸し

～白米から蒸し米へ～

蒸し米の出来具合が その後の工程に影響を及ぼす

浸漬《しんせき》を終えて水を含んだ白米は、仕込み時期の早朝、蒸しの工程に入る。米を蒸す目的は、米をα《アルファ》化（糊化《こか》）すること。生の米はデンプン質が結晶状に詰まっているが、蒸すことによって結晶状のデンプン質に水と熱が加わり、ほぐれて隙間《すきま》ができる。このα化をすることで、デンプン質が糖化《とうか》しやすくなるのだ。

米を蒸すのに使われる昔ながらの道具が甑《こしき》。大きな和釜《わがま》で湯を沸かし、その上に甑をのせ、底にあいている穴から内部に蒸気を送り込む仕組みで、大きなセイロのようなものと考えるとわかりやすい。

蒸し上がった米はさまざまな用途に使われる。麹《こうじ》作り（⬇P.68）に使われる蒸し米は麹米《こうじまい》、酒母《しゅぼ》造

Ⓐ 特定名称酒は大吟醸酒、純米酒、本醸造酒など8種類。特定名称の規定からはずれたものの総称が普通酒だ。

蒸しのPOINT

外側は硬く 内側は柔らかく

蒸し米の理想は「外硬内軟」。つまり米の外側は硬く、内側は柔らかい状態がよいということ。そのためには適度に乾いた、高温の強い蒸気で蒸すことが必要だ。

甑の仕組み

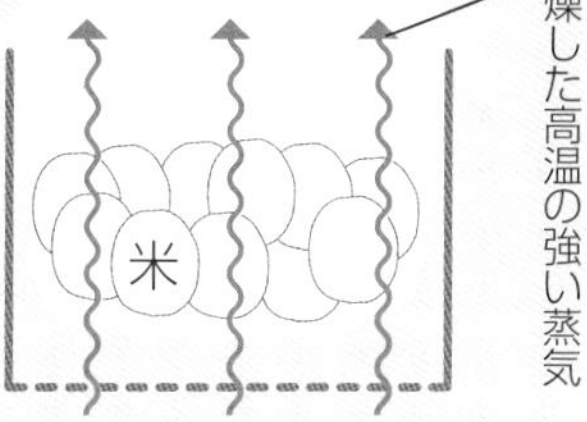

column

蔵人の負担を軽減する機械化

100℃を超える蒸し米を甑から掘り出し、運び、広げて冷却する作業はかなりの重労働。そこで登場したのが、蒸し米から冷却まで行える連続式蒸米《じょうまい》機《き》だ。さらに仕込み用の蒸し米は、仕込みタンクまでつないだ管で空気圧を使って運ぶエアシューターを使うことも多い。

↑エアシューターの管　→機械化といっても、蒸し米の状態や冷却具合は蔵人によってその都度チェックされる

りや仕込みに使われる蒸し米は掛《か》け米《まい》と呼ばれているが、1回の仕込みで、酒母用、初添《はつぞ》え用、仲添《なかぞ》え用、留添《とめぞ》え用と、それぞれに麹米と掛け米が使われるため（⬇P.76）、8つの用途の蒸し米が必要となるのだ。

なぜ米を「炊く」のではなく「蒸す」のだろうか。その理由は米を「外硬内軟《がいこうないなん》」に仕上げるためである。外側が硬い蒸し米は、麹作りの際にほぐしやすく、仕込みにおいては醪《もろみ》に溶ける速度を調整しやすい。また、内側が柔らかいと麹作りにおいて麹菌《こうじきん》が菌糸《きんし》を米の内部まで伸ばしやすい。

蒸し米の出来は、次の作業、ひいては酒質を大きく左右する。そのため蔵人《くらびと》は米の蒸し具合に神経を使う。途中で状態を確かめながら、蒸しの作業は進められる。

蒸しの工程

↑大きな和釜《わがま》で湯を沸かし、全体に蒸気がゆきわたったところで「モッコ」と呼ばれる機械を使い白米を甑に移す。和釜の代わりにボイラーの蒸気を利用する甑を使う場合もある

甑《こしき》の中に浸漬《しんせき》を終えた生米を入れ、強い蒸気で蒸し上げる。蒸し時間は40 ～ 60分程度かかる。

蒸し

蒸し米掘り

蒸し上がった米は、専用のスコップで甑から掘り出される。現在は「モッコ」を使う蔵も多い。

↓熱い蒸気が立ち上る甑から蒸し米を掘り出す作業は重労働だ

column

蒸し具合のチェック

蒸しの時間は40～60分程度が一般的。麹《こうじ》用、酒母《しゅぼ》用、仕込み用、それぞれの工程に最適な蒸し米になるよう、途中で蔵人《くらびと》が蒸し具合をチェックして蒸し上がりのタイミングを決定するのだ。

↑蒸し米をこねて「ひねり餅《もち》」と呼ばれる餅状のものを作る場合も

column

清潔に保たれる道具たち

酒造りの現場は、清潔第一。蔵内の床は水洗いされており、蔵人たちは蔵に入る際、専用の履き物に履き替える。使用するさまざまな道具も、使った後は釜に残った熱湯などを使って洗われ、常に清潔に保たれる。

↑米を甑に運ぶモッコを洗う作業。酒造りには大量の布が使用される

布の上に蒸し米を広げて手でほぐし、用途ごとの所定の温度になるまで冷《さ》ます。現在は放冷機を使う蔵も多い。

↑布の上に蒸し米を広げて、自然の冷気で冷ますのは昔ながらの方法だ

↑まだ熱い蒸し米を蔵人たちは素手で素早く丁寧に広げていく

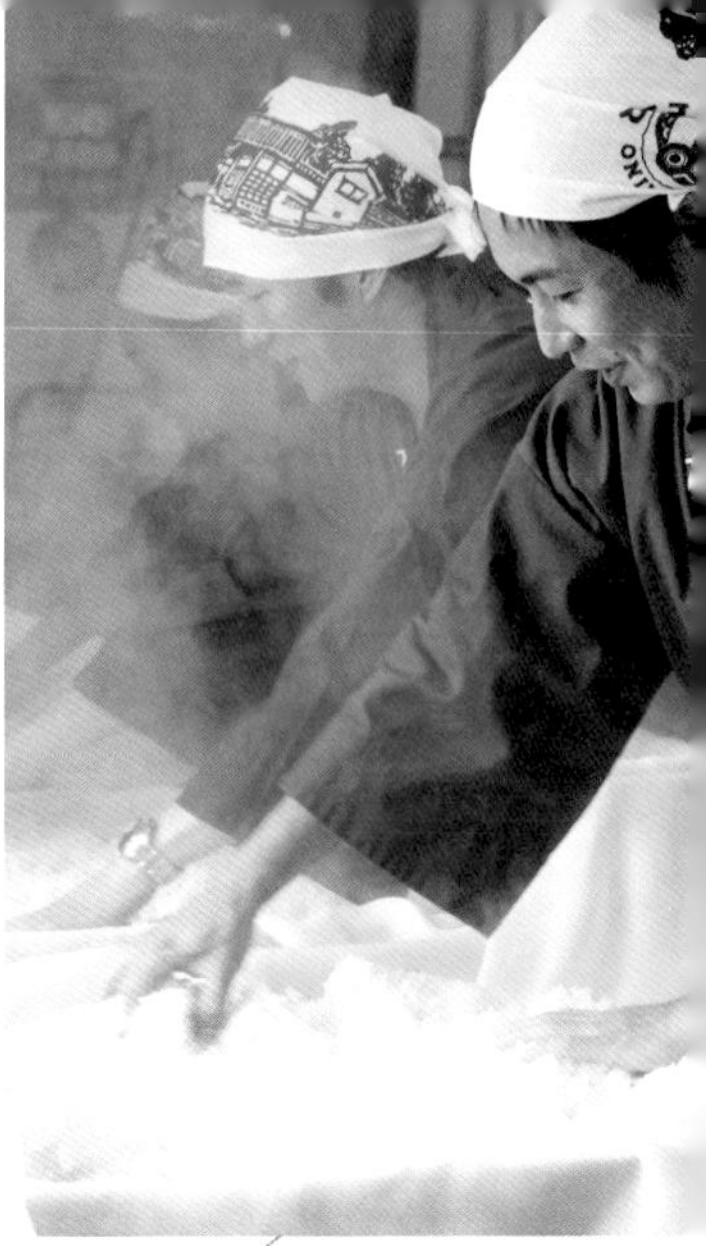

運ぶ → 放冷

Photo by Sadamu Saito

STEP 4 製麹《せいきく》へ

STEP 5 酒母造りへ

Photo by Sadamu Saito

STEP 6 仕込みへ

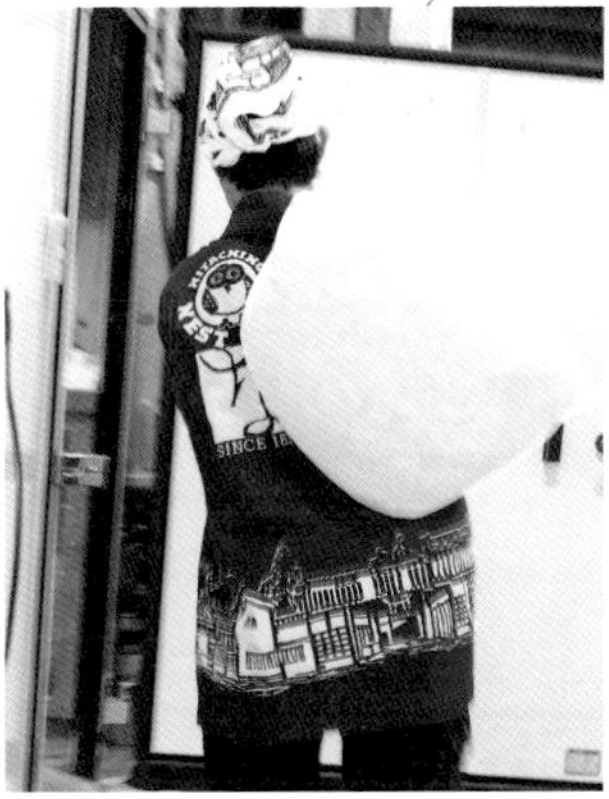

掘り出された蒸し米は桶や布などに入れられ、蔵人の手によって各冷却場所へと運ばれる。

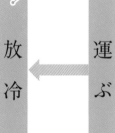

Photo by Sadamu Saito

STEP 4

製麹《せいきく》

～蒸し米から麹《こうじ》へ～

「一麹、二酛《もと》、三造り」といわれる日本酒造りの要となる作業

麹を作ることを製麹という。昔から「一麹、二酛、三造り（醪《もろみ》）」といわれ、製麹は日本酒造りにおいて最も重要な工程だと言う人も少なくない。

麹とは、蒸し米に麹菌《こうじきん》の菌糸《きんし》を繁殖させたもの。米は糖分を含んでいないため、そのままの状態では発酵することができない。そこで、まずは米のデンプン質を糖分に変える糖化《とうか》が必要になる。デンプン質を糖化させる酵素を多量に生産する麹は、糖化に欠かせないものなのだ。

製麹はカビの一種である麹菌を繁殖させる作業なので、繁殖が進みやすい温度である35℃前後の高温に保たれた麹室《こうじむろ》と呼ばれる専用の部屋で行われる。この麹室の

Ⓐ 日本酒に含まれる乳酸、コハク酸、クエン酸、リンゴ酸等の量。酸が多い＝すっぱい、ではなく味の濃淡の目安とされる。

製麹のPOINT 破精《はぜ》

麹菌の菌糸の繁殖具合を破精と表現する。菌糸が米の内部まで深く食い込んでいるのが理想とされ、よい破精具合には、総破精型と突き破精型のふたつのタイプがある。

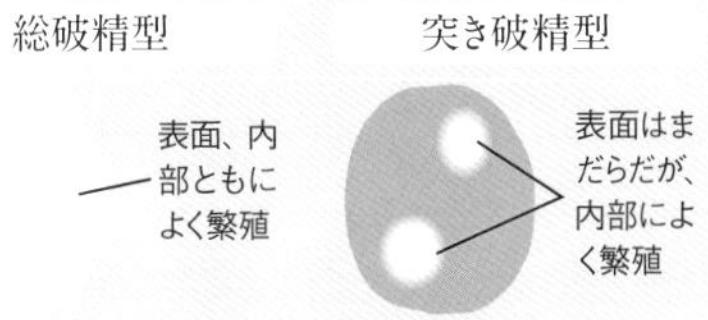

総破精型：酒母《しゅぼ》用や濃醇《のうじゅん》タイプの酒に使われる

突き破精型：軽快な淡麗タイプの酒や吟醸酒に使われる

column

製麹の道具いろいろ

製麹に用いる道具は、製法により異なる。昔ながらの道具は麹蓋《こうじぶた》と呼ばれる小型の杉の木箱。麹蓋より大きい木箱の麹箱《こうじばこ》、さらに多くの麹作りが可能な麹床《こうじどこ》や自動製麹機《せいきくき》がある。

1 麹蓋の一般的なサイズは45×30cm程度　2 麹蓋をそのまま大きくした形の麹箱　3 麹室に設けられた麹床　4 温度調整も自動で行われる自動製麹機

中で「もやし」とも呼ばれる種麹《たねこうじ》の胞子を蒸し米に振りかけ、温度や水分を調整しながら、48時間余りの時間をかけて麹は作られる。

麹が出来上がるまでの間、蔵人《くらびと》たちは昼夜を問わず、高温になりすぎるのを防ぐために手でほぐしたり、乾燥から守るために布をかけたりといった作業を繰り返していくのだ。

↑種麹は麹菌を繁殖させたもの。これをふるいにかけ、胞子を蒸し米に振りかける

製麹《せいきく》の工程

↓かたまりになっている蒸し米をくずし、手で一粒一粒にほぐしていく

35℃前後に冷《さ》まされた蒸し米を麹室《こうじむろ》に運び込む。布をかけて1～2時間置き、蒸し米の温度を一定にする。

床もみ後に積み上げられた蒸し米は10～12時間経つと米同士がくっつき固まるので、かたまりをほぐしてもみ合わせる。

引き込み → 1~2時間後 → 床《とこ》もみ → 10~12時間後 → 切り返し → 10~12時間後 → 盛り → 7~9時間後 → 仲《なか》仕事

蒸し米を床一面に広げ、広げた蒸し米に麹《こうじ》菌《きん》をまんべんなく振りかけ（種付《たねつ》け、種切《たねき》りという）、均一になるように、もみながら混ぜ合わせる。

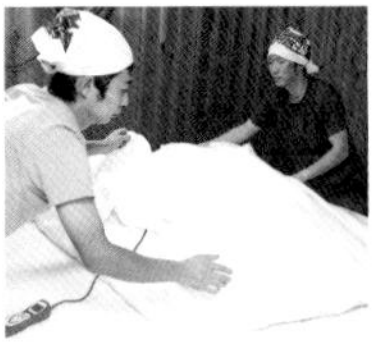

↑麹菌を振りかけたらよくもみ、適温になったら積み上げて布をかぶせる

column

種付けは杜氏《とうじ》の経験と勘が頼り

蒸し米にどの程度麹菌を振りかけるかは、麹の破精《はぜ》具合を左右する重要な要素。使用する種麹《たねこうじ》の種類や振りかける量は、目指す酒質によって異なる。とはいえ相手は麹菌という微生物。マニュアル通りにうまくいくものではない。種付けは経験と勘が頼りとなる、杜氏の腕の見せどころだ。

温度が35℃前後になった蒸し米を撹拌《かくはん》。温度を下げて均一化し、6～7㎝の厚さにする。

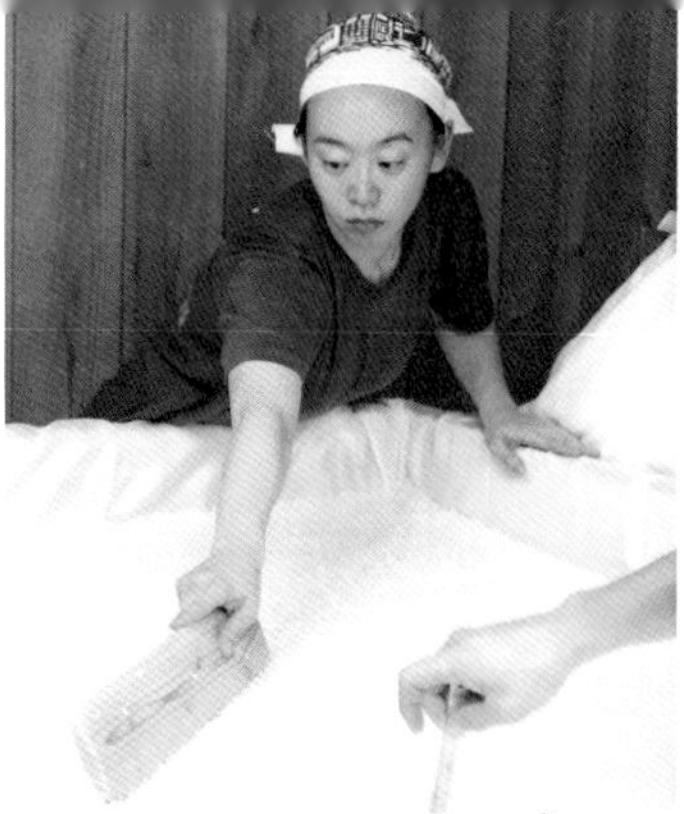

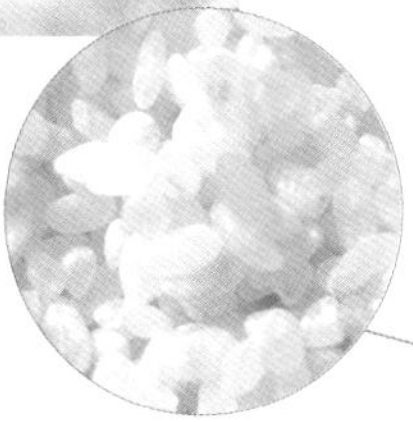

麹菌の増殖による発熱で温度が高くなりすぎるのを防ぐため、一定量ずつ箱などに入れ、温度調節しやすい形にする。

6~7時間後

仕《し》舞《まい》仕事

39℃前後に温度が上昇した蒸し米を再度撹拌。蒸し米を広げ、溝を作って余分な水分を蒸発させる。

8~12時間後

出《で》麹《こうじ》

麹が理想の状態に出来上がったら、それ以上麹菌が繁殖するのを防ぐため麹を麹室から出す。

枯《か》らし

麹室から出された麹は、広げられ、余分な熱や水分を放出しながらひと晩ほど寝かせられる。

STEP 5 酒《しゅ》母《ぼ》造りへ

STEP 6 仕込みへ

STEP 5

酒《しゅ》母《ぼ》造り

〜酵《こう》母《ぼ》を増やす〜

酵母を大量に培養した発酵のスターターを造る

酒母は酛《もと》とも呼ばれる。米を日本酒へと醸《かも》す際に必要な糖化《とうか》、発酵のうち、麹《こうじ》が糖化を司る重要な要素なら、酒母は発酵を担う重要な要素といえる。

酒母造りとは、次に行われる仕込みの段階で大量の米を発酵させるための酵母を培養する作業のことだ。

日本酒造りに使われる酵母は、雑菌などには弱いが、酸性には強いという特性をもつ。この特性を生かして酒母造りは進められる。具体的には、乳酸の強い酸性の力を借りて雑菌などの繁殖を防ぎ、その環境のな

Ⓐ 55〜58℃と高温で酒母造りを行い、酵母を一気に培養する方法。

酒母造りのPOINT 生酛系酒母と速醸系酒母

乳酸を得る方法によって、酒母は大きく2タイプに分けられる。天然の乳酸菌から乳酸を得るのが生酛系酒母、最初から醸造用の乳酸を添加するのが速醸系酒母だ。生酛系酒母は、山卸し（酛摺り）作業を行うかどうかによって、さらに生酛と山廃酛のふたつに分かれる。生酛系酒母は手間もコストもかかるが、独特の濃醇《のうじゅん》な味わいを醸し出す傾向がある。

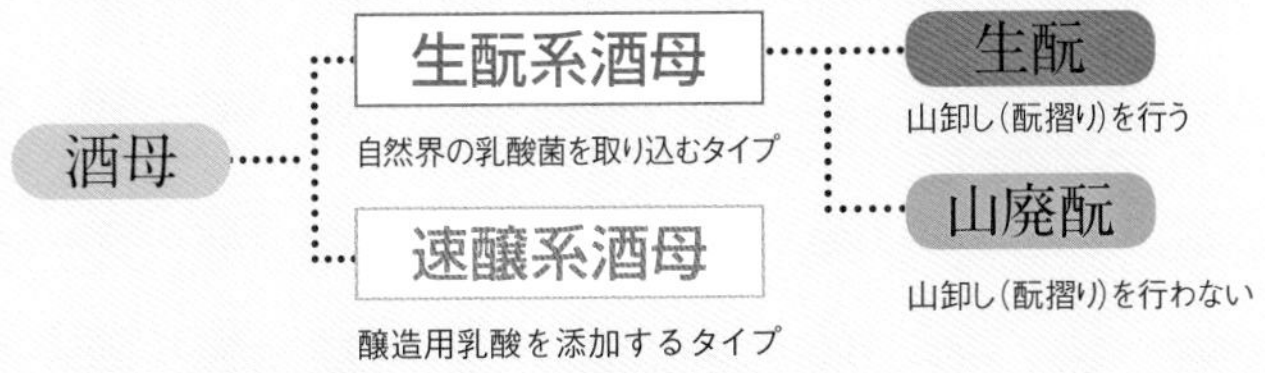

生酛系酒母と速醸系酒母の特徴

	生酛系酒母		速醸系酒母	
仕込み温度	低い	安全のため一般的に5℃前後の低温で仕込まれる。	高い	一般的に20℃前後と生酛系酒母に比べて高温で仕込まれる。
育成期間	長い	乳酸菌の育成期間が必要なことと、低温で仕込まれるため育成期間が長い（30日前後）。	短い	乳酸菌の育成期間が不要なことと、仕込み温度が高く蒸し米の糖化などが早く進むため育成期間が短い（14日前後）。
リスク	高い	さまざまな微生物が関与するため、一定した品質を得るためには管理に手間や技術を要する。	低い	最初から乳酸を加えタンク内を酸性にするため他の微生物が繁殖するリスクが低く、一定した品質が得られやすい。
コスト	高い	育成期間が長いため手間などがかかる。	低い	育成期間が短いためコストが抑えられる。
酒　質	濃醇	乳酸菌が乳酸以外にもさまざまな成分を生み出すため、速醸系酒母より濃醇な酒質になる傾向がある。	淡麗	乳酸菌による副産物などの影響がないため、生酛系酒母に比べ淡麗な酒質になる傾向がある。

かで、酸性に強い酵母が、麹によって糖化された糖分を分解し、増殖していくのだ。

酒母には製法の違いによっていくつかのタイプがある。昔ながらの手法で造られる酒母が生酛《きもと》。麹と蒸し米と水を混ぜ、櫂《かい》と呼ばれる道具で摺《す》りつぶす「山卸《やまおろ》し（酛摺《もとす》り）」を行いながら、空気中に漂う天然の乳酸菌を取り込む手法で造られる。山卸しは昼夜を問わず3〜4時間ごとに行われる、とても手間のかかる作業だ。そしてこの山卸し作業を廃止（省略）して造られる酒母が、山廃《やまはい》酛《もと》である。これらふたつのタイプを生酛系酒母と呼ぶ。

対して、最初から醸造用の乳酸を添加して造られるのが速醸《そくじょう》系酒母。酒母の育成期間が短く、一定した品質が得やすいため、現在市販される日本酒の約90％が速醸系酒母で造られている。

酒母《しゅぼ》造りの工程

汲みかけ

速醸系酒母と山廃酛では、下部に細かい穴があいた「汲みかけ器」と呼ばれる筒を酛《もと》が入っているタンクに入れ、浸み出した酵素液を上からかけて酵素の働きを促進させる。

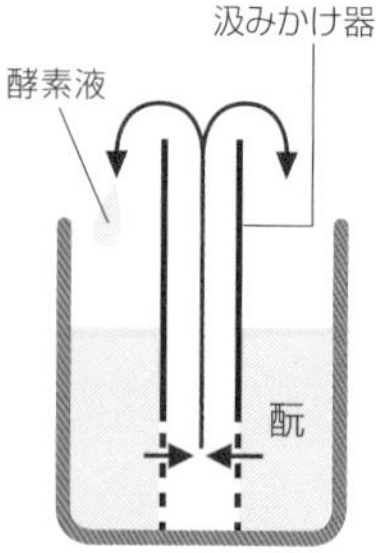

仕込み(速醸系)

速醸系酒母は、麹《こうじ》、蒸し米、水に加え、醸造用の乳酸と酵母《こうぼ》も同時に仕込まれる。

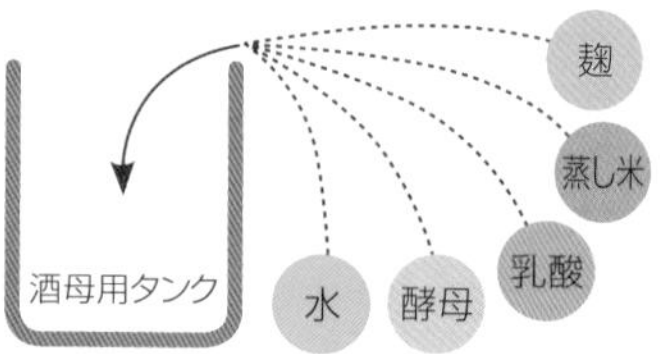

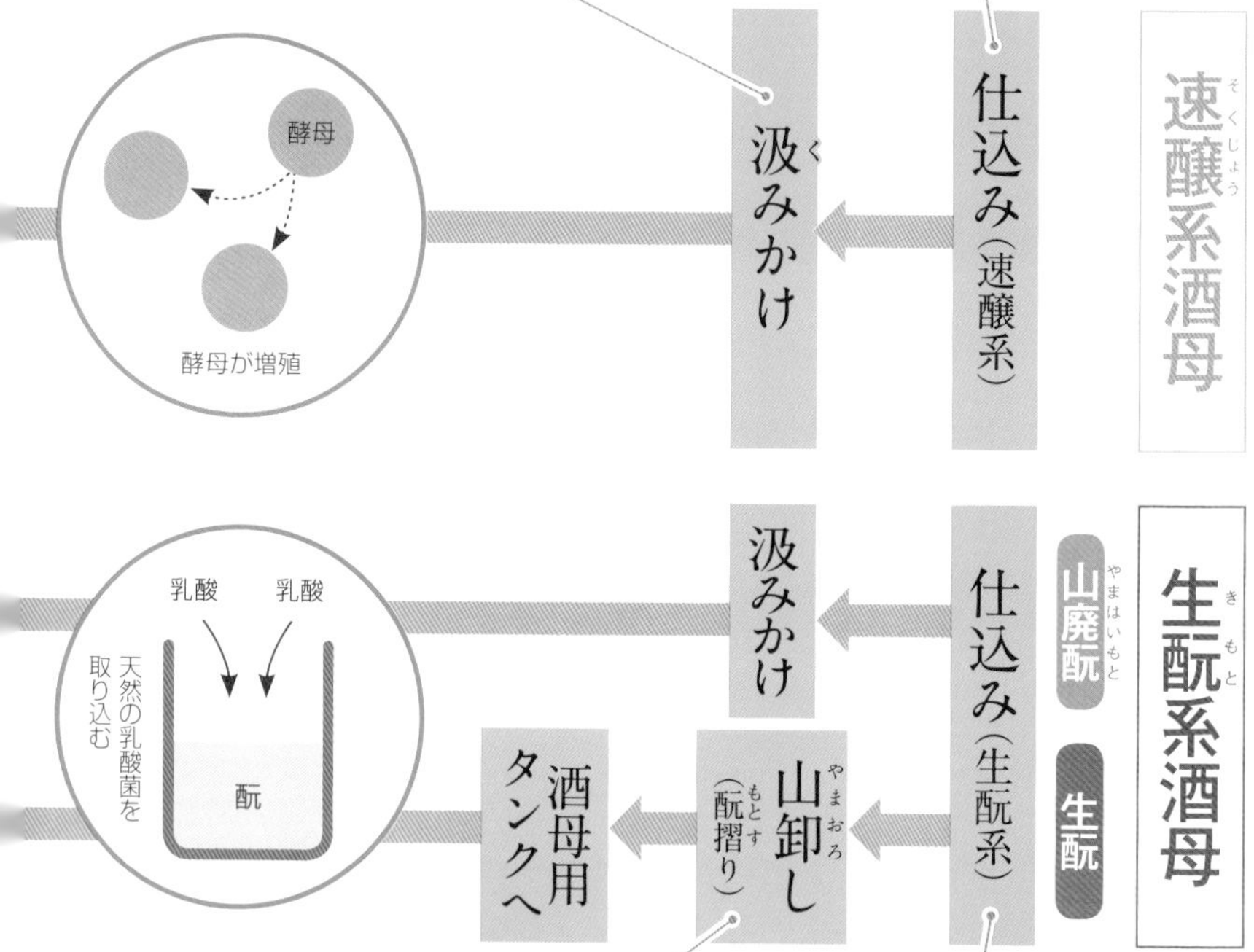

仕込み(生酛系)

麹、蒸し米、水のみで仕込まれる。生酛は山卸しを行うため半切り桶で仕込む。

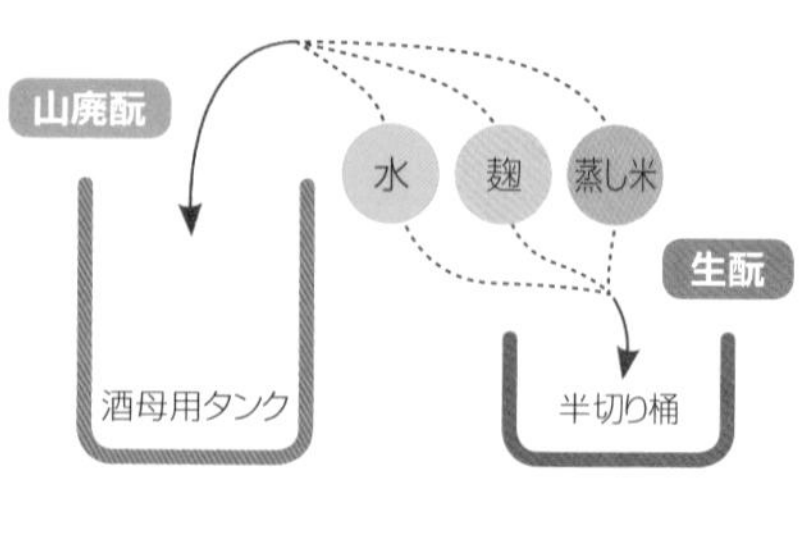

山卸し

櫂《かい》という道具で酛を摺《す》りつぶす作業。ふたり一組で3～4時間ごとに行われる。

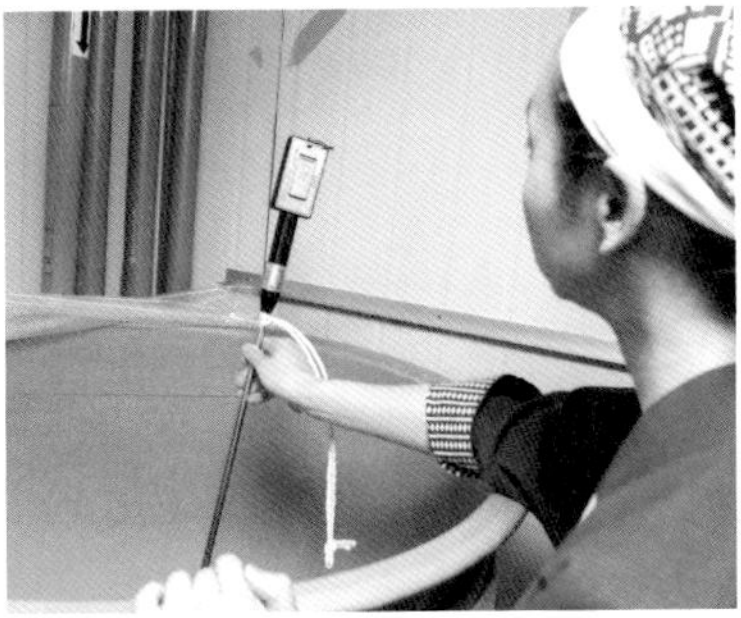

温度管理

酒母造りの全工程で温度管理を行う。暖《だ》気《き》樽《だる》という道具（写真上）が使われる。

酒母完成 → 14日後 → 仕込みへ

酵母添加

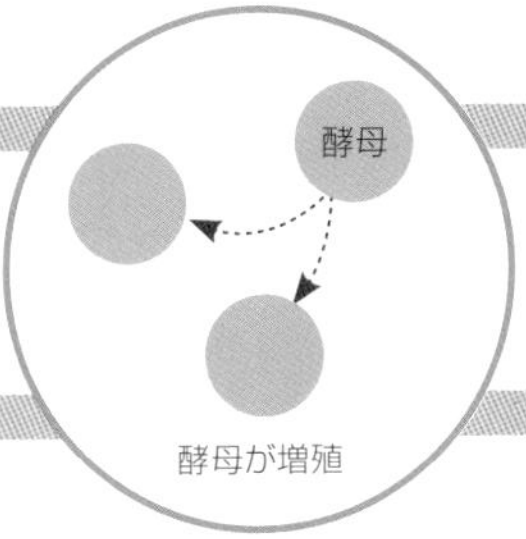

→ 30日後 → 酒母完成 → STEP 6 仕込みへ

櫂《かい》入《い》れ

温度管理と同様、酒母造りの工程では蔵人《くらびと》がこまめに状態をチェックし、必要に応じて櫂で攪拌《かくはん》する。酵母が順調に増殖するよう、常に気を配っているのだ。

STEP
6

仕込み

～醪《もろみ》を造る～

少しずつ確実に進められる日本酒独自の三段仕込み

麹《こうじ》、酒母《しゅぼ》が完成すると、いよいよ本格的な発酵段階である仕込みに入る。仕込みとは、酒母に麹、蒸し米、水を加えて醪を造る作業である。

日本酒は、糖化《とうか》と発酵が同時に進む並行複発酵《へいこうふくはっこう》で造られる酒。ひとつのタンクの中で、麹が作る酵素がデンプン質を糖分へと分解し、酵母《こうぼ》がその糖分を分解してアルコールを生成する。この独特の発酵方法を確実に行うために、江戸時代から一般的に行われてきたのが、三段仕込みと呼ばれる日本酒独自の仕込み方法だ。三段仕込みでは、1回で仕込みを終わらせず、通常4日間で3回に分けて仕込みを行う。まず1日目の「初添《はつぞ》え」では、酒母に対し、約2倍量にあたる麹、蒸し米、水を加える。2日目は「踊り」として何も加えず、酵母の増殖を促す。そして3日目の「仲添《なかぞ》え」で初添えの約2倍量の麹、蒸し米、水を加え、さらに4日目は「留添《とめぞ》え」として仲添えの約2倍量の麹、蒸し米、水を加えていくのだ。発酵が進む間、発酵熱により醪の温度は徐々に上がっていく。一般的に醪の温度が低いほどゆっくり発酵が進むとされ、吟醸造り（⬇P.90）には長期低温発酵の手法が用いられる。蔵《くら》人《びと》は発酵の進み具合を調整し、出来上がる酒質をコントロールするため、醪の状態をこまめにチェックし、温度調節を欠かさない。

A 15～16%のものが多く、18%以上の原酒や10%以下の低アルコール酒もある。ちなみにビールは5%前後。

三段仕込みの工程

仕込みのPOINT

小分けに仕込む

3回と小分けに仕込む三段仕込みが行われる最大の理由は、醪の中の酵母や乳酸を確実にゆっくり増殖させることにある。少量ずつ仕込むことで、酵母や酸が薄まりすぎることなく優勢な環境を保ち、雑菌などの繁殖を防ぐことができるのだ。

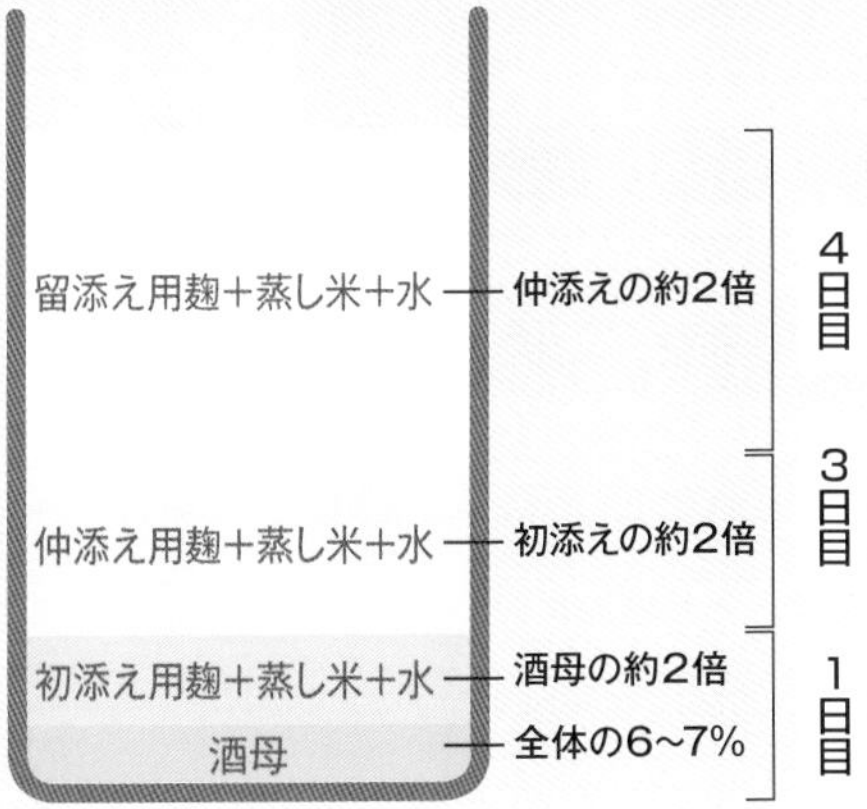

醪の変化の様子 （泡あり酵母使用の場合）

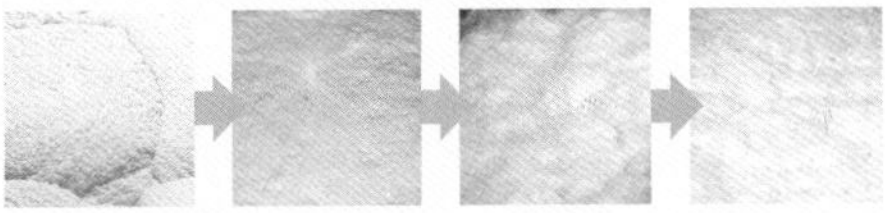

筋泡《すじあわ》
留添え後2～3日で表面に数本の泡の筋が現れる

水泡《みずあわ》
留添え後3～4日で白く軽い泡が表面に広がる

岩泡《いわあわ》
泡が高くなりはじめ、岩のような形になる

高泡《たかあわ》
発酵のピークを迎え、さらに泡が高くなる

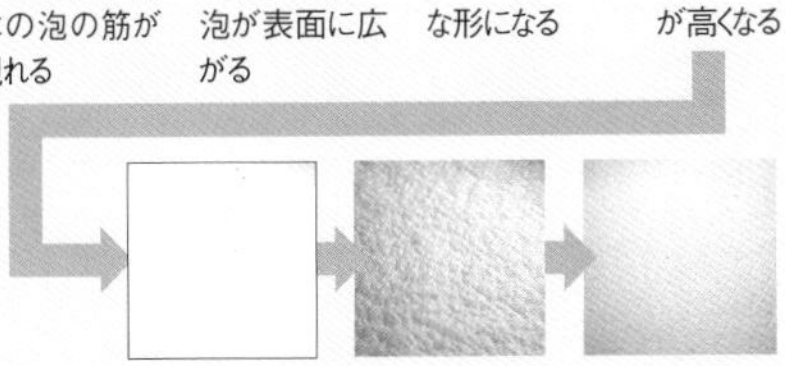

落泡《おちあわ》·引泡《ひきあわ》
泡の高さが次第に低くなり、泡の状態が落ち着く

玉泡《たまあわ》
泡が落ち着き、丸い泡が表面に浮かんでくる

地《じ》
発酵が止まると、玉泡が消え、表面が平らになる

初添え 1

1日目は、酒母に初添え用の麹、水、蒸し米を加える。加える量は酒母が全体の6～7％程度、麹、水、蒸し米は酒母の約2倍量。

踊　り 2

初添えの翌日である2日目は、醪に何も加えず休ませる。この間に酵母を十分に増殖させて活性化を図る。

仲添え 3

3日目は、1日休ませて酵母を増殖させた醪に、仲添え用の麹、水、蒸し米を加える。加える量は初添えの2倍程度。

留添え 4

4日目、最後の留添え用の麹、水、蒸し米を醪に加える。加える量は仲添えの2倍程度となり、大量の麹、水、蒸し米が投入される。

醪の発酵 2週間～1カ月

留添え後、2週間～1カ月の時間をかけて醪は発酵する。その間、醪の表面は多彩な変化を見せる。

アルコール添加

醸造アルコールを添加する日本酒の場合は、上槽《じょうそう》する1日前～直前の醪の段階で添加される。

STEP 7 上槽へ

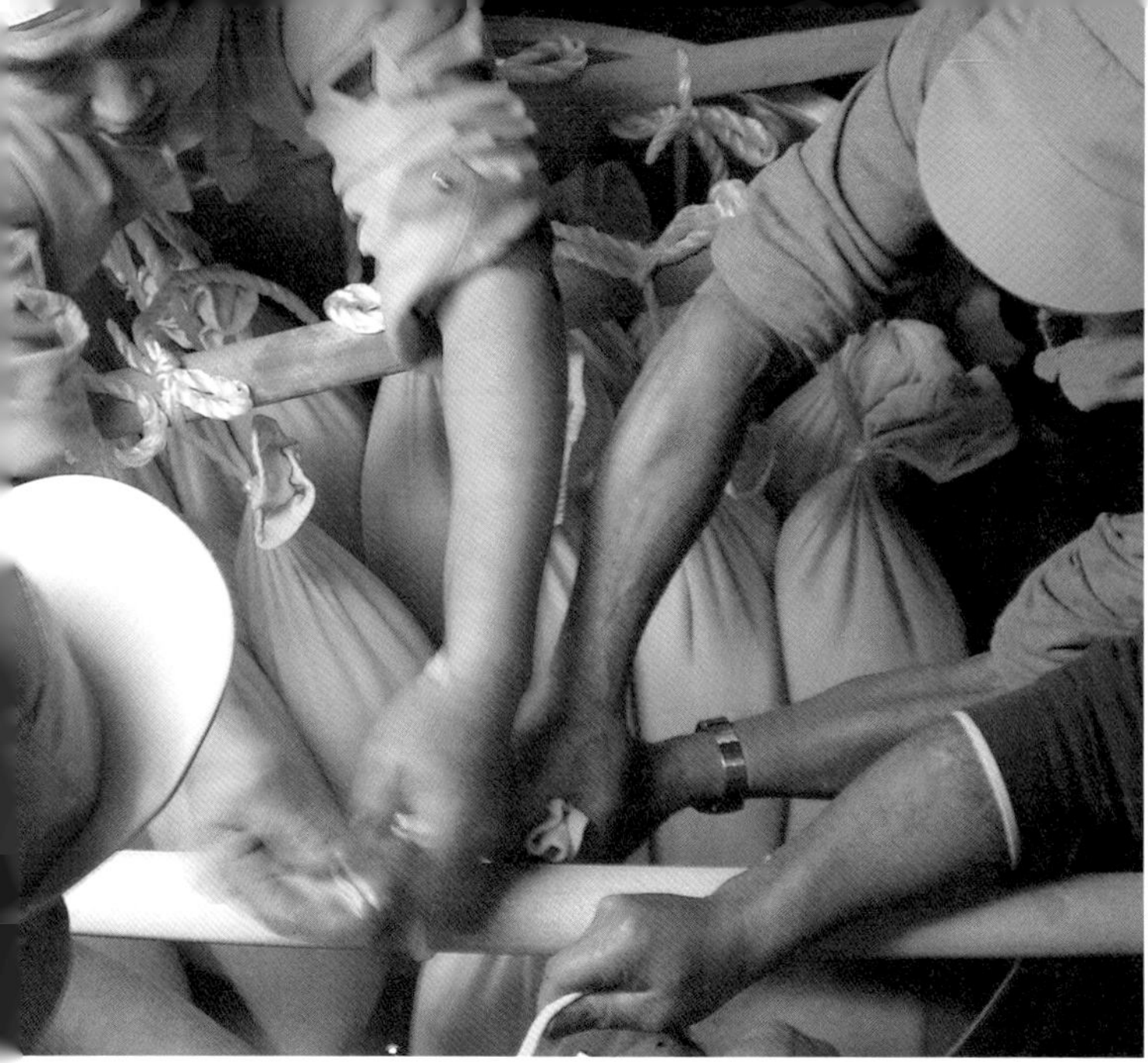

STEP 7

上槽《じょうそう》

～醪《もろみ》から原酒へ～

多様な要因から決定される「日本酒が生まれる瞬間」

　発酵が終わった醪を搾り、原酒と酒粕《さけかす》に分ける作業を上槽という。酒税法では「濾《こ》す」工程を行うことが清酒の条件。醪を搾ることで初めて酒と呼べるものが誕生するのだ。上槽のタイミングは、杜氏《とうじ》が醪の状態を確認し、成分の検査を行って決定する。上槽の方法は幾通りもあるが、主なものは槽《ふね》、袋吊《ふくろづ》り（雫《しずく》搾り）、自動圧搾機の3種類。搾る際にかかる圧力で比較してみると、圧力が強い順に自動圧搾機、槽、袋吊りという順番となる。かかる圧力によって、醪に含まれるさまざまな成分がどの程度原酒に移行するかが決まるため、上槽の方法によって出てくる酒の味わいは変わってくる。最近では遠心力を用いた遠心分離搾りがきれいな酒質の酒を生むと注目されている。

　さらに、上槽の方法だけでなく、搾りの段階によっても出てくる酒の味わいは異なる。搾りはじめに出てくるものは「あらばしり」、その後の安定した中間のものを「中取《なかど》り」、槽や自動圧搾機で後半に圧力を強めて搾り出すものを「責《せ》め」と呼ぶ。

　いつ搾るのかという上槽のタイミングに加え、搾る方法や搾り出されてくるタイミングなど、上槽による酒質への影響は実にさまざま。杜氏はこれら全ての要因を加味して、いつ、どのように上槽を行うのかを決定するのだ。

Ⓐ お屠蘇は邪気《じゃき》を払い、不老長寿を願うもの。ほかにも、ひな祭りの桃花酒《とうかしゅ》、秋の菊酒《きくざけ》など、季節の節目に飲む風習がある。

主な上槽の方法

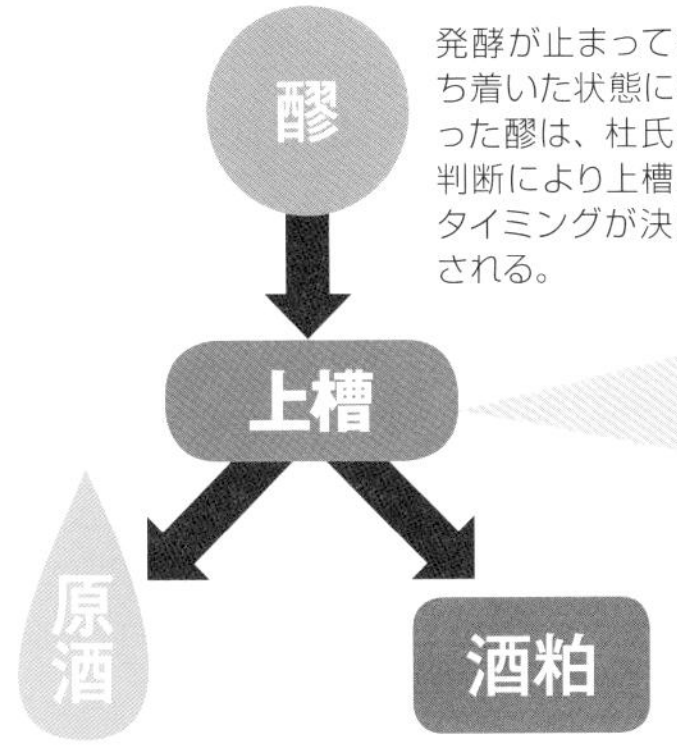

醪 発酵が止まって落ち着いた状態になった醪は、杜氏の判断により上槽のタイミングが決定される。

↓

上槽

↓

原酒 搾りたての原酒は新酒と呼ばれる。うっすら黄緑がかっており、蔵には華やかな香りが漂う。

酒粕 醪を搾った後に残る固形物。仕込んだ米全量に対する酒粕の重量比を粕歩合という。

上槽 のPOINT
搾りの段階による名称の違い

搾りはじめ

あらばしり

中取り

責め

搾り終わり

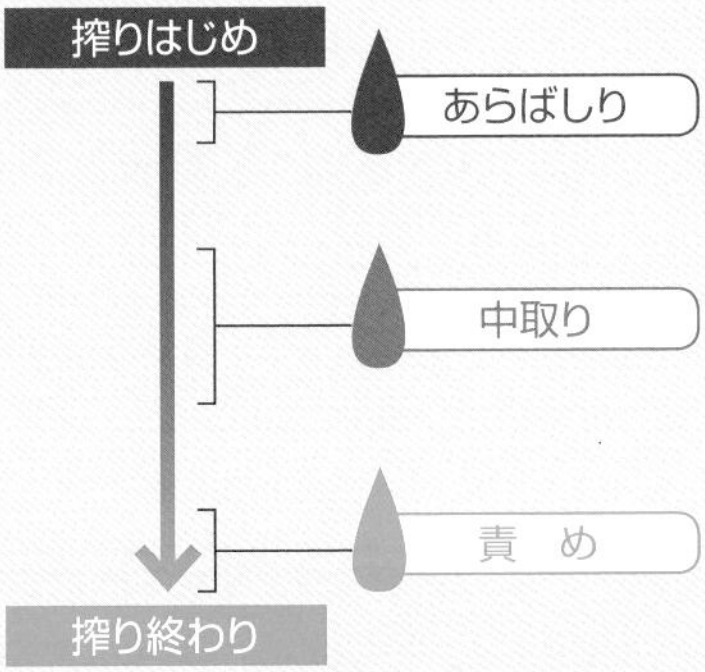

上槽のどの段階で出てきたかによって、酒の呼び方が変わってくる。搾りはじめから順に、あらばしり(荒走り、新走り)、中取り(中汲み、中垂れ)、責め(攻め、後取り)と呼ばれ、同じタンクの醪から搾った酒にもかかわらず、フレッシュ感や力強さなど味わいに違いが出る。

自動圧搾機

醪

酒粕

エアーでふくらむ

最も一般的な上槽方法で、「ヤブタ」と呼ばれる巨大なアコーディオンのような圧搾機が使われることが多い。上部から醪を注入し、空気圧で酒を搾り出す仕組み。安定した搾りが可能だ。

槽

圧力

醪

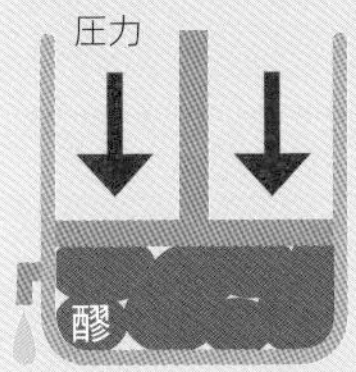

槽と呼ばれる舟型の容器に、醪を入れた酒袋を並べ、初めは醪の自重で、次にゆるやかに圧力をかけて搾っていく方法。昔ながらの搾り方で、高級酒の上槽に用いられることが多い。

袋吊り

醪

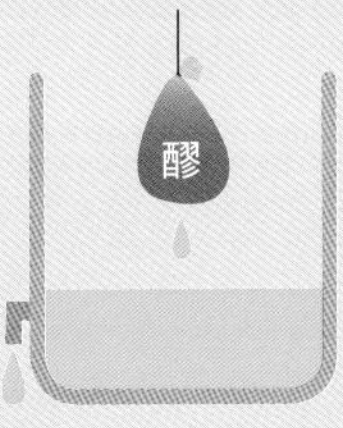

醪を入れた酒袋を吊るし、圧力をかけず自然にしたたり落ちる雫を集める方法。最も手間がかかる方法で、主に限定の大吟醸酒や鑑評会に出品するものなど、最高級品の搾りに用いられる。

もっと知りたい日本酒Q&A Q 元日のお屠蘇など季節特有のお酒の楽しみ方があれば教えて。

STEP 8

おり引き・濾《ろ》過《か》・火入れ・貯蔵 ～酒質の調整①～

搾った酒をどんな酒質にするか 酒質調整の第一段階

上槽《じょうそう》直後の搾りたての酒は、フレッシュで荒々しい味わいだ。この搾りたてをそのまま商品化した季節商品もあるが、ほとんどの酒は蔵人《くらびと》の目指す酒質に調整されてから出荷される。

上槽した酒をどのような味わいの日本酒として出荷するのか。上槽後に行われるさまざまな工程は、酒質を調整するための作業といえるだろう。

まず行われるのは、上槽した酒に浮遊しているおりと呼ばれる細かな固形物を取り除くおり引きの作業。その後、さらに細かいおりを完全に除去するために濾過が行われる。一般的な濾過は、酒に

おり引きから貯蔵まで

おり引き

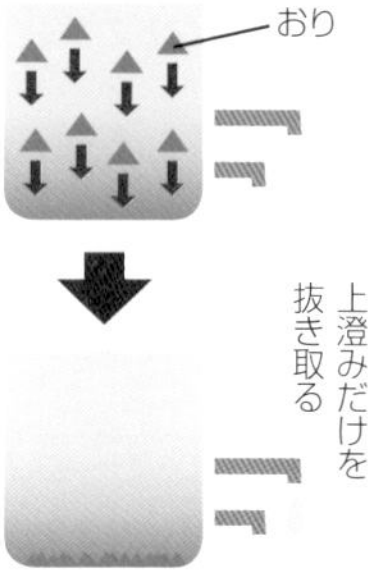

上槽後の原酒には、おりと呼ばれる細かい米や酵母《こうぼ》などの小さな固形物が浮遊している。タンクでしばらく原酒を放置し、おりが沈殿してから上澄み部分だけを抜き取ることでおりを取り除く。

おり引きしないと……

おりがらみ

おり引きで使用するものより下にある取り出し口から酒を抽出して、あえておりを混ぜたものをおりがらみという。

濾　過

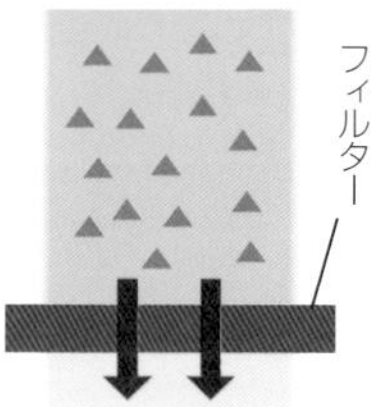

おり引き後、残っている細かいおりを完全に除去するために行われる。活性炭素を混ぜた酒を濾過機のフィルターに通すことで、細かいおりなどを取り除く。活性炭素を使用しない濾過もある。

濾過しないと……

無濾過《むろか》

無濾過のうち、活性炭素も濾過機も使用しないものは完全無濾過、活性炭素は使用せず、濾過機による濾過のみを行ったものは素濾過と呼ばれる。ただし、一般的には単に無濾過と表示される商品は、素濾過のものが多い。

A 「五百万石《ごひゃくまんごく》」、「美山錦《みやまにしき》」、「雄町《おまち》」などが代表的。また、風土に適した県独自の米を栽培しているところも。

活性炭素を入れてから濾過機のフィルターに通す方法で行われるが、活性炭素によって色や香りの一部も除去されるため、蔵ごとに活性炭素の種類や量を調整して、必要以上に香味が除去されないように工夫している。

また、活性炭素を使わず、濾過機のフィルターに通すだけの濾過（素濾過《すろか》）を行う酒もある。

次に行われるのは、火入れと呼ばれる低温加熱殺菌の工程。通常、火入れは2回行われるが、目的は酒に残っている酵素の働きを止め、酒の香味に異常をもたらす火《ひ》落《お》ち菌という悪性の乳酸菌などを殺菌すること。これにより酒を安定した品質に保つことができる。一方では、フレッシュな香味を残すことを目的に火入れをしないという選択肢もある。

酒造りが終わりを迎える春までに行われる工程は、ここで一段落する。通常、酒は秋口まで蔵の貯蔵庫で保管され、夏の間にじっくりと熟成される。

火入れ（1回目）

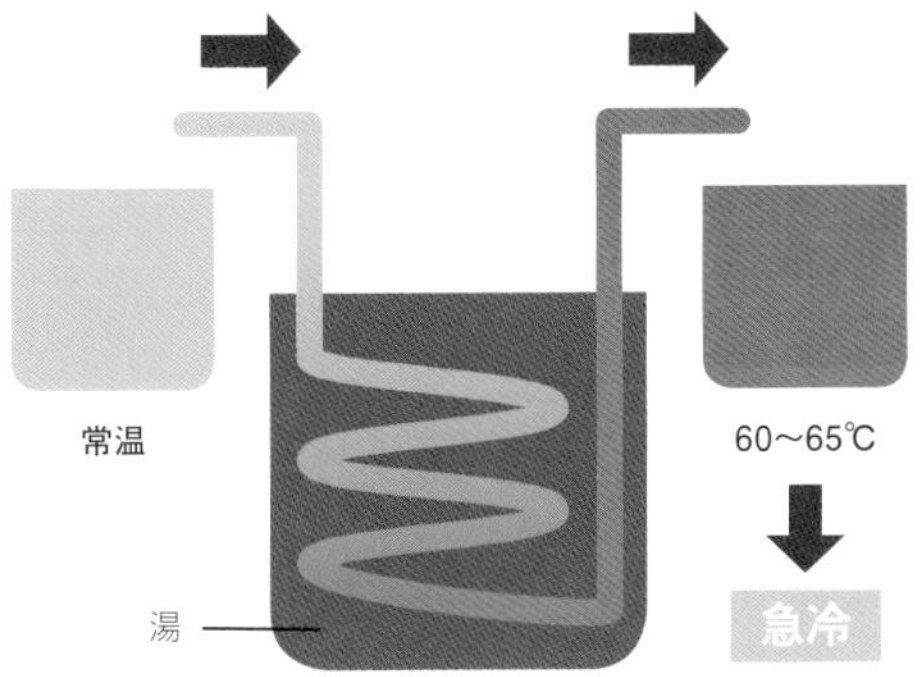

酒が通る管を湯にくぐらせ、酒を60～65℃に加熱し、低温加熱殺菌する。左図は蛇管《じゃかん》火入れの仕組み。湯と酒が通る管を網目状に張り巡らした、プレートヒーターによる方法もある。

1回目の火入れをしないと……

2回目も火入れしない→ 生酒《なまざけ》（本生《ほんなま》）

2回目のみ火入れする→ 生貯蔵酒

通常、火入れは貯蔵前と瓶詰め前の2回行われる。1回目も2回目も火入れしないものが本生、2回目のみ火入れしたものは生貯蔵酒。

貯　蔵

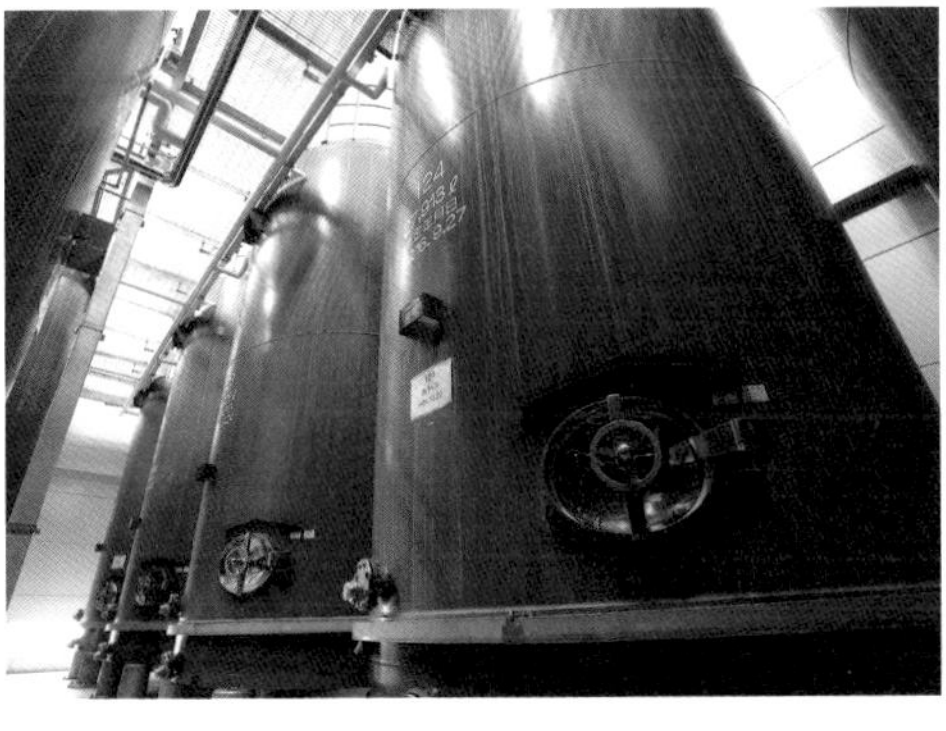

春に搾られた新酒は、通常秋まで貯蔵される。貯蔵することで熟成させ、酒質を落ち着かせるのだ。貯蔵の温度は一般的に15℃前後が理想といわれ、多くの蔵では温度管理された貯蔵庫で貯蔵している。

column

初呑《はつの》み切《き》りとは？

夏場に貯蔵中の酒を試飲して、品質や状態を確認する作業。昔は冷房設備もなく、秋口まで酒を出荷しなかったため、初呑み切りは非常に重要な作業だった。

STEP 9

調合・割り水・火入れ・瓶詰め ～酒質の調整②～

貯蔵後の酒を調整する 出荷前に行われる最終作業

貯蔵され、熟成された酒は、いよいよ出荷前の最終調整の工程に入る。

日本酒は麹菌《こうじきん》や酵母《こうぼ》など、生きた微生物の働きによって発酵するため、同じ原料を使い、同じ工程で造られた酒でも、タンクによって微妙に香味が異なってくる。

このタンクごとの違いをテイスティングによって見極め、目標とする酒質になるよう混ぜ合わせて調整するのが調合の作業。各蔵の香味に対するコンセプトがそのまま反映される重要な工程だ。

さらに、原酒に仕込み水を加えてアルコール度数を調整する割り水の作業が行

調合から瓶詰めまで

調合

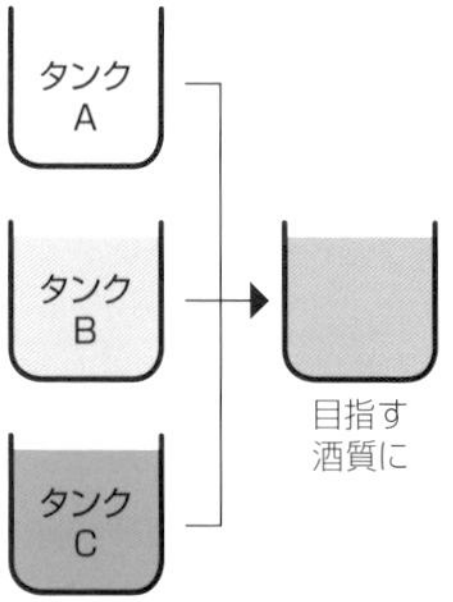

貯蔵された酒はタンクごとに香味が異なる。そのため、熟練の職人がテイスティングを行い、各タンクの酒を調合して酒質を調整し、品質を一定化する。

割り水

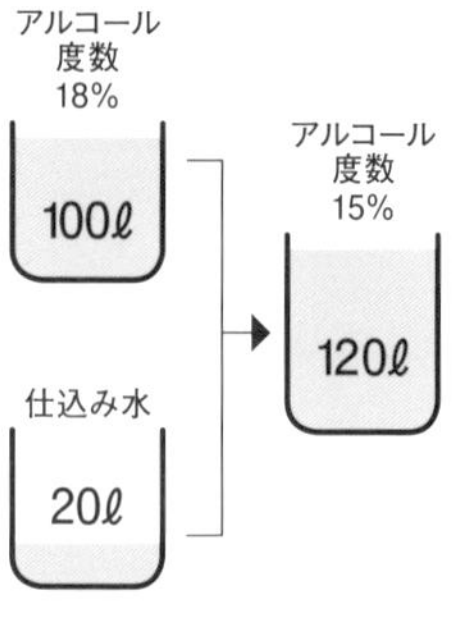

割り水とは仕込み水を加えてアルコール度数を調整する作業。加水ともいわれる。アルコール度数と香味のバランスを調整するために行われ、通常アルコール度数15%程度に調整されることが多い。

割り水しないと……

原酒

割り水を行わずに商品化されるものは原酒と呼ばれる。日本酒は醸造酒《じょうぞうしゅ》のなかでもアルコール度数が高い酒なので、原酒のアルコール度数は18%以上になるものもある。香味も薄めないため、味わいも濃厚。

Ⓐ 明治39年(1906)に日本醸造協会より「協会1号酵母」として全国に頒布《はんぷ》された。現在は頒布されていない。

われる。この工程は、アルコール度数だけでなく、香味のバランスを調整する役割をもつ。力強く濃厚な味わいを打ち出したい場合には、割り水を一切行わず原酒として商品化することもある。

調合と割り水による調整が終わると、瓶詰めの前に2回目の火入れが行われる。2回目の火入れは、瓶詰めの作業とセットで行われる方法もあるため、1回目よりも選択肢が多くなる。そのなかで最近よく見かけるようになった火入れ方法が、瓶詰め後に瓶ごと湯煎《ゆせん》する「瓶燗《びんかん》火入れ」だ。

瓶詰め後の密閉された状態で火入れするため、通常の火入れでは飛んでしまう香味が瓶内に留まる。そのため、ほかの火入れ方法よりもフレッシュな香味を残すことが可能だ。

このように、出荷直前の工程に至るまで、蔵人《くらびと》たちの目標とする酒質を追求する姿勢は貫かれ、晴れて商品として出荷されるのである。

火入れ（2回目）

一般的な火入れ

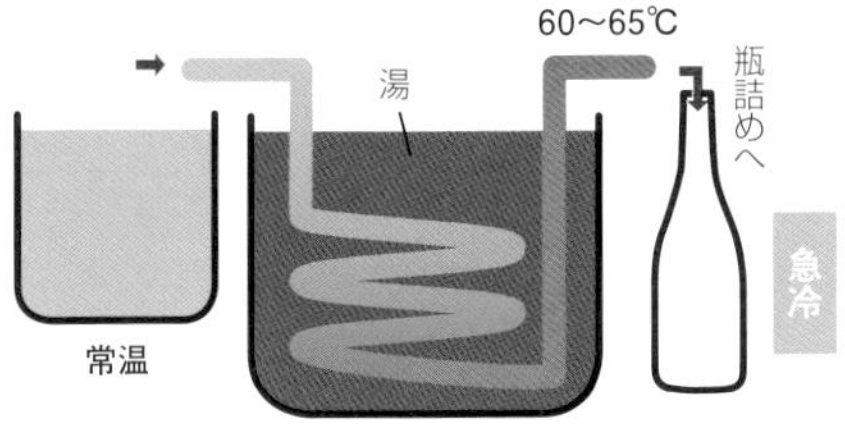

瓶詰め直前に2回目の火入れが行われる。1回目の火入れ（➡P.81）と同じ方法のほか、火入れの機能をもった瓶詰め機を使う方法や、瓶詰めした酒を湯煎する瓶燗火入れなどを行うこともある。火入れ・瓶詰め後の酒にシャワーをかけて冷やすパストクーラーという機械を使って急冷する場合も。この機械で、湯をかけて瓶火入れし、そのまま急冷することも可能だ（火入れで使う場合は、パストライザーと呼ばれる）。

瓶燗火入れ

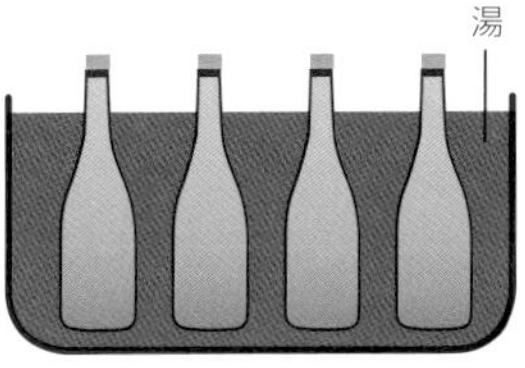

2回目の火入れをしないと……

1回目も火入れしていない→ 生酒《なまざけ》（本生《ほんなま》）

1回目のみ火入れしている→ 生詰《なまづ》め酒

1回目も2回目も火入れを行わないものは本生、2回目の火入れを行わないが1回目の火入れは行ったものは生詰め酒と呼ばれる。

瓶　詰　め

さまざまな工程で酒質を調整された日本酒は、瓶詰めされて出荷される。瓶詰めは機械によって行われることがほとんど。瓶詰めされた酒は、人の目や機械を使って、不純物などが混入していないか厳しくチェックされてから出荷される。なかには瓶詰め作業の部屋全体を無菌室にして、徹底した品質・衛生管理を行う蔵もある。

あの造りや味わいはいつから?

年表で見る 日本酒の歴史

我が国の歴史とともに歩んできた伝統の日本酒文化

日本酒の伝統的な造りは、江戸時代に広く一般的となった。昭和期に入ると、タンクや精米機の登場で原料処理や品質管理の質も格段に上がり、日本酒は国の飲食文化を担う一翼となる。しかし戦後、高度成長期に大量の三倍増醸酒《さんばいぞうじょうしゅ》（→P.103）が出回り、日本酒のイメージは低下していく。

その頃、地方の中小蔵元《くらもと》は、低質な酒に対抗すべく、級別制度下で二級酒とされたクラスの酒を精度の高い造りで販売した。その堅実な挑戦が消費者の心をつかみ、地酒、吟醸酒、純米酒ブームが起き、活気ある日本酒文化が育まれた。

現在、吟醸酒や純米酒だけでなく、本醸造酒や普通酒でも上質な銘柄が多く生まれ、低アルコール酒など、日本酒への垣根を低くするさまざまな試みが行われている。酒の消費量が低迷するなか、蔵や酒販店、消費者が一丸となり、ブームで終わらない新たな日本酒の伝統を担おうとしている。

■日本酒　造り・味わい年表

年代	事柄
江戸時代（1600～1867）	● 火入れの一般化
	● 三段仕込みの定着化
	● 寒造《かんづく》りの定着
	● 杜氏《とうじ》制度の確立
	● 柱焼酎《はしらじょうちゅう》（アルコール添加）の始まり
	● 活性炭素濾過《ろか》の一般化
	◉ 兵庫県灘《なだ》地方が全国最大の生産地に
明治34年（1901）	● 一升瓶の登場
明治42年（1909）	● 山廃酛《やまはいもと》の開発
明治43年（1910）	● 速醸《そくじょう》系酒母《しゅぼ》の開発
明治44年（1911）	国立醸造試験所による「第一回全国新酒鑑評会」の開催
大正～昭和初期	● ホーロータンクの開発
昭和初期	● 縦型精米機が開発される
昭和11年（1936）	●「山田錦《やまだにしき》」の誕生
昭和14年（1939）	米の統制が始まり精米が制限される
昭和18年（1943）	酒類が配給制になる
	日本酒級別制度の制定
昭和21年（1946）	● 協会7号酵母《こうぼ》の分離
昭和25年（1950）頃	◉ 三倍増醸酒（三増酒《さんぞうしゅ》）の普及
昭和28年（1953）	● 協会9号酵母の分離
昭和37年（1962）	酒税法の改定
昭和44年（1969）	酒造用米が配給制から自主流通制度に
昭和49年（1974）	日本酒の生産量がピーク（約787万2220石）
昭和50年（1975）頃	◉ 新潟や東北地方などの地酒がブームに（淡麗辛口人気）
平成元年（1989）	級別制度　特級の廃止
平成2年（1990）	特定名称制度の制定
平成4年（1992）	級別制度の全廃
平成6年（1994）頃	◉ 吟醸酒ブーム
平成12年（2000）頃	◉ 純米酒、純米無濾過《むろか》原酒のブーム
現在	◉ 蔵の個性を打ち出す酒造りへ

精米技術が飛躍的に向上

日本酒（清酒）は特級、一級、二級に分類されるように

純米酒や本醸造酒を二級として販売する蔵が登場。「無鑑査の美味しい酒」として評判に

純米大吟醸酒、純米吟醸酒、特別純米酒、純米酒、大吟醸酒、吟醸酒、特別本醸造酒、本醸造酒の8タイプと普通酒に分類されるようになった

※赤字は造りに関するもの、青字は味わいの動向に関する事柄

第3章

ラベル、原料、造りから
日本酒をひもとく

日本酒を選ぶ

写真協力／一ノ蔵、賀茂鶴酒造、木内酒造、小嶋総本店、兵庫県立農林水産技術総合センター、本田商店、湯川酒造店

日本酒を選ぶ 1

ラベルの見方

ラベルの名称

How to choose sake–1

表

ボトルの表側には、銘柄名をはじめ、特定名称の呼称や造りの特徴など、造り手が最も伝えたい項目が記されている。

封印

蔵で封印されたことの証し。昔は運搬中に中身をすり替えたりできないよう、ニセモノと区別するために付けられていたもの。その名残りで蔵名などが書かれている

肩ラベル

胴ラベルの上部、ボトルの肩部分に貼られるラベル。限定醸造や生《なま》酒《ざけ》の表示をはじめ、原料米や酵母《こうぼ》など、その酒の特徴や酒蔵独自の格付けなどが記されている

小印《こじるし》

胴ラベルに記された文字のうち、大印の次に目立つ文字を指す。特定名称の呼称の場合が多いが、それが大印にある場合は銘柄名がこちらに記される

●特定名称

特定名称酒の場合は呼称が記される。原料や製造方法、精米歩合《せいまいぶあい》などにより8種類に分かれる(➡P.90)

胴ラベル

ボトルの胴部分にある最も大きなラベルのこと。シンプルなラベルの酒は、この胴ラベルのみの場合も

大印《おおじるし》

胴ラベルに最も大きく書かれる文字を指す。銘柄名の場合が多いが、特定名称の呼称などの場合もある

●銘柄名

その酒の名称、商品名。名称は酒蔵の屋号や地域にゆかりのある事柄、原料などから付けられることが多い

◎日本酒選びに役立つ「ヒントの宝庫」の見方を知る

その酒がどのような酒なのか、日本酒を選ぶ際の情報源となってくれるのが、日本酒のボトルに貼られたラベルである。いわばラベルは日本酒選びの情報の宝庫。どのような項目が記載されているかを見ていくことで、日本酒選びはより的確なものになっていく。

輸入品や外国産のものを除き、どの日本酒にも必ずラベルに表示しなくてはならない項目は、原材料名、製造時期、保存または飲用上の注意事項、製造者の氏名または名称と製造場の所在地、容器の容量、「清酒」または「日本酒」（意味は同じ）の文字、アルコール分となっている。

しかし、実際にはもっとたくさんの情報がラベルに表示されることが多い。原材料や造りの特徴、味わいの傾向やおすすめの飲み方など、蔵から飲み手に伝えたい内容がラベルに盛り込まれるのだ。

裏

ボトルの裏側には、さらに詳細なその酒に関する情報をはじめ、歴史やゆかりなどさまざまな情報が記されている。

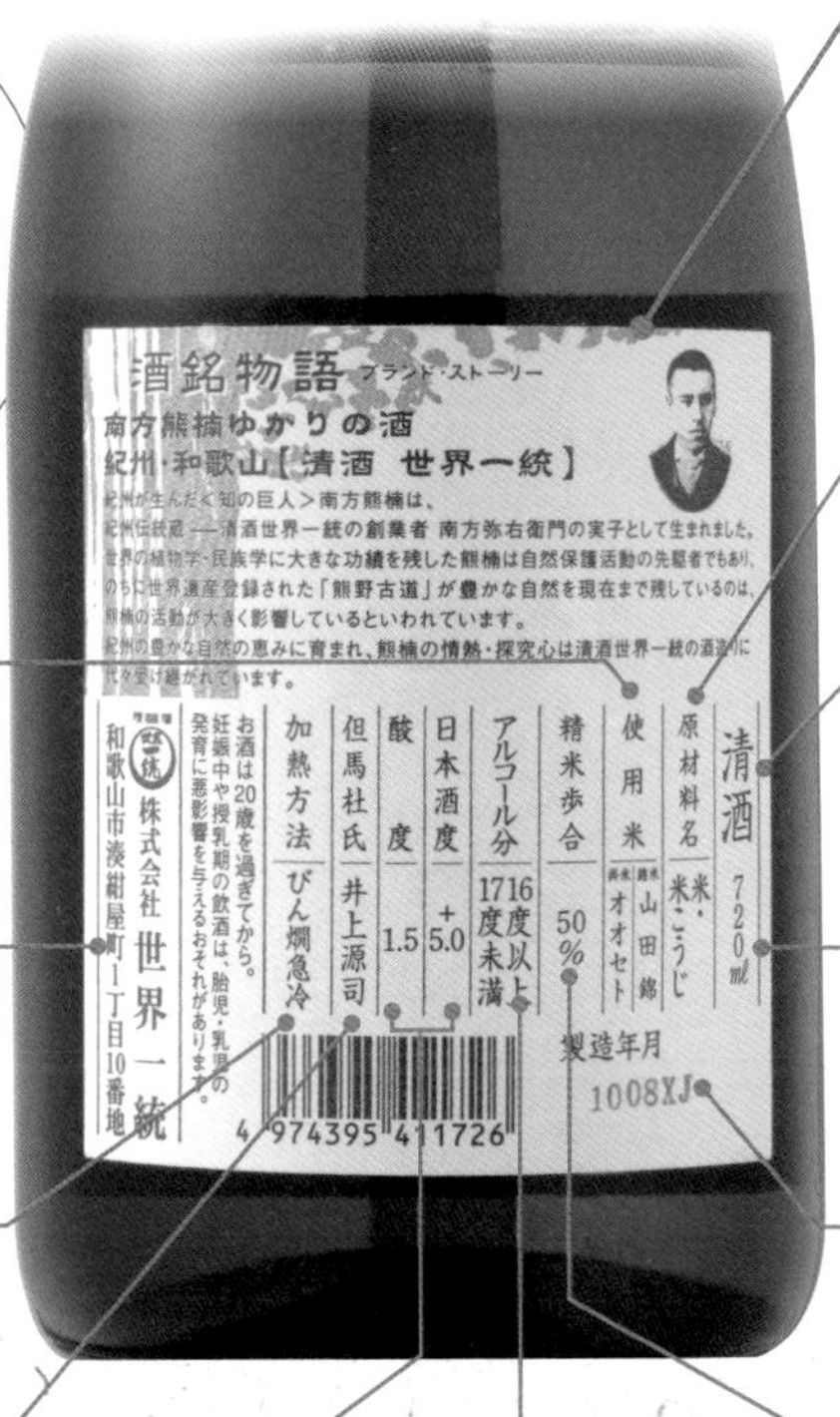

裏ラベル

ボトルの裏面に貼られているラベル。その酒の詳細なデータや味わいの目安などが記されている

原材料名

米（国産）、米麹《こめこうじ》（国産米）や醸造アルコールなど使用した原材料。水は記載しない

清酒の表示

「清酒」もしくは「日本酒」と表示しなくてはならない

容量

容器の容量。1800mLは一升瓶、720mLは四合瓶と呼ばれる

製造時期

瓶詰めして出荷された年月を表示。仕込んだ時期ではない

精米歩合

特定名称酒の場合は原材料名に隣接する場所に表記する

原料米の品種名

使用割合50％以上の場合は、使用割合と併せて表示可能（任意記載）

製造者名・所在地

酒蔵の名称、住所。電話番号を記載している場合もある

製造方法

火入れや濾過《ろか》など、製造方法の特徴が記載されることも

杜氏《とうじ》名

必須項目ではないが、杜氏名が記されている酒もある

日本酒度、酸度

日本酒の味わいの傾向を示す参考数値（➡P.88）。記載は任意

アルコール分

15～16％が一般的。原酒の場合は20％前後のものもある

ラベルの数値

どんな意味がある? ラベルに記載される数値

裏ラベルに記載されている情報のなかには、日本酒度、酸度、アミノ酸度といった数値が表示されていることがある。これらの数値はどんな意味をもつのか。それぞれひとつずつ見ていこう。

日本酒度とは、日本酒の比重を表したもの。水を±0として比重が重いものはマイナスで、軽いものはプラスで表す。日本酒度のマイナス値が大きいほど糖分やエキス分が多く含まれるため甘口となり、逆にプラス値が高いほど糖分やエキス分が少ないので辛口となる。この日本酒度に加え、酸味や渋味、苦味などの要素も複雑に絡んで、甘辛度をはじめとした日本酒の奥深い味わいを形成している。

酸度とは日本酒の有機酸成分の数値で、乳酸とコハク酸が主体。酸度の平均値は1・3程度で、酸度が高いほど味が引き締まり辛く濃く感じ、酸度が低いと甘く淡く感じる。もうひとつのアミノ酸度は、その名の通り日本酒に含まれるアミノ酸の量を表したもの。少ないと淡麗な味わいに、多いほど濃醇《のうじゅん》な旨みを感じるが、多すぎると雑味の原因になるともいわれる。

いずれの数値も人間の感覚をもとに数値化したものであり、人によって差異がある。日本酒を選ぶ際は、味わいを想像するためのひとつの参考として見るのがよいだろう。

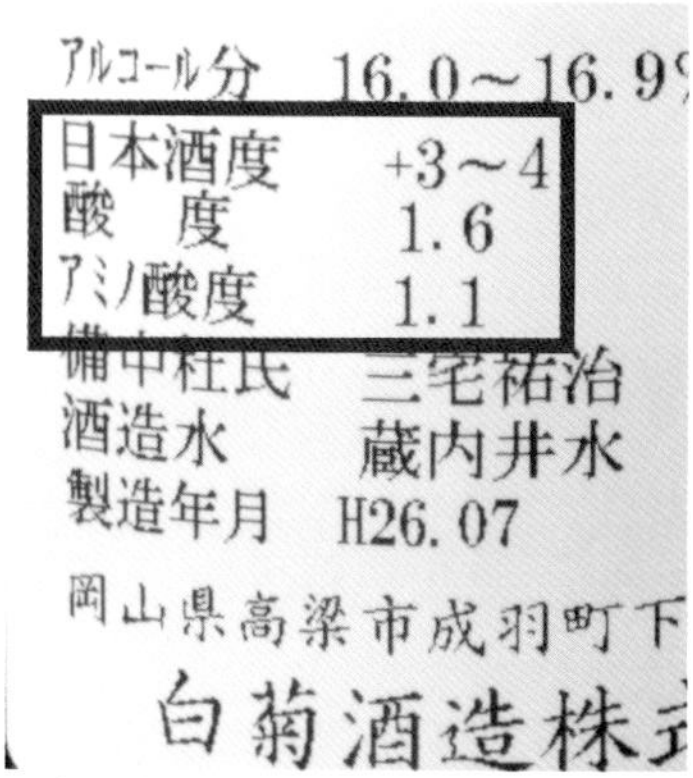

⬆日本酒の裏ラベルにある日本酒度、酸度、アミノ酸度の表示。表示の有無は酒蔵によって異なる

令和元年度の清酒の成分・全国平均値

	アルコール分	日本酒度	酸　度	アミノ酸度	甘辛度	濃淡度
一般酒（普通酒）	15.25%	＋3.8	1.16	1.20	－0.11	－1.01
吟醸酒	15.83%	＋3.1	1.32	1.21	－0.23	－0.68
純米酒	15.42%	＋3.9	1.46	1.43	－0.47	－0.45
本醸造酒	15.37%	＋4.6	1.28	1.30	－0.31	－0.83

※国税庁鑑定企画官「全国市販酒類調査の結果について」より

A 地酒も日本酒であることに変わりはない。明確な定義はないが、その土地の風土を醸《かも》した日本酒のことを指す。

ラベルに表示される主な数値

日本酒度、酸度、アミノ酸度、それぞれの数値から見る日本酒の味わいの目安と、日本酒度と酸度による甘辛濃淡図における、味わいの傾向について見てみよう。味覚には個人差があるため、これらは絶対的なものではないが、自分の感じた味わいと数値が示す味わいを比較してみるのも面白い。

日本酒度

甘辛度の目安

日本酒度の数値は、マイナスの値が大きくなるほど甘く、プラスの値が大きくなるほど辛く感じるといわれる。例えば、日本酒度+10の日本酒は辛く、−10なら甘いという使い方をされる。下図のように酸度と組み合わせて参考にされることが多い。

酸　度

濃淡の目安

酸度の平均は1.3程度で、酸度の値が高いほど味が引き締まり辛く濃く感じ、低いと甘く淡く感じる。例えば、酸度が2の日本酒より0.8の日本酒の方が淡麗で甘口に感じるという使い方をされる。酸度は日本酒度と組み合わせて下図のような形で参考にされることが多い。

アミノ酸度

複雑さの目安

アミノ酸は味わいを構成する大切な要素。アミノ酸度の数値が高いほど複雑な旨みを感じ、少ないとすっきり淡麗な味わいに感じる。アミノ酸度1.3の日本酒より1.6の日本酒の方が複雑で濃醇に感じるという使い方をされる。ただ、アミノ酸が多すぎると雑味の原因にもなる。

日本酒度と酸度による甘辛濃淡図と味わいの傾向

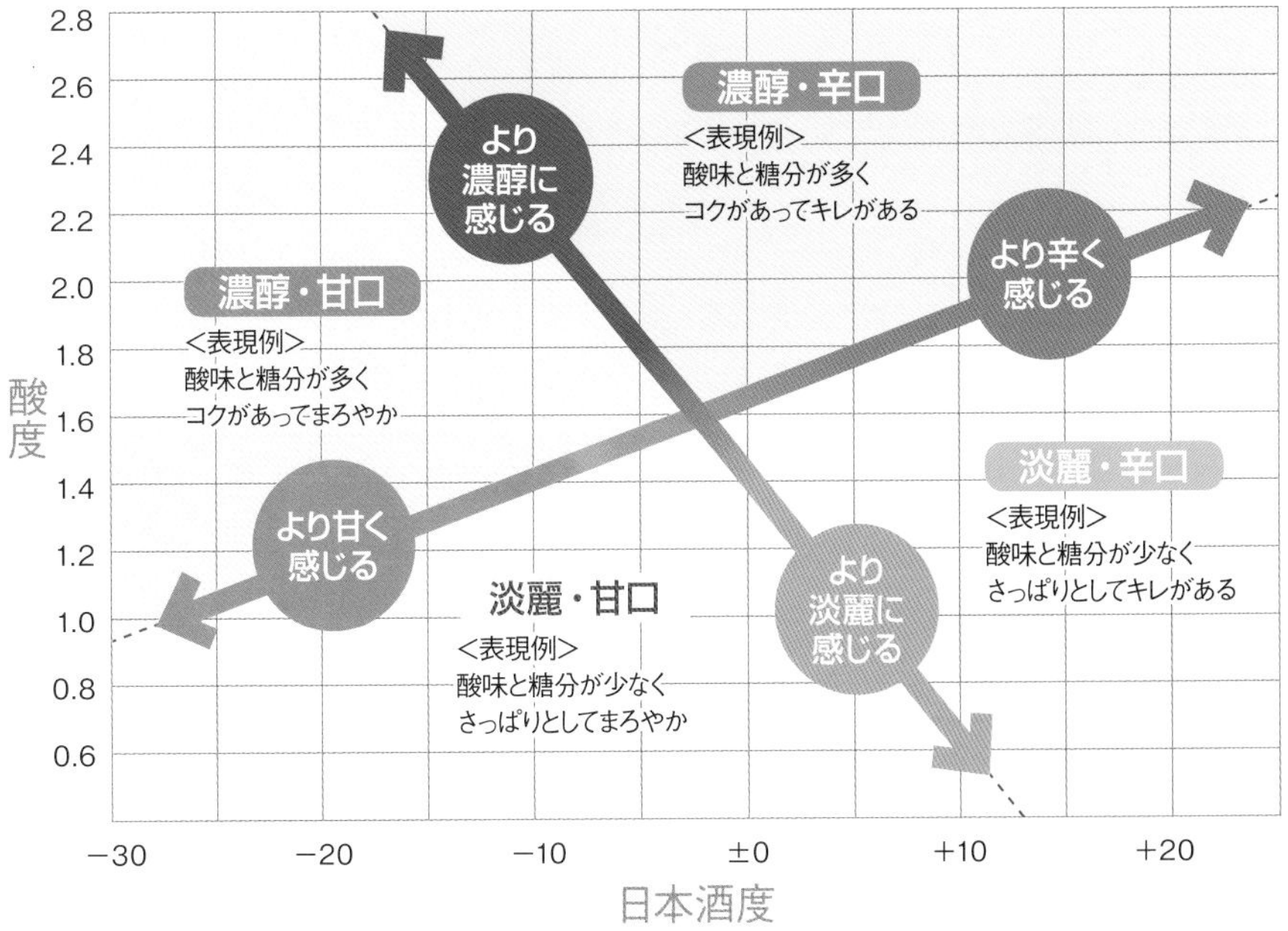

特定名称酒とは

◎基本となる3タイプから複雑な名称の違いをひもとく

日本酒は、酒税法によって特定名称酒と普通酒のふたつに分けられる。

特定名称酒と名乗るためには、まず、麹米《こうじまい》の使用割合が15％以上であること、原料米は農産物検査法によって3等以上に格付けされたもの、もしくはそれに相当する米であることが条件となる。さらに原料や製造法、精米歩合《せいまいぶあい》（→P.60）などによって、純米大吟醸酒、純米吟醸酒、特別純米酒、純米酒、大吟醸酒、吟醸酒、特別本醸造酒、本醸造酒の8種類に分類される。

この特定名称酒は、一見似たような単語が並ぶため複雑に思えるかもしれないが、基本となる純米酒系、本醸造酒系、吟醸酒系の3タイプに分けて考えるとわかりやすい。

特定名称酒 基本の3タイプ

特定名称酒の基本となる3タイプについて、その特徴を見てみよう。純米酒系と本醸造酒系の違いは、原料として醸造アルコールを使用しているかどうか。吟醸酒系かどうかは、原料ではなく造り方による違いである。

純米酒系

米、米麹《こめこうじ》のみを原料とする酒

原料が米と米麹のみのもの。純米大吟醸酒、純米吟醸酒、特別純米酒、純米酒の４種類。このうち、純米酒には精米歩合による規定がないので、ラベルに精米歩合の表示が義務付けられている。

本醸造酒系

米、米麹、規定量内の醸造アルコールを原料とする酒

原料に、米、米麹に加え、醸造アルコールを使用したもの。使用できる醸造アルコールの規定量は、白米総重量の10％以下と定められている。大吟醸酒、吟醸酒、特別本醸造酒、本醸造酒の４種類。

吟醸酒系

より磨いた米で長期低温発酵させた酒

「吟醸造り」で造られたもの。「吟醸造り」には明確な規定はないが、高度に磨いた米を長期低温発酵させ、いわゆる吟醸香《ぎんじょうか》を引き出す製法のこと。純米大吟醸酒、純米吟醸酒、大吟醸酒、吟醸酒の４種類。

Ⓐ もとは食用米から造られたのが日本酒。次第に酒造りに適した米が主流になったが、現在も食用米で造る酒はある。

日本酒の分類

日本酒は、特定名称酒8種類と普通酒の計9タイプに分類される。特定名称酒の分類は、右ページで見た純米酒系、本醸造酒系、吟醸酒系の3タイプが基本。さらに精米歩合や製造方法によって、吟醸酒系の場合は「大」、純米酒系と本醸造酒系の場合は「特別」が付くか否かの違いとなる。

	純米酒系（醸造アルコール添加なし）	精米歩合／香味等	本醸造酒系（醸造アルコール添加あり）	
特定名称酒（麹米使用割合15％以上。3等以上、またはそれに相当する米を使用）	純米大吟醸酒	50%以下／吟醸造り・固有の香味、色沢が特に良好	大吟醸酒	吟醸酒系
	純米吟醸酒	60%以下／吟醸造り・固有の香味、色沢が良好	吟醸酒	
	特別純米酒	60%以下（または特別な製造方法）／香味、色沢が特に良好	特別本醸造酒	
	純米酒	規定なし｜70%以下／香味、色沢が良好	本醸造酒	

普通酒

特定名称の規定からはずれた酒を指す総称。
レギュラー酒ともいわれる。

- 規定量以上の醸造アルコールを使用したもの
- 原料に糖類、甘味料、酸味料、アミノ酸などを使用したもの
- 醸造アルコール添加があり精米歩合が71%以上のもの
- 麹米使用割合が15%以下のもの

「大」や「特別」は蔵次第？

精米歩合の規定は「以下」なので、例えば50%以下の吟醸酒であれば大吟醸酒となるが、精米歩合35%と50%の吟醸酒を造った場合、35%の酒を大吟醸酒、50%の酒を吟醸酒とする蔵もある。「または特別な製造方法」と条件にある「特別」は、精米歩合が同じ70%で「山《やま》田《だ》錦《にしき》」100%の酒と一般米で造った酒の場合、山田錦100%の酒に「特別」と付けることもある。「大」や「特別」の付け方は各蔵にゆだねられているため、精米歩合が同じでも、特定名称が異なる酒が存在するのだ。

久保田、越乃寒梅、八海山……
お店でよく見る有名銘柄で

特定名称酒を飲み比べ

この3銘柄は言わずと知れた新潟県の有名銘柄。
いろいろな種類があるが、
これは造りによるランク違いのラインナップを
各蔵が揃えているため。
特定名称酒の違いがわかるように
なるためには飲み比べが一番。
ひとつの蔵の酒を複数飲み比べると
造りによる違いが、
さらに各蔵の同ランクの酒を飲み比べると
造り手の個性が見えてくる。

久保田《くぼた》

新潟県
朝日酒造《あさひしゅぞう》

新潟の酒を全国に広めたいとの思いから誕生した「久保田」。新潟の淡麗辛口らしい、ポピュラーな味わいが楽しめる。

吟醸酒系

純米酒系

純米吟醸酒

久保田《くぼた》 紅寿《こうじゅ》

「久保田」のなかでは、味のあるタイプといえる純米吟醸。香りは穏やかで、優しい甘味と酸味をともなう米の旨みをじわりと感じられる。

米 五百万石、新潟県産米
精 55%　酵 非公開
Al 15%　日 +2　酸 1.1
容 720mL　¥ 1650円

純米大吟醸酒

久保田《くぼた》 碧寿《へきじゅ》

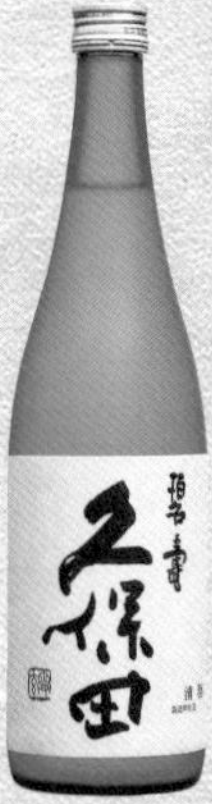

喉越し軽やかな純米大吟醸だが、山廃酛《やまはいもと》ならではの深い味わいも感じられる。純米大吟醸を手頃な価格で楽しめるのも魅力。ぬる燗《かん》でゆるりと楽しみたい。

米 五百万石
精 50%　酵 非公開
Al 15%　日 +2　酸 1.2
容 720mL　¥ 2453円

久保田《くぼた》 純米大吟醸

香り、甘味、キレが融合した、新しい美味しさを追求したモダンでシャープな純米大吟醸。甘味と酸味、そして久保田らしいキレのよさが調和した味わい。

米 五百万石
精 50%　酵 非公開
Al 15%　日 ±0　酸 1.3
容 720mL　¥ 1727円

			銘柄名＼特定名称	久保田	越乃寒梅	八海山
特定名称酒	吟醸酒系	純米酒系	純米大吟醸	久保田 純米大吟醸	越乃寒梅 純米大吟醸 金無垢《きんむく》	八海山 純米大吟醸 浩和蔵仕込《こうわぐらじこみ》
				久保田 碧寿《へきじゅ》	越乃寒梅 純米大吟醸 無垢《むく》	八海山 純米大吟醸 雪室貯蔵三年
						八海山 純米大吟醸
			純米吟醸酒	久保田 紅寿《こうじゅ》	越乃寒梅 純米吟醸 灑《さい》	—
		本醸造酒系	大吟醸酒	久保田 翠寿《すいじゅ》	越乃寒梅 大吟醸 超特撰《ちょうとくせん》	八海山 大吟醸
			吟醸酒	久保田 千寿《せんじゅ》	越乃寒梅 吟醸 別撰《べっせん》	—
			特別本醸造酒	久保田 百寿《ひゃくじゅ》	—	八海山 特別本醸造
普通酒			普通酒	—	越乃寒梅 普通酒 白《しろ》ラベル	八海山 清酒

いま改めて注目される新潟の「淡麗辛口」

1970年代に全盛だった新潟に代表される「淡麗辛口」がいま再び注目されている。近年の無濾過《むろか》生原酒ブームでは、「手を加えないピュアな酒」として酒本来の味が若者を中心に流行した。ある意味での酒の見直しが大きく始まったといえる。しかしながら、無濾過生原酒はアルコール度が高いため量が飲めず、さらに味が濃く酒だけで楽しめる酒質。ゆえに「微酔《びすい》＝少しずつ酔っていくこと」を楽しむのが難しいという側面をもつ。そんななか、料飲店をはじめ業界では「食中酒であること」「飲み飽きしない酒」という本来の日本酒の姿が見直され、王道に戻ろうという動きが出てきた。ここで紹介する3蔵はこうした流れのなか、王道の「淡麗辛口」をゆく蔵元《くらもと》。違いを知るためだけでなく、いま日本酒を知るために飲み比べをするのにも最適といえるだろう。

特定名称酒

本醸造酒系

特別本醸造酒

久《く》保《ぼ》田《た》 百寿《ひゃくじゅ》

香味を抑えた落ち着いた味わいの飲み飽きしない辛口。価格も手頃で日常の晩酌酒にぴったり。冷酒ではすっきり、お燗ではまろやかな味わいに。

米 五百万石、新潟県産米
精 60%　酵 非公開
Al 15%　日 +5　酸 1.0
容 720mL　¥ 1012円

吟醸酒

久《く》保《ぼ》田《た》 千寿《せんじゅ》

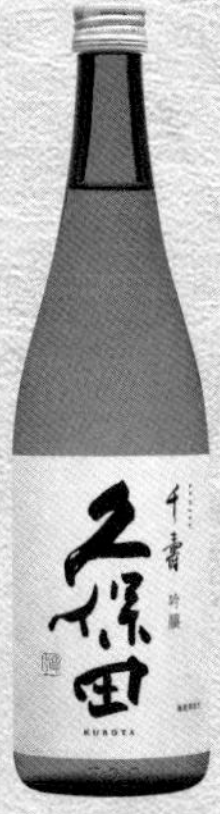

味に幅があり、いつまでも飽きずに飲める吟醸酒。香りは穏やかで口当たりも柔らかく、料理の邪魔をしない。冷酒でもお燗しても楽しめる。

米 五百万石
精 麹:50%、掛:55%　酵 非公開
Al 15%　日 +5　酸 1.1
容 720mL　¥ 1188円

大吟醸酒

久《く》保《ぼ》田《た》 翠寿《すいじゅ》

4～9月に限定出荷される、火入れを一切しない大吟醸の生酒《なまざけ》。香りは華やか、生酒らしい瑞々しさと柔らかな味わいが特長。冷酒《れいしゅ》がおすすめ。

米 五百万石、新潟県産米
精 麹:50%、掛:40%　酵 非公開
Al 14%　日 +4　酸 0.9
容 720mL　¥ 3091円

特定名称酒
吟醸酒系
純米酒系

純米吟醸酒

越《こし》乃《の》寒《かん》梅《ばい》 純米吟醸 灑《さい》

すっきりとしてライトな感覚の純米吟醸。スムーズで優しい甘味からソフトな味わいが広がり、純米酒でありながら、最後まで清涼感が味わえる。

米 新潟県産五百万石、兵庫県産山田錦
精 55%　酵 非公開
Al 15%　日 +2　酸 非公開
容 720mL　¥ 1642円

純米大吟醸酒

越《こし》乃《の》寒《かん》梅《ばい》 純米大吟醸 無《む》垢《く》

米本来の旨味が楽しめる、味の幅と厚みが特徴の純米大吟醸。リッチでふくよかな味わいは、緻密な酸味と、厚みのある余韻の旨さが魅力。

米 兵庫県産山田錦100%
精 48%　酵 非公開
Al 16%　日 +4　酸 非公開
容 720mL　¥ 2750円

越《こし》乃《の》寒《かん》梅《ばい》 純米大吟醸 金《きん》無《む》垢《く》

ほのかな吟醸香《ぎんじょうか》と洗練された飲み口。低温熟成により、まろやかな口当たりから、しっかりとしたコクが広がる、一本筋の通った深い味わいに。

米 兵庫県産山田錦100%
精 35%　酵 非公開
Al 16%　日 +3　酸 非公開
容 720mL　¥ 5500円

新潟県 石本酒造《いしもとしゅぞう》 越《こし》乃《の》寒《かん》梅《ばい》

原料米にこだわり、酒質の向上を最優先して造られる「越乃寒梅」。ボディはありながらすっと入る、繊細な品のよさが特長。

特定名称酒
吟醸酒系
純米酒系

純米大吟醸酒

八《はっ》海《かい》山《さん》 純米大吟醸

純米でありながら、淡麗な「八海山」らしいキレのよさがあり、透明感のある味わい。余韻には上品な旨みを感じる甘さもあり、食中酒に向く。

米 山田錦、美山錦、五百万石
精 45%　酵 アキタコンノNo.2
Al 15.5%　日 +4　酸 1.3
容 720mL　¥ 2134円

八《はっ》海《かい》山《さん》 純米大吟醸 雪《ゆき》室《むろ》貯《ちょ》蔵《ぞう》三年

年間通して5℃以下に保たれる雪室で熟成するため専用に仕込まれる純米大吟醸。熟成により角が取れたまろやかさが加わった、すっきりとした味わい。

米 山田錦、五百万石、ゆきの精
精 50%　酵 協会1001号、M310
Al 17%　日 −1　酸 1.5　容 720mL
¥ 3410円

八《はっ》海《かい》山《さん》 純米大吟醸 浩《こう》和《わ》蔵《ぐら》仕《じ》込《こみ》

最新設備を備えた浩和蔵で仕込まれ、2℃で1年間熟成された純米大吟醸。淡麗さのなかにかすかな旨みを感じる、料理の味を引き立ててくれる食中酒だ。

米 兵庫県産山田錦
精 45%　酵 明利1001、M310
Al 17%　日 +1　酸 1.2　容 720mL
¥ 6600円

普通酒

本醸造酒系

普通酒

越《こし》乃《の》寒《かん》梅《ばい》 普通酒 白《しろ》ラベル

普通酒でありながら吟醸造りを貫く。力強いキレが最大の特徴で、爽やかで力強く、跳ねるような余韻が楽しめる。地元で愛され続ける定番の味。

米 新潟県産五百万石ほか酒造好適米
精 58%　酵 非公開
Al 15%　日 +6　酸 非公開
容 720mL　¥ 1048円

吟醸酒

越《こし》乃《の》寒《かん》梅《ばい》 吟醸 別《べっ》撰《せん》

「越乃寒梅」のなかで最も淡麗辛口にふさわしい特徴をもつ。ドライな印象と余韻まで心地よい味わい、爽やかな口当たりが次の一杯を誘う。

米 新潟県産五百万石ほか酒造好適米
精 55%　酵 非公開
Al 16%　日 +7　酸 非公開
容 720mL　¥ 1323円

大吟醸酒

越《こし》乃《の》寒《かん》梅《ばい》 大吟醸 超《ちょう》特《とく》撰《せん》

軽快さと淡い香り、そして長期低温熟成による柔らかな余韻が調和した上品な旨みを体感できるこだわり抜いた大吟醸。「越乃寒梅」の最高峰だ。

米 兵庫県産山田錦100%
精 30%　酵 非公開
Al 16%　日 +6　酸 非公開
容 720mL　¥ 6600円

八《はっ》海《かい》山《さん》

新潟県
八海醸造《はっかいじょうぞう》

スタンダードなクラスの酒にも吟醸造りを採用して造られる「八海山」。洗練された淡麗な味わいが特長だ。

普通酒

本醸造酒系

普通酒

八《はっ》海《かい》山《さん》 清酒

淡麗辛口のすっきりとした飲み口で、どんな料理とも合う。さっぱりとした香り。味わいもさっぱり系でバランスがとれている。お燗で楽しみたい晩酌酒。

米 麹:五百万石、掛:五百万石、一般米
精 60%　酵 協会701号
Al 15.5%　日 +5　酸 1
容 720mL　¥ 1023円

特別本醸造酒

八《はっ》海《かい》山《さん》 特別本醸造

辛口だが、柔らかく豊かな味わい。淡麗ながら米の旨みも感じられるバランスのよさが特長の「八海山」を代表する酒。お燗すればぐっと軽やかに。

米 麹:五百万石、掛:五百万石、トドロキワセほか　精 55%　酵 協会701号
Al 15.5%　日 +4　酸 1
容 720mL　¥ 1265円

大吟醸酒

八《はっ》海《かい》山《さん》 大吟醸

すっきりとしつつも柔らかい口当たりとふくらみのある味わい。香りもほどよく、冷酒でもぬる燗《かん》でも何でもこい！という懐の深さを感じる大吟醸。

米 山田錦、五百万石
精 45%　酵 協会901号
Al 15.5%　日 +5　酸 1.2
容 720mL　¥ 1936円

How to choose sake−2

日本酒を選ぶ 2

原料による違い

◎使用される原料から蔵人《くらびと》の目指す酒を感じる

日本酒は米と水を原料とした醸造酒《じょうぞうしゅ》である。まず、成分の約8割を占める水によって、日本酒の味わいの骨格が決まる(水による違いはP.44参照)。同じく大きなウエイトを占める原料が米。酒造好適米《しゅぞうこうてきまい》を使うか、一般米を使うのか、またそのなかでもどの品種を使うのか。米がもつ特性は酒質への影響があると同時に、どの米を使うのかはコストにも大きく関わってくる。麹米《こうじまい》には「山田錦《やまだにしき》」などの酒造好適米を使用し、掛《か》け米《まい》には一般米を使用する酒もある。理想とする酒質、加えていかに手頃な値段で提供するか。これらを加味して、使用米が決定されるのだ。

さらに米をアルコールに醸《かも》すためには、麹菌《こうじきん》や酵母《こうぼ》などの微生物の力も必要不可欠となってくる。これらの微生物も、日本酒の香味に大きな影響を与える。

こうした全ての要因を、単独ではなく相乗効果として考え、蔵人《くらびと》は使用する原料を決定する。この原料による違いを知ることが、蔵人が目指す酒を知るきっかけにもなるのだ。

金賞受賞酒とYK35

ラベルに「金賞受賞酒」と表示されているものがある。これは、酒類総合研究所と日本酒造組合中央会が共催する「全国新酒鑑評会」に出品され、審査で特に優秀と評価された酒に与えられる賞を受賞した酒のこと。1980年代にこの金賞を受賞するための秘蔵レシピとささやかれたのが「YK35」である。これは、Y=「山田錦」、K=熊本酵母(協会9号酵母)、35=精《せい》米《まい》歩《ぶ》合《あい》35%を示す略語。現在では、「山田錦」以外の品種を使った出品も多数あり、使用される酵母もさまざまで、「YK35」は以前より使われなくなっているが、この言葉は原料による影響がいかに大きいかを示しているといえるだろう。

⬆金賞を受賞した酒と同じタンクの酒は、「金賞受賞酒」として市販される

Ⓐ 日本酒でも酒でもない。簡単なものは、酒粕《さけかす》をお湯で溶いて砂糖を加えたもの。本格的には米麹《こめこうじ》から作るのが一般的だ。

吟醸香《ぎんじょうか》って？

酵母による香味の違いを語る際によく聞かれる吟醸香。吟醸香とは、吟醸造りによって引き出されるフルーティで華やかな香りのこと。リンゴのような香りのカプロン酸エチルと、バナナのような香りの酢酸イソアミルがある。

1 酵母による違い

酵母は麹菌が作った糖分を発酵させ、アルコールを生成する役割を担う。糖分を分解する際に、味わいを構成する酸や香味成分を作り出すため、酵母の種類によって酒質は大きな影響を受ける（酵母の種類についてはP.49参照）。

酵母による主な日本酒の違い

濃さ

淡麗な酒質になりやすい酵母など、味わいの濃淡に影響が出るものもある。

深み

酵母の発酵力の強弱によるアルコール度数や、発酵の際の副産物量によって深みに影響が出る。

香り

吟醸香をはじめ、華やかなもの、控えめなものなど、酵母による影響が最も大きいとされる要素。

実際に飲み比べ

山本酒造店 やまもとしゅぞうてん 〔秋田県〕

6号酵母と7号酵母

クラシックな酵母にスポットライトを当てるべく、秋田県「山本酒造店」が同じ配合や温度、時間で造る、1月限定発売の純米吟醸で、6号酵母と7号酵母の酵母による香味の違いを飲み比べてみた。

酵母 6号酵母

山本《やまもと》 6号酵母

6号酵母は現存する最古の協会酵母。クラシックな酵母らしい、突出したところがない穏やかな印象だ。リンゴなどのフルーツを感じる落ち着いた香り。さらりとした甘味があり、酸味はやや控えめで、穏やかだがすらりとシャープな味わい。

造 純米吟醸
米 美山錦　精 55%
酵 協会6号酵母　Al 16%
日 +2　酸 1.7　容 720mL
¥ 1690円

酵母 7号酵母

山本《やまもと》 7号酵母

どちらも穏やかでジューシーな酒質で、あまり極端な差ではないが、比べると7号酵母には穏やかさのなかに華やかさがある。香りもやや華やかな白桃などのフルーツで、米の甘味もあり、全体的に甘味と酸味、旨みを6号酵母より強めに感じる。

造 純米吟醸
米 美山錦　精 55%
酵 協会7号酵母　Al 16%
日 +2　酸 1.7　容 720mL
¥ 1690円

2 米による違い

酒造りにとって、原料となる米は重要な要素である。どのような品種の米を使うのか、その米をどのくらい精米するのかによって、出来上がる日本酒の味わいは大きな影響を受ける。最近では、地元産米の使用をはじめ、自社栽培や有機米の契約栽培など、多角的な視点から米にこだわる酒蔵も増えており、使用米の選択肢はさらに広がってきている。

米による違い ふたつのポイント

■ 精米《せいまい》歩《ぶ》合《あい》

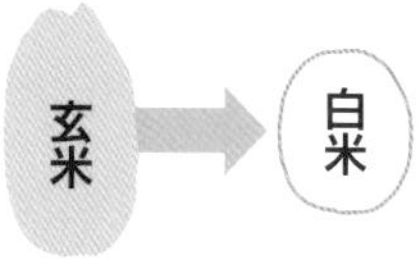

どのくらい磨くか

玄米を磨いて残った白米の割合が精米歩合。磨いて精米歩合の値が低くなるほど、雑味の少ないすっきりとした味わいに。精米歩合の値が高ければ、複雑で濃厚な旨みを感じる味わいになる。

■ 米の種類

山田錦《やまだにしき》　五百万石《ごひゃくまんごく》　美山錦《みやまにしき》

どんな米を使うか

米がもつ性質の違いによって、酒質は変わってくる。どんな品種の米を使うのかは、蔵人《くらひと》の目指す酒質や造りのコンセプト、さらに仕込み水との相性などを踏まえて選択される。

日本酒 COLUMN 磨けば磨くほど美味しくなる?

米を磨けば磨くほど、日本酒は美味しくなるのだろうか?　確かに米を磨くほど、ある一定のところまでは酒質が向上する。精米歩合70%と50%の酒では、同じ土俵で戦わせるのが酷なほど歴然とした差になってしまう。しかし、これが精米歩合40%と25%の場合、歴然とした差となって表れるだろうか。答えは否である。なぜなら、精米は玄米から表層部分をどんどん取っていくのだが、40%(精米歩合60%)ほど削ると、それ以上磨いても、米の中に含まれているタンパク質や脂質といった成分は、そう大きく変化しなくなるからだ。精米歩合40%と25%の酒を同時に飲み比べて、精米歩合40%の日本酒の方が美味しい場合もあり得る。このあたりが日本酒の面白さでもあるのだ。

実際に飲み比べ

三和酒造 さんわしゅぞう 〔静岡県〕

山田錦、五百万石、雄町《おまち》、誉富士《ほまれふじ》

静岡県「三和酒造」の「臥龍梅」で、「山田錦」、「五百万石」、「雄町」、「誉富士」の4種類を飲み比べしてみた。酵母《こうぼ》が同じで、全てが純米無濾過《むろか》原酒なので、米による違いがはっきりと出る。

原料米 山田錦

臥龍梅《がりゅうばい》

純米吟醸 無濾過原酒 山田錦 55%

すっきりとした酒になるといわれる「山田錦」らしく、スパッとしたキレをもつ。どっしりとした重みを感じる香り。しっかりとした甘味がうまく馴染《なじ》んでおり、上品なバランスのよさがある。4種類のなかでは最も辛口に感じる。

造 純米吟醸
米 兵庫県産山田錦
精 55%　酵 協会10号系
Al 16～17%　日 +3　酸 1.3
容 720mL　¥ 1595円

原料米 五百万石

臥龍梅《がりゅうばい》

純米吟醸 無濾過原酒 五百万石

「五百万石」はほどよく華やかな香りとふっくらとした味わいの酒になるといわれる。初めのうちは穏やかな香りだが、しばらくすると華やかさが出てくる。甘味は静かでほどよい辛味も感じる。バランスがよく飲みやすい味わい。

造 純米吟醸
米 富山県産五百万石
精 55%　酵 協会10号系
Al 16～17%　日 +4　酸 1.3
容 720mL　¥ 1430円

原料米 雄町

臥龍梅《がりゅうばい》

純米大吟醸 無濾過原酒 備前雄町《びぜんおまち》

「備前雄町」とは、「雄町」の生まれ故郷である岡山県備前地方産の「雄町」のこと。純米大吟醸なこともあり、4種類のなかで最も華やかな香り。「雄町」らしく、際立つ甘味が広がった後、しっかりとした酸味が出て後味をすっきりとまとめている。

造 純米大吟醸　米 備前雄町
精 50%　酵 協会10号系
Al 16～17%　日 +4
酸 1.2　容 720mL
¥ 2420円

原料米 誉富士

臥龍梅《がりゅうばい》

純米吟醸 無濾過原酒 誉富士

「誉富士」は「山田錦」の人為的突然変異によって誕生した、静岡県初のオリジナル酒造好適米《しゅぞうこうてきまい》。4種類のなかで最も香りがおとなしく、しとやかな印象。味わいは穏やかで甘味の後に酸味と苦味も感じる。全体的に柔らかい味わい。

造 純米吟醸　米 誉富士
精 55%　酵 協会10号系
Al 16～17%　日 +4
酸 1.3　容 720mL
¥ 1485円

How to choose sake-3

日本酒を選ぶ 3

造りによる違い

造りによる違いがわかれば日本酒選びの幅が広がる

生酛《きもと》、山廃酛《やまはいもと》、槽搾《ふねしぼ》り、あらばしり、おりがらみ、生詰《なまづ》め酒《しゅ》、生貯蔵酒、ひやおろし……。日本酒造りにおける工程の違いによって、ラベルなどに表示される言葉は、実にさまざま。これらの言葉は、日本酒選びを難しくしているひとつの原因でもある。しかし逆にいえば、表記された言葉の意味や、味わいの傾向を知ることで、日本酒選びはぐっとわかりやすくなる。

第2章でも紹介した通り、日本酒は実に繊細で、複雑な作業の積み重ねにより造られている。その工程ひとつひとつによって、出来上がる酒の香味は影響を受ける。ここでは、造りの違いがもたらす日本酒の香味への影響を、実際の飲み比べなども交えながら見ていこう。これらを知ることで、日本酒選びはもっと幅広いものになるはずだ。

1 酒母《しゅぼ》造りの違い

酛《もと》とも呼ばれる酒母は、乳酸による酸性の環境のなかで、酵母《こうぼ》を大量に培養したもの。この乳酸を天然の乳酸菌から得るのが生酛系酒母、乳酸を添加するのが速醸《そくじょう》系酒母だ。さらに生酛系酒母は「山卸《やまおろ》し(酛摺《もとす》り)」作業の有無で生酛と山廃酛に分かれる。

酒母造りの手法による違い

酒　母

生酛系酒母
自然界の乳酸菌を取り込む手法による。生酛と山廃酛に分かれる。

速醸系酒母
醸造用乳酸を添加する手法による。生酛系酒母に比べ淡麗な酒質に。

生　酛
複雑で重厚な酸味と風味
天然の乳酸菌が、乳酸以外にもさまざまな成分を生み出すため、複雑な味わいに。乳酸の風味も感じる。

山廃酛
山廃特有の乳酸の味わい
「山卸し(酛摺り)」作業を行わないもの。生酛と同じく複雑な味わいになり、独特のまろやかな乳酸の風味を感じる酒になる。

A 白酒はれっきとした酒。白く濁り甘みがあり、アルコール分は9%前後。ただし分類は清酒ではなくリキュール類だ。

実際に飲み比べ

藤井酒造 ふじいしゅぞう 〔広島県〕

速醸系酒母と生酛系酒母

比較すると、速醸系酒母は淡麗、生酛系酒母は濃醇《のうじゅん》な味わいになる傾向がある。製造年度は異なるが、広島県「藤井酒造」の純米吟醸酒で、速醸系酒母と生酛系酒母である生酛の酒を飲み比べてみた。

酒母 速醸系酒母

龍勢《りゅうせい》

純米大吟醸 黒ラベル

顔の見える契約栽培農家の山田錦を使い、食事に合うよう香りや甘味は控えめに造られた純米大吟醸。米の旨みや食事が進むような酸味、渋味をもちつつ、キレのよい味わい。生酛系酒母に比べ、スムーズな印象。

造 純米大吟醸　米 山田錦
精 50%　酵 協会9号系　Al 17%
日 +7　酸 1.7　容 720mL
¥ 3080円

酒母 生酛系酒母

龍勢《りゅうせい》

生酛 純米大吟醸 ゴールドラベル

速醸系酒母同様、香りは穏やか。滑らかな口当たりで、速醸系酒母に比べると、より酸味を感じ、しっかりとしたコシのある味わい。旨みとともに心地よい苦味もあり、しっかりとした味わいの料理とも好相性だ。

造 純米大吟醸　米 山田錦
精 50%　酵 無添加　Al 17%
日 +7　酸 2.3　容 720mL
¥ 4180円

実際に飲み比べ

末廣酒造 すえひろしゅぞう 〔福島県〕

生酛と山廃酛

同じ生酛系酒母の生酛と山廃酛は、成分の違いは見られないといわれるが、微妙な差ながら、生酛の方が重たく、山廃酛は乳酸の風味が強い傾向がある。福島県「末廣酒造」の純米酒で飲み比べてみた。

酒母 生酛

末廣《すえひろ》

伝承生酛純米

地元産五百万石を使用した、末廣独自の生酛造りによる純米酒。吟醸香は穏やか、米の旨みと酸味がしっかりとしてバランスがよい。山廃酛に比べ骨太ですっきりとした印象。ぬる燗《かん》にするとより違いがわかりやすい。

造 純米　米 会津産五百万石
精 60%　酵 協会701号　Al 16.5%
日 +2　酸 1.6　容 720mL
¥ 1375円

酒母 山廃酛

末廣《すえひろ》

伝承山廃純米

大正時代、山廃造りの創始者・嘉儀金一郎《かぎきんいちろう》氏が試験醸造をした蔵で継承される山廃造りの純米酒。米の旨みや甘味が広がる、丸みのある柔らかな味わい。生酛と比べると、よりまろやかな酸味を感じる。

造 純米　米 国産米
精 60%　酵 協会901号
Al 15.5%　日 −1　酸 1.4
容 720mL　¥ 1155円

2 仕込みの違い

仕込みとは、酒母《しゅぼ》に麹《こうじ》、蒸し米、水を加えて、糖化《とうか》、発酵を進めていく本格的な発酵工程。1日目の初添《はつぞ》え、3日目の仲添《なかぞ》え、4日目の留添《とめぞ》えの3回に分けて仕込む三段仕込みが一般的だ。仕込み回数や仕込む原料、仕込みに使う容器などが違ってくると、出来上がる酒にも違いが生じる。

仕込むモノの違い

■ 貴醸酒《きじょうしゅ》

清酒で仕込むと芳醇《ほうじゅん》な甘口に

仕込みの際、酒母に加える麹、蒸し米、水のうち、水の代わりに清酒を使って仕込んだ酒。とろりと甘いコクのある味わいになる。留添えで清酒を加える場合が多い。

■ 全麹《ぜんこうじ》

麹をふんだんに使用して香り豊かな甘口に

通常、日本酒に使用する米のうち、麹が占める割合は20%前後。残りは蒸し米として仕込むが、蒸し米ではなく、全量を麹で仕込む手法。栗のような香りと甘味が特徴の酒に。

仕込み容器の違い

■ 木桶《きおけ》仕込み

昔ながらの手法で木のニュアンスを感じる酒に

ホーローやステンレスのタンクではなく、昔ながらの仕込み容器である木桶を使って仕込んだ酒。木桶は管理に手間がかかるため現在では珍しい存在となっているが、出来上がった酒は、ほのかな木のニュアンスをもつ独特な味わいとなる。

仕込み回数の違い

■ 三段仕込み

最もベーシックな仕込み方法

ほとんどの日本酒で用いる一般的な仕込み方法。1日目に、酒母に麹、蒸し米、水を加え、2日目は何もせず、3日目、4日目にも麹、蒸し米、水を加える。4日間かけるのが一般的。

■ 四段仕込み

米の旨みを感じる甘口に

三段仕込みをして発酵が落ち着いた醪《もろみ》に、さらにもう1回、麹や蒸し米、もち米などで仕込む手法。三段仕込みと比べて、発酵によって分解されず醪内に残る糖分が多くなるため、甘口の酒になる。

一般的な三段仕込みの工程

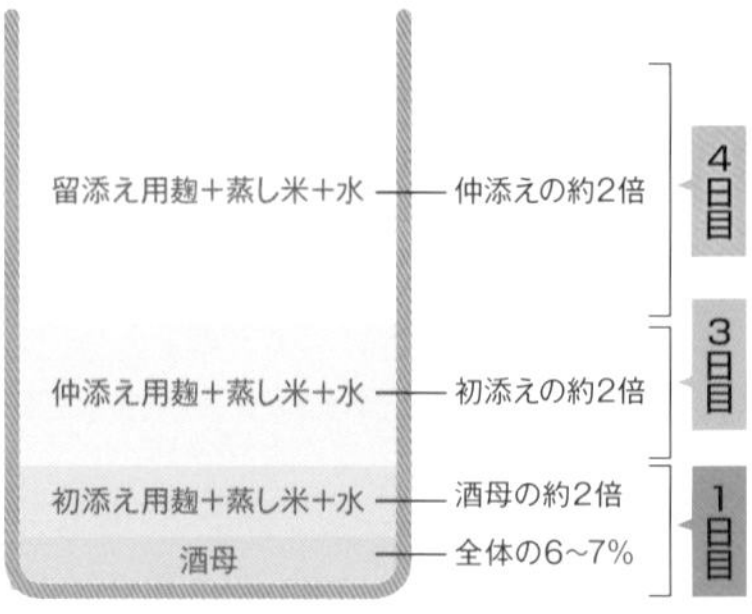

醸造アルコールQ&A

醸造アルコールは、上槽《じょうそう》間際の醪の段階で添加される。最近は醸造アルコールを使用していない純米酒が人気だ。しかし、もっと幅広く日本酒を楽しみたいなら、醸造アルコールとはいったいどんなものなのかを知ったうえで、好みに合わせて選んでみるのもいいだろう。

Q❶ そもそも醸造アルコールって何？

A 清酒の原材料として使用されるアルコール。雑穀などのデンプン質や含糖物質をアルコール発酵させ、蒸留を繰り返してアルコール度数を高めたもの。これを薄めたものが焼酎甲類であり、居酒屋のチューハイなどに使われる。

Q❷ どんな日本酒に使われている？

A 醸造アルコールが使われている日本酒は、普通酒と、特定名称酒(➡P.90)の大吟醸酒、吟醸酒、特別本醸造酒、本醸造酒の計5種類。特定名称酒の場合の使用量は使用する白米総重量の10％以下と定められている。吟醸酒や大吟醸酒は一般的に使用量が少ない。

添加あり

- 大吟醸酒
- 吟醸酒
- 特別本醸造酒
- 本醸造酒
- 普通酒

添加なし

- 純米大吟醸酒
- 純米吟醸酒
- 特別純米酒
- 純米酒

Q❸ なぜ醸造アルコールを添加するの？

A まずひとつ目の理由は、香味の調整。醸造アルコールを添加することで、味がキリリと引き締まるのだ。もうひとつは酒の腐敗防止。ただし、タンクや冷房設備が発達したため、昔よりもこの理由は重要ではなくなってきている。

Q❹ 三増酒《さんぞうしゅ》や合成清酒って？

A 戦中戦後の米不足の際に生まれた、増量を目的に醸造アルコールや糖類を添加したものが三倍増醸酒《さんばいぞうじょうしゅ》(三増酒)。今ではあまり見かけないがまだ完全になくなったわけではない。合成清酒は日本酒とは全く別のカテゴリーのもの。

三増酒

日本酒1に対して、醸造アルコール1、醸造用糖類1の割合で加え、文字通り3倍に量を増やしたもの。

合成清酒

アルコールや焼酎、日本酒に、糖類、アミノ酸類や食塩、色素などを加えた日本酒風味のアルコール飲料。

3 上槽《じょうそう》の違い

醪《もろみ》を搾って、原酒と酒粕《さけかす》に分ける工程が上槽だ。この上槽による違いは、何を使って搾るのか、という上槽の方法と、搾った酒がどのタイミングで出てきたものかという上槽の段階による違いのふたつ。上槽の方法では、ヤブタといわれる自動圧搾機を使う方法がほとんど。自動圧搾機以外で搾ったものがラベルなどに表示される。

上槽する方法による違い

槽搾《ふねしぼ》り

ゆるやかに搾る雑味の少ない味わい

槽と呼ばれる舟型の容器に、醪を詰めた酒袋《さかぶくろ》を重ねて並べ、自重で、あるいはゆるやかに圧力をかけて搾る方法。自動圧搾機よりも圧力が弱いので、雑味の少ない味わいに。

袋吊《ふくろづ》り(雫《しずく》搾り)

圧力をかけずに搾るきれいな味わい

醪を袋に詰めて吊るし、自然に落ちてくる雫を集める方法。圧力をかけないので、雑味が極限まで抑えられた、きれいな味わいに。

粗濾《あらご》し

醪の旨みを感じる濃醇《のうじゅん》なにごり酒に

目の粗い布を使って搾るため、醪に含まれる米の固形部分が酒の中に混入したもの。米の味わいをダイレクトに感じるため、濃醇な味わいに。

袋吊りの別名いろいろ

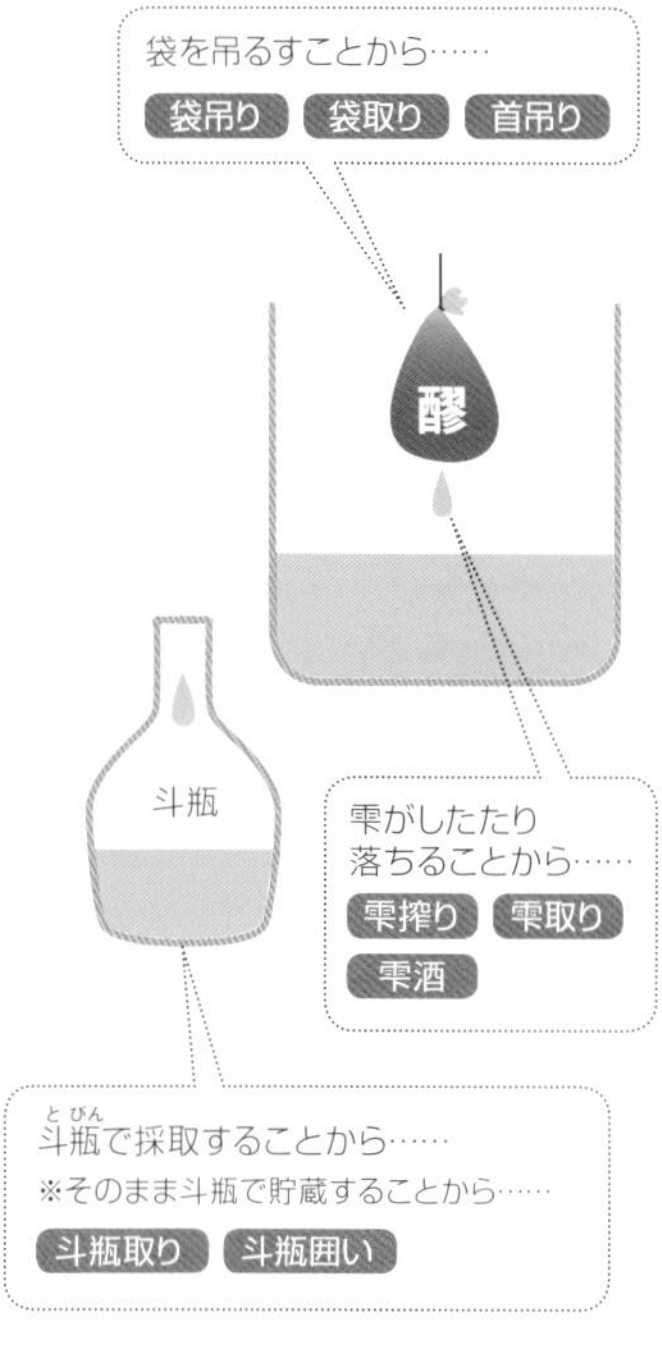

A 冷涼期は雑菌の繁殖が少ないことと、原料の新米が収穫された後は、農家の人たちが農閑期《のうかんき》で出稼ぎが可能になるため。

上槽の段階による違い

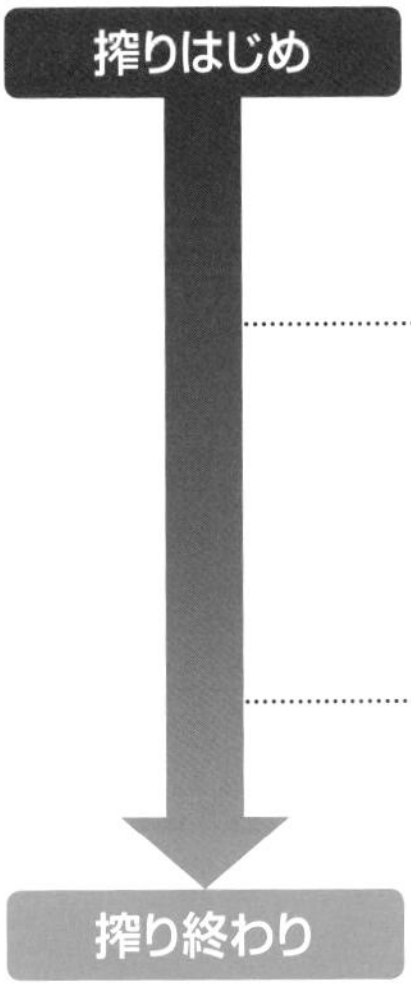

■ あらばしり（荒走《あらばし》り、新走《あらばし》り）

華やかな香り、荒々しくフレッシュな味わい

醪を搾る際、最初に出てくる酒のこと。薄く濁っていて、若々しく華やかな香りと、フレッシュ感のある荒々しい味わいをもつ酒になる。

■ 中《なか》取《ど》り（中《なか》汲《ぐ》み、中《なか》垂《だ》れ）

味と香りのバランスに優れた味わい

あらばしりの次に採取する酒。味わいのバランスがとれている部分で、鑑評会に出品する酒は中取り部分から選ばれることが多い。

■ 責《せ》め（攻《せ》め、後《あと》取《ど》り）

アルコール度数高めで力強く濃醇な味わい

中取りの後、最後に圧力をかけて搾り出す部分。より多くの成分が醪中から移動するので、アルコール度数が高く、濃醇な味わいになる。

実際に飲み比べ

柳澤酒造 やなぎさわしゅぞう 〔群馬県〕

あらばしりと中取り

あらばしりは華やかで若々しい味わいに、中取りは香りと味わいのバランスがとれた酒となる傾向がある。群馬県「柳澤酒造」の「結人」でこのふたつを飲み比べしてみた。

上槽 あらばしり

結人《むすびと》
新酒 あらばしり 純米吟醸

味のバランスを大切に造られた、微発泡の爽やかな純米吟醸あらばしり。あらばしりとしては、ややさっぱりとした印象。中取りと比べると、酸味、甘味、渋味、苦味などの味わいがそれぞれ感じられ、荒々しくフレッシュ感もある。

造 純米吟醸　米 五百万石
精 55%　酵 自社選抜10号系酵母
Al 15%　日 −2
酸 1.5　容 1800mL
¥ 3135円

上槽 中取り

結人《むすびと》
Pure《ピュア》 中取り生 純米吟醸

銘柄の「結人」には感謝の気持ちと人と人とのつながりの大切さが込められている。あらばしりに比べ、全体的に柔らかく丸みを帯びた印象。口当たりが柔らかくなり、甘味もふくらみを感じる。さらに後味はすっきりとキレがよい印象だ。

造 純米吟醸　米 五百万石
精 55%　酵 自社選抜10号系酵母
Al 15%　日 −2
酸 1.5　容 1800mL
¥ 3025円

4 おり引き、濾過《ろか》の違い

搾ったばかりの酒には、おりと呼ばれる細かな固形物が混ざっている。このおりを取り除く工程がおり引きだ。通常、タンクにあるふたつの取り出し口のうち、上呑《うわのみ》から上澄みだけを取り出しており引きする。さらに、細かいおりを完全に除去するために行われるのが、活性炭素や濾過機を使った濾過だ。これらの違いは日本酒の風味に大きく影響する。

おり引き方法の違い

■ おりがらみ(ささにごり、うすにごり)

うっすらと濁った爽やかな味わい

タンクの取り出し口のうち、下呑《したのみ》から酒を取り出して、あえておりを混ぜたものが「おりがらみ」。おり引きしたものより米の旨みを感じる味わい。生きた酵母《こうぼ》が炭酸ガスを発生させて微発泡になるため、飲み口は爽やかに。

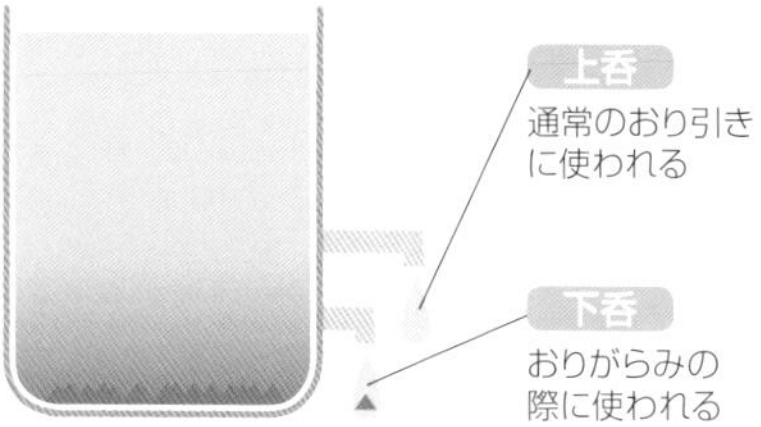

おりがらみとにごり酒

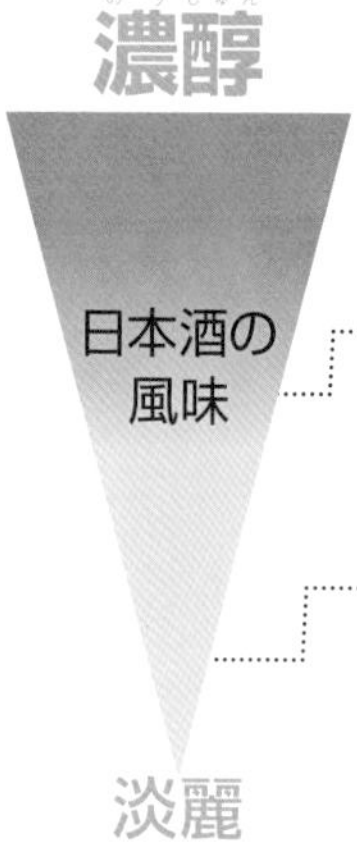

● **どぶろく**
米から造った酒で、固体の米粒が多く残りそのまま飲むもの

● **にごり酒**
目の粗い布で上槽《じょうそう》したもの。目を通過した固形物が混ざっている

● **おりがらみ**
上槽した酒に含まれる細かい米などのおりを残したもの

「白く濁った」酒にはいろいろな種類がある。おりがらみはおりを混ぜたもの、にごり酒は目の粗い布で濾《こ》したもの、どぶろくについては、実は清酒の規定に定められた「濾す」作業がないため、清酒とは異なる分類の酒ということになる。味わいの違いでは、酒に残る固形物が大きくなるほど米の味わいが強くなる。

活性清酒とは？

発泡性のある日本酒のこと。発泡性清酒(発泡清酒)ともいう。生きた酵母を瓶内に閉じ込めることで、発酵中に炭酸ガスが生じる瓶内二次発酵で造られた酒。にごり酒やおりがらみ、さらに低アルコールのものなど、さまざまな商品がある。

A どちらも使用され、ミネラル含有量の多い硬水はしっかりした味わい、軟水は柔らかい味わいになる傾向がある。

濾過の種類いろいろ

一般的な濾過とは、酒に活性炭素を入れて濾過機のフィルターに通し、活性炭素と一緒に不要なものを取り除くことを指す。もうひとつの濾過方法は、活性炭素を入れず、濾過機のフィルターに通すだけの方法。活性炭素による影響を避け、細かいおりのみを取り除く方法で素濾過《すろか》といわれる。一般的に無濾過といわれている商品は素濾過のものが多い。素濾過も行わないものは完全無濾過と呼ばれる。

濾過の有無による違い

濃醇

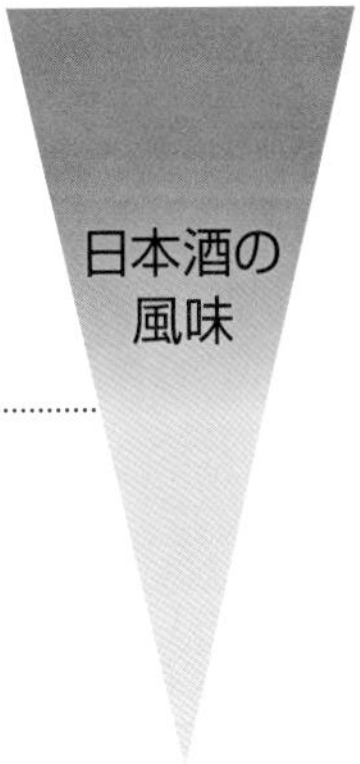

淡麗

■ 無濾過《むろか》

日本酒の風味をそのまま生かす

酒に含まれる香味成分が濾過による影響を受けないので、その酒がもつ風味そのままの濃醇な味わいに。

■ 濾過

香り・色・味わいの調和を目指す

活性炭素を使うと、細かいおりのほかに日本酒の香味成分も調整されるため、すっきりとした味わいになる。

実際に飲み比べ

信州銘醸 しんしゅうめいじょう 〔長野県〕

濾過と無濾過

濾過した酒は香味がすっきりと感じられ、無濾過のものは各味わいの要素が濃厚に感じられる傾向がある。長野県「信州銘醸」の純米酒で濾過したものと無濾過のものを飲み比べてみた。

濾過 **濾過**

明峰喜久盛《めいほうきくさかり》

純米酒

長野県産米100％と依田川伏《よだがわふく》流《りゅうすい》 水を使って醸《かも》された、やや濃醇タイプのコクのある純米酒。バナナのような果実香も特徴で、協会10号酵母の特徴がよく表れている。無濾過のものと比べると、果実香はやや落ち着いた印象に。味全体にまとまりが出てきている。米の旨みを感じるバランスのよい味わい。

造 純米　米 長野県産ひとごこち
精 59%　酵 協会10号
Al 15%　日 ±0　酸 1.5
容 720mL　¥ 1222円

濾過 **無濾過**

明峰喜久盛《めいほうきくさかり》

純米むろか酒

左と同じ「明峰喜久盛」を、搾りたての味わいをそのまま楽しめるよう、無濾過で瓶詰めした冬期限定の商品。濾過したものと比べ、香りはフレッシュ感があり華やか。味わいは米の旨みが濃厚に残り、後味には若々しい麹《こうじ》のような渋味も感じる。各味わいの要素が濃厚で、純米酒らしいコクを感じる。

造 純米　米 長野県産ひとごこち
精 59%　酵 協会10号
Al 16～17%　日 ±0　酸 1.5
容 720mL　¥ 1375円

5 火入れの違い

火入れとは、日本酒を低温加熱殺菌する工程のこと。酵素の働きを止め、劣化を促進する菌を殺菌する重要な役割がある。しかし火入れは香味の低下を招く側面もあるため、「生《なま》」と称される火入れしないものも存在する。火入れのタイミングは貯蔵前と瓶詰め前の2回あり、火入れした回数やタイミングによって酒のタイプが異なる。

火入れの回数・タイミングによる名称の違い

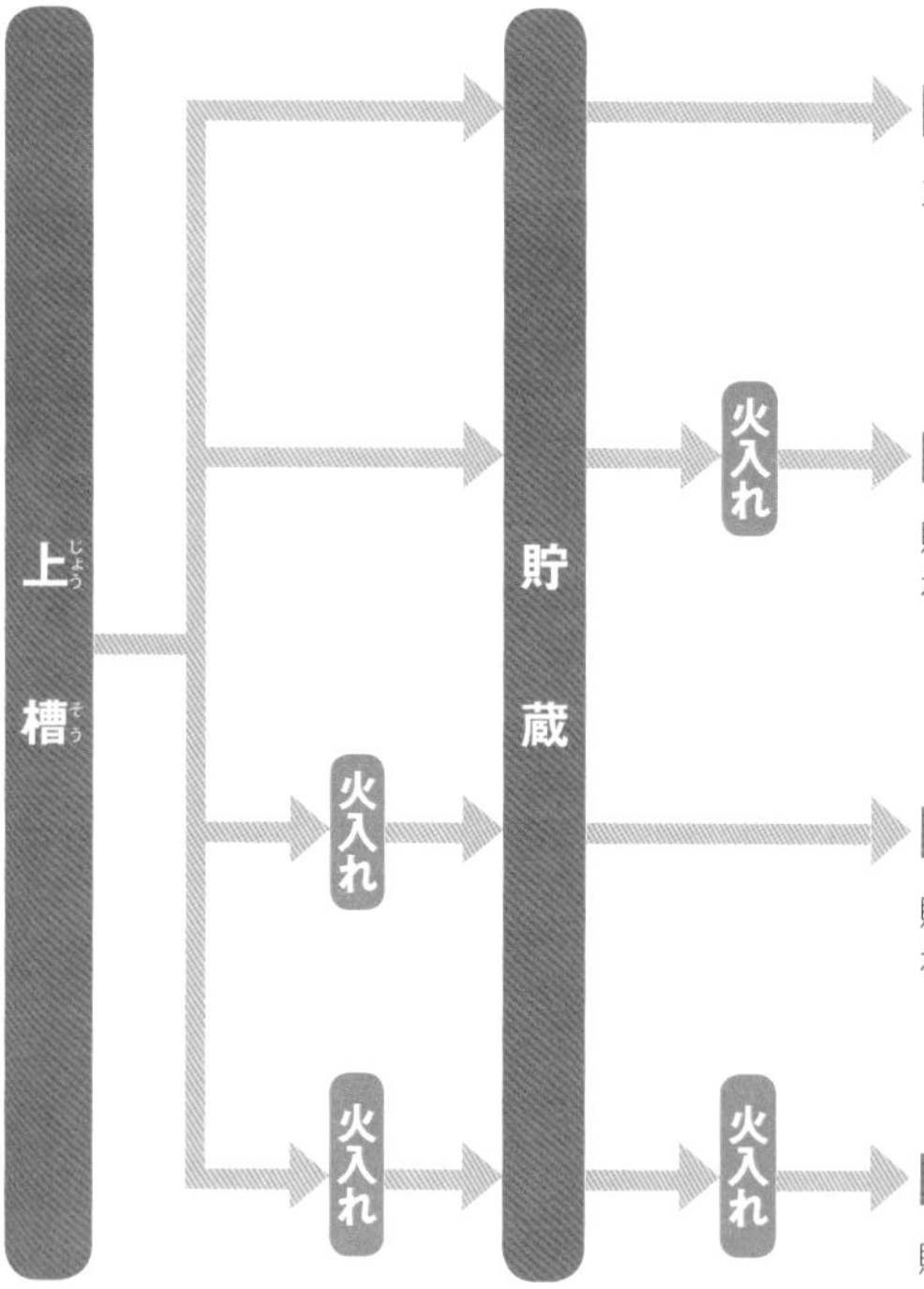

■ 生酒《なまざけ》(本生《ほんなま》) **火入れ回数0回**

火入れを全く行わない。

■ 生貯蔵酒 **火入れ回数1回**

貯蔵前の火入れを行わず、瓶詰め時に火入れを行う。

■ 生詰《なまづ》め酒《しゅ》 **火入れ回数1回**

貯蔵前に火入れを行い、瓶詰め時の火入れを行わない。

■ 火入れ **火入れ回数2回**

貯蔵前と瓶詰め時の2回火入れをする。

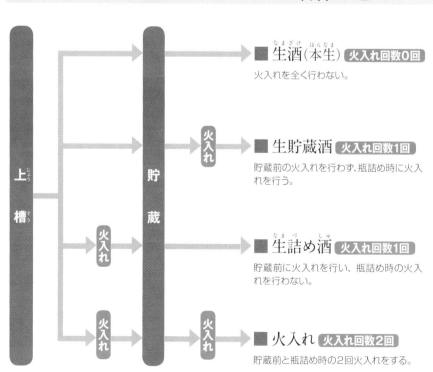

3種類の「生」の違い

■生酒（本生）

火入れを一切行わない、最もフレッシュな味わい

貯蔵前、瓶詰め前とも一切火入れを行わない酒。日本酒のフレッシュ感を思う存分楽しめる。3種類のなかで最もフレッシュ。

■生貯蔵酒

火入れせずに貯蔵したフレッシュさを感じる味わい

2回ある火入れのうち、1回目は行わず、瓶詰め前の2回目のみ行うもの。火入れをしない状態が貯蔵期間中続くので、幾分の熟成感がある。

■生詰め酒

火入れせずに瓶詰めするフレッシュさの残る味わい

貯蔵前に1回目の火入れを行い、瓶詰め時に2回目の火入れをしない酒。3種類のなかでは、フレッシュ感は最も落ち着いている。

実際に飲み比べ

出羽桜酒造 でわざくらしゅぞう 〔山形県〕

生酒（本生）と火入れ

2回とも火入れしない生酒（本生）はフレッシュな味わいに、2回とも火入れしたものは落ち着いた味わいになる傾向がある。山形県「出羽桜酒造」の特別純米酒「一耕」で、実際にふたつを飲み比べてみた。

火入れ 本生

出《で》羽《わ》桜《ざくら》

特別純米酒 一耕《いっこう》 本生

「耕《たがや》す」ことから始まる酒造りの文化への思いを込めて命名された「一耕」。生酒は、火入れした商品と比べて、香りにフレッシュ感がある。まろやかながらインパクトのある米の旨みと、爽やかな酸味が引き立つ。火入れしていない分、香り、味わいの各要素とも火入れしたものより強めの主張を感じる。

造 特別純米　米 山形県産米
精 55%　酵 小川酵母
Al 15%　日 +3　酸 1.4
容 720mL　¥ 1485円

火入れ 火入れ

出《で》羽《わ》桜《ざくら》

特別純米酒 一耕《いっこう》

2回とも火入れをして仕上げられた「一耕」は、その名にふさわしく、大地の温もりを感じるような柔らかい米の旨みをもつ純米酒。生酒と比べると、香りは穏やかな印象に。甘味や酸味など、各味わいの要素が丸みを帯びており、米の旨みと調和している。落ち着きを感じる穏やかな味わい。

造 特別純米　米 山形県産米
精 55%　酵 小川酵母
Al 15%　日 +3　酸 1.4
容 720mL　¥ 1375円

実際に飲み比べ

あさ開 あさびらき 〔岩手県〕

生貯蔵酒と火入れ

1回目の火入れをせず、2回目の火入れのみ行う生貯蔵酒は、2回火入れしたものよりフレッシュさを感じる味わいになる傾向がある。岩手県「あさ開」の純米酒でこのふたつを飲み比べてみた。

生貯蔵酒

あさ開《びらき》

蔵埠頭《くらふとう》 COLOR《カラー》 純米一度火入酒

岩手県が開発した酵母《こうぼ》「ゆうこの想い」で造った純米酒を、火入れせず0℃で生貯蔵し、フレッシュでありながら豊潤な味わいを表現。火入れと比べ、香りが立っている印象。爽やかな酸味が甘味を引き立てて、フレッシュ感がある。刺身などあっさりした料理と合わせたい。

造 純米　米 国産米
精 65%　酵 ゆうこの想い
Al 15～16%　日 +2　酸 1.2
容 720mL　¥ 1198円

火入れ

あさ開《びらき》

蔵埠頭《くらふとう》 COLOR《カラー》 純米酒

酵母が引き出した米の旨みを、火入れしてミドルタイプの滑らかな純米酒に仕上げている。生貯蔵酒と比べ、どっしりとした香りで、旨みと深みが増した印象。まとまりがあり、苦味をともなう酸味もあるので、焼き鳥など甘めの味付けの料理も引き立ててくれる。

造 純米　米 国産米
精 65%　酵 ゆうこの想い
Al 15～16%　日 +2　酸 1.3
容 720mL　¥ 1143円

実際に飲み比べ

鳳鳴酒造 ほうめいしゅぞう 〔兵庫県〕

生詰《なまづ》め酒《しゅ》と火入れ

生詰め酒は「生」3種のなかでは最もフレッシュ感は弱いが、火入れしたものに比べるとやはりフレッシュ。兵庫県「鳳鳴酒造」の「鳳鳴 田舎酒」で、生詰め酒と火入れを飲み比べてみた。

生詰め酒

鳳鳴《ほうめい》

田舎酒《いなかざけ》 生詰原酒

鳳凰が鳴いた年は天下泰平《てんかたいへい》であるという、中国の故事より名付けられた「鳳鳴」。「田舎酒」の原酒はコクと押しが特徴。原酒ということもあるが、火入れと比べ、香りは圧倒的に強い。味わいも甘味がパッと走り、濃醇《のうじゅん》で旨みが出ている。冷酒《れいしゅ》やロックがおすすめ。

造 純米　米 五百万石　精 65%
酵 協会9号　Al 18%　日 +9　酸 1.8
容 720mL　¥ 1760円

火入れ

鳳鳴《ほうめい》

田舎酒《いなかざけ》

「田舎酒」のコンセプトは、しっかりとしたコクがあり、おふくろの味のような懐かしさが口中に広がる酒。生詰め酒と比べ、香りは控えめ。しっかりとした太めの味わいとキレのバランスがよく、純米のよさが出ている。ぬる燗《かん》でゆっくりと米の旨みを楽しみたい。

造 純米　米 五百万石　精 65%
酵 協会9号　Al 15%　日 +8　酸 1.7
容 720mL　¥ 1477円

6 貯蔵、出荷の違い

貯蔵の目的は酒を熟成させ、酒質を落ち着かせること。そのため、貯蔵の期間が短かければよりフレッシュな若々しい味わいに、貯蔵の期間が長くなればなるほど酒は熟成され、落ち着いた味わいになっていく。現在はホーロータンクなど、酒質に影響を与えないタンクで貯蔵されることが多いが、容器の違いによっても呼び方が変わるものがある。

出荷のタイミングによる違い

1月〜5月

■ しぼりたて（新酒）

搾ったばかりの若々しい日本酒を味わう

酒造年度内に出荷するのが新酒だが、特に1〜5月頃に出る上槽《じょうそう》したての酒のことを、しぼりたてや新酒と呼ぶことが多い。フレッシュ感が特徴。

9月〜11月

■ ひやおろし（秋《あき》上《あ》がり）

ひと夏熟成させたバランスのとれた味わい

春に搾った酒をひと夏貯蔵し、秋に出荷するもの。フレッシュ感を残しつつも、熟成されバランスのとれた味わいに。

翌年7月〜数十年

■ 古酒（長期熟成酒）

熟成によるまろやかさと熟成香を楽しむ

一般的には前年度に造られた日本酒のことだが、古酒として出荷されるものは、3年、5年、10年と長期間熟成させたものが多い。熟成感が楽しめる。

BY《ビーワイ》(Brewery《ブリュワリー》 Year《イヤー》)

BY(Brewery Year)とは、酒造年度とも呼ばれる日本酒業界独自の年度区分。7月1日から翌年の6月30日までの期間で年度を区切る。例えば令和2年7月1日から令和3年6月30日までの期間に造られた酒なら「2BY」や「R2BY」とされる。業界では、この酒造年度内に造られた酒を新酒、前年度造られた酒を古酒と呼ぶが、表示に明確な定義はない。BYの表示があれば、どのくらいの期間熟成させた酒なのかを知る情報源となる。

貯蔵容器による違い

■ 樽酒《たるざけ》

樽の風味がほのかについた祝いの酒

木樽で熟成させ、木の香りが移ったタイプの日本酒。杉の爽やかな香りが特徴。木樽には主に杉が使用され、奈良県の吉野杉のものが有名。出荷時も樽に入っているものは、祝いの席で鏡開きに使われることも。

■ 斗瓶囲《とびんかこ》い

手間ひまをかけた高級酒

斗瓶と呼ばれる、18Lの瓶で貯蔵される酒。袋吊《ふくろつ》りなど手間をかけた手法で搾られており、きれいな味わいのものが多い。

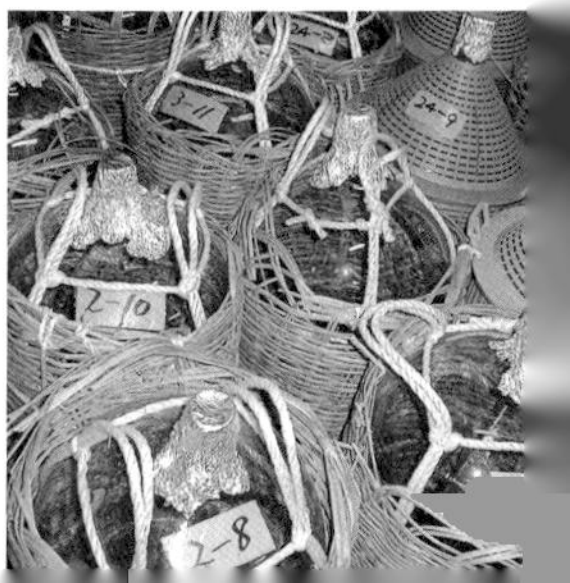

美味しい日本酒に出合うには?
日本酒選びのポイント

実際に日本酒を選ぶとき、何を基準にすればいい？

誰でも自分が美味しいと思える酒を選びたいもの。そのためのヒントが、第3章で見てきたラベルの記載事項や、原料、造りによる酒質の違いだ。これらを組み合わせて考えることが、好みの日本酒を選ぶ近道となる。

自分ひとりでは決めきれない……そんなときは、よき相談相手を選べばいい。左記を参考に、ぜひ信頼できる店を探してほしい。

店選びのポイント

店選びで最も重要なポイントは、その店から日本酒への愛情を感じられるかどうか。下記は日本酒への愛情があれば自然とそうなる、という項目ばかりだ。インターネットの場合は保管状況が見えないので、誇大な表現ばかりではないかなど、コメント内容を基準にするとよい。

よい酒屋の見極めポイント

- 清潔感がある
- 酒に直射日光が当たっていない
- 照明や温度などに気を使っている
- 日本酒に詳しいスタッフがいる

組み合わせで考える日本酒選びのコツ

生酒ということはフレッシュ感が楽しめるかな。
原酒だったらずっしりと重めなのかな。
無濾過《むろか》なら風味が豊かだろうな。

フレッシュ感とずっしりとした重量感を楽しみたいなら、生酒《なまざけ》の原酒を選んでみるといった具合に、それぞれの造りや原料の特徴を組み合わせて考えることで、好みの香りや味わいの日本酒を選びやすくなる。

好みの日本酒を選ぶ手がかり

豊かな風味・重厚感を楽しみたい	**すっきりとした飲み口**がいい	**フレッシュ感**を楽しみたい	**濃厚な熟成感**を楽しみたい
原酒、純米酒、無濾過 など	大吟醸酒、吟醸酒、本醸造酒 など	新酒、しぼりたて、生酒、生貯蔵酒、生詰《なまづ》め酒《しゅ》、あらばしり、おりがらみ など	古酒、貴醸酒《きじょうしゅ》 など
華やかな香りを楽しみたい	**甘味**を堪能したい	**しっかりとした酸味**を味わいたい	**まろやかな風味**を楽しみたい
大吟醸酒、協会9号酵母《こうぼ》、協会10号酵母、長野酵母 など	全麹《ぜんこうじ》、四段仕込み、貴醸酒、古酒 など	生酛《きもと》、山廃酛《やまはいもと》 など	ひやおろし、中取《なかど》り など

第4章

日本酒のたしなみ方から、
さらなる楽しみ方まで

日本酒を楽しむ

写真協力／月桂冠、酒器 今宵堂、酒器道楽、東洋佐々木ガラス

ただ酔うだけじゃもったいない

日本酒のテイスティング

自分好みの味を知るために

味わいの豊かさを楽しめる酒は世界中にあるが、複雑に絡んだ香りと味わいを併せもつことが、日本酒ならではの特徴である。そのため、銘柄や産地、ラベル情報だけで味わいの全てを伝えることはとても難しい。この奥深い味わいを物理的、感覚的に総合して見定めるのが「利《き》き酒《ざけ》」といわれる「テイスティング」だ。

酒販店や飲食店などで酒を提供するプロがテイスティングを行う主な目的は、劣化などの品質チェック。酒の特徴を判別して的確に情報を伝えたり、温度や合わせる料理など飲用スタイルを提案したりするためにも行われる。ただ、普段飲むときに、そこまで難しく考える必要はない。ゆっくりと五感で味わい、自分の感じた香りや味を表現してみよう。繰り返していけば、好きな味わいの方向性に気が付けるはずだ。その情報を明確に伝えることで、店でも好みの酒に出合える確率が増え、日本酒の世界をより楽しめるようになる。

五感を鍛えるマッチングとは？

テイスティングをして五感を鍛えるためには、ひたすら飲むのもひとつの方法ではあるが、数種類の酒を用意して、香りと味わいから同じ酒を当てる「マッチング」という訓練が効果的だ。やり方としては、

①上段(A・B・C・D・E)に5種類の酒を準備し、銘柄を書いた紙を裏返しにしておく。
②下段に上段と同じ5種類(い・ろ・は・に・ほ)をばらばらに配置。銘柄を書いた紙を裏返しにしておく。
③上段(A・B・C・D・E)の香りを嗅ぐ。
④下段(い・ろ・は・に・ほ)の香りを嗅ぐ。
⑤香りから上段と下段のペアを予想(第1予想)。
⑥次は上段、下段の同じ順番に味をみて予想する(第2予想)。
⑦第1予想と第2予想を総合して上下段の組を当てる。

この訓練を繰り返していけば、五感は自然と鍛えられていく。最初はなかなか難しいかもしれないが、ぜひ一度試してほしい。

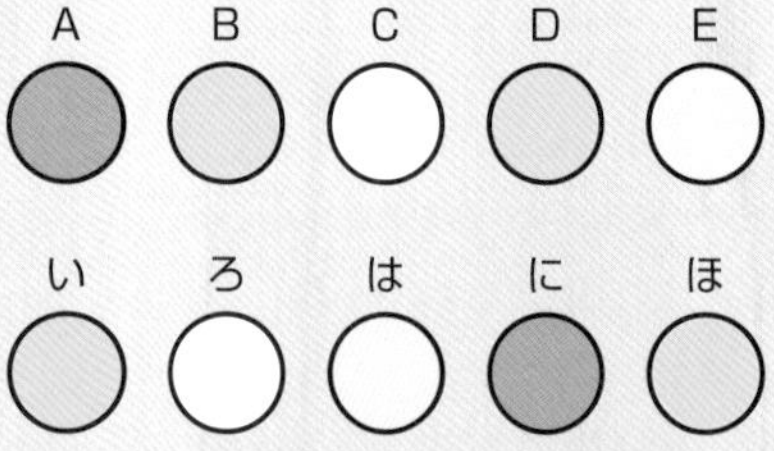

⬆本来のマッチングは一度しかチャンスはないのだが、最初は何度か繰り返したりして、友人とゲーム感覚で始めてみよう

Ⓐ 酒の質ではなく、税率の差により特級、一級、二級と分けられていたが、平成4年にすべて廃止された。

テイスティングを楽しむために

テイスティングは全身の感覚を研ぎ澄まして行う作業。ここではその表現方法の参考になるポイントと一例を紹介しよう。

目 日本酒にも色がある

色に影響する要因は、①酸化・熟成②濾過《ろか》③貯蔵容器④劣化による変質、など。以上を透明度・清澄性と色調、粘性から判断する。

利き猪口《ちょこ》

通称「蛇《じゃ》の目」といわれる円筒型の器。青い蛇の目で酒の光沢、白い輪で色や透明度、粘性を見る

脳 記憶をメモして、経験値アップ

そのときの味の感想、場所や酒器など、自分なりに情報をまとめておくことで記憶の集積が可能。自分の好みも分析できる。

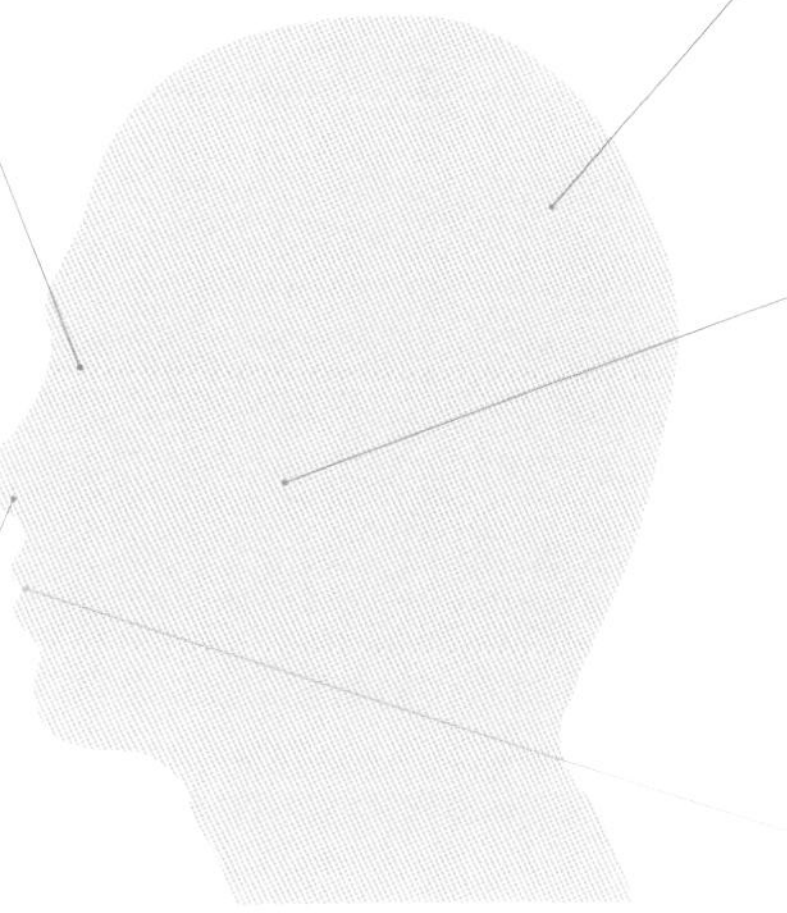

耳 開栓時に耳を澄ます

活性清酒や発泡性清酒(発泡清酒)などは開栓時に鳴るポンッという音や、器に注ぐ際の泡の音で発泡の強さを知ることができる。

鼻 上立《うわだ》ち香《か》から残り香まで変化の過程を最後まで味わう

器に注いだ直後の「上立ち香」、空気に触れて生まれる「第2の香り」、口に含んだ際に鼻から抜ける「含み香《か》」、最後に残る「残り香」を、それぞれ楽しもう。

華やかな香り

花や熟した果物などに例えられる甘く広がりのある香り。桜、桃、マンゴーなど。

爽やかな香り

瑞々しくフレッシュな果物や自然など、すっきりとした香り。青リンゴ、樹木など。

穏やかな香り

白い穀物やナッツ系に似た刺激の少ないほのかに優しい香り。クルミ、ゴマなど。

ふくよかな香り

日本酒の原料そのものの旨みからくる穀物系や乳製品の香り。玄米、チーズなど。

舌 味わいの口中変化を逃さずキャッチ

「アタック」と呼ばれる味の最初の触感の後、舌全体で転がすように味わい、最後に余韻を確認。素直に自分の言葉で表現してみよう。

■味の表現例

味わい・触感	表現の一例
甘　味	滑らかな、とろりとした、軽やかな　など
酸　味	フレッシュな、シャープな、キレのよい　など
苦　味	強い、きりりとした、厚みのある　など
旨　み	深みのある、しっかりとした、まろやかな　など
テクスチャー	瑞々しい、ふくらみのある、さらりとした　など

1本で広がるパラレルワールド

日本酒と温度の深い関係

手軽に引き出せる日本酒の隠れた魅力

　日本酒の魅力は、なんといってもあらゆる温度帯で気軽に楽しめるということ。温度に対し繊細な変化を見せるため、5℃違うだけで全く違った味わいに変化する酒もある。

　一般的に「吟醸酒は冷酒《れいしゅ》」「普通酒はお燗《かん》向き」といわれる。確かに爽やかな飲み口が多いといわれる吟醸酒系は、冷やすことで酸味がシャープになり美味しく飲める。普通酒は温度を上げることで、醸造アルコールより米の旨みを感じやすくなるものが多い。

　しかし、この酒はこの飲み方と決めることで、日本酒に秘められた計り知れない魅力に気付かないのはもったいない。吟醸酒でも、お燗すると酸味と旨みがまろやかに調和したり、常温や冷酒で驚くほど杯《はい》が進む普通酒もある。日本酒の醍醐味《だいごみ》は、自在な探求だ。蔵元《くらもと》や店のおすすめの温度は、ひとつの指標として参考にしたい。ただ、それだけにとらわれず、いろいろな温度で味わってみよう。新しい発見に心躍る1本が必ず見つかるはずだ。

温度による味わいの変化

400種類以上あるといわれる香味成分。その複雑なバランスで構成される日本酒の味わいは、温度の高低で大きく変わる。

香り

- 高　さまざまな要素が広がり、強くわかりやすく感じられる。爽やかさは減少する。
- 低　閉じた印象になり、あまり感じられなくなる。その代わり雑香がなくなる。

酸味

- 高　柔らかくなる。温度が高くなりすぎると、酸がぼやけてキレが悪くなる。
- 低　フレッシュで、爽やかに感じられる。シャープな印象が引き立つ。キレがよくなる。

甘味

- 高　強く感じ、引き立つ印象。熱燗《あつかん》以上になると、辛味が立つため目立たなくなる。
- 低　徐々に感じにくくなる。すっきり、さらりとした印象が増し、軽やかな甘味に。

アルコール

- 高　揮発性が高まり、強く感じる。熱燗以上では、舌にピリッと刺激を感じることも。
- 低　揮発性は低くなり、シャープな印象に。すっきり飲めるので低く感じることもある。

辛味

- 高　ぬる燗程度までは、まろやかな印象に。熱燗以上になると逆に強く感じる。
- 低　低くなるほど感じにくくなり、爽快感のあるシャープな印象に。キレも増す。

旨み

- 高　ボリューム感が増し、米本来の味が引き立つ。余韻まで旨みが残りやすくなる。
- 低　全体的に感じにくくなり、さっぱりとした印象に。水っぽく感じてしまうことも。

A　果実や香草などを組み合わせたものが多い。梅、ラ・フランス、ユズ、イチゴ、ハーブなど多彩だ。

幅広い日本酒の飲用温度
冷蔵庫のない時代は、冷《ひ》や（常温）とお燗という区別しかなかったが、現在、日本酒の飲用温度は、以下のように幅広い温度帯で美味しく飲むことができる。それぞれの温度帯に呼び名が付けられているのも日本酒の特徴といえる。

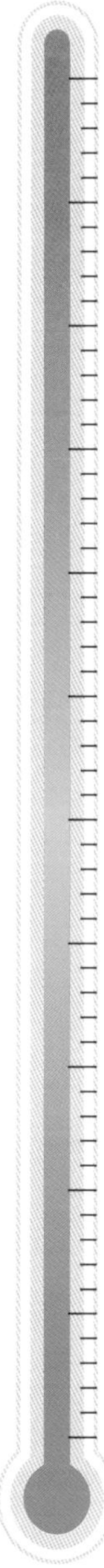

55℃以上	飛び切り燗	徳利《とっくり》を持つとすぐに指が熱くなる。香りが強くなり、鼻にツンとした刺激臭を受ける。味わいはかなり辛口。好みがある。
約50℃	熱燗	徳利から湯気が立ち、見た目にも熱いとわかる。味わいがシャープになり、キレ味も鋭い。昔のお燗はこの温度帯。
約45℃	上燗《じょうかん》	徳利を持つと温かさを感じる。湯たんぽのような温かさ。注ぐと湯気が立つ。ふくらみながらも引き締まった味わい。
約40℃	ぬる燗	体温と同じか少し高く感じる温度。お燗が美味しい酒は、この温度帯で香味や味わいが開花することが多い。ふくらみの広がる味わい。
約35℃	人肌燗《ひとはだかん》	人間の体温と同じぐらいの温度だが、徳利を持つと少し低く感じ、飲むとぬるいとわかる。米の香りが引き立つ。
約30℃	日向燗《ひなたかん》	人間の体温よりやや低めの温度。飲んだときに、冷たくも熱くも感じない。香りがやや立ってきて、滑らかな味わいに。
約20℃	常温	冷蔵していない状態の通常温度。冷やと呼ばれることも。香りは柔らかく、ソフトな味わい。まずはこの温度で味見したい。
約15℃	涼冷《すずび》え	冷蔵状態から出して、しばらく放置した温度。手に持つと冷たいとわかる。華やかな香りが立ち、まろやかな味わい。
約10℃	花冷《はなび》え	数時間冷蔵した状態で、触ると明らかに冷たい。香りは控えめで、きめ細かな口当たりを楽しめる。夏に好む人も多い。
約5℃	雪冷《ゆきび》え	瓶に結露ができるほど冷えた環境で、氷水に浸けてさらに冷やす。香りはほとんど感じられず、味わいも固め。

自宅で気軽に燗つけ名人

美味しいお燗《かん》のススメ

貴重なお燗文化を徹底的に楽しむ

世界的に見ても「お燗」という飲酒スタイルは珍しく、日本の貴重な文化のひとつである。昔から「燗上がり」という言葉もあるほど、燗をつける前と後では、全く違った味わいを楽しめるのが最大の魅力。ここ20年ほどの動きでは、吟醸酒や原酒のブームなどで「冷やして飲む」スタイルが確立されてきたが、近年は、お燗を好む若い人たちが増えている。

お燗は、酒を簡単に熟成状態にするひとつの手段。「山田錦《やまだにしき》」など、熟成に向くといわれる米を使用した酒は、お燗にしても美味しいものが多い。濃醇《のうじゅん》タイプの酒や生酛系酒母《きもとけいしゅぼ》の酒もお燗に向くといわれる。そのほか、無濾過《むろか》原酒系の酒や大吟醸酒など「冷やして飲むもの」と思われがちな酒も、自由にお燗で試してみてほしい。きっと新しい発見があるはずだ。

お燗だけで6種類の温度帯に分けられ（➡P.117）、風流な呼び名が付けられている日本酒文化。お燗酒を体験してこそ、日本酒の秘められた魅力を知ることができる。

基本のつけ方

電子レンジ燗

徳利《とっくり》にラップをかぶせて電子レンジにかける方法。手っ取り早くお燗したいときは便利だが、急速な加熱により徳利内の上下で加熱にムラができてしまう。

直火《じかび》燗

鍋ややかんに酒を入れ、そのまま直接加熱する方法。アルコール感が突出し、味わいも辛口になるが、熱が伝導しやすいため早く目的温度に達する。

蒸し燗

酒を入れた徳利を、蒸し器やセイロに入れて蒸気で蒸す。湯気に包まれて加熱されるため、アルコールや香りが抜けにくい。高温の熱で温められるので辛口になる。

湯煎《ゆせん》燗

酒を入れた徳利を水に浸けてから沸かす、一度沸騰させた湯の火を止めて徳利を浸ける、火を止めず沸騰している熱湯に徳利を浸けるなど、さまざまな方法がある。

〈湯に浸ける場合〉

❶ 鍋に水を入れ一度沸騰させる。
❷ 火を止めて湯温が80℃程度になったら、酒を入れた徳利を浸ける。
❸ 専用の温度計を入れて好みの温度に仕上げる。

美味しいぬる燗を作るには？

徳利に沸騰した湯を入れて温め、湯を捨てて酒を注ぐ。そのまま50秒から1分ほど置くと、優しいぬる燗になる。また、飲みたい温度より少し熱めにお燗して、少しずつ自然に冷《さ》ましてゆく「燗冷《ざ》まし」もおすすめ。どちらも肴《さかな》をつまみにゆっくり飲める、贅沢な味わい方だ。

Ⓐ 国内で消費されている日本酒はほぼ全量が国内生産だが、海外市場においては現地生産のものもある。

一家に1台、卓上お燗グッズ

ガスを使う湯煎は少し面倒、かといって電子レンジでは物足りない。そんな人には、手軽に本格的な燗つけが楽しめる卓上お燗グッズがおすすめ。持ち運びしやすい容器を使えば、食卓に座りながら心ゆくまで贅沢な時間が楽しめる。（商品／サンシン）

卓上型ミニかんすけ・匠《たくみ》

陶器の中に一定量の湯を張り、酒を入れたチロリ（2合まで）を陶器の中で温めるだけで、美味しいお燗酒の出来上がり。温度は陶器内の湯の量で調節することができる。

27500円

ぬくぬく ぽん太

陶器に沸騰した湯を入れ、酒を入れた徳利をセットすれば数分でお燗ができる。徳利の容量は120〜130cc。湯煎燗を手軽に試してみたい人向け。

2200円

飲み頃温度はこれでわかる!

酒温度計

日本酒やワインの飲み頃温度を表示する酒専用の温度計。熱燗《あつかん》、ぬる燗、冷や（常温）、冷酒《れいしゅ》の表示で簡単に目的温度の酒が作れる。

1650円

長者盛《ちょうじゃざかり》 長者カップ

新潟県　新潟銘醸《にいがためいじょう》

長者のように秀でた酒を造りたいという願いから生まれた「長者盛」のカップ酒タイプ。新潟県産米を使用し、単なる淡麗辛口ではないふくらみのある味わいに仕上げている。

造 普通酒　米 五百万石、国産米　精 60%
酵 協会7号　Al 15%
日 +4〜+6　酸 1.3〜1.5
容 200mℓ　¥ 217円

1カップで二度美味しい！カップ酒利用法

一時はコンテストまで行われていたカップ酒ブーム。昔の「オヤジの熱燗酒」というイメージを払拭し、デザイン性も味わいも、ボトルタイプに引けを取らないクオリティをもつ。カップ酒の長所は、耐熱容器のため、そのまま温めてお燗酒が楽しめること。さらに、飲み終わった後は別の酒を温めるマイコップに変身。1本で二度美味しい、お燗酒ファンの味方である。

キュッと爽やかに味わいたい

美味しい冷酒《れいしゅ》のススメ

日本酒を好きになるきっかけに

近年、お燗《かん》酒の魅力が見直されてきているとはいえ、手軽に日本酒を楽しむ方法のひとつとして、「冷やして飲む」というスタイルは大切である。大吟醸や純米吟醸、それにともなった生《なま》酒《ざけ》や無濾過《むろか》生原酒など、酒質の多様化によって、冷酒という飲み方が一般的になったのはここ30年くらいのことだ。地酒ブームのきっかけとなった淡麗辛口の酒から、吟醸酒ブーム、一部の日本酒ファンを虜にした無濾過生原酒ブームまで、冷やして飲んで美味しい酒が蔵人《くらびと》たちの努力によって次々と登場してきたのである。

日本酒にまだ馴染《なじ》みのない人のなかには、お燗酒特有の、ふくらみのある香りや、アルコール臭が苦手という人もいるかもしれない。そういう人は、食前酒や乾杯の酒として気軽に楽しめる冷酒からスタートするのもひとつの方法だ。自分で飲んでみて濃い、強いと思った酒には、氷をひと粒入れたり、冷やした水やサイダーなどで割ってみてもよい。自分に合った飲み方を選べるところが冷酒の特徴でもある。

基本の冷やし方

氷水に浸けて冷やす

桶やボウルに張った氷水で、ボトルごと、または酒を入れた徳利《とっくり》を冷やす方法。柔らかく優しい味わいを残しつつ、キリッと全体的にバランスよく冷える。最もおすすめの方法だ。

冷蔵庫で冷やす

冷蔵庫内で冷やす方法。手軽な方法だが、味わいは全体的にぼやけた印象に。急速に冷やすときは冷凍庫という手もあるが、香りと味がアルコールに閉じ込められ、こもった印象の味わいになる。

氷を入れてロック

酒に直接氷を入れて冷やす方法。アルコール、味が、ともに薄まってしまう難点も。反対に強い酒、濃い酒などを割るために使用すれば、全体的に飲みやすくなる。古酒や生原酒などに試してみてもよい。

Ⓐ アユやイワナ、鯛などの骨を入れた燗酒。魚の旨みが溶け出し、出汁の利いたスープのような味わい。ヒレ酒も骨酒の一種だ。

見た目も涼しい冷酒グッズ

暑い夏の夜などは、枝豆や刺身をつまみにしながら、ゆっくりグラスを傾けたい。そんなときに、卓上で冷やせる専用グッズがあれば、冷蔵庫まで往復する必要もないし、冷やすための氷水が徳利に入る心配もない。ガラスや陶器など、素材で選ぶのも面白い。

冷酒クーラー クリア地黒 冷酒器 クリア

ガラス製のクーラーに氷を入れ、冷酒器をセットして冷やすことができる。冷酒器の容量は210ccなので、すぐ冷えて手軽に冷酒が楽しめる。冷酒クーラー2475円、冷酒器1320円（丸勝）

和がらす 冷酒カラフェ

ガラス製のカラフェ。氷を入れるポケットが付いていて、酒を薄めずに冷やすことができる。スマートなフォルムにブルーの配色が涼しげ。4400円（東洋佐々木ガラス）

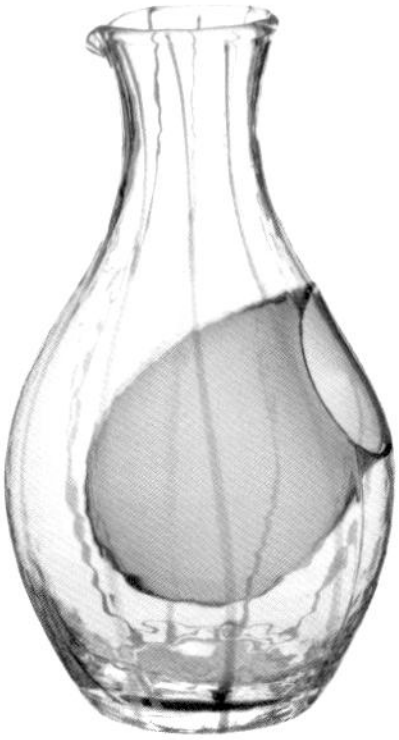

一度は試したい！温度で楽しむ日本酒マジック

日本酒の飲用温度帯はP.117でも紹介したが、ほかにも冷凍庫でシャーベット状にしたり、魚介類を器にし、熱燗《あつかん》を注いで風味とともに味わったりと、温度の違いでいろいろな食感や風味を楽しむことができる。そのなかから、いくつか紹介しよう。

冷

みぞれ酒

専用冷凍庫でマイナス15℃に冷やした液体状の日本酒をグラスに注ぐと、みぞれ雪のように細かいシャーベット状になる。まるでマジックのような酒。

凍結酒《とうけつしゅ》

蔵独自の製法で酒を凍結させ、ぬるま湯などで少し溶かしシャーベット状にして食べる酒。低アルコール酒ならば、自宅でも凍らせて真似できる。

温

ひれ酒

フグなどのひれを強火であぶってコップに入れ、熱燗を注いだもの。蓋《ふた》を閉めて時間をおき、ひれの香りが酒に移るのを待って飲む。

イカ徳利酒

イカを徳利の形に加工して、熱燗を入れたもの。時間をおくとイカの風味が溶け出し、まろやかに。数回使用した後は、美味しいつまみに変身。

素材や形で「味」を演出

酒器《しゅき》で気分を盛り上げる

酒器は見た目だけでなく、香味も変化させる

旨い酒は、どんな器で飲んでも旨い。それはもちろんそうだが、料理が器の違いでより美味しく見えるように、日本酒も酒器によって趣《おもむき》が変わる。繊細な香りと味わいが特徴の日本酒にとって、器の素材や口径《こうけい》、形状の違いは、少なからず香味に影響を及ぼす要因となるのだ。

例えば、表面積の広い盃《さかずき》などは、香りが広がりやすく、フレッシュな酒を飲むときに効果を発揮する。飲み口の狭まったワイングラスのような形状のものは、香りが器の中にこもるため、しっかりと香りを堪能できる。冷酒《れいしゅ》なら冷涼感のある磁器、お燗《かん》酒なら保温性のある陶器を使用するなど、飲用温度によって素材を変えてもよい。熟成した酒やにごり酒などを飲む際には、透明なガラス素材の器を選べば、味わいとともに酒の色味も楽しむことができる。店や自宅でその日の気分に合わせて猪口《ちょこ》を選んだり、気に入ったマイ猪口を持ち歩いたりするのも、粋な酒道のひとつなのである。

金属 金属は熱の伝導性に優れていて、注がれた日本酒の温度が保たれやすい。金属の種類によっては、イオンが酒の雑味をまろやかにするという説もある。

チロリ
筒形のお燗用酒器。金属製なので熱伝導がよい。錫《すず》を使ったものが多い。14300円(surou n.n)

⬆日本製の錫100%の酒器。殺菌作用が高い錫は、酒の味わいを滑らかに変えるといわれる。無骨な男酒《おとこざけ》に合わせたい。能作 喜器／3080円(surou n.n)

陶磁器 素朴な形と自然の風合いが調和した陶器は、滋賀県の信楽《しがらき》焼、岡山県の備前《びぜん》焼などがあり、ふたつとして同じものが焼けない貴重なものもある。艶やかでフォルムが美しい磁器は、石川県の九《く》谷《たに》焼、佐賀県の有田《ありた》焼など、職人の技術を駆使した絵柄が印象的。どちらも、茶道に使用する茶碗作りが発展したことから、酒器も作られるようになった。

片口《かたくち》
文字通り片側に注ぎ口のある器。注ぎ口のキレのよさも肝要。二階堂明弘作・片口／9900円(酒器道楽)

⬆涼しげな淡青色に凛とした造形。きりりとした印象は磁器のもつ魅力を存分に発揮している。田村一作・酒呑の蕎麦猪口／4950円(白白庵)

⬆淡雪のような器肌に鉄絵文様が映える。穏やかな表情で優しさを感じる志野ならではの風情。安洞雅彦作・志野ぐい呑み／8800円(酒器道楽)

A 「あらばしり」とは醪《もろみ》を搾った際、最初に流れ出てくる酒のこと。若々しくインパクトが強いのが特徴だ。

そば猪口をぐい呑み代わりに

猪口やぐい呑みより、少し大きめなそば猪口は、素材やデザインも多彩で、片手に収まる大きさが酒器にぴったり。たっぷり飲みたい酒好きにはおすすめだ。酒器専用の器でなくても、ショットグラスやデザートグラスなど、自分の気に入ったもので日本酒を飲んでみよう。きっといつもとはまた違った味わいで美味しく感じるはずだ。

↑中尾万作 53 サビ秋草ちどりそば猪口／4950円（暮らしのうつわ 花田）

↑北野敏一（犀ノ音窯） 格子市松文猪口（大）／5500円（暮らしのうつわ 花田）

酒器の形状

酒器にはさまざまな形があり、形状が違うと口中への流れ方も変わり、香りや味わいも微妙に変化する。飲む酒のタイプによって器を変えてみるのも面白い。

厚さ

器の飲み口部分の厚みが薄ければ薄いほど、液体がすぐ舌に沿って口中の奥まですーっと流れ込むため、辛味成分を強く感じやすい。

口径

ラッパ型に広がる細身のグラスは、香りが広がりやすく爽やかな酒向き。香り高い酒は、ワイングラスのような内側にこもる風船型タイプがよい。

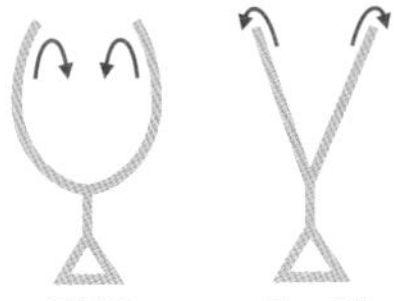

角度

角度のある器（盃）は、軽く傾けると口中に酒が素早く流れて奥に届くため辛口に感じ、角度のない器（ぐい呑み）は、反対に甘く感じる。

木 天然木のものから漆を塗った伝統工芸品まで、昔ながらの温もりが伝わる木素材の器は、ほのかな移《うつ》り香《が》を感じさせるものもある。

ガラス 清涼感あるガラス素材は、冷酒を注ぐ際に活躍する。なかでも有名なのは、切子細工《きりこざいく》。鉛ガラスに砥石《といし》やダイヤモンドホイールを用いて文様を入れる江戸切子は、カットが深く鮮明で華やかな印象。現代の技術で復元された薩摩《さつま》切子もある。また、透明なガラスの器であれば、熟成酒やにごり酒など、色に特徴のある酒を飲む際に、味わいとともに見た目でも楽しむことができる。

徳利《とっくり》
首の締まった酒器。1～2合徳利は江戸時代後期に登場した。江戸硝子 八千代窯 徳利／7700円（東洋佐々木ガラス）

↑漆器といえば朱塗りや黒塗りが思い浮かぶが、独特の質感で繊細さと気品のあふれるたたずまい。松本光太作・錫蒔ぐい呑／10560円（白白庵）

↑深みのある藍色に金箔の輝きが映える手作りならではのグラス。酒席を華やかに演出してくれる。江戸硝子 八千代窯 冷酒杯／4180円（東洋佐々木ガラス）

↑幾本もの細かな線を交差させ、色部分を四つ葉のような文様に残した遊び心あるデザイン。酒を注いだときの映り込みも美しい。ぐい呑み・金赤／27500円（江戸切子協同組合）

日本酒との上手な付き合い方

酔う前に知りたい「酔い」の正体

酒は飲みたいけど、悪酔《わるよ》いはしたくない、というのは万人の思うところ。そもそも「酔っぱらう」とはどういうことなのか。人間の脳神経がどう作用しているのだろう。

普段私たちの周りにある嗜好品《しこうひん》は、摂取する度合いによっては脳に影響を与え、依存症に陥《おち》らせる危険性をはらむ。それは「脳の感受性」によるものだが、通常、嗜好品が作用する脳の部位は一カ所だけだ。対してアルコールはドーパミン神経系、興奮性アミノ酸神経系（記憶に関与）、GABA神経系（鎮静効果に関係）などさまざまな部位へ働きかけるという。これらの神経伝達物質が一斉にアルコールの影響を受け、酔った状態になるのだ。この酔った状態では基本的に気分が高揚して陽気になるが、なかには体調を崩してしまう人もいる。「二日酔い」の仕組みはいまだに謎の部分が多いが、周りに体調の悪い人がいたら助ける、適度に飲んで適度に切り上げるなど、ペース配分を考えて日本酒と付き合おう。その心がけが、悪酔いせず粋に日本酒をたしなむ秘訣である。

アルコールの代謝経路

体内に入ると、アルコールは血液とともに肝臓へ運ばれ処理される。一般的に肝臓が処理できるアルコールの量は、体重60～70kgの人の場合、1時間に5～9gといわれている。

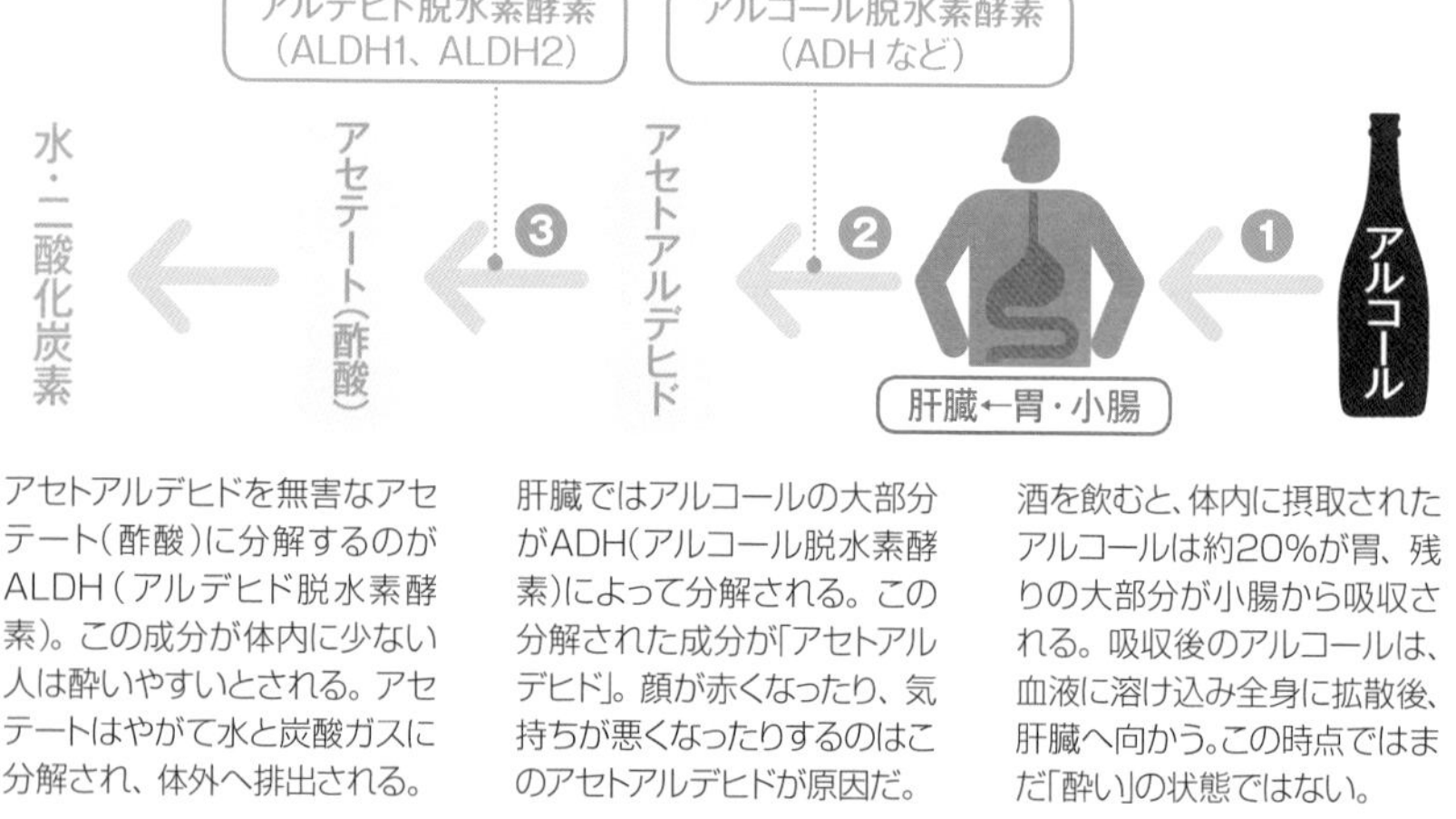

酒を飲むと、体内に摂取されたアルコールは約20%が胃、残りの大部分が小腸から吸収される。吸収後のアルコールは、血液に溶け込み全身に拡散後、肝臓へ向かう。この時点ではまだ「酔い」の状態ではない。

肝臓ではアルコールの大部分がADH（アルコール脱水素酵素）によって分解される。この分解された成分が「アセトアルデヒド」。顔が赤くなったり、気持ちが悪くなったりするのはこのアセトアルデヒドが原因だ。

アセトアルデヒドを無害なアセテート（酢酸）に分解するのがALDH（アルデヒド脱水素酵素）。この成分が体内に少ない人は酔いやすいとされる。アセテートはやがて水と炭酸ガスに分解され、体外へ排出される。

店で楽しく日本酒を飲むために

いろいろな銘柄を飲み比べたり、酒に合う肴《さかな》が揃っていたりと、家飲みとは違う魅力のある店での酒席。ちょっとした工夫や配慮で、より充実した時間を過ごすことができる。

1 最低限のルールを守る

酒の席では、たまに羽目をはずすこともあるだろう。酒に飲まれるのが勉強とはいわないが、失敗から学ぶこともある。ただ、人を不快にさせる（一気飲みの強要）、店に迷惑をかける（器物破損、営業妨害）、犯罪（飲酒運転、喧嘩《けんか》）行為などはやめよう。最低限の節度を守り、自分も周囲も楽しめる酒席になるよう心がけたい。

2 自分のペースを知る

自分の飲める量を知ることは、スマートに酒を飲むために重要だ。周囲に合わせて無理にペースを上げたり、美味しいからと量ばかり飲んでいては、すぐに酔っぱらってしまうし、なによりせっかくの酒の味がわからなくなってしまう。その日の体調に合わせ、自分のペースでゆっくり酒を堪能しよう。

3 お店の人を味方につける

日本酒入門者なら、勇気を出して店の人にいろいろ質問してみよう。自分の飲みたい味を伝え、わからなければまずはおすすめに従ってみる。仲よくなれば、思わぬ情報を教えてもらえたり、普段は飲めない貴重な酒を飲めたりするかもしれない。

4 その日のお気に入りを覚えておく

せっかくさまざまな銘柄を飲んでも、酔っぱらって忘れてしまうのではもったいない。自分の気に入った銘柄はノートにメモする、レシートをもらうなどして、ぜひ覚えておこう。そうすれば好みの基準がわかり、自分が飲みたい酒を判断する力が付く。

5 「和《やわ》らぎ水《みず》」を上手に活用

「和らぎ水」とは、日本酒の合間に飲む水のこと。この水によってアルコールの濃度が薄められ、酔いの速度が穏やかになる。また、水を挟んでリフレッシュすることで、次の酒と料理の味を鮮明にする効果もある。

味の明暗を分ける？

日本酒の賞味期限と保存

日本酒の賞味期限の考え方とは？

日本酒には、製造時期の表示が義務付けられている。厳密には「出荷年月」という方が正しい。通常、日本酒は製造されてから出荷までの数カ月間は蔵内で貯蔵されているからだ。では、肝心の賞味期限はどう考えればよいのだろうか。

日本酒には最も美味しく飲めると予想される頃合いがある。蔵元《くらもと》が出荷のタイミングを計るのはそのためだ。ただ、もし購入してから1年以上経った未開封の酒が出てきてしまっても、飲めないと判断するのは早い。そんな場合は、捨てずに思い切って古酒にしてみよう。あくまで未開封という条件付きでだが、古酒にするという可能性を加味すれば「味わいの賞味期限」はない。蒸留酒である焼酎やウイスキーは、瓶詰め後は時が経ってもほとんど味が変化しないが、日本酒やワインなどの醸造酒《じょうぞうしゅ》は、そのまま数年保存して熟成させる楽しみがある。

基本の賞味期限は出荷年月から3カ月、長くても1年以内。1年以上過ぎてしまったら自己責任で古酒に、と覚えておくとよい。

日本酒の保存可能期間

酒種	開栓前	開栓後
火入れ	冷暗所で約1年	冷暗所で2～3カ月
本生《ほんなま》	冷蔵庫で約1カ月	冷蔵庫で1週間
生貯蔵酒	冷蔵庫で2～3カ月	冷蔵庫で1週間
生詰《なまづ》め酒《しゅ》	冷蔵庫で1～1.5カ月	冷蔵庫で1週間

※上記はあくまでも目安。開栓しなければ古酒にしても面白い

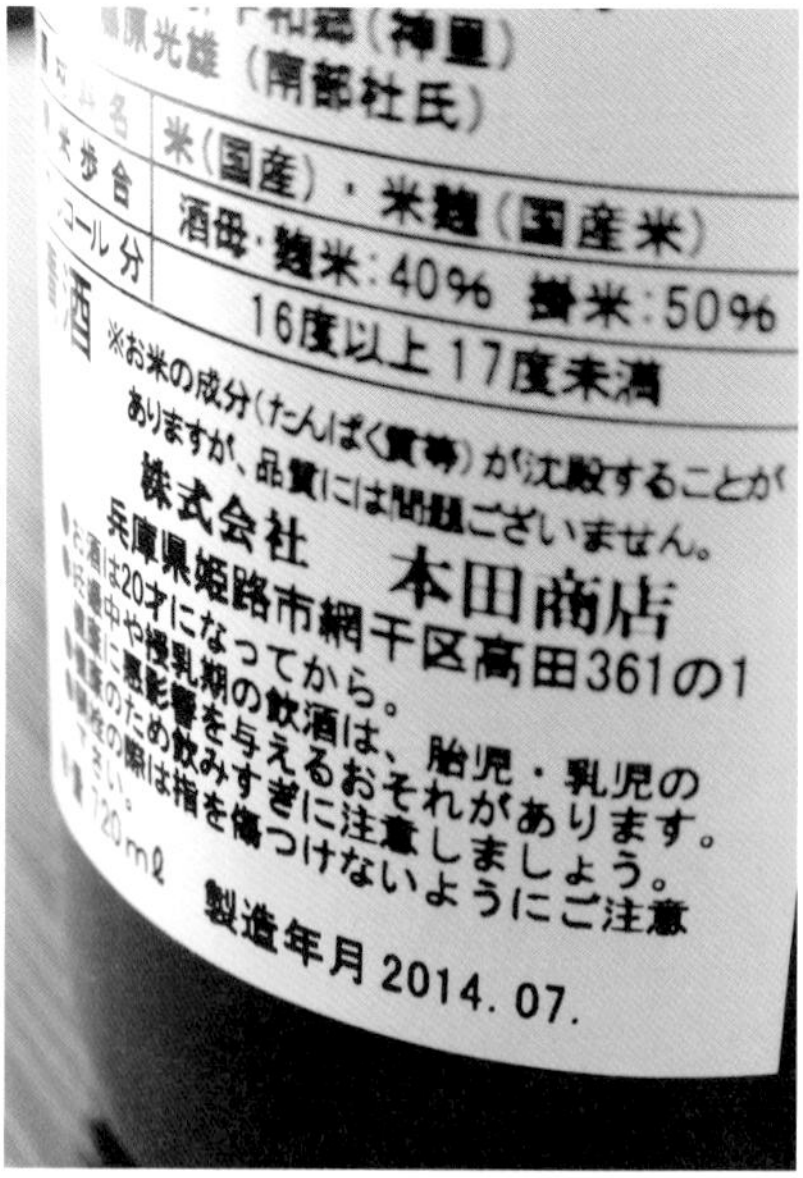

⬆日本酒には製造時期(出荷時期)の表示が義務付けられている

A 玄米を削って残った白米の割合が精米歩合だ。精米歩合30%は白米が30%で、糠《ぬか》が70%ということ。

家庭保存の際に気を付けること

蔵や店のような冷蔵設備がなくても、保存の工夫はできる。ちなみに以下の注意点は、開栓前の火入れ酒に当てはまる。

1 温　度

気温の高低差の激しいところへ置かない

日本酒は気温差の大きいところが苦手。高温下に置かれると熟成が早まり、劣化してしまう。床下収納など、できるだけ気温差の小さい低温の場所(18℃以下)に置いてあげよう。

2 明るさ

紫外線にさらさない

日光や蛍光灯などの光は、紫外線により着色や異臭を招くため、新聞紙でくるみ冷暗所へ。また湿気にも弱いため、水気のある場所へは置かない。

3 揺　れ

安定した場所へ静置する

不安定で揺れの激しい場所は、熟成が進み劣化を招く結果に。横に寝かせず立てて、化粧箱などがある場合は中に入れたまま保存したい。

それでも保存に失敗したら…?

もしも、開封したまま月日が経ってしまったり、どうしても香りや味わいが気になったりと保存に失敗してしまっても、決して捨てずに活用を。料理に使用すれば贅沢なほど高級な料理酒となり、お風呂に入れれば体が温まり美肌効果も期待できる。最後の一滴まで無駄にしないようにしよう。

日本酒 COLUMN

実は長い、ひやおろしの飲み頃

現在でも日本酒の造りの大半は、冬場に醸《かも》される「寒造《かんづく》り」で行われる。春から夏にかけて貯蔵された酒は調熟《ちょうじゅく》し、秋口から飲み頃になる。こうして出来た酒を「ひやおろし(秋上《あきあ》がり)」という。ひやおろしは、出荷する際に加熱処理を行わないものが多い。調熟した風味を楽しむためだ。蔵へ行くとわかるが、貯蔵タンクが並ぶ蔵内は、真夏でもひんやりとしている。秋に外気が冷えてきて酒の温度と同じくらいになった頃に、そのまま出荷するので「ひやおろし」と呼ばれるようになった。

もちろん秋口が飲み頃なのだが、春頃まで引っ張って飲むと、より一層丸みを帯びた味になっていく。酒屋の店頭からは、1月頃にはすでに消えてしまうのが実に残念だ。「酒屋さん、もっと長く置いてよ」というのが本音である。

知れば知るほどクセになる

古酒との付き合い方

主人も知らない古酒の未来

古酒の明確な定義はない。一般的には、２年以上貯蔵してから出荷される酒を「古酒」と呼ぶ。しかし、それでは２年のものも10年のものも同じ「古酒」になってしまうため、貯蔵年を明記し、「長期熟成酒」や「秘蔵酒」と名付ける蔵も多い。前項でも述べたが、日本酒の賞味期限というのは「ここまでに飲めば蔵元《くらもと》側の意図する味で飲めますよ」という目安表示だ。購入して自分の責任でなら、すぐに飲みきっても古酒にしても問題はない。もちろん封を切った生酒《なまざけ》を３カ月以上も放置したのなら劣化の可能性は否めないが、封を切らない酒は、逆に面白い古酒になる可能性を秘めている。

古酒の醍醐味《だいごみ》は、放っておくだけでどんどん未知の味に変化していくことだ。保存場所としては、最低限風通しは確保したいが、わざわざ冷蔵庫に入れる必要はない。案外大切なのは、「貯蔵していることを忘れること」だ。途中で飲みたくなってもひたすら寝かす。失敗を覚悟で挑戦してみる価値はある。

日本酒 COLUMN

自分だけのマイ古酒に挑戦しよう

経験者に言わせると「古酒に正解はない」。生酒だからとか、大吟醸だからとかで、古酒には向かないと決めつけることはできないと言うのだ。思いも寄らない酒が、年月を経るといい具合に変化して、熟成味溢れる美味しい酒になることも多い。大事なのは、保存状態を一定にすること。湿度、揺れ、明かりにある程度気を付ければ、日本酒はたいてい美味しく調熟《ちょうじゅく》する。ただし、透明瓶は光の影響を受けやすいので、直射日光はむろん、照明などの紫外線によっても著しく劣化する。火入れ酒でも光の当たらない涼しい場所をおすすめしたい。また、10年古酒にしようと思ったら、10本以上同時に準備するといい。なぜなら、途中で必ず試してみたくなり、10年後には1本もないという結果になりかねないからだ。どちらにしても、日本酒に賞味期限はない。ふくよかで奥行きがあり、長い余韻が楽しめる極《きわ》み酒《ざけ》である。自分だけのマイ古酒への挑戦をおすすめしたい。

〈マイ古酒の極意〉

- 正解はない。いろいろな種類に挑戦してみよう。
- 封をあけずに、保存状態を一定に保つ。
- 途中で味を楽しみたいなら、数本同時に始める。
- 貯蔵していることを忘れる。

A 精米歩合は玄米を削って残った白米の割合。60%削った「40%」より、70%削った「30%」の方が高精米ということ。

蔵の歴史を物語る長期熟成酒・古酒

古酒専用に仕込む蔵や、新酒として仕込んだものを古酒用に別貯蔵する蔵など、造り方はさまざま。共通している点は、味わいの可能性は未知数であることだ。

20年熟成

古酒探求のパイオニア
伝統ある酒蔵の古酒

達《だる》磨《ま》正《まさ》宗《むね》 二十年古酒

岐阜県 白木恒助商店《しらきつねすけしょうてん》

昭和40年（1965）頃から「熟成」というテーマに取り組み始めた伝統ある古酒蔵。20年間熟成させた古酒は、時間が経ってより味わいが増すように、米の旨みをじっくり酒に溶かし込ませた。その昔、地震で崩壊した蔵が、七転び八起きで立ち上がるという願いを込めて「達磨正宗」と命名した。

造 純米　米 日本晴　精 70%　酵 協会7号　Al 18%
日 −40　酸 約2　容 720mℓ　¥ 13200円

10年熟成

古酒とは思えぬ余韻が
舌を優しく包む

美寿々《みすず》 大吟醸 古酒

長野県 美寿々酒造《みすずしゅぞう》

兵庫県産の「山田錦《やまだにしき》」を使用。瓶《びん》燗《かん》火入れした原酒を蔵で10年以上じっくりと貯蔵熟成させたもの。まるでカカオのような甘やかな香りが広がる。喉越しはシルキーで、するすると抜け、軽く冷やしても、ぬる燗《かん》にしても美味しい食中酒。チーズなどと合わせても楽しめる。

造 大吟醸　米 山田錦　精 39%
酵 長野D酵母　Al 17.5%　日 +3
酸 1.6　容 720mℓ　¥ 3850円

32年熟成

1989年醸造の
ヴィンテージ酒

流転《るてん》 長期熟成 純米大吟醸

福島県 末廣酒造《すえひろしゅぞう》

精米歩合《せいまいぶあい》50%の契約栽培米を使用した純米大吟醸を、土蔵で30年以上貯蔵して熟成させた。上品な熟成香としっかりとした旨みをもち、甘味のなかにもさっぱりとした苦味が感じられる。酒銘の「流転」は、悠久の時を経て眠りから覚めた純米大吟醸のイメージから名付けられた。

造 純米大吟醸　米 会津産五百万石
精 50%　酵 末廣酵母
Al 15～16%　日 +1.4～+1.6
酸 2～2.2　容 300mℓ
¥ 1650円

季節をめでる日本文化とともに

四季折々の日本酒

酒とともに四季を讃える日本の伝統文化

日本には、四季の風情をとらえ、そこに酒を絡ませる文化があり、四季折々の風情を楽しむ「遊び酒」の風習が古くから伝えられている。

春は「花見酒」が代表的。慶長3年（1598）、豊臣秀吉が開いたという醍醐《だいご》の花見が歴史に残る豪華な宴として有名だ。花見は日本独特の風習で、厳冬《げんとう》期に仕込まれた酒を、新酒として宴席で振る舞うことが多い。

夏の酒は「祭り酒」。江戸時代に開かれた両国での隅田川の川開きでは、柳橋《やなぎばし》や向島《むこうじま》での酒宴後、涼《すず》み舟《ぶね》を出して花火を眺めながら夏のひとときを楽しんだという。

秋といえば「ひやおろし」。旨みがのって出荷される酒は、日本酒好きにとってはたまらない。この季節の遊び酒の代表は「月見酒」。米の収穫もこの時期で、月見の風習も元来、秋の収穫祭の行事のひとつといわれている。旧暦8月15日の十五夜と、同9月13日の十三夜《じゅうさんや》は、名月を観賞しながら杯《はい》を交わしたとされる。

春 花見酒

夏 祭り酒

3月 4月 5月 6月 7月 8月

桃の節句

旧暦3月3日の雛《ひな》祭り。邪気祓《じゃきばら》いをする上巳《じょうし》の節句が桃の節句となった。また、不老長寿を願い、百歳《ももとせ》まで長生きできるように桃花酒《とうかしゅ》を飲む風習もある。

端午《たんご》の節句

旧暦5月5日。「菖蒲《しょうぶ》の節句」ともいわれる。端午には菖蒲酒を飲み、菖蒲湯《しょうぶゆ》に浸かり、粽《ちまき》を食べれば、邪気が払われ疫病が除かれるといわれていた。

土用《どよう》の丑《うし》の日

年4回あるが一般的には夏を指す。平賀《ひらが》源内《げんない》が発案したとされる、滋養強壮に鰻《うなぎ》を食べる習慣。蒲焼きをどんぶりに入れて熱燗《あつかん》を注ぎ鰻酒《うなぎざけ》にする飲み方もある。

A 稲穂の背が高く、食用米よりも大粒で中央のデンプン質部分が大きい。醪《もろみ》に溶けやすく発酵がスムーズに進む。

冬は、「雪見酒」と呼ばれ、かの紫式部も参加したといわれる酒席が有名だ。しんしんと降りしきる雪景色のなか、風情を和歌に詠みながら飲まれたのは、お燗《かん》酒だったのだろうか。もともと、寒さから身を守るために飲まれたといわれるお燗酒も、四季をめでる「遊び酒」として酒席を演出する大切な小道具だったのかもしれない。

このように、古くから伝えられてきた「遊び酒」は、日本の風物を尊ぶ、人と自然の橋渡し役として重要な役目を担ってきたのである。

樽酒《たるざけ》で行う鏡開き

結婚式や祝宴でよく目にする「鏡開き」。古来、日本酒は神事の際に御神酒《おみき》として供えられていた。その酒が樽酒の場合、祈祷が終わると上蓋《うわぶた》（鏡）を割ってみんなで酒を酌み交わし、祈願の成就を願ったという。季節の行事ではないが、今でもめでたい席や記念日などで行われる、日本の酒文化のひとつである。

秋　月見酒

9月　10月　11月

冬　雪見酒

12月　1月　2月

重陽《ちょうよう》の節句

旧暦の九月九日。飲めば長生きするといわれる菊花の酒を飲み長寿を願う。この日から翌年の桃の節句まで、日本酒はお燗で飲むのが正式といわれる。

日本酒の日

昭和40年（1965）以前の酒造年度は10月1日からと定められており、この日を酒造元旦として祝っていたことから。昭和53年（1978）制定。

元日の屠蘇《とそ》

前年の邪気を払い延命を願って飲まれる薬酒《やくしゅ》。元来中国の風習で、平安初期に宮中で行われ民衆に広まった。年賀の客には、初献《しょこん》に屠蘇を振る舞う。

自宅で気軽に日本酒を

家飲みのススメ

店とは違う、自宅ならではの日本酒の楽しみ方

自宅で食事や娯楽を楽しむ「イエナカ消費」が注目されている昨今、家飲みが関心をもたれている。家飲みの魅力は何か。まずは外食よりお代が安価なこと。そして時間が自由なこと。店の閉店時刻や終電に縛られることもない。飲み終わったらそのままグデンと寝られる。その解放感はお金を払っても得られないだろう。

食中酒として親しまれている日本酒は、幅広い料理と合わせられる酒。料理との相性について難しく考える必要がないので、気軽に家飲みを楽しむのにぴったりの酒といえる。和食はもちろん、洋食や中華料理、さらには買ってきたお総菜や簡単な自作のつまみまで、あらゆるスタイルの料理とともに気軽に晩酌できるのだ。

自宅で日本酒を飲む時間は、店とはまた違った楽しみがある。周囲を気にせず自分のペースで味わえ、酒好きにとっては至福の時間となる。ここでは、購入する際のコツや飲み方のバリエーション、おつまみとの楽しみ方や簡単レシピなど、家飲みを楽しむヒントを紹介しよう。

楽しみ方1

日本酒お取り寄せ

家飲みとなれば、酒は自分で調達しなければならない。近所に馴染《なじ》みの酒屋さんがあればいいが、遠くだと持ち帰るには重くて不便。そこで便利なのがインターネットでのお取り寄せだ。インターネットの場合は保管状況が見えないのでP.112を参考に信頼できる店を探してみよう。おすすめは酒蔵直営のオンラインストア。蔵独自の限定酒に出合えることもある。酒選びの際は、例えば父の日ギフトなど、目的別に検索するのも一方法だ。知らなかったカテゴリーや味わいとの出合いがあるかも知れない。

楽しみ方2

少量でいろいろ楽しむコツ

「量り売り」は消費者が希望する量だけ販売するシステム。気になる酒を少量ずつ購入することができる。数は多くないが、実施している店が近くにあれば、ぜひ足を運んでみよう。

量り売りの魅力は、まずは少量ずついろいろ楽しめること。一般的に多く流通している四合《しごう》瓶《びん》は、けっこう重量があるので、持ち帰るなら2、3本が限度。だが少量ならいろいろ持ち帰ることが可能だ。次に、量り売りならさまざまな飲み比べにも気軽に挑戦できる。気になる蔵の酒を飲み比べたり、造りや米、酵母《こうぼ》などの違いを飲み比べたりしてみるのも面白い。

量り売りの楽しみ方

興味のある酒を選ぶ

最もベーシックな楽しみ方。四合瓶1本買うお金で量り売り一合が4種類買える。高価な酒も少量なので手軽に買えるのがメリットだ。

同じ蔵の造り・米違い

同じ蔵の酒で、特定名称酒違いや米違い、酵母違いなどを飲み比べ。同じ蔵の酒をいろいろ飲むことで、その蔵の特長が見えてくる。

同じ酒米で蔵違い

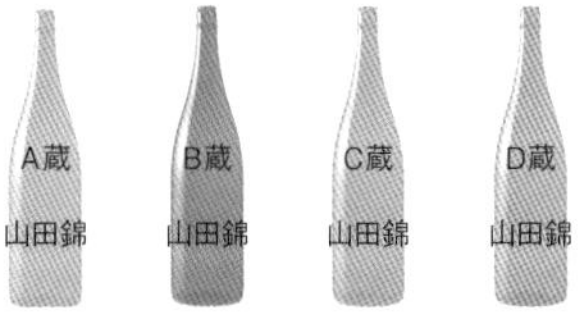

酒米を揃えた飲み比べ。酒米は料理でいえば素材にあたる。同じ鶏肉を使った料理でも店や料理人によってニュアンスが変わるのと同様に蔵の個性が出る。また、酒米も種類によって性質が異なり、酒の味わいに違いが出る。

同じ酵母で蔵違い

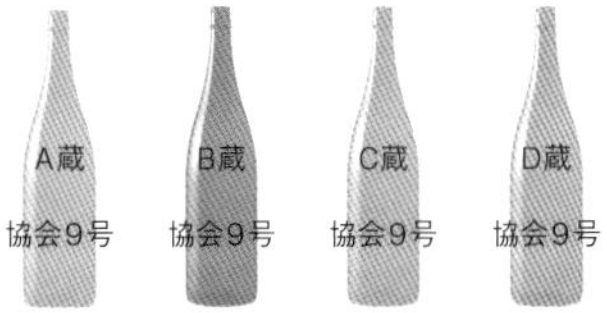

酵母を揃えた飲み比べ。酵母は料理でいえば調味料にあたる。塩か醤油か味噌か、酒全体の印象が酵母によってガラリと変わる。酒米よりも違いが明確に出やすい。

→東京・大塚にある「地酒屋こだま」では、店主が飲み頃を見極めた日本酒約250種類をほぼ全て量り売りで購入できる

量り売りの注意点

購入に際しては注意点もある。江戸時代には当たり前だった量り売りが姿を消したのは衛生面が懸念されたようだ。器を移し替えたものは、瓶や空気中の雑菌の混入を完全に防ぐことができないため、特に常温での熟成には不向き。必ず冷蔵庫に入れ、できるだけ早めに飲みきろう。1週間以内に飲みきるようお願いしているという店もある。熟成を前提にするなら、四合瓶や一升瓶がおすすめだ。

楽しみ方3

飲み方バリエーション

家飲みならではの楽しみは、自由に遊べること。酒蔵に言わせれば、日本酒で遊ぶなんてとんでもないことだろうが、そこから思いもよらない美味しさが生れないとも限らない。温度で遊ぶ、酒器で試す、ブレンドして冒険する……。日本酒はどんな食べ物にも寄り添ってくれるように懐が深い。その寛大さを信じて新たな魅力を探ってみよう。冷酒やお燗《かん》など温度での変化についてはP.116、酒器の違いでの味わいはP.122を参照してほしい。ここではブレンドによる飲み方のバリエーションを探ってみよう。

日本酒とのブレンドが楽しいのはカクテル。日本酒はそのまま飲むイメージが強いが、カク

割るだけ簡単 日本酒カクテル

トニックウォーター

カクテルの基本のレシピ。氷の入ったグラスに日本酒とトニックウォーターを注ぐ。日本酒のコクと、トニックウォーターのほんのりした甘さがマッチして美味しい。

トッピングでアレンジ

トッピングによって味わいの変化を楽しんでみるのもいい。おすすめのトッピングはレモンやキュウリ、ミントやタイムなどのハーブ類。キュウリを入れると酒の風味がメロンのように爽やかになる

ライムジュース

「サムライロック」の名があるカクテル。グラスに氷と日本酒を入れ、ライムジュースを注ぐだけ。飾りにライムのスライスを。日本酒がさっぱりとして飲みやすくなる。

トマトジュース

グラスに氷をいっぱい入れ、日本酒を半分まで注ぐ。そこにトマトジュースを加えて満たし、ステアする。日本酒版レッドアイ。

コーラ

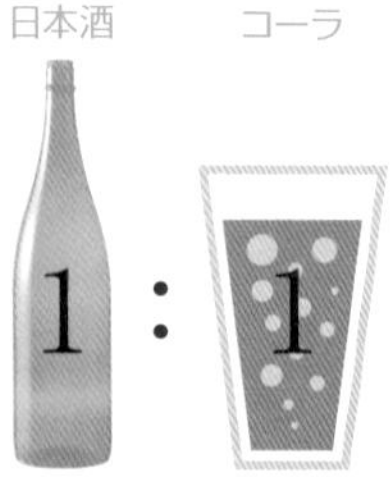

口当たりのいいカクテル。「サケコークハイ」ともいう。グラスに氷をいっぱいに入れ、日本酒を注ぐ。そこにコーラを加えて軽くステア。

ジンジャーエール

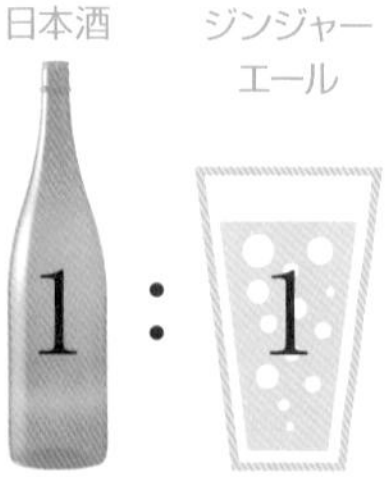

氷をたっぷり入れたグラスに日本酒を注ぎ、残りをジンジャーエールで満たす。軽くステアしたら、レモンの皮を剥いて入れる。日本酒版ジンジャーハイボール。

A 酒造りには水道水よりも厳しい基準をクリアした有害物質を含まない水が必要。名水の井戸を所有する蔵も多い。

テルのベースにも向いている。透明感があるので仕上がりの色に影響せず、シンプルな味わいなので風味の邪魔をしない、そして甘味と酸味のほどよいバランスもカクテル向き。身近にある材料を使ってひと工夫すれば、バラエティ豊かな日本酒カクテルを楽しめる。使用する日本酒は自宅にある好きな銘柄でOK。できれば原酒を使いたい。原酒は加水していないため、アルコール度数が高く味わいも濃厚。日本酒本来の味わいが薄まることなく楽しめる。

緑茶

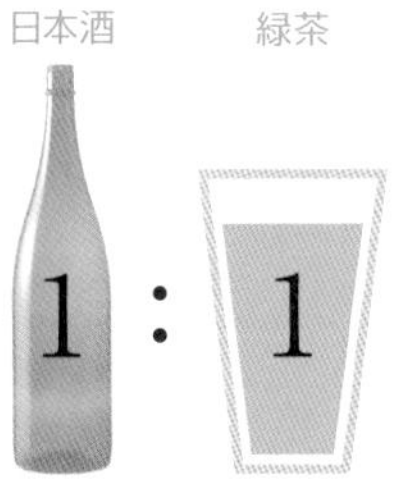

濃く淹れた水出しの日本茶を冷やして、日本酒と氷を入れたグラスに注ぐ。和の雰囲気で口当たりがまろやか。レモンスライスを添えると香りが引き締まり、日本酒初級者にも飲みやすい。

生搾りフルーツ

レモン、キウイ、オレンジ、グレープフルーツなどを搾って、日本酒と氷を入れたグラスに注ぐ。単独のほかミックスしても面白い。さらに炭酸で割るとすっきりとして飲みやすくなる。

乳酸飲料

日本酒と氷を入れたグラスに乳酸飲料を注ぐ。5対1ぐらいの割合が爽やかで美味しい。日本酒と乳酸飲料の甘味、酸味がマッチ。ロックか炭酸割りで。

ヨーグルト

よく冷やした日本酒をグラスに入れ、ヨーグルトを加えて軽くステアする。ほどよい甘酸っぱさが魅力。乳酸飲料よりも濃厚なカクテルになる。ミントなどのハーブを飾ってもいい。

ミント+炭酸水

ミントを使えば清涼感が味わえる「サケモヒート」に。グラスにミントの葉を入れて軽く潰す。そこにクラッシュアイスを詰め、日本酒と炭酸水を注いで混ぜ、ミントの葉を飾る。

出汁

日本酒をおでんや鍋の出汁で割って飲む「出汁割り」も、割るだけで楽しめる日本酒の飲み方。好みで七味唐辛子を振ってもいい。まろやかな旨みで体も温まる。

楽しみ方４

お手軽料理と合わせる

家飲みをお手軽に楽しむなら、コンビニエンスストアやスーパーで買ってきたお総菜や冷凍食品、デリバリーなどを利用するのもいいだろう。

食中酒として親しまれる日本酒は、複雑で繊細な香りと味わいをもち、あらゆるスタイルの料理と合わせられる酒。その可能性は幅広いので、酒と料理の相性を決めつけてしまわず、いろいろ試して自分なりのマリアージュを見つけてみたい。

とはいえ、どう試せばよいかわからない……という場合は、下記の日本酒４タイプ別の例を参考に、近い味わいの酒、つまみから試して、自分が美味しいと感じた組み合わせからバリエーションを増やしていこう。

日本酒タイプ別 おすすめおつまみ

香り：高い ↔ 控えめ
味わい：淡い ↔ 濃い

薫酒《くんしゅ》…淡麗で香り高いタイプ

華やかでフルーティな香りが特徴。大吟醸酒や吟醸酒に多い。和食にも洋食にも適している。柑橘系の果物を添える料理と相性がよい。

例
- サーモンのカルパッチョ
- サラダチキン
- シュウマイ
- ポテトサラダ

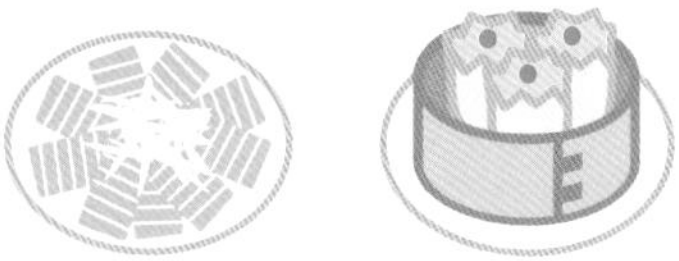

熟　酒《じゅくしゅ》…ふくよかな香りとコクのあるタイプ

スパイシーな香りと濃厚な口当たりが特徴。長期熟成酒、古酒と呼ばれる。香辛料が効いた料理や、強い香りのチーズなどと合わせても反発しない。

例
- 鰻の蒲焼き
- 焼き鳥
- 鶏の唐揚げ
- ピザ

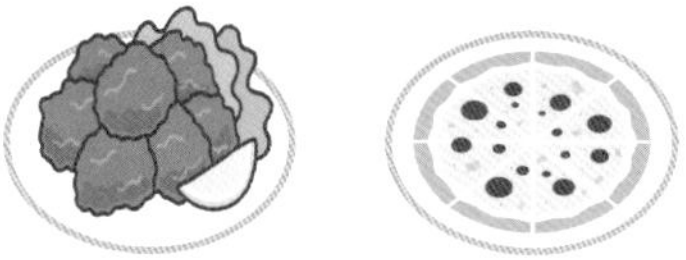

爽酒《そうしゃ》…香りは控えめで軽快な味わいのタイプ

軽快でクセのない味わいが特徴。本醸造酒や生酒《なまざけ》、生貯蔵酒など。基本的にどんな料理にも合う。淡泊な料理でも味の邪魔をしない。

例
- 冷や奴
- ほうれん草のお浸し
- 出汁巻き玉子
- 白身魚の刺身

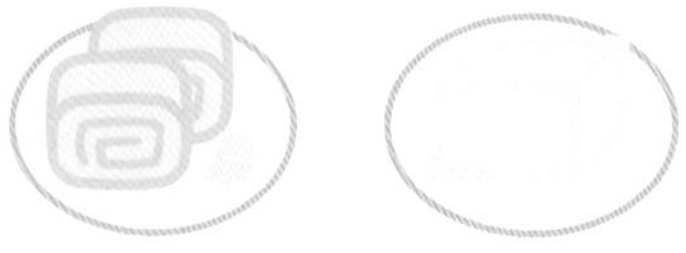

醇　酒《じゅんしゅ》…原料由来の芳香と濃厚な味わいのあるタイプ

純米酒、無濾過《むろか》生原酒などに多い。香りは控えめで派手さがないので、どんな料理とも相性がよい。

例
- おでん
- 茶碗蒸し
- 牛スジ煮込み
- ミートボール

Ⓐ 力士対象の調査で、他のアルコールよりも体温が２度ほど高い状態が続き血液循環がよくなったという結果がある。

チーズでお手軽おつまみ

チーズは日本酒のお手軽なお供としてとても優秀。冷酒《れいしゅ》にもお燗酒《かんざけ》にもよく合う。だいたいどんな調味料、スパイスとも好相性を見せるから不思議だ。クリームチーズに刻んだフレッシュハーブをまぶした「ハーブチーズ」も、おつまみにぴったり。チーズをオリーブオイルに漬け込んでおくだけでも、立派なおつまみになる。味噌や酒粕《さけかず》に漬け込めば、かなり上級の酒肴になるので、ぜひ試してほしい。

クリームチーズの酒粕漬け

材料　クリームチーズ … 適量、酒粕 … 適量、みりん … 適量

作り方
① 酒粕にみりんを加えて混ぜ、味噌ぐらいの柔らかさのペースト状にする。
② ラップに酒粕ペーストを薄くのばし、クリームチーズをのせる。チーズの上にも酒粕ペーストを重ねてラップで包み、冷蔵庫で1日寝かせる。
③ 酒粕ペーストをへらで取り除き、ひと口大に切り盛り付ける。

酒粕の力でチーズはまろやかになり、なんとも言えない風味。漬け床に味噌を加えても美味しい。味噌を加えた場合は、味が濃いので少量ずつ楽しんで。

モッツァレラチーズのわさび醤油

材料
モッツァレラチーズ … 1個
醤油（またはめんつゆ）… 適量
わさび … 適量
オリーブオイル … 適量

作り方
① わさびを溶いた醤油をポリ袋に入れ、モッツァレラチーズを1時間漬け込む。
② ①をスライスして皿に盛り、食べる直前にオリーブオイルをかける。

醤油では塩分がきついと思えば、めんつゆでもいい。洋のチーズと和の調味料がコラボして、意外な美味しさ。ワインにも合うが、ここはぜひとも日本酒と。

モッツァレラチーズとアボカドのサラダ

材料
モッツァレラチーズ … 1個
アボカド … 1個
トマト … 1個
キュウリ … 1本
レモン果汁 … 1/2個分
はちみつ … 大さじ1
塩 … 少々

作り方
① モッツァレラチーズとトマトは角切り、アボガドは中身をスプーンで取り出して、キュウリは半月切りにする。
② レモン果汁とはちみつを混ぜ合わせ、①に和え、塩で味を調整する。

モッツァレラチーズのコクとアボガドの旨みがコラボして、ねっとりした口当たりが絶妙。レモンの酸味が爽やかな一品。

楽しみ方5

簡単おつまみレシピ

簡単に作れて日本酒と好相性のおつまみ4品のレシピを紹介しよう。

木綿豆腐は酒粕《さけかす》に漬けておくだけでリーズナブルなのに高級な肴《さかな》に変身。ころんと姿形も美味しい卵黄の醤油漬けも、酒が進む味わい。鶏胸肉は塩麹《しおこうじ》が肉を軟らかくし、旨みをアップ。鶏肉を塩麹に漬け込んだ状態で冷凍保存しておくこともできる。「なめろう」は、元々漁師の賄い料理。「なめろう」を焼いて食べるのが「さんが焼き」だ。漁師が山仕事の際に山小屋で食べたのが名前の由来と伝わる。どれもコクがあり酒との相性も抜群だ。材料も簡単に手に入るものばかりなので、気軽に試して毎日の晩酌を楽しもう。

豆腐の酒粕漬け

豆腐を1カ月も酒粕に漬け込むと、まるでチーズかと思う味わい。ねっとり濃厚で、コクや旨みの強いお酒とよく合う

［材料］
木綿豆腐 …… 1丁
酒粕(練り粕) …… 100g
※酒粕は練り粕が望ましいが、なければ板粕《いたかす》でも可。板粕に日本酒、みりんを少々加え、味噌と同じぐらいの柔らかさにする。
塩 …… ひとつまみ

［作り方］
① 酒粕に塩ひとつまみを加え、味を調整する。
② 豆腐の水気をよく切り、キッチンペーパーで包んで①を塗る。ラップで包んで1週間〜1カ月冷蔵庫で寝かせる。
※途中、水分が出ることもあるので、様子を見てこまめに水気を取り除く。
③ キッチンペーパーを取り除き、一口大に切って盛り付ける。

卵黄の醤油漬け

濃厚な卵黄がまったりと口中で溶け、えもいわれぬ至福。お酒が進んで止まらない。ぬる燗《かん》におすすめ。

［材料］
卵 …… 6個
醤油 …… 50cc
みりん …… 50cc
昆布 …… 5cm角程度

［作り方］
① 卵を殻付きのまま1日以上冷凍してから室温で解凍し、黄身と白身を分離する。
② みりんを煮きって醤油と昆布を加えて冷まし、黄身だけを漬け込んで冷蔵庫で1日寝かせる。

A 麹は約48時間かけて作られるが、その間温度や水分調整が必要なため、蔵人《くらびと》は昼夜を問わず作業にあたるのだ。

鶏胸肉の塩麹蒸し

鶏胸肉は高タンパクなのに低カロリー、そして蒸し料理は簡単でヘルシーといいことづくめ。ポン酢で食べても美味しい。

材料

鶏胸肉 …… 1枚（300g）
塩麹 …… 30g
オリーブオイル … 大さじ1
ニンニク …… 1片
ローズマリー …… 1枚
レタス …… 4～5枚

■ 梅ソース

トマト …… 1個

【A】

梅ペースト
（または梅干しを叩いたもの）
…… 大さじ1
醤油 …… 大さじ1
みりん ……大さじ1
酢 …… 大さじ1
オリーブオイル …… 大さじ2

作り方

① 胸肉をポリ袋に入れ、塩麹、オリーブオイル、ローズマリー、みじん切りにしたニンニクを入れ、1時間漬け込む。
② 肉を取り出し食べやすい大きさに切って、レタスを敷いた蒸し器に並べ、中火で5～8分程、火が通るまで蒸す。
③ ②を皿に盛り付け、トマトを角切りにして【A】と和えた梅ソースを添える。

鯵のなめろうとさんが焼き

鯵の濃厚な旨みが薬味で引き立ち、酒が進むことうけあい。「なめろう」が余ったら、こんがり焼いて「さんが焼き」に。こちらはお燗酒にもよく合う。

材料

鯵
（刺身用・3枚におろしたもの）
…… 150g
生姜 …… 1片
長ネギ …… 1/2本
大葉 …… 2～3枚
味噌 …… 大さじ1/2

作り方

① 鯵を粗く刻んで、みじん切りにした生姜、長ネギ、大葉と味噌を和えてたたき、大葉を敷いた皿に盛り付ける。

■ さんが焼き

① 余ったなめろうをハンバーグ状にまとめて大葉を巻く。
② フライパンに油をひいて①を並べ、弱火で両面に焼き目が付くまで焼く。

日本酒が素材を引き立てる 日本酒リキュール

各蔵の個性が詰まった バリエーション豊かなリキュール

消費者のニーズや食生活の多様化に応えるべく、さまざまな日本酒のバリエーションが登場してきている。日本酒や粕《かす》取《と》り焼酎をベースにして果実などのエキスを閉じ込めたリキュールは、実にバラエティ豊か。日本酒で食事を楽しんだ後のデザート酒として楽しむのもおすすめだ。

梅

東光《とうこう》 吟醸梅酒

山形県　小嶋総本店《こじまそうほんてん》

純米吟醸酒の粕取り焼酎がベースなので、梅の甘酸っぱい香りに華やかな吟醸酒の香りが加わって、なんとも幅のある味わい。まるで貴婦人のように艶やかでエレガンスを感じさせる。国内の主要梅酒コンテストで3冠を獲得した「天下御免」の風格がある。

造 リキュール　原 純米吟醸酒粕焼酎、梅、砂糖　Al 11～12%　容 500㎖
¥ 1650円

日本酒仕込《にほんしゅじこみ》 柚子酒《ゆずしゅ》

柚子

群馬県　土田酒造《つちだしゅぞう》

柚子の割合を多くし、日本酒が苦手な人でも飲みやすいように仕上げている。柚子の爽やかな香りと果実感、余韻の爽やかさがあり、フライドチキンなどの揚げ物とも好相性。

造 リキュール　原 日本酒、柚子果汁、果糖
Al 5%　容 720mL　¥ 1650円

黒牛仕立《くろうしじた》て じゃばら酒《しゅ》

じゃばら

和歌山県　名手酒造店《なてしゅぞうてん》

じゃばらはフルーツ王国和歌山県が原産の柑橘類。ユズとカボスの中間のような味わいで、香りはすっきりフルーティ。甘すぎず、酸っぱすぎず、ほどよい酸味とほのかな苦味がクセになる味わい。

造 リキュール　原 清酒、醸造アルコール、じゃばら果汁、糖類　Al 10%　容 720㎖
¥ 1700円

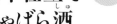

白真弓《しらまゆみ》 ヨーグルト酒

ヨーグルト

岐阜県　蒲酒造場《かばしゅぞうじょう》

令和2年春、コロナ禍による休校で給食用の地元産牛乳が動かなくなり、何か一緒にできないかと開発。できたてを使用するヨーグルトの酸味や甘味と、酒の華やかさが調和した旨みに。

造 リキュール　原 日本酒、ヨーグルト、果糖
Al 6%　容 500mL　¥ 1320円

鳳凰美田《ほうおうびでん》 いちご

イチゴ

栃木県　小林酒造《こばやしゅぞう》

酵素の力で細胞質を破壊せず液状化し、イチゴを生の状態で瓶詰めしているため、「とちおとめ」本来の香り、果実感が濃厚。大人のイチゴミルクのような味わい。冬季限定の人気商品だ。

造 リキュール　原 栃木県産とちおとめ、日本酒、醸造アルコール、乳製品、糖類
Al 5～6%　容 500mL　¥ 1650円

第5章

産地から、酒蔵から、
日本酒の魅力がわかる！

厳選産地別
日本酒ガイド

厳選産地別日本酒ガイドの見方

この章では、日本全国の魅力溢れる日本酒を、産地別に紹介。日本酒の味わいや楽しみ方はもちろん、その酒が生まれたエリア、都道府県、酒蔵を知ることで、より酒の魅力がわかる日本酒ガイドになっている。下記の見方を参考に、日本全国酒蔵巡りに出かける気持ちで見てみよう。

1 エリアの雰囲気を感じる

「北海道･東北」､「関東」､「信越」､「北陸」､「東海」､「関西」､「中国」､「四国･九州」８エリアの各最初のページには､実際に現地で取材した蔵紀行を紹介｡旅する気分でエリアの雰囲気を感じてみよう｡

北海道・東北 エリア

冷涼な気候と豊富な雪解け水、良質の酒造米に恵まれ、酒造りに好条件が揃う。酒質はそれぞれだがすっきりタイプが多い。岩手県は南部杜氏の本拠地だ。

［宮城県］

内ヶ崎酒造店「鳳陽」

2 都道府県の特徴を知る

エリアの雰囲気を感じたら、次は都道府県別の特徴をチェックしよう｡都道府県ごとの気候風土や、日本酒の特徴についてだけでなく、おすすめの日本酒に合うご当地ならではの肴《さかな》も紹介｡現地の食文化も知ることができる。

北海道ご当地肴

ニシンの切り込み

細かく切ったニシンを糀《こうじ》に漬け熟成させた珍味。魚醤《ぎょしょう》造りの過程で出来たといわれる北海道伝統の味。

北海道

北の大地の澄んだ空気と雪解け水に育まれる酒は、アミノ酸が少なくすっきりとした飲み口のものが多いとされる。

3 銘柄と酒蔵の魅力を知る

エリア､都道府県の雰囲気や特徴､食文化を垣間見たら､いよいよ銘柄紹介へ｡その銘柄の特徴や味わい､楽しみ方とあわせて､酒蔵の特徴や歴史などを紹介｡ページの見方については､次ページ参照｡

酒蔵名

酒蔵の名称｡株式会社、合資会社、有限会社などは省略している。

地域名

都道府県内のどの地域なのか、地域名を掲載。市にある場合は市名を､郡地域の場合は町村名を記している。

A 日本酒の醸造年度は7月から翌年の6月まで。年度内の出荷を新酒、翌年の7月以降の出荷を古酒と呼んでいる。

銘柄名

紹介する日本酒の銘柄名。商品名のうち、特定名称の呼称や生酛《きもと》や山廃《やまはい》、生酒《なまざけ》などの造りによる区別などは、共通で銘柄名の後に表記している。

特徴アイコン

銘柄の味わいや香りの特徴を2点ピックアップしてアイコンで表記。日本酒選びの参考に。

350年以上の伝統に
裏打ちされた老舗蔵の代表酒

男山《おとこやま》
純米大吟醸

上品
バランスがよい

兵庫県産「山田錦《やまだにしき》」を38%まで磨き上げ、低温で醸《かも》した手づくり大吟醸。「男山」の名は、創業時に京都の男山八幡宮に参籠《さんろう》したことにちなむ。

唎き酒NOTE

口に含むと穏やかな吟醸香《ぎんじょうか》が広がり、味わいは柔らかく滑らか。純米酒らしいまろやかな旨みを酸が引き締めて、バランスのよい後味が心地よい。

造 純米大吟醸　米 兵庫県産山田錦
精 38%　酵 非公開　Al 16%　日 非公開　酸 非公開　容 720mL　¥ 5885円

熱燗
ぬる燗
常温
冷酒
ロック
〔おすすめの飲み方〕

男山　おとこやま　〔旭川《あさひかわ》〕

江戸時代から350年以上もの間、醸造の伝統を守り続ける北海道の老舗蔵。酒蔵に併設された資料館には、往時の貴重な資料や酒器などが残る。

唎《き》き酒NOTE

紹介銘柄の香りや味わい、余韻の特徴や合わせたい料理などの特徴をまとめたテイスティングコメント。感じ方には個人差があるが、日本酒選びの参考として、味わいをイメージしやすくすることを目的としている。

基本データ

紹介する日本酒の基本データを記載。各アイコンは以下の内容を示している。データは全て2021年7月現在のもの（酒造年度などによって各データは変動する場合がある）。

- 造 = 特定名称の呼称。特定名称酒でない場合は基本的に普通酒と表記
- 米 = 原料米の品種名。麹米《こうじまい》、酒母《しゅぼ》、掛《か》け米《まい》で異なる場合は、それぞれの品種を表記
- 精 = 精米歩合《せいまいぶあい》を%で表記。麹米、酒母、掛け米で異なる場合はそれぞれの%を表記
- 酵 = 使用している酵母《こうぼ》
- Al = アルコール度数
- 日 = 日本酒度
- 酸 = 酸度
- 容 = 容量
- ¥ = 紹介している容量の商品の価格。価格は希望小売価格、もしくはオープン価格を税込みで表記

おすすめの飲み方

酒蔵からのおすすめの温度・飲み方を5段階で表示。こちらを参考にして、いろいろな温度で飲んでみよう。

おすすめの飲み方温度の目安

- 熱燗 — 熱燗《あつかん》＝50℃前後
- ぬる燗 — ぬる燗＝40℃前後
- 常温 — 常温＝20℃前後
- 冷酒 — 冷酒《れいしゅ》＝10℃前後
- ロック — ロック＝氷を入れて

都道府県別味わいの傾向

各都道府県には独自の食文化があり、その食文化に合わせた日本酒が各地で発展してきた。ここでは、国税庁の「全国市販酒類調査の結果について」から、各都道府県の日本酒の味わいの傾向を見てみよう。もちろん蔵によっても傾向は異なるが、地域の特性を知るという意味で参考にしてみると面白い。

■ 甘辛度、濃淡度とは?

甘辛度、濃淡度は日本酒度と酸度(総酸)から、下記の式によって導かれる数値。甘辛度はプラスの値が大きくなるほど甘口、マイナスの値が大きくなるほど辛口となる。濃淡度はマイナスの値が大きくなるほど濃醇《のうじゅん》、小さくなるほど淡麗となる。

$$\text{甘辛度} = \frac{193593}{(1443+\text{日本酒度})} - 1.16 \times \text{総酸} - 132.57$$

$$\text{濃淡度} = \frac{94545}{(1443+\text{日本酒度})} + 1.88 \times \text{総酸} - 68.54$$

各県の甘辛度 (平成28～令和元年度の平均値)

甘辛度は、全体的に、南の地域になればなるほど、甘口の酒が多く造られている傾向が見られる。例外もあり、最も辛口の数値だったのが、鳥取県の−0.49。逆に最も甘口の数値だったのは、大分県の0.28である。

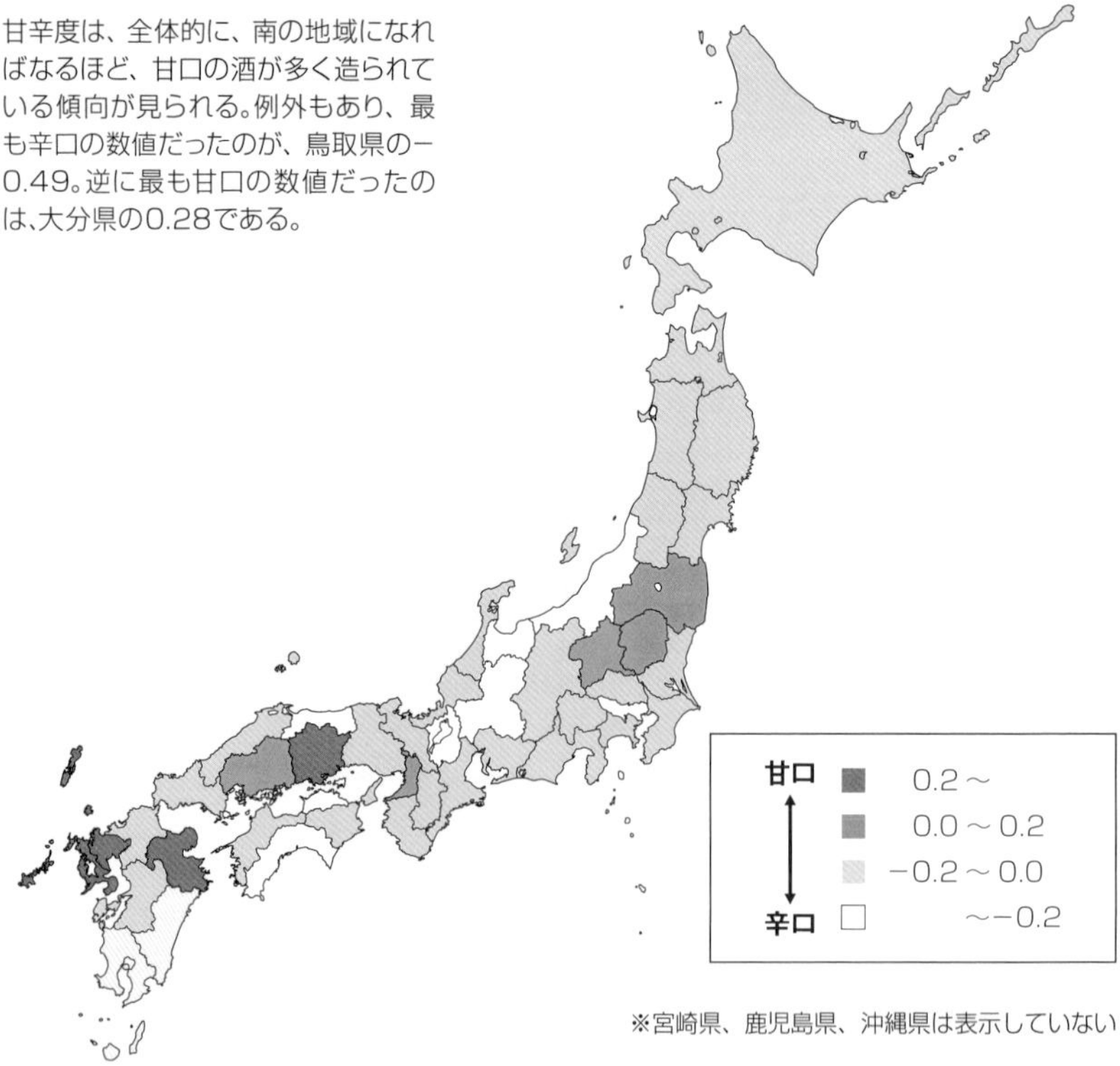

※宮崎県、鹿児島県、沖縄県は表示していない

各県の甘辛度、濃淡度（平成28～令和元年度の平均値）

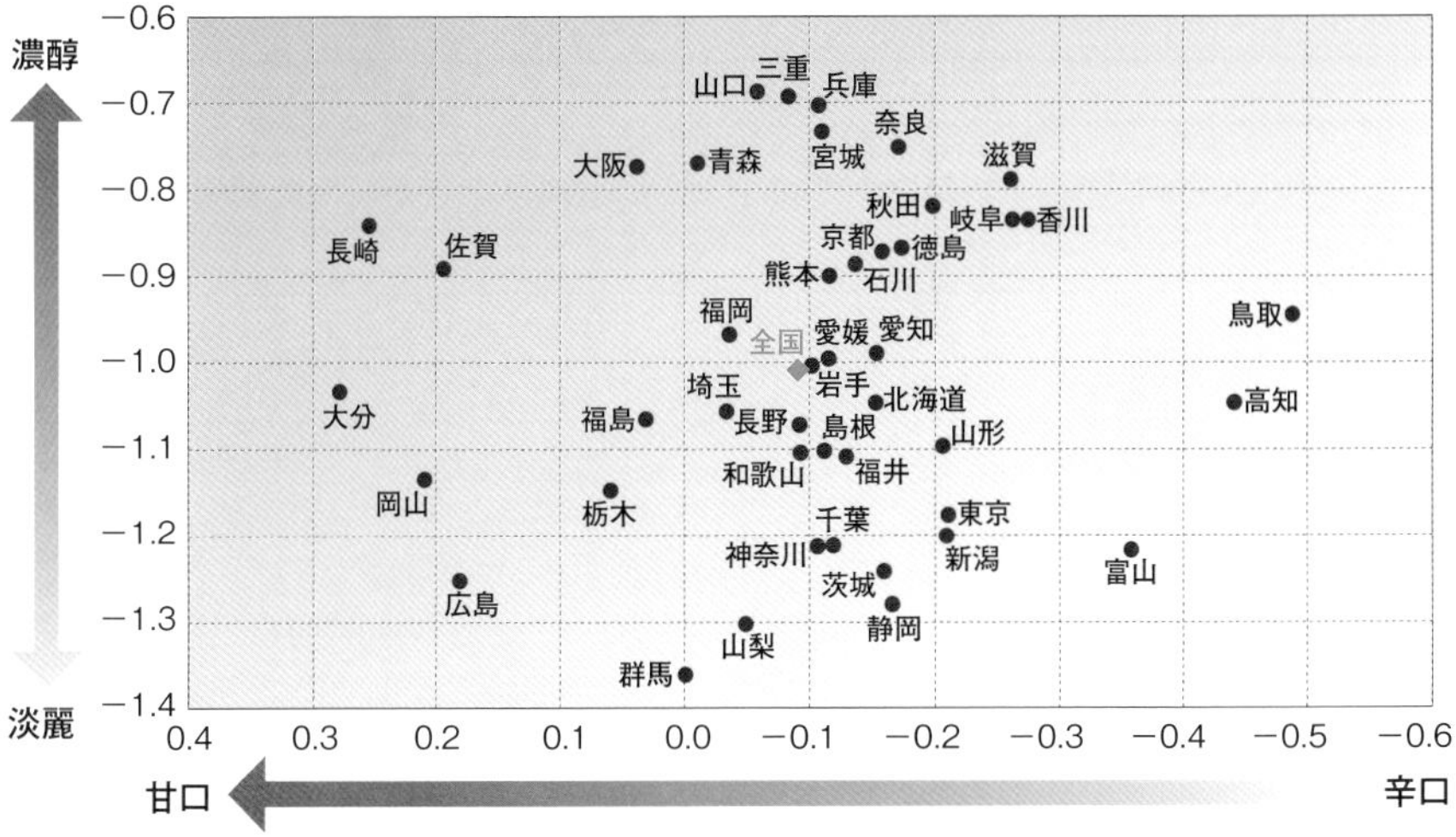

※宮崎県、鹿児島県、沖縄県は表示していない

各県の濃淡度（平成28～令和元年度の平均値）

濃淡度の場合は、甘辛度のように地域の南北による傾向性はあまり見られない。最も濃醇な数値だったのは三重県と山口県の−0.69、最も淡麗だったのは、群馬県の−1.36である。

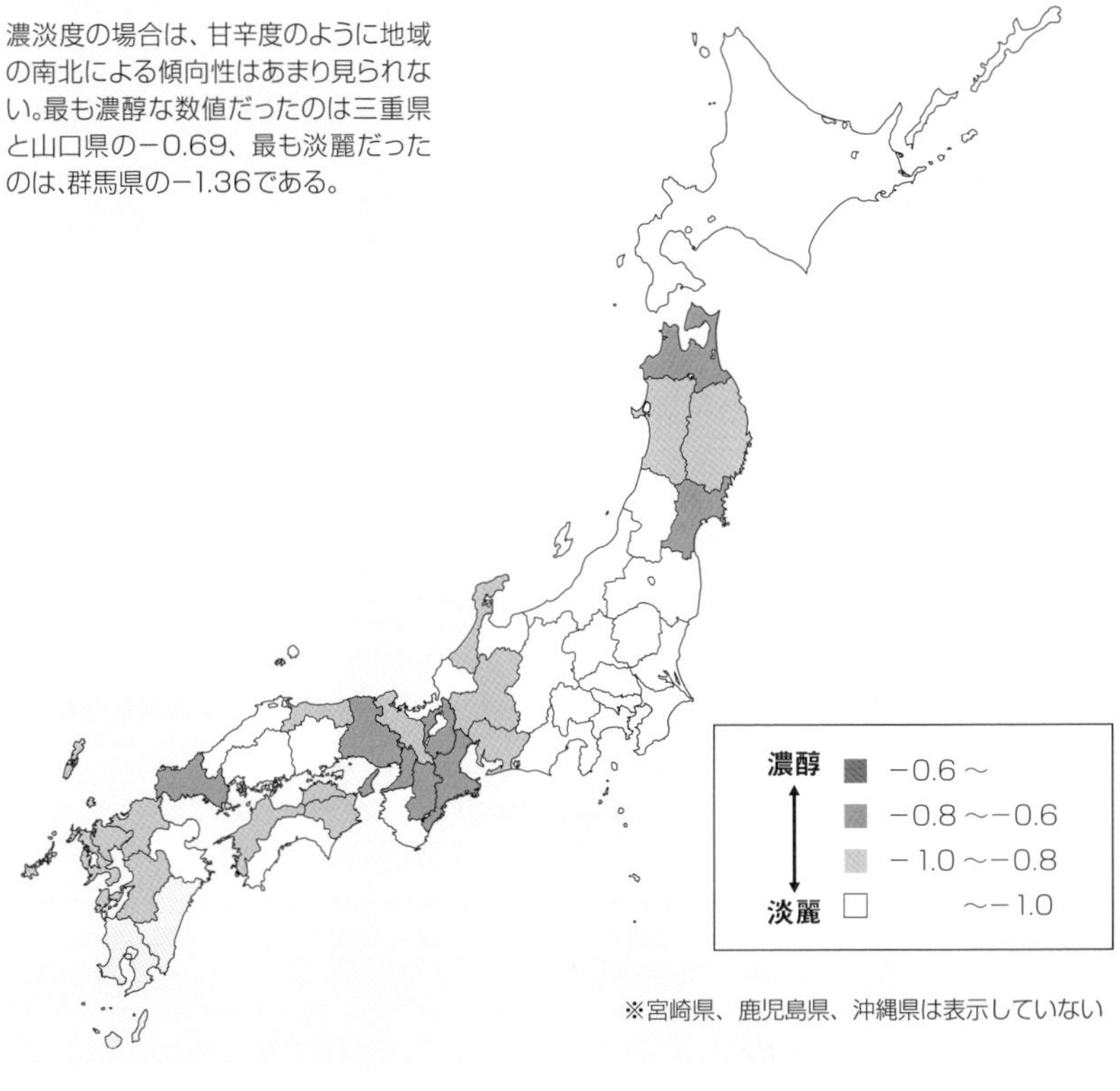

※宮崎県、鹿児島県、沖縄県は表示していない

北海道・東北エリア

冷涼な気候と豊富な雪解け水、良質の酒造米に恵まれ、酒造りに好条件が揃う。酒質はそれぞれだがすっきりタイプが多い。岩手県は南部《なんぶ》杜氏《とうじ》の本拠地だ。

〔宮城県〕

内ヶ崎酒造店《うちがさきしゅぞうてん》「鳳陽《ほうよう》」

３６０余年の歴史担い、宿場町の本陣としての風格

内ヶ崎酒造店があるのは、宿場町の面影を残す富谷《とみや》の旧奥州街道沿い。奥州街道は江戸日本橋から北へ向かい、みちのくを貫く日本一長い街道であった。最初の宿場千住《せんじゅ》から71宿目、仙台より北では2つ目が富谷宿だ。

伊達政宗公の命を受け、ここに宿場を開設したのが創業者の先代・内ヶ崎織部氏。わずか十数戸の村を、大名行列や商人が行き交うまでに繁栄させた。酒造りは寛文元年（１６６１）からで、３６０余年の歴史をもち、宮城県内最古の酒蔵として知られる。しかも代々、宿場の本陣を務めた名門。参勤交代の際、仙台以北の諸藩の藩主はここに宿を取った。

1

白壁土蔵《しらかべどぞう》の蔵では南部杜氏による寒造《かんづく》りが受け継がれ、広々した釜場には二つの和釜《わがま》が並んでいた。釜肌には漆が塗られて黒光りしており、板戸は柿渋《かきしぶ》で養生され何とも美しい。

量を求めず質にこだわる酒造文化を海外に発信

現当主は15代目の内ヶ崎研氏。「うちは父も私も工学部出身。ようやく農学部からの後継者が誕生しました」と、子息の啓さんに目を細めた。啓さんは東北大学農学部を卒業し、山形県の出羽《でわ》桜《ざくら》酒造で修業。現在、杜氏として酒造りと経営に携わる。

「2年間の研修で学んだことは手づくりの大切さです。私も今期は蔵に入りましたが、手づくり主体の技が生きていることを身をもって知り、嬉しく感じました」。その言葉からは、穏やかな口調ながら次代を担う気概が伝わってくる。

啓さんおすすめの一本は「鳳陽」の特別純米酒「源氏《げんじ》」。「英王室御用達の高級ワイン店に、初めて取り扱う日本酒として選ばれました」。近年需要の高まる日本酒に対して、同店では、ロンドンで開かれる「インターナショナル・ワイン・チャレンジ（IWC）」の受賞酒のなかから、ワインマスターによるテイスティングに基づき取り扱い銘柄を選んだという。現在、輸出は生産高の一定の割合を占め、英国のほかにも、米国や香港などに出荷している。

「海外輸出に取り組み始めたのは平成13年から。それまで本醸造系が主体でしたが、この頃から純米に力を入れてきました。『源氏』は当初、輸出向けに商品開発したものです」と父が語れば、「僕は酒造りにもしっかり携わりながら経営していきたいと思うんです」と啓さん。15代目の緻密《ちみつ》な工学的思考回路は、手づくりを尊重する農学的スピリットが加えられて、16代目にリレーされていくようだ。

1 360余年の歴史をもつ県内最古の老舗蔵　2 釜肌に漆が塗られて黒光りする美しい和釜　3 昔ながらの蒸し米の放冷　4 16代目の後継者、内ヶ崎啓氏　5 たたずまいは奥州街道富谷宿の本陣を務めた風格を偲《しの》ばせる

← 銘柄紹介 P.152

北海道ご当地肴

ニシンの切り込み

細かく切ったニシンを糀《こうじ》に漬け熟成させた珍味。魚醤《ぎょしょう》造りの過程で出来たといわれる北海道伝統の味。

北海道

北の大地の澄んだ空気と雪解け水に育まれる酒は、アミノ酸が少なくすっきりとした飲み口のものが多いとされる。

日本最北端の蔵で醸される
北の大地の風土を感じる辛口

国稀《くにまれ》

大吟醸

やや辛口 すっきり

暑寒別《しょかんべつ》連峰を源とする伏流水《ふくりゅうすい》を使用し、高精白米で醸した大吟醸。穏やかな吟醸香と上品な味わいは、増毛《ましけ》名産の甘エビと楽しみたい。

唎き酒NOTE

柔らかでふくらみあるきれいな味わい。やや辛口タイプで後味はすっきりしている。冷やすとキレのよさが引き立ち、幅広く料理を楽しめる。

造 大吟醸　米 山田錦　精 38%
酵 協会1801号　Al 15.7%　日 +5
酸 1.3　容 720mL　¥ 4255円

〔おすすめの飲み方〕
熱燗　ぬる燗　常温　冷酒　ロック

国稀酒造　くにまれしゅぞう　〔増毛〕

ニシン漁が盛んな地元の労働者のために酒を造ったのが始まりといわれる。最近は、北海道産酒造好適米「吟風《ぎんぷう》」を使用した銘柄にも力を入れる。

自然体で醸して
ふくよかな味を引き出す

三千櫻《みちざくら》

純米吟醸 きたしずく55

ふくよか 穏やか

蔵近くの圃場《ほじょう》で栽培される北海道の酒造好適米《しゅぞうこうてきまい》「きたしずく」を使用。「発酵は自然のものなので、人間はやるべき仕事をする」がモットー。

唎き酒NOTE

雑味が少なく柔らかい味が期待できるという新鋭の酒米「きたしずく」。期待に違わずふくよかな味わい。香りは穏やかなリンゴ系で、余韻は短め。

造 純米吟醸　米 きたしずく　精 55%
酵 協会1401号　Al 15%　日 ±0
酸 1.7　容 720mL　¥ 1636円

〔おすすめの飲み方〕
熱燗　ぬる燗　常温　冷酒　ロック

三千櫻酒造　みちざくらしゅぞう　〔東川《ひがしかわ》〕

明治10年（1877）年岐阜県中津川市で創業し、令和2年に北海道上川《かみかわ》郡東川町へ公設民営の形で移転。東川町の酒造第1号として邁進している。

350年以上の伝統に
裏打ちされた老舗蔵の代表酒

男山《おとこやま》

純米大吟醸

上品 バランスがよい

兵庫県産「山田錦《やまだにしき》」を38%まで磨き上げ、低温で醸《かも》した手づくり大吟醸。「男山」の名は、創業時に京都の男山八幡宮に参籠《さんろう》したことにちなむ。

唎き酒NOTE

口に含むと穏やかな吟醸香《きんじょうか》が広がり、味わいは柔らかく滑らか。純米酒らしいまろやかな旨みを酸が引き締めて、バランスのよい後味が心地よい。

造 純米大吟醸　米 兵庫県産山田錦
精 38%　酵 非公開　Al 16%　日 非公開　酸 非公開　容 720mL　¥ 5885円

〔おすすめの飲み方〕
熱燗　ぬる燗　常温　冷酒　ロック

男山　おとこやま　〔旭川《あさひかわ》〕

江戸時代から350年以上もの間、醸造の伝統を守り続ける北海道の老舗蔵。酒蔵に併設された資料館には、往時の貴重な資料や酒器などが残る。

A 賞味期限の表示義務はなく、未開封であれば、腐って飲めない、飲んで害になるということはまずないだろう。

青森県

青森県ご当地肴

イカ素麺《そうめん》

生のイカを麺のように細く切り、冷たいめんつゆや醤油につけて食べる。見た目は素麺そのもの。

純米醸造向けに開発された「華吹雪《はなふぶき》」と、吟醸酒向けの「華想い《はなおもい》」。県産米にこだわり、高品質な酒を追求する蔵が多い。

若手杜氏《とうじ》の技を駆使して醸す
吟醸香の華やかな酒

陸奥八仙《むつはっせん》
黒ラベル 純米吟醸

華麗 フルーティ

青森県産米「華吹雪」100%、県酵母を使用した、華やかさ、キレ、ともにバランスのよい一本。サバやイカなどの魚介類と合わせたい。

唎き酒NOTE

リンゴのようなフルーティな香りが魅惑的。口に含むと軽快な酸味と深みのある甘味を感じ、後から米の旨みが広がる。余韻はすっきり。

造 純米吟醸　米 青森県産華吹雪　精 55%　酵 青森酵母　Al 16%　日 +1　酸 1.8　容 720mL　¥ 1980円

〔おすすめの飲み方〕
熱燗　ぬる燗　常温　冷酒　ロック

八戸酒造 はちのへしゅぞう 〔八戸《はちのへ》〕

仕込みには全て青森県産米を使用。吟醸香が華やかな「陸奥八仙」から地元漁師に愛される辛口酒「陸奥《むつ》 男山《おとこやま》」まで、飲み手の心に残る酒質を目指す。

爽やかさとどっしり感を
兼ね備えた個性鮮やかな酒

豊盃《ほうはい》
純米しぼりたて

濃醇 香りは爽快

「豊盃」と並ぶ青森の酒造好適米「華吹雪」で試験醸造し誕生した商品。味がのりやすい米で新酒から飲みやすく、優しい味わい。

唎き酒NOTE

青々しいフレッシュなフルーツ香が特徴。口に含むと、ふくよかで濃醇《のうじゅん》。甘味、旨みと鮮やかな酸味が口中に広がり、味わいにはどっしり感がある。

造 純米　米 青森県産華吹雪　精 麹:55%、掛:60%　酵 自社酵母　Al 16%　日 +2　酸 1.6　容 720mL　¥ 1650円

〔おすすめの飲み方〕
熱燗　ぬる燗　常温　冷酒　ロック

三浦酒造 みうらしゅぞう 〔弘前《ひろさき》〕

青森県の酒造好適米「豊盃」を契約栽培する唯一の蔵。地酒ファンから熱い支持を受ける存在ながら、造り手の顔が見える小仕込みを地道に行う。

香りが料理の邪魔をせず
美味しく食事を楽しめる酒

田酒《でんしゅ》
特別純米酒

濃醇 キレがよい

純米酒なので原料が米だけ。つまり田んぼの生産物のみ、ということを「田酒」の名に込めている。食中酒としての立ち位置を重視した造り。

唎き酒NOTE

香りは控えめながら味に幅があり、米の旨みがしっかりした味わい。余韻はやや短く、スッとキレる。熱燗《あつかん》、ぬる燗で楽しみたい。

造 特別純米　米 華吹雪　精 55%　酵 協会9号系　Al 15.5%　日 ±0　酸 1.5　容 1800mL　¥ 2970円

〔おすすめの飲み方〕
熱燗　ぬる燗　常温　冷酒　ロック

西田酒造店 にしだしゅぞうてん 〔青森〕

創業は明治11年（1878）。主要銘柄の「田酒」は昭和49年（1974）に純米酒を新発売した。原料米には全て酒造好適米を使用している。

岩手県

岩手県ご当地肴

南部どり

岩手県の大自然で育てられ、抗生物質や合成抗菌剤を使わない。焼き鳥や唐揚げは肴の定番。

南部杜氏《なんぶとうじ》の本拠地、石鳥谷町《いしどりやちょう》を有する。酒米「吟《ぎん》ぎんが」や、酵母《こうぼ》「ジョバンニの調べ」「ゆうこの想い」などが誕生。

シンプルな味付けの料理とともに
冷やして味わいたい

平井六右衛門《ひらいろくえもん》 心星《しんぼし》

透明感 瑞々しさ

凛とした上立《うわだ》ち香《か》と瑞々しい果実系の含み香《か》が特徴。岩手県産酒米「ぎんおとめ」を使用し、酵母《こうぼ》を複数ブレンドして丁寧に低温発酵させ、透明感のある原酒に仕上げた。

唎き酒NOTE

メロンやイチゴ、パイナップルの香りが瑞々しく、味わいは滑らかななかに酸味に縁取られた甘味が感じられる。後味はさらりとしている。

造 純米吟醸　米 ぎんおとめ　精 50%
酵 K1801、K901　Al 14%　日 非公開
酸 非公開　容 720mL　¥ 1815円

〔おすすめの飲み方〕
熱燗　ぬる燗　常温　冷酒　ロック

菊の司酒造　きくのつかさしゅぞう　〔盛岡〕

酒造業は安永元年（1772）に創業。城下町の面影残す盛岡市紺屋町《こんやちょう》に蔵を構える。味にふくらみがあり、余韻が心地よい、心和らぐ酒造りが信条。

心地よい吟醸香《ぎんしょうか》を信条に美しきたたずまいの酒を目指す

南部美人《なんぶびじん》 純米吟醸

控えめ すっきり

炭素濾過《ろか》を一切せず、米と酒本来の旨みを四季折々の熟成とともに大切にしている。掛《か》け米《まい》の精米歩合《せいまいぶあい》を55%にまで上げ、穏やかな香りと味わいを出した純米吟醸。

唎き酒NOTE

あまり派手すぎない香りが心地よい。口中では米の甘さや旨みがほのかに広がり、ほっと癒される。日本酒度+5でキレもあり、後味すっきり。

造 純米吟醸　米 麹:ぎんおとめ、掛:美山錦
精 麹:50%、掛:55%　酵 M310　Al 15.8%
日 +5　酸 1.5　容 720mL ¥ 1980円

〔おすすめの飲み方〕
熱燗　ぬる燗　常温　冷酒　ロック

南部美人《なんぶびじん》
純米大吟醸生原酒「スーパーフローズン」

純米大吟醸の生原酒を搾ってすぐに瓶詰めし、−30度で瞬間冷凍しているため、搾りたての風味そのまま。華やかな吟醸香、生原酒ならではのフレッシュな味わいで米の旨みも感じられる。寿司や刺身などと相性がよい。

¥ 5500円（720mL）

〔おすすめの飲み方〕
熱燗　ぬる燗　常温　冷酒　ロック

南部美人　なんぶびじん　〔二戸《にのへ》〕

自然と水に恵まれ、昔「南部の国」と呼ばれた二戸市。社名はこの地できれいな美しい酒を造りたいとの思いから。「伝統を継承しつつ、常に新しい事へチャレンジし続ける」をモットーに、海外進出にも積極的に取り組み、牽引する存在だ。

↑創業は明治35年（1902）。平成26年には新たに「馬仙峡《ばせんきょう》蔵」を建設した

A 米、米麹《こめこうじ》のみを原料とするのが純米酒系、規定量内の醸造アルコールが加えられているのが本醸造酒系だ。

地元の酒造好適米《しゅぞうこうてきまい》「吟ぎんが」を超低温発酵で醸す

AKABU《アカブ》 純米酒

透明感
ジューシー

南部杜氏伝統の技と新しい技術を融合した、赤武流の酒造りにより醸された純米酒。若い世代にも楽しめるよう、フレッシュできれいな甘味と香りのある酒に仕上げている。

唎き酒NOTE

白桃を思わせる瑞々しさに続くグレープフルーツのような爽やかな果実香が印象的。お米の柔らかな旨みに、柑橘類のようなシャープな酸味が鮮やか。

造 純米　米 岩手県産吟ぎんが　精 60%
酵 岩手酵母　Al 15%　日 非公開　酸 非公開
容 720mL　¥ 1430円

〔おすすめの飲み方〕
熱燗　ぬる燗　常温　冷酒　ロック

赤武酒造　あかぶしゅぞう　〔盛岡〕

「赤武酒造の新しい歴史を創る」の合言葉で集まった若者たちが、時代に合う酒造りを理解し、妥協なく、岩手から情熱と愛情と根性で「AKABU」を造る。

県独自の酒米と酵母を使い女性杜氏が醸す旨口の酒

宵《よい》の月《つき》 大吟醸

旨口
ふくよか

代表銘柄「月《つき》の輪《わ》」のデイリー吟醸として手軽に飲める大吟醸を目指したもの。酒米「吟ぎんが」と酵母「ジョバンニの調べ」を使用。

唎き酒NOTE

華やかでフルーティな香りは大吟醸ならでは。米のふくよかな味わいと酸味のバランスが秀逸で、余韻には柔らかく旨みが残る。

造 大吟醸　米 吟ぎんが　精 50%　酵 ジョバンニの調べ
Al 16%　日 +3.6　酸 1.1　容 720mL　¥ 1815円

〔おすすめの飲み方〕
熱燗　ぬる燗　常温　冷酒　ロック

月の輪酒造店　つきのわしゅぞうてん　〔紫波《しわ》〕

南部杜氏源流の地で明治19年（1886）創業。代々当主が蔵の味を継ぎ、現在創業5代目の長女が杜氏を務める。「企業でなく家業として」が信条。

現代の名工、南部杜氏の名匠が「名水百選」の仕込み水で醸《かも》す

あさ開《びらき》

南部流生酛《きもと》造り 特別純米

コクあり
どっしり

酒銘は南部杜氏の真面目な酒造り、原料と生酛造りへのこだわりを表現。ぬる燗《かん》にすると、味わいがふくらんで一段と鮮やかになる。

唎き酒NOTE

まずはナッツに似た穀物の香りが印象的。含むと米本来のどっしり感と厚みのある酸が広がり、コクのある豊かな旨みを堪能できる。余韻もやや長い。

造 特別純米　米 国産米　精 60%
酵 IW201　Al 15～16%　日 −4.5
酸 2.5　容 720mL　¥ 1365円

〔おすすめの飲み方〕
熱燗　ぬる燗　常温　冷酒　ロック

あさ開　あさびらき　〔盛岡〕

明治4年（1871）に創業。社名は万葉集の和歌の枕詞「あさびらき」にちなむ。すっきりとしつつ味わい深い、南部流の酒造りで知られる。

宮城県
ご当地肴

牛タン

和食店の大将が、洋食の牛タンに感銘を受けたことから試行錯誤を重ね、仙台牛タン焼きが誕生した。

宮城県

県で最初の酒造好適米《しゅぞうこうてきまい》「蔵《くら》の華《はな》」などの酒米のほか、「ササニシキ」などの一般米を積極的に酒造りに取り入れる。

伝統を守りつつ全体のバランスを考えて造り出す

鳳陽《ほうよう》 純米大吟醸

芳醇
キレがよい

すっきりときれいな酒質になりやすい「蔵の華」を原料米とする。造りは、小仕込み・槽《ふね》搾り・寒造《かんづく》り。甘さと香りのトータルバランスに気を使う。唐の故事「鳳鳴朝陽」から、瑞鳥《ずいちょう》である「鳳《おおとり》」にあやかり命名。家運の隆盛への願いを込めている。

唎き酒NOTE

原料米由来のきれいな酒質が全体の印象。包み込むような優しい香りに、ほっと心が和む。味わいは意外と芳醇《ほうじゅん》で、旨みが豊かに広がっていく。余韻は心地よくキレる。料理はカキやホタテなど貝類とよく合う。

造 純米大吟醸　米 蔵の華　精 45%
酵 宮城酵母　Al 15%　日 −5　酸 1.5
容 720mL　¥ 2200円

〔おすすめの飲み方〕
熱燗　ぬる燗　常温　冷酒　ロック

↑風格のあるたたずまい。現在の建物は明治初頭に建て替えられたもの

内ヶ崎酒造店《うちがさきしゅぞうてん》 〔富谷《とみや》〕

創業寛文元年（1661）の宮城県最古の造り蔵。初代内ヶ崎織部が、伊達政宗公の命により奥州街道に宿場町を開設し、本陣を務めたのが始まり。酒造りは2代目作右衛門が始めた。昔ながらの伝統を守りながら、少量生産で丁寧に仕込む。飲み飽きない酒を目指している。

食事に合わせて楽しめる
「食中酒」を醸《かも》す

廣喜《ひろき》 特別純米 磨き六割

旨口
酸味豊か

創業者、廣田喜平治の頭文字と「廣く多くの人々に喜ばれる酒」の意味を込め命名。江戸時代から伝わる生酛《きもと》系造りを明治に改良した手法で米の旨みを目指す。

唎き酒NOTE

香りは穏やかで口に含んだアタックは柔らかい。しかしすぐに旨みが開いていき、余韻もボリューム感たっぷり。煮物や煮付け、天ぷらに合う。

造 特別純米　米 岩手県産米
精 60%　酵 K-701　Al 14%
日 +3　酸 1.9　容 720mL　¥ 1298円

〔おすすめの飲み方〕
熱燗　ぬる燗　常温　冷酒　ロック

廣田酒造店《ひろたしゅぞうてん》 〔紫波《しわ》〕

「南部杜氏《なんぶとうじ》発祥の里」として知られる紫波郡紫波町の小さな酒蔵。米の旨みを引き出すべく、古くて新しい醸造法「酸基《さんき》醴酛《あまざけもと》」で取り組む。

A 他の酒類よりアミノ酸が多い。塩味の肴《さかな》と相性がよいのは、アミノ酸の旨みが適度な塩分で増強されるからだ。

「丁寧に造って丁寧に売る」を基本方針に南部杜氏の技で醸《かも》す

浦霞禅《うらかすみぜん》 純米吟醸

やや淡麗
軽やか

フランスで流行した禅の思想をヒントに造られた純米吟醸酒。冷蔵能力の高い貯蔵庫で熟成させるため、味と香りのバランスがよい。

唎き酒NOTE

麹米由来の上品な香りがほどよく立ち上り、含み香《か》、味わいも柔らかい。すっきりとしたなかにも旨みが感じられる。おすすめの肴は魚介類。

造 純米吟醸　米 麹：山田錦、掛：トヨニシキ　精 50%
酵 自家培養酵母　Al 15～16%　日 +1～+2
酸 1.3～1.4　容 720mL　¥ 2376円

〔おすすめの飲み方〕
熱燗　ぬる燗　常温　冷酒　ロック

佐浦　さうら　〔塩竈《しおがま》〕

地元で絶大な支持を受ける老舗蔵。銘柄は「八雲《やくも》」「富正宗《とみまさむね》」「宮城一《みやぎいち》」を使用していたが、大正年間、皇太子（昭和天皇）に献上した「浦霞」に統一した。

柔らかながらも後引きがよく、食中酒にも向く吟醸酒

阿部勘《あべかん》 純米吟醸 亀《かめ》の尾《お》

爽やか
ジューシー

この純米吟醸に使用する米「亀の尾」は硬質のため、米の旨みを引き出せるよう麹米《こうじまい》作りに手をかけている。米の旨みがありながらキレがよく、食事とともに飲み続けられる食中酒。

唎き酒NOTE

マスクメロンのような爽やかな吟醸香《ぎんじょうか》、そして果実のごときジューシーさが特徴。香りはほどよく、適度な酸味が味に締まりを出している。

造 純米吟醸　米 亀の尾　精 55%　酵 10号系
Al 15.5%　日 ±0　酸 1.4　容 720mL　¥ 1925円

〔おすすめの飲み方〕
熱燗　ぬる燗　常温　冷酒　ロック

阿部勘酒造　あべかんしゅぞう　〔塩竈〕

享保元年（1716）に仙台藩主伊達氏の命で、塩竈神社の御神酒《おみき》御用酒屋として創業したと伝わる。「手間ひま惜しまず醸した高品質酒を市場へ」が信条。

高純度の酒造りを実現し、
伊達の美酒美食文化を継承

勝山《かつやま》
暁《あかつき》 純米大吟醸

濃醇
フルーティ

遠心搾りで酒と酒粕《さけかす》を分離し、酸化を抑え高純度のエッセンスを抽出した勝山渾身の一本。美しい黒ボトルは、伊達家の鎧兜をイメージ。

唎き酒NOTE

青リンゴやライチを思わせる清々しい香りがする。味わいはとてもピュア。米の旨みや甘味と酸味、香りが一体化して、後味も心地よい。

造 純米大吟醸　米 兵庫県産山田錦
精 35%　酵 宮城酵母　Al 16%　日 −2
酸 1.4　容 720mL　¥ 12100円

〔おすすめの飲み方〕
熱燗　ぬる燗　常温　冷酒　ロック

勝山酒造　かつやましゅぞう　〔仙台〕

仙台に現存する、唯一の伊達家御用蔵。純度に焦点を絞った酒造りを目指し、水が美しいことで有名な泉ヶ岳の麓《ふもと》にて高級純米酒を醸す。

「究極の食中酒」をストイックに追究する

伯楽星《はくらくせい》 純米吟醸

フレッシュ
酸味

最新式の自社ダイヤモンド精米機、扁平精米機によって丁寧に磨き上げられた原料米を、全ての工程で妥協することなく醸《かも》される。料理の味わいを引き立たせることだけを意識した酒質にこだわる。

唎き酒NOTE

バナナを思わせる、柔らかな香り。爽やかな酸味が全体を引き締め、フレッシュで軽快な味わいだ。キレのいい後味が食を誘う。

造 純米吟醸　米 宮城県産蔵の華　精 55%
酵 自社酵母　Al 15%　日 +4　酸 1.6
容 720mL　¥ 1650円

〔おすすめの飲み方〕
熱燗　ぬる燗　常温　冷酒　ロック

新澤醸造店 にいざわじょうぞうてん 〔大崎〕

5代目蔵元《くらもと》を中心に若い蔵人《くらびと》が一丸となって、数々のコンテストで入賞を果たすなか、「SAKE COMPETITION 2016」純米酒の部で世界第1位を獲得。平成30年には当時史上最年少(22歳)の女性杜氏が引き継いだ。

繊細な甘味をもつ魚介類を引き立てる酒が目標

日高見《ひたかみ》 芳醇《ほうじゅん》辛口純米吟醸 弥助《やすけ》

穏やか
旨辛口

魚介類とのペアリングを考えて、酒が主張しすぎないように穏やかな香りの酵母《こうぼ》を使う。原料米は宮城県の「蔵の華《くらのはな》」。酒造好適米《しゅぞうこうてきまい》のなかでも硬い方だが、その個性をうまく利用している。

唎き酒NOTE

バナナのような優しい穏やかな香り、やや辛口ながら柔らかく繊細な味わい。後味には米本来の旨みが続く。江戸前寿司とマッチするよう造られている。

造 純米吟醸　米 蔵の華　精 50%　酵 宮城酵母
Al 16%　日 +5　酸 1.4　容 720mL
¥ 1760円

〔おすすめの飲み方〕
熱燗　ぬる燗　常温　冷酒　ロック

平孝酒造 ひらこうしゅぞう 〔石巻《いしのまき》〕

「魚でやるなら日高見だっちゃ！」をテーマに、料理を邪魔しない香りと透明感のある味わいを目指す。「日高見」は全国に通用する酒を、と醸された銘柄。

料理を引き立てつつ
口中をリセットできる生酒

一ノ蔵《いちのくら》

特別純米生酒 ひやっこい

ジューシー
キレがよい

宮城の方言で「冷たい」を意味する「ひやっこい」。その名の通り、よく冷やし、口中に広がる滑らかな触感を楽しみたい。生酒《なまざけ》らしさも満喫できる飲み飽きしない食中酒。

唎き酒NOTE

搾りたてのようなフレッシュでフルーティな香り。キレのある辛口タイプだが、米の旨みが感じられ、滑らかでふくらみのある味わい。帆立のバター焼きや鰻などと合わせたい。

造 特別純米　米 ササニシキ、蔵の華
精 55%　酵 自社酵母　Al 15%
日 +1～+3　酸 1.3～1.5
容 720mL　¥ 1386円

〔おすすめの飲み方〕
熱燗　ぬる燗　常温　冷酒　ロック

一ノ蔵 いちのくら 〔大崎《おおさき》〕

県内の由緒ある酒蔵が企業合同して誕生。南部杜氏《なんぶとうじ》の技を伝承する一方で、低アルコール酒や発泡清酒など、新たな日本酒開発に積極的。

A 甘口、辛口だけではなく、甘味、酸味、辛味、苦味、渋味の五味や、淡麗、濃醇《のうじゅん》など濃淡を表現する言葉もある。

秋田県

秋田県
ご当地肴

きりたんぽ鍋

炊いたうるち米をすりつぶし、棒に巻き付けて焼いたきりたんぽを、鶏出汁スープで野菜と一緒に煮た鍋。

「米の秋田は酒の国」の言葉通り、良質な県産米で醸《かも》す蔵が多い。キレのよい淡麗辛口はもちろん、米の旨みを生かした酒造りも得意とする。

「6号酵母」の存在感をダイレクトに感じる生酒

No.6《ナンバーシックス》 X-type《エックスタイプ》 2020

透明感
エレガント

「No.6」の最上級モデル、X-typeは「eXcellent」(豪華版) を意味するフラッグシップモデルだ。磨き込まれた米を用いて、より格調高い仕上がりにする。「6号酵母」誕生当時の槽口の味わいを、90年の時を超えて想起させるように願い醸される生酒。

唎き酒NOTE

原酒なのにアルコール分13%と軽め、格調の高さを漂わせる。穏やかな吟醸香《ぎんじょうか》、繊細で優しい味わい。6号酵母の清楚にして力強い存在感を感じる。

造 純米　米 酒造好適米　精 45%
酵 きょうかい6号　Al 13%　日 非公開
酸 非公開　容 720mL　¥ 2910円

〔おすすめの飲み方〕
熱燗　ぬる燗　常温　冷酒　ロック

Cosmos コスモス -秋櫻《コスモス》- 2020

秋田の酒米の個性を味わう火入れシリーズのひとつ。酒米の魅力を最も発揮する精米歩合《せいまいぶあい》で醸造し、全量木桶《きおけ》仕込みで、「新政」の味わいを安定的に楽しめる。秋田初の酒造用好適米「改良信《かいりょうしん》交《こう》」は滑らかで伸びやかな味わい。

¥ 2160円(720 mL)

〔おすすめの飲み方〕
熱燗　ぬる燗　常温　冷酒　ロック

新政酒造 あらまさしゅぞう 〔秋田〕

全量を本格的な生酛《きもと》仕込みで行い、酒母《しゅぼ》完成まで40日を費やす。仕込み容器の7割以上に木桶を使い、令和4年には全てが木桶になる予定。自社圃場《ほじょう》で無農薬酒米の栽培も開始し、圃場地の村の活性化にもつなげたいとの思いも込める。めざましい発展を遂げ、現在も進化を続ける酒蔵。

奇をてらわず、基本を忠実に真摯に取り組む

墨廼江《すみのえ》 特別純米 青ラベル

清涼感
調和

北陸地方の「五百万石《ごひゃくまんごく》」を使用して造り上げる特別純米酒。「キレイで柔らかく、気品漂う、風味豊かな味わい」を目標にしている。

唎き酒NOTE

穏やかで清涼感のある香り、米の旨みと酸味の調和とキレのよさ。全体を通してきれいさが漂う。港町だけに魚介との相性を思わせる酒質。

造 特別純米　米 五百万石　精 60%
酵 宮城酵母　Al 15.5%　日 +4
酸 1.7　容 720mL　¥ 1320円

〔おすすめの飲み方〕
熱燗　ぬる燗　常温　冷酒　ロック

墨廼江酒造《すみのえしゅぞう》 〔石巻〕

海の恵みに支えられた漁港石巻の地で、水や航海の神様“墨廼江の神”の名前から名付けられた蔵。全量特定名称酒のみを製造している。

冷酒で断然冴えるタイプの酒のパイオニア

太平山《たいへいざん》 純米大吟醸 天巧《てんこう》

旨口
フルーティ

「山田錦《やまだにしき》」を100%使用し、「太平山」伝統の秋田流生酛《きもと》造りで醸《かも》したこだわりの純米大吟醸。芳醇《ほうじゅん》な香りと、生酛独特のコクとキレを堪能できる。

唎き酒NOTE

熟したメロンのようなフルーティな香り、米の旨みを十分に感じさせるコク、そしてキレのある喉越しと後味が楽しめる。輪郭鮮やかな純米大吟醸だ。

造 純米大吟醸　米 山田錦　精 40%　酵 自家培養ほか
Al 16%　日 +2　酸 1.5　容 720mL　¥ 3080円

〔おすすめの飲み方〕
熱燗　ぬる燗　常温　冷酒　ロック

小玉醸造 こだまじょうぞう 〔潟上《かたがみ》〕

味噌・醤油醸造を経て、大正2年(1913)酒造りを開始。冷酒《れいしゅ》に向く冷用酒を昭和8年(1933)に発売した。「太平山」の名は、地元で親しまれる名峰から。

食中酒として長年愛され続ける「高清水」を代表する逸品

高清水《たかしみず》 上撰 本醸造

ふくよか
旨口

濃醇な味わいが楽しめる本醸造。創業当初から6号酵母《こうぼ》を使い続けている経験と熟練の技を生かし、麹《こうじ》歩合を高めることで米本来の旨みを引き出す。

唎き酒NOTE

ふっくらとした口当たりと上品な旨みをもつ、食中酒として飲み飽きしない味わい。食事に合わせて温度を変えることでさまざまな味わいが楽しめる。

造 本醸造　米 秋田県産米　精 65%
酵 協会601号　Al 15.5%　日 +2
酸 1.3　容 720mL　¥ 713円

〔おすすめの飲み方〕
熱燗　ぬる燗　常温　冷酒　ロック

秋田酒類製造《あきたしゅるいせいぞう》 〔秋田〕

「酒質第一」を社是に、伝統を大切にしつつ酒造りに対する革新も追求する蔵元。令和3年現在、全国新酒鑑評会にて21回連続金賞受賞中。

世界遺産からの天然水を使い、蔵元《くらもと》自らが醸す酒

山本《やまもと》 ピュアブラック 純米吟醸

ドライ
食中向き

蔵元自らの名を付けた「山本」は、仕込み水に使う天然水を酒米の自社栽培にも使用している。シャープで軽快なキレ味のなかにしっかりとした芯を感じさせる。

唎き酒NOTE

穏やかながら、かすかにリンゴ系の香りがする。味わいにはキレがあり、さっぱりと飲めるので食中酒として幅が広い。おすすめの肴は生ハム。

造 純米吟醸　米 秋田県産酒こまち
精 麹:50%、掛:55%　酵 秋田酵母No.12
Al 16%　日 +3　酸 1.9　容 720mL　¥ 1690円

〔おすすめの飲み方〕
熱燗　ぬる燗　常温　冷酒　ロック

山本酒造店 やまもとしゅぞうてん 〔八峰《はっぽう》〕

全工程で世界遺産の白神《しらかみ》山地から湧く天然水を使用する希有な蔵。現在は杜氏《とうじ》制を廃止し、蔵元自ら米作りから酒造りまでの司令塔となる。

A 蔵元は酒蔵の代表者で、酒造りの責任者が杜氏。プロ野球球団に例えるなら、球団オーナーが蔵元、監督が杜氏になる。

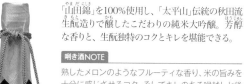

こだわりの地元産米とナデシコの花酵母《はなこうぼ》で醸造

鳥海山《ちょうかいさん》 純米大吟醸

華やか
ジューシー

東北の麗峰「鳥海山」の名を取った自信作。花酵母が華やかな香りを演出する。地元で栽培された「美山錦《みやまにしき》」のみを使い、仕込み水にはもちろん鳥海山の伏流水《ふくりゅうすい》を使用している。

唎き酒NOTE

洋ナシや青リンゴを思わせるフルーティで華やかな香りが魅力。ジューシーな味わいで、柔らかな米の旨みとのバランスもよい。岩ガキなどと合わせたい。

造 純米大吟醸　米 美山錦　精 50%　酵 ND-4
Al 15%　日 +1　酸 1.4　容 720mL　¥ 1650円

〔おすすめの飲み方〕
熱燗　ぬる燗　常温　冷酒　ロック

天寿酒造 てんじゅしゅぞう 〔由利本荘〕

酒造好適米の確保を目的に昭和58年（1983）「天寿酒米研究会」を設立。蔵人と地元農家がタッグを組み、「美山錦」などの原料米を契約栽培する。

鳥海山系の伏流水を使い、山廃仕込みを守る老舗蔵の酒

飛良泉《ひらいずみ》 山廃純米酒

どっしり
酸味鮮やか

天然の乳酸菌と、自家培養した自社培養酵母から約1カ月かけて造られた酒母《しゅぼ》で醸される山廃純米は、クリーミーな乳酸系の香りと腰の太いコクが印象的。まろやかな旨みの余韻も楽しみたい。

唎き酒NOTE

乳酸系のふくよかな香りは山廃ならでは。舌にのった瞬間に濃醇《のうじゅん》な旨みが広がり、同時に鮮やかな酸味が味わいを引き締める。まろやかな余韻はやや長め。

造 特別純米　米 美山錦　精 60%　酵 自社培養酵母
Al 15%　日 +4　酸 1.9　容 720mL　¥ 1705円

〔おすすめの飲み方〕
熱燗　ぬる燗　常温　冷酒　ロック

飛良泉本舗 ひらいづみほんぽ 〔にかほ〕

長享元年(1487) 創業の県内きっての老舗蔵。「派手な桜の花よりも、地味ながらふくらみのある梅の花のような酒を」を信条に、「山卸《やまおろし》廃止仕込み」を守り続ける。

オーガニックな
日本酒のパイオニアとして輝く

雪《ゆき》の茅舎《ぼうしゃ》

中口
バランスがよい

秘伝山廃《やまはい》 山廃純米吟醸

雪国の風情をイメージした「雪の茅舎」。掛《か》け米《まい》に蔵人自らが作った秋田県産「秋田酒こまち」を使用する。山廃とは思えない爽やかな香りと奥行きのある味わい。

唎き酒NOTE

山廃仕込みにありがちな重さを感じさせず、香りは控えめながら吟醸香《きんじょうか》が漂う。旨みと酸味のバランスがよく、味の広がり、喉越しのキレも絶妙。

造 純米吟醸
米 麹:山田錦、掛:秋田酒こまち　精 55%
酵 自社酵母　Al 16%　日 ±0
酸 1.6　容 720mL　¥ 1870円

〔おすすめの飲み方〕
熱燗　ぬる燗　常温　冷酒　ロック

齋彌酒造店《さいやしゅぞうてん》 〔由利本荘《ゆりほんじょう》〕

創業当時から残る蔵など11棟が国の登録有形文化財。濾過《ろか》・加水・櫂《かい》入れをしない「三無い造り」が特徴で、オーガニックな環境で酒造りを行う。

派手さはなくとも香味バランスのよい食中酒が目標

春霞《はるかすみ》 緑ラベル

柔らか 穏やか

蔵全体の約8割で「美郷錦《みさとにしき》」を使う。「緑ラベル」は、当時は別名称だったが「美郷錦」で初めて仕込んだ酒で、この米にこだわるきっかけに。この酒が評価を得たことが現在の「春霞」の出発点になった。

唎き酒NOTE

「名水百選」選定の水の町「六郷《ろくごう》」を彷彿とさせる柔らかな水質を感じる。穏やかな吟醸香や旨み・酸味のバランスのよい味わい、しっとりした余韻が特徴。

造 純米吟醸　米 秋田県美郷町産美郷錦
精 50%　酵 KA-4　Al 16%　日 +2　酸 1.7
容 720mL　¥ 1650円

〔おすすめの飲み方〕
熱燗　ぬる燗　常温　冷酒　ロック

栗林酒造店 くりばやししゅぞうてん 〔美郷《みさと》〕

契約栽培米「美郷錦」と「9号系酵母」を中心に用い、近年は蔵付分離酵母「亀山酵母」仕込みの酒も増えてきた。米も酵母も種類をしぼった丁寧な酒造り。

果実のような香りの評価が高い純米酒

両関《りょうぜき》 純米酒

軽やか すっきり

国内外で数々の受賞歴を誇る酒蔵による純米酒。「両関」のブランド名は、「西の宗近、東の正宗」と名高い刀のごとく、東西に君臨することを願って付けられたもの。

唎き酒NOTE

香りが高くフルーツのよう。味わいはすっきりとしていて果実のような余韻が楽しめる。女性や日本酒ビギナーも気軽に楽しめる爽やかな純米酒。

造 純米　米 秋田県産米　精 59%
酵 非公開　Al 16%　日 +3　酸 1.2　容 720mL
¥ 1309円

〔おすすめの飲み方〕
熱燗　ぬる燗　常温　冷酒　ロック

両関酒造 りょうぜきしゅぞう 〔湯沢《ゆざわ》〕

創業以来社内で杜氏を育成、寒冷地に適した「低温長期醸造法」を独自に開発するなど、日本酒文化の伝統と、きめ細やかな品質の向上を守り続けている。

名峰鳥海山《ちょうかいさん》からの伏流水と蔵付分離酵母《こうぼ》で醸《かも》す

出羽《でわ》の富士《ふじ》 純米吟醸 三番

軽快 柔らか

鳥海山を訪れる登山客に愛される地元希少酒。県産の原料を県内生まれの杜氏《とうじ》が醸すという頑固な姿勢で造られる酒は、甘味の広がる昔ながらの味わい。

唎き酒NOTE

オリジナル酵母を使った、瑞々しくフルーティな純米吟醸。香りは華やか。甘味と酸味のバランスが絶妙で濃厚ながら、飲み飽きしない味わい。

造 純米吟醸　米 秋田県産美山錦
精 60%　酵 秋田蔵付分離酵母 三番
Al 16%　日 非公開　酸 非公開
容 720mL　¥ 1782円

〔おすすめの飲み方〕
熱燗　ぬる燗　常温　冷酒　ロック

佐藤酒造店《さとうしゅぞうてん》 〔由利本荘《ゆりほんじょう》〕

明治40年（1907）創業以来、地元に根差した酒造りを守り続ける。鳥海山の伏流水を使用した「出羽の冨士」は、登山客や観光客にも人気。

A かつては、熱燗《あつかん》で辛口を飲むのが上級者といわれた時代もあったが、何より固定観念にとらわれずに楽しむことが大切だ。

山形県ご当地肴

いも煮

各家庭で材料や味付けが異なるが、もとは漁師の料理として干し魚の棒ダラと一緒に煮込まれた。

山形県

東北きっての銘醸地《めいじょうち》。鳥海山や月山《がっさん》、白鷹山《しらたかやま》から湧き出す天然水は、県内50を超える酒蔵の仕込み水として、常に安定した高品質な吟醸酒の出荷を支えている。

完全手づくりの日本酒道で吟醸ブームを牽引

出羽桜《でわざくら》 純米吟醸 出羽燦々《でわさんさん》誕生記念 本生

やや辛口
バランスがよい

「出羽燦々」は、山形県が11年の歳月をかけて開発した酒造好適米《しゅぞうこうてきまい》。柔らかく幅のある山形酒らしい味わいとなる。原料全てに山形オリジナルのものを使用し、出羽の国に燦々と輝く米の誕生を祝って醸された酒。白身魚の刺身をはじめ、幅広い料理に合わせられる。

唎き酒NOTE

軽やかでありながら柔らかく幅のある味わいと、フルーティななかに感じられる軽やかですっきりした香り。そのバランスが見事。後味はきれいな酸味が心地よく、キレのよさを演出している。

造 純米吟醸　米 出羽燦々　精 50%　酵 山形酵母　Al 15%
日 +4　酸 1.4　容 720mL　¥ 1705円

〔おすすめの飲み方〕
熱燗　ぬる燗　常温　冷酒　ロック

出羽桜《でわざくら》 純米大吟醸 一路《いちろ》

吟醸酒造りの「路」一筋に打ち込む出羽桜の蔵人《くらびと》の想いを、その名に込めた純米大吟醸。優雅な香りと「山田錦」の柔らかく上品な甘味が特徴。海外コンテスト(IWC2008)で「チャンピオン・サケ」に輝いている。

¥ 3300円(720mL)

熱燗　ぬる燗　常温　冷酒　ロック
〔おすすめの飲み方〕

出羽桜酒造 でわざくらしゅぞう 〔天童《てんどう》〕

創業は明治25年(1892)。「出羽桜」は天童にある舞鶴山《まいづるやま》の美しい桜にちなむ。代表的な銘柄は「桜花《おうか》吟醸酒」。吟醸ブームの以前から市販吟醸酒を手がけ、ブームの先駆けとなった。国内外での数多くの受賞が、その探求力を物語る。伝統の造りと最先端の貯蔵管理技術を駆使し、安定した酒質の商品を世に送り出している。

米の秘めた可能性を探求し
結晶させた杜氏《とうじ》渾身の一本

秀鳳《しゅうほう》 特別純米 無濾過《むろか》 美山錦《みやまにしき》

濃厚
やや甘口

「美山錦」の味を最大限に引き出すため、濾過をせず瓶詰め。香りとバランスの調和がとれた、濃厚な味わいの料理にも負けない旨みのある純米酒に。杜氏は山形自社杜氏。

唎き酒NOTE

甘い優しい香りと、無濾過純米酒らしい芳醇《ほうじゅん》な味わい。旨さが口中に広がり、余韻も濃密。イカの塩辛やタレ味の焼き鳥など濃いめの肴に合う。

造 特別純米　米 美山錦　精 55%　酵 山形酵母
Al 16%　日 ±0　酸 1.4　容 720mL　¥ 1375円

〔おすすめの飲み方〕
熱燗　ぬる燗　常温　冷酒　ロック

秀鳳酒造場 しゅうほうしゅぞうじょう 〔山形〕

明治23年(1890)、蔵王連峰の麓《ふもと》に初代庄五郎が創業。米の特徴を生かした酒質を追求し、新しい米での酒造りに果敢に挑戦を続ける。

プレミアム地酒「十四代」の原点となった特別本醸造酒

旨口
やや芳醇

十四代《じゅうよんだい》 本丸

「十四代」が名酒と呼ばれるきっかけとなった本丸生詰は、酒造好適米《しゅぞうこうてきまい》を55%まで精米した特別本醸造。軽快ながら、本醸造とは思えないふくらみのある旨みと余韻をもつ。

唎き酒NOTE

穏やかで柔らかい香りは清らかな印象。日本酒度+2で、ほどよい旨口タイプの味わい。ふくらみのある甘さが、するりと喉をすり抜ける。

造 特別本醸造　米 山田錦、愛山　精 55%
酵 山形酵母　Al 15%　日 +2
酸 非公開　容 1800mL　¥ 2420円

〔おすすめの飲み方〕
熱燗　ぬる燗　常温　冷酒　ロック

高木酒造 たかぎしゅぞう 〔村山《むらやま》〕

地元では「朝日鷹《あさひたか》」銘柄で長く愛されてきた蔵。吟醸酒をメインに多彩な酒米の特徴を引き出す「十四代」は、日本酒好きの心をつかんで離さない。

天然の乳酸菌を活用した伝統技法「生酛《きもと》」が生む個性派の酒

旨み豊か
後味がきれい

初孫《はつまご》 生酛純米酒

長年の経験と高い技術による生酛で育てた酵母《こうぼ》は力強く、低温長期発酵により深みのある味わいを引き出す。粒子の細かいクリーミーな旨みは、お燗《かん》にしてもふくらみを増す。

唎き酒NOTE

ヨーグルトのような酸味をともなう乳酸の香り、深みとコクのあるしっかりしたボディは、生酛《きもと》の純米ならでは。雑味のないきれいな後味も魅力的。

造 特別純米　米 美山錦　精 60%　酵 山形酵母
Al 15.5%　日 +3　酸 1.4　容 720mL　¥ 1194円

〔おすすめの飲み方〕
熱燗　ぬる燗　常温　冷酒　ロック

東北銘醸 とうほくめいじょう 〔酒田《さかた》〕

廻船問屋《かいせんどんや》を営んでいた初代が酒造技術を学び、創業以来一貫して行う酒造りは「生酛」。この技術だからこその奥行きのある味わいを追求する。

どんな料理にも寄り添う
後味シャープな純米酒

中庸
キレがよい

山形正宗《やまがたまさむね》 純米

山形で一番の酒蔵になりたい、との思いから「山形の酒」の意を込め名付けられた「山形正宗」。伝統的な槽《ふね》で搾った純米酒は、雑味のない滑らかな旨みをもつ。

唎き酒NOTE

香りは米由来の上品さ。口に含んだ瞬間に米の旨みと甘味が感じられ、いかにも純米酒という印象。酸度はやや高めで後味はシャープにキレていく。

造 純米　米 出羽燦々　精 60%
酵 9号系　Al 16%　日 +3　酸 1.6
容 720mL　¥ 1485円

〔おすすめの飲み方〕
熱燗　ぬる燗　常温　冷酒　ロック

水戸部酒造 みとべしゅぞう 〔天童《てんどう》〕

明治31年（1898）創業。立谷川《たちやがわ》の伏《ふく》流水《りゅうすい》と地産米を使用。豊かな米の旨みがありながらも、銘刀正宗のごときシャープなキレがある酒を目指す。

Ⓐ 鍋で湯を沸かし、火を止めてから酒を入れた徳利《とっくり》を浸けて湯煎《ゆせん》するのがおすすめ。温度の目安は熱燗《あつかん》50℃、ぬる燗40℃。

洗米から麹《こうじ》作りまで全て手作業で仕込まれた柔らかな酒

三十六人衆《さんじゅうろくにんしゅう》 純米吟醸

軽やか
キレがよい

三十六人衆とは、平泉藤原氏の遺臣で町人として酒田に住み着き、廻船問屋を営んで港の繁栄を支えた人々。銘柄名はその恩恵を讃えて付けられた。

唎き酒NOTE

山形酵母が醸す爽やかな吟醸香《きんしょうか》と優しい含み香、そしてふくらみがある柔らかな味わい。後味はキレがあり食が進む。肉料理との相性がよい。

造 純米吟醸　米 美山錦　精 55%　酵 山形酵母
Al 15～16%　日 +3　酸 1.5　容 1800mL
¥ 2888円

〔おすすめの飲み方〕
熱燗　ぬる燗　常温　冷酒　ロック

菊勇 きくいさみ 〔酒田〕

昭和48年（1973）、酒田市の3社4工場が合併し、「菊の花のように力強い酒になるように」と願いを込めて創設。原料米の品種のよさと特徴を生かしている。

銘柄名「楯野川」は地元庄内《しょうない》藩の藩主酒井公が命名

楯野川《たてのかわ》 純米大吟醸 美山錦 中取り

中庸
しとやか

平成22酒造年度から、生産する全てが純米大吟醸となった蔵の「美山錦《みやまにしき》」を使った中取《なかど》り。地元庄内地方での契約栽培米を原料に、伝統の手づくりで醸される。精米も自社で行っている。

唎き酒NOTE

米由来の穏やかなよい香りがする。口当たりは滑らかで、米の柔らかい甘味と旨みがとてもよく感じられる。珍味を肴に冷酒で楽しむとよい。

造 純米大吟醸　米 山形県産美山錦　精 50%　酵 山形KA
Al 15%　日 −1　酸 1.6　容 720mL　¥ 1705円

〔おすすめの飲み方〕
熱燗　ぬる燗　常温　冷酒　ロック

楯の川酒造 たてのかわしゅぞう 〔酒田〕

日本初の精米歩合 1%の「光明《こうみょう》」をはじめ、高精白の日本酒が多い。米は「出羽燦々《でわさんさん》」や「美山錦」など地元契約農家の特別栽培・有機栽培米が中心。

高価で希少な「愛山《あいやま》」のエレガントさをパーフェクトに表現

上喜元《じょうきげん》 純米大吟醸 愛山

穏やか
香味バランス絶妙

軟質で味が出やすい米といわれる「愛山」を上品でクリアな酒に仕上げるため、温度管理を徹底。銘柄の由来は「上」質な「喜」びの「元」になる酒であれとの願いから。

唎き酒NOTE

香りは控えめで上品。キレがあり、飲み口はさっぱり。芯のある酸味と旨みのバランスが素晴らしい。脂ののった魚料理に合わせてみたい。

造 純米大吟醸　米 兵庫県産愛山
精 43%　酵 自社酵母
Al 16～17%　日 ±0　酸 1.3
容 1800mL　¥ 5940円

〔おすすめの飲み方〕
熱燗　ぬる燗　常温　冷酒　ロック

酒田酒造 さかたしゅぞう 〔酒田〕

全量限定吸水など、手作業による妥協のない酒造りを心がけ、マイナス3℃の冷蔵貯蔵で管理も徹底。「山田錦《やまだにしき》」を中心に、毎年醸《かも》す酒米は30種類。

もっと知りたい日本酒Q&A Q 家でお燗《かん》酒を楽しみたい。家庭での美味しいお燗のつけ方を教えて。

「月山《がっさん》岩清水栽培米仕込み」を継承。透明感ある芳醇《ほうじゅん》辛口

白露垂珠《はくろすいしゅ》 大吟醸

やや濃醇
後味軽やか

仕込み水に蔵内湧水「月山深層超軟水」を100%使用。濃厚ながら後味は軽やか。「白露垂珠」は酒仙・李白が詠んだ自然情景の一節から。全国新酒鑑評会で5年連続金賞を2回受賞している。

唎き酒NOTE

ふわっと立ち上がる穏やかで上品な香りが魅力。口中では深みのある味わいが広がるが、喉を流れ落ちる際にはすっきり感がある。乾杯酒におすすめ。

造 大吟醸　米 雪女神　精 33%
酵 山形酵母　Al 16.5%　日 +1
酸 1.1　容 720mL　¥ 2640円

〔おすすめの飲み方〕
熱燗　ぬる燗　常温　冷酒　ロック

竹の露酒造場 たけのつゆしゅぞうじょう 〔鶴岡《つるおか》〕

蔵元と杜氏《とうじ》が一貫して「一升盛糀蓋法《いっしょうもりこうじぶた》」で完全発酵。庄内在来系8品種の地元産米を100%使用し、生詰《なまづ》め、瓶燗《びんかん》火入れ後の急冷など、酒質管理も徹底する。

和食全般とよく合う
飽きのこない後味のいい酒

東北泉《とうほくいずみ》
本醸造

甘口
後味がよい

香り控えめで、米の甘味が広がる優しい本醸造。出羽富士《でわふじ》とも称される鳥海山《ちょうかいさん》の伏流水《ふくりゅうすい》で仕込むため「東北の泉に湧く酒＝東北泉」と命名された。

唎き酒NOTE

甘味が頼もしく感じられ、疲れを癒してくれそう。冷酒《れいしゅ》でも常温でも燗《かん》でも気軽に楽しめる一本。コストパフォーマンスも申し分ない。

造 本醸造　米 酒造好適米　精 70%
酵 協会901号　Al 15.3%　日 −2
酸 1.5　容 720mL　¥ 774円

〔おすすめの飲み方〕
熱燗　ぬる燗　常温　冷酒　ロック

高橋酒造店《たかはししゅぞうてん》 〔遊佐《ゆざ》〕

かつては蔵元《くらもと》の傍《かたわ》ら、目の前に広がる吹浦《ふくら》漁港で網元も営んでいた。その年の米の味を十二分に引き出す酒造りをモットーとする。

希少な酒米を使い、丁寧に手づくりしたまろやかな酒

和田来《わたらい》 純米吟醸 改良信交《かいりょうしんこう》

旨口
まろやか

「和田来」に使用する米は、「亀の尾《かめのお》」の血を引く復活米「改良信交《かいりょうしんこう》」。熟成させることによって、まろやかな旨みが凝縮されている。

唎き酒NOTE

果物を思わせるフルーティな香りは吟醸酒ならでは。口当たりは滑らか、味わいはまろやかで柔らかい。後味には米の旨みが長く続く。

造 純米吟醸　米 改良信交　精 55%
酵 山形酵母16-1、協会1801号　Al 15.7%
日 +2　酸 1.2　容 720mL　¥ 1655円

〔おすすめの飲み方〕
熱燗　ぬる燗　常温　冷酒　ロック

渡會本店 わたらいほんてん 〔鶴岡〕

「東北の灘《なだ》」と呼ばれる鶴岡で約400年続く蔵。契約栽培の地元産米を使い、伝統と酒質を守りつつ、若い蔵人《くらびと》たちが新しい蔵の姿を追求する。

Ⓐ 一般には冷たくすると味わいが締まりシャープに、香りも抑えられる。温めるとまろやかに、香りもふくらむようになる。

昔ながらに醸《かも》す、木の香りがする純米樽酒

樽平《たるへい》

特別純米酒 銀《ぎん》

やや辛口 / 木香あり

山形県産の特別栽培米「ササニシキ」を使った品質本位の純米樽酒。ほのかな木の香りと美しい山吹色が、飲みごたえのある辛口純米酒に彩りを添える。

唎き酒NOTE

樽由来のほのかな木香と熟成の香り、芳醇な樽酒の味と熟成した旨口酒を堪能できる。特にぬる燗がおすすめ。米沢牛を使った芋煮などと合わせてみたい。

造 特別純米　米 山形県産ササニシキ(特別栽培米)
精 60%　酵 協会7号　Al 15.3%　日 +3
酸 1.7～1.9　容 900mL　¥ 1271円

〔おすすめの飲み方〕
熱燗　ぬる燗　常温　冷酒　ロック

樽平酒造 たるへいしゅぞう 〔川西《かわにし》〕

元禄年間創業、300余年の伝統をもち、昔ながらの製法を貫く。「樽平」ブランドの酒は、一定期間、吉野杉の最上級甲付樽《こうつきだる》に入れて味を調えてから瓶詰めを行い、芳醇な樽酒に仕上げる。

国内外のコンテストで高評価の純米吟醸原酒

東光《とうこう》

純米吟醸原酒

芳醇甘口 / キレがよい

吟醸香《ぎんじょうか》、芳醇《ほうじゅん》な味わい、後切れのよさという3つを兼ね備えた純米吟醸原酒。原酒でありながらも飲みやすく仕上げており、手頃な価格で購入できるワンランク上の「普段飲みの酒」だ。

唎き酒NOTE

香りには、熟した果実を噛みしめたかのような豊かさがある。口に含めば旨みのボリューム感が口いっぱいにふくらみ、まさしく芳醇甘口。それなのに後口はすっとキレていく。冷酒ほか常温やぬる燗《かん》もよい。

造 純米吟醸　米 山形県産米　精 55%　酵 山形酵母　Al 16%　日 −4
酸 1.4　容 720mL　¥ 1408円

〔おすすめの飲み方〕
熱燗　ぬる燗　常温　冷酒　ロック

洌《れつ》
純米大吟醸

「洌」とは、澄み切った真冬の小川のような、芯の強さと透明感を表す。旨みある飲みごたえと、相反する辛口のキレこそが真骨頂。キリッと冷やせばすっきり辛口、常温近くではハリのある旨みがはっきりと現れる。

¥ 1760円(720mL)

〔おすすめの飲み方〕
熱燗　ぬる燗　常温　冷酒　ロック

小嶋総本店 こじまそうほんてん 〔米沢《よねざわ》〕

慶長2年(1597)創業。国内でも有数の歴史を誇る酒蔵。令和2年より、醸造アルコール添加一切なしの全量純米造りの酒蔵となり、山形県最大の全量純米蔵に。19カ国へ輸出も行っている。天地の恵みである米と水、風土に育まれた人々に感謝し、その個性を尊重した酒造りを目指す。

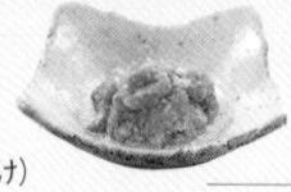

福島県
ご当地肴
紅葉漬《こうようづけ》
(鮭の麹漬け)

厳選した鮭を、麹で漬け込んで発酵させた珍味。酒にはもちろん、ご飯にもよく合う。

福島県

「うつくしま夢酵母」は、ソフトな味わいを目指して開発。伝統を守りながらも、独自の味を追求する姿勢に期待がかかる。

手づくりにこだわり、「人が気を込めて醸す」蔵の純米大吟醸

人気一《にんきいち》 ゴールド人気《にんき》
純米大吟醸

辛口
香り高い

「お手頃で旨い酒」を実現した純米大吟醸。最も生産量が多い蔵を代表する商品。フレッシュな風味を大切に、低温殺菌は1回のみ。

唎き酒NOTE

香り高くしっかりした味わいの酒。辛すぎない軽快な後味は、料理と楽しむ食中酒に向く。冷やしてワイングラスで、フレッシュな風味を堪能したい。

造 純米大吟醸　米 チヨニシキ、五百万石
精 50%　酵 煌めき酵母　Al 15%
日 +2　酸 1.8　容 720mL
¥ 1386円

〔おすすめの飲み方〕
熱燗
ぬる燗
常温
冷酒
ロック

人気酒造 にんきしゅぞう 〔二本松〕

「吟醸しか造らない、手づくりでしか造らない」を信条に、伝統的な製法と道具にこだわって醸造。全て瓶貯蔵で品質管理をしている。

「時間とともに成長する酒」を目指す生酛《きもと》仕込み純米酒

大七《だいしち》 純米生酛

旨口
熟成感あり

創業以来、昔ながらの醸造法一筋で仕込む「大七」は、生酛特有の芳《ほう》醇《じゅん》な味わい。歴代当主は、太田七右衛門を襲名しており、屋号・銘柄はその名にちなんで命名された。

唎き酒NOTE

炊きたてのご飯のような香りのなかにバナナや白桃も。コク、旨みが濃厚で乳酸系のまろやかな酸味とのバランスも絶妙。お燗《かん》するとさらに際立つ。

造 純米　米 五百万石など
精 69%(扁平精米)　酵 大七酵母
Al 15～16%　日 +3　酸 1.6
容 720mL　¥ 1390円

〔おすすめの飲み方〕
熱燗
ぬる燗
常温
冷酒
ロック

大七酒造 だいしちしゅぞう 〔二本松《にほんまつ》〕

二本松の地にて、宝暦2年(1752)創業。伝統的な醸造法である「生酛造り」を通して、醸造酒《ぞうじょうしゅ》としての普遍的な価値と技を追求し続けている。

「出羽燦々《でわさんさん》」を100%使ったシャープな辛口純米吟醸

山《やま》の形《かたち》
純米吟醸

旨口
ドライ

米、麹《こうじ》、酵母《こうぼ》、全てが山形生まれの純正山形酒「DEWA33」認定酒。原料米の「出羽燦々」は割れやすい軟質米のため、均一に吸水させることを心がけている。

唎き酒NOTE

香りはマスカットのようで爽やか。味わいはすっきりとしたなかに米の旨みが感じられ、喉越しは辛口。さっとキレる。旨口ドライと表現したい。

造 純米吟醸　米 出羽燦々　精 50%
酵 山形吟醸酵母　Al 15%　日 +4
酸 1.6　容 720mL　¥ 1617円

〔おすすめの飲み方〕
熱燗　ぬる燗　常温　冷酒　ロック

東の麓酒造《あずまのふもとしゅぞう》 〔南陽《なんよう》〕

江戸時代に領主から特権を得た酒造部門を代々受け継ぐ。妥協を許さず「地元に愛される酒造り」をモットーに、飲む人の心を満たす酒を醸《かも》す。

A 淡麗はさっぱりしてキレがよく、クセのない味わい。濃醇はしっかりして深く、コクのある味わいを表す。

地元産「美山錦《みやまにしき》」と低温醸造で
北国の美酒を目指す

雪小町《ゆきこまち》

爽快
酸味ほどよい

純米酒

飲みやすく、軽快な味わいを目標とし、芳醇な風味と爽快な飲み口に仕上げた純米酒。北国＝雪、美酒＝美人＝小町を組み合わせ、北国の美酒を表現している。

唎き酒NOTE

ほどよい酸味が味を引き締め、米の旨みを感じさせながらも軽快な印象。後味は口中に香りが柔らかく残る。純米酒でこの価格は驚き。

造 純米　米 美山錦、チヨニシキほか
精 60%　酵 協会901号　Al 14.5%
日 +5　酸 1.5　容 720mL　¥ 963円

〔おすすめの飲み方〕
熱燗　ぬる燗　常温　冷酒　ロック

渡辺酒造本店《わたなべしゅぞうほんてん》

〔郡山《こおりやま》〕

明治4年(1871)、御神酒《おみき》酒屋として創業。地元の契約田で作られる「美山錦」を使用する。しっかりとした味わいのなかに、柔らかさを備えた酒質を目指している。

仕込み水は名水「安達太良伏流水《あたたらふくりゅうすい》」

奥《おく》の松《まつ》

淡麗
辛口

大吟醸

自社で丁寧に精米し、安達太良山の伏流水で醸した大吟醸酒。発酵過程で、醪《もろみ》の表面に満開の桜のような美しい泡ができることから「さくら」をイメージしたラベルにした。

唎き酒NOTE

上品な香りときれいな喉越しの大吟醸酒。果実を感じさせるフルーティな香りは、ほどよくてエレガント。味わいは日本酒度＋5の辛口で、さっぱりしている。

造 大吟醸　米 五百万石　精 50%　酵 奥の松酵母
Al 15%　日 +5　酸 1.3　容 720mL　¥ 1650円

〔おすすめの飲み方〕
熱燗　ぬる燗　常温　冷酒　ロック

奥《おく》の松《まつ》
サクサク辛口

常温や冷酒《れいしゅ》では軽快でさっぱりした味わい。お燗すれば熟成による旨みが広がり柔らかな飲み心地が楽しめる。

¥ 1034円(720mL)

〔おすすめの飲み方〕
熱燗　ぬる燗　常温　冷酒　ロック

奥の松酒造《おくのまつしゅぞう》

〔二本松〕

創業以来、19代およそ300年。老舗の風格と先進性が融合する酒造りで知られる。先端技術「パストライザー」をいち早く導入。スパークリング日本酒なども開発している。銘柄の「奥の松」は奥州二本松の「奥」と「松」に由来する。

↑「奥の松八千代蔵」で、越後流の技を受け継ぐ酒造り

Q 淡麗と濃醇《のうじゅん》って、それぞれどんな味わいのこと？

「うつくしま夢酵母」を使った杯の進む純米酒

やや濃厚
キレがよい

奈《な》良《ら》萬《まん》 純米酒

福島県が開発した「うつくしま夢酵母」はフルーティな香りとマイルドな味わいが特徴。冷酒《れいしゅ》ではすっきり、ぬる燗《かん》にするとほんのり柔らかくなる。キレがあって飲みやすい純米酒。

唎き酒NOTE

ラムネにも似た穏やかなフルーツの香りが心地いい。味わいにはマイルドな米の旨みが感じられる。後味のキレがいいので、杯が進む一本。

造 純米　米 五百万石　精 55%
酵 うつくしま夢酵母　Al 15%
日 +4　酸 1.2　容 720mL
¥ 1320円

〔おすすめの飲み方〕
熱燗　ぬる燗　常温　冷酒　ロック

夢心酒造《ゆめごころしゅぞう》 〔喜多方《きたかた》〕

喜多方産「五百万石《ごひゃくまんごく》」、飯豊《いいで》山《さん》の伏流水《ふくりゅうすい》。自然と原料に恵まれた環境で「常に異なり、常に変わらない」酒造りを目指す。「奈良萬」は創業者の屋号。

地元産米と県酵母《こうぼ》を使ったオール福島の酒

中辛
やや濃いめ

自《し》然《ぜん》郷《ごう》 SEVEN《セブン》

原料米は減農薬栽培された福島県の酒造好適米《しゅぞうこうてきまい》「夢《ゆめ》の香《かおり》」、酵母も県オリジナルの「TM1」を使用し、全て福島にこだわった純米吟醸酒。香りが高く、柔らかな旨みをもつ。

唎き酒NOTE

福島県のオリジナル酵母が生み出すフルーティな香りは、とても華やかな印象。口中では柔らかな旨みが広がり、その後でスッとキレていく。

造 純米吟醸　米 夢の香　精 60%
酵 TM1　Al 15 %　日 ±0
酸 1.4　容 720mL　¥ 1496円

〔おすすめの飲み方〕
熱燗　ぬる燗　常温　冷酒　ロック

大木代吉本店《おおきだいきちほんてん》 〔矢吹《やぶき》〕

「醸造を通じて豊かな食を提供し、地域と共に栄える」が理念。原料米は契約米中心に地元産米を使用。データベースに基づいた先進的な酒造りに挑戦し続ける。

日本酒 COLUMN

日本酒業界最大級のイベント「全国新酒鑑評会」

年に一度、各蔵がこれぞと思う大吟醸酒を「全国新酒鑑評会」に出品して品質を競う。平成20酒造年度より酒類総合研究所と日本酒造組合中央会の共催となり、同会の組合員の蔵であれば出品可能という仕組みに。各専門家の審査で見事予審を通過した酒が入賞酒、そのなかからさらに選び抜かれたものが金賞受賞酒となる。この会の目的は、全国に多数ある酒蔵の酒造技術の向上を図ること。受賞酒はどれも似たような香りや味わいで個性がなくつまらないという意見も聞くが、造り手の技術向上を図る、という点からとらえれば相応の意義があるといえる。そして何より、杜氏《とうじ》や蔵人《くらびと》たちの励みにもなっている点で大きな意味があるイベントだ。

←「日本酒フェア」で開催される「全国新酒鑑評会公開きき酒会」ではその年の入賞酒を試飲できる

A 一般論として、北はすっきりとした辛口の「淡麗辛口」、南はしっかりとしたコクと旨みのある「濃醇《のうじゅん》甘口」といわれる。

酒造りに適した土地で醸《かも》す
バランスのよい酒

寫樂《しゃらく》

バランスよし
キレがよい

福島県の酒造好適米「夢の香」や福島県開発の「うつくしま夢酵母」を使用。米、麹《こうじ》、酵母にとって最も適した環境づくりを蔵の内部でも徹底している。

唎き酒NOTE

「うつくしま夢酵母」は酢酸イソアミル系。バナナやメロンのようなよい香りがする。味わいは甘味、酸味のバランスがよく、味の骨格がしっかりしている。後味はキレがよい。

造 純米　米 夢の香　精 60%
酵 F7-01（うつくしま夢酵母）　Al 16%
日 非公開　酸 非公開　容 720mL　¥ 1430円

〔おすすめの飲み方〕
熱燗　ぬる燗　常温　冷酒　ロック

宮泉銘醸 みやいずみめいじょう 〔会津若松〕

享保3年（1718）創業の宮森家本家筋の酒蔵から分家独立し、昭和30年（1955）に創業した。常に手を抜かない酒造りをする。

深みときれいさの両立を追求した純米吟醸酒

末廣《すえひろ》
山廃純米吟醸

深み
きれい

地元産の「五百万石」を使用し、山廃《やまはい》造りと吟醸造りという一見相反する造りの両立を追求した。山廃造りならではの深みのある味わいと、吟醸造りならではのきれいな味わいが一体となっている。

唎き酒NOTE

明治末期に山廃造りを創始した嘉儀金一郎《かききんいちろう》氏による「嘉儀式山廃」が試験醸造された蔵だけに、品格のある山廃が味わえる。華やかすぎない吟醸香《ぎんじょうか》、きれいでありながら深みのある味わい、爽やかな余韻が印象的。湯豆腐と鶏の唐揚げなど、相反する料理も受け入れる。

造 純米吟醸　米 五百万石　精 55%　酵 うつくしま夢酵母
Al 15.5%　日 −3　酸 1.6　容 720mL　¥ 1650円

〔おすすめの飲み方〕
熱燗　ぬる燗　常温　冷酒　ロック

玄宰《げんさい》　大吟醸

酒造好適米の最高峰とされる「山田錦《やまだにしき》」にこだわり、香りと甘味・酸味のバランスがよく、膨らみのある味わい。香りは品がありフルーティ。会津の酒造りの礎を築いた会津藩家老、田中《たなか》玄宰《はるなか》が酒名の由来。

¥ 5500円（720mL）

〔おすすめの飲み方〕
熱燗　ぬる燗　常温　冷酒　ロック

末廣酒造《すえひろしゅぞう》 〔会津若松《あいづわかまつ》〕

「会津の酒は会津の人で造る」を信条に、明治時代より杜氏制を採用し、会津杜氏の育成に貢献。その匠の技を使い、会津の豊かな風土を感じる酒を醸す。創業地の本社嘉永蔵《かえいぐら》のほか、会津の霊峰、博士《はかせ》山《やま》の麓《ふもと》に博士蔵がある。

↑創業嘉永3年（1850）。風格あるたたずまいの嘉永蔵

地酒ファンを瞬く間に魅了した濃密で透明感のある酒

飛《ひ》露《ろ》喜《き》 特別純米 生詰

芳醇
エレガント

限定吸水や低温発酵など、手間ひまかけて丁寧に醸される。味わい深さを保ちつつ、軽快にキレていく酒。酒銘は「喜びの露が飛ぶ」ことから名付けられたもので、地酒ファンの登竜門的存在だ。

唎き酒NOTE

熟したメロンやパイナップルのごとき香りがチャーミング。甘味と酸味のバランスがよく、全てに調和がとれている。余韻も濃密で長く、存在感を主張する。

造 特別純米　米 山田錦、五百万石　精 55%
酵 協会9号、協会10号系　Al 16.3%　日 +2
酸 1.6　容 1800mL　¥ 2860円

〔おすすめの飲み方〕
熱燗　ぬる燗　常温　冷酒　ロック

廣木酒造本店 ひろきしゅぞうほんてん 〔会津坂下〕

江戸末期に創業し、現在は9代目蔵元杜氏《くらもととうじ》が蔵を守る。吟醸規格のみの造りを基盤としており、なかでも「飛露喜」は地酒ファンに愛される人気銘柄。

「うつくしま夢酵母」を使い、伝統の小仕込みで醸《かも》した純米酒

國權《こっけん》 純米酒

軽やか
キレがよい

地元産の酒造好適米《しゅぞうこうてきまい》をなるべく取り入れているが、麹米《こうじまい》は「山田錦《やまだにしき》」をメインに使い、平均精米歩合は55%。「國權」シリーズは口当たりが柔らかく、すっきりとした喉越し。

唎き酒NOTE

口中でふわっと広がる穏やかな香り、柔らかみのあるあまり甘すぎない口当たり、キリッとした喉越しが特徴。余韻も短めで軽やかだ。

造 純米　米 麹:山田錦、掛:夢の香
精 60%　酵 うつくしま夢酵母　Al 15.5%
日 +3　酸 1.4　容 720mL　¥ 1540円

〔おすすめの飲み方〕
熱燗　ぬる燗　常温　冷酒　ロック

国権酒造 こっけんしゅぞう 〔南会津《みなみあいづ》〕

明治10年（1877）に分家として酒造業を引き継ぐ。厳選した酒米と奥会津の水を使用し、「正直な酒」をモットーとする。特定名称酒のみを製造。

気取らない旨さで家庭料理も引き立てるやや濃醇《のうじゅん》な酒

天明《てんめい》

純米吟醸本生《ほんなま》 みどりの天明

やや濃厚
フルーティ

ラベルカラーは自然豊かな会津の緑を表現。3種の酵母《こうぼ》で醪《もろみ》をたて、出来上がった酒をブレンド。良質な甘味と旨み、鮮やかな酸味、全体の凛とした輪郭を大切に醸《かも》す。

唎き酒NOTE

立ち香はほのかだが、口中ではフルーティさが穏やかに広がる。味わいは米の旨みが十分に感じられる。後味も穏やかで、バランスがとれている。

造 純米吟醸　米 山田錦　精 55%
酵 自社酵母、うつくしま煌、協会9号
Al 16%　日 ±0　酸 1.5
容 720mL　¥ 1650円

〔おすすめの飲み方〕
熱燗　ぬる燗　常温　冷酒　ロック

曙酒造 あけぼのしゅぞう 〔会津坂下《あいづばんげ》〕

地元契約農家の有機米を使い、地元の蔵人《くらびと》と家族だけで力強い酒を醸す。日本酒の季節感と「天明」ならではの可能性、個性を表現する。

A 米の種類や酵母など他の条件をなるべく揃え、精米歩合のみ異なる酒（50%と70%など）を飲み比べてみるとよい。

福島県浪江町《なみえまち》と山形県長井市の2拠点で展開中

磐城壽《いわきことぶき》

純米吟醸 ランドマーク

ふくらみ
キレがよい

東日本大震災の原発事故で表土を剥がされ、ゼロから始まった田んぼで安心安全に食されるために作られたコシヒカリを使用。精米から出荷まで手塩にかけて仕込まれた純米吟醸。

唎き酒NOTE

香りは穏やかだが、とてもきれいな印象。味わいはやや甘めでふくらみがあり、食が進む。そしてキレのいい後味が口中をリセット。刺身や魚の塩焼きと合わせたい。

造 純米吟醸
米 浪江町産コシヒカリ
精 扁平55%(自家精米)
酵 TM−1　AI 15.5%　日 ±0
酸 1.2　容 720mL　¥ 1650円

〔おすすめの飲み方〕
熱燗　ぬる燗　常温　冷酒　ロック

↑震災から10年の節目に酒蔵を併設した「道の駅なみえ」

鈴木酒造店 すずきしゅぞうてん 〔浪江〕

東日本大震災では、地震で損壊、津波で全流失し、原発事故のため、警戒区域に指定され避難。震災の同年、山形県長井市で鈴木酒造店長井蔵として別会社で再開。震災10年目に元の免許を移転する形で、「道の駅なみえ」に併設された酒蔵にて、鈴木酒造店として正規再開をした。

ひと手間加えた伝承の「もち米四段仕込み」

ロ万《ろまん》

純米吟醸 一回火入れ

甘味
コクがある

福島にこだわり、自家精米した会津産米と地元の名水、福島県開発酵母を用いる。三段仕込みにひと手間加え、蒸したもち米を仕込むことで、優しい旨みとコクの酒を醸す。

唎き酒NOTE

もち米四段仕込みならではのすっきりとした優しい甘味が特徴。旨みとコクが鮮やかで、味わいが深い。ほどよい酸が後味にキレを与え、食中酒として幅広い料理に合わせられる。

造 純米吟醸
米 五百万石、夢の香、ヒメノモチ　精 55%
酵 うつくしま夢酵母
AI 15%　日 非公開
酸 非公開　容 720mL
¥ 1510円

〔おすすめの飲み方〕
熱燗　ぬる燗　常温　冷酒　ロック

花泉酒造 はないずみしゅぞう 〔南会津〕

「一号」の文字が「一口万《ひとろまん》」と読めることに気付き、蔵人たちが度々「酒造りはロマン」と口にしていたことから銘柄名に。会津の豊かな自然に育まれた米と水を用い、伝統の技で真の地酒を醸す。

日本酒 COLUMN

1合、1升、一斗……日本酒独自の計り方

日本酒には独特の量の数え方がある。蔵の酒の生産量を石数《こくすう》で表現したり、720mL入りの瓶のことを4合分の量ということで「四合瓶《しごうびん》」と言ったりする。日本酒を楽しむうえで意外と身近に使われる単位なので、ぜひ覚えておこう。

1勺《しゃく》	=	18mL
1合《ごう》	=	180mL
1升《しょう》	=	1800mL(1.8ℓ)
1斗《と》	=	18L
1石《こく》	=	180L

関東 エリア

関東各地には奥多摩《おくたま》、奥秩父《おくちちぶ》、丹沢《たんざわ》、日光《にっこう》、上毛三山《じょうもうさんざん》などの山々があり、水源に恵まれている。酒造りは越後《えちご》杜氏《とうじ》と南部《なんぶ》杜氏が主流で、総体的には辛口タイプが多い。

〔東京都〕

田村酒造場《たむらしゅぞうじょう》「嘉泉《かせん》」

地の力をたたえた水で江戸時代から酒造り

多摩川が潤す東京都の西部・多摩地域は、江戸時代の天領。四季の彩り豊かな自然が残されたエリアだ。また、多摩川から取水《しゅすい》し、江戸市中へ飲料水を供給していたのが「玉川上水《たまがわじょうすい》」。白玉のように美しい流れだったといわれる。

田村酒造場はこの玉川上水の水辺に文政5年（1822）に創業した。福生《ふっさ》一帯の大名主を代々務めた田村家。その9代目は、酒造りを始めるにあたって敷地内各所に井戸を掘り、大ケヤキの傍《かたわ》らに最適な湧《わ》き水《みず》を発見。喜ぶべき泉の意味で「嘉《か》泉《せん》」と名付けブランド名とした。井戸は200年も枯れることなく、現在も仕込み水に使用される。「秩父《ちちぶ》古生層《こせいそう》の岩盤から湧き出る秩父奥多摩伏流水《ふくりゅうすい》です。中硬《ちゅうこう》水《すい》でとても酒造りに適しています」と、16代当主、田村半十郎氏は顔をほころばせる。井戸を守るように枝を広げる大ケヤキは、推定樹齢500年以上。根元はふかふかの苔に覆われ、触れれば地底深くに脈打つ鼓動が伝わってくる。

2

「丁寧に造って丁寧に売る」精神に徹して

現在、酒造りを担っているのは、南部杜氏のもとで鍛え上げられた地元出身の技術者たち。「以前は地方の杜氏集団が酒造期間だけ泊まり込みで仕事をしていましたが、彼らが郷里に帰ると、

1

3

4

5

1 敷地内を流れる玉川上水の分水
2 清酒「嘉泉」の由来となった井戸
3 黒い板塀に白漆喰の土蔵造り、赤レンガの煙突や木々が美しい
4 厳かな空気が満ちる仕込み蔵
5 16代当主の田村半十郎氏

蔵には酒造りの技術が残っていなかったのです」。さらに年々高齢化し、いつまで来てもらえるかの不安もあった。「地元採用の造り手を育てる」。田村氏が専務の時代に下した英断は、十数年を経て、東京出身の社員杜氏の誕生となって結実。全国新酒鑑評会で金賞受賞も果たした。さらに屋号《やごう》を取った新ブランド「田《た》むら」を立ち上げ、南部流を受け継ぎつつ個性の探求が続けられている。

敷地内には、玉川上水から引かれた清流が流れる。江戸時代に取水権を得て「田村分水」と命名、かつては精米用の水車を回していた。土蔵造りの仕込み蔵は大正期のもので、白壁《しらかべ》の外観もさることながら、内部の美しさには息をのむ。天然木材の呼吸音が聞こえそうな静ひつな空気は、祈りの空間のようだ。田村酒造場では、「丁寧に造って丁寧に売る」を信条にしてきたというが、決して広すぎないその空間は、創業者の品格が息づいているのを感じさせる。「酒蔵は文化を伝える生きた舞台」と田村氏。節目の儀式のときには、酒造り唄が今も蔵に響き渡る。

← 銘柄紹介 P.185

茨城県

茨城県ご当地肴

アン肝

北茨城の平潟《ひらかた》港で水揚げの多いアンコウは肝が格別。ポン酢につけても鍋に入れても美味しい。

名水百選の八溝川《やみぞがわ》湧水群など、良質な水源に恵まれる。各地に蔵が散らばっていて、区域によって酒質が異なる。

希少な酒米「渡船《わたりふね》」を丁寧に搾り米の個性を引き出す造り

渡舟《わたりぶね》

純米吟醸 ふなしぼり

フルーティ / キレがよい

わずか数十グラムの種籾《たねもみ》から復活させた酒米「渡船」。その名にちなんだ純米吟醸は、米本来の旨みをすっきりキレよく仕上げている。

唎き酒NOTE

青リンゴや梨のような、すっきりした果実の香り。しっかりとしたふくよかな米の旨みがあり、酒としても濃い。キレのよい後味。白身魚の刺身と。

造 純米吟醸　米 渡船　精 50%
酵 協会9号系　Al 16.5%　日 +2
酸 1.4　容 720mL　¥ 2200円

〔おすすめの飲み方〕 熱燗 ぬる燗 常温 冷酒 ロック

府中誉　ふちゅうほまれ　〔石岡《いしおか》〕

地元で復活した「渡船」による吟醸造りを得意とする。麹と酵母を造りの主役と考え、蔵人《くらびと》たちはあくまでも手伝うという立場で醸造に臨む。

自然の尊厳を考えた造りから生まれる純米大吟醸

郷乃誉《さとのほまれ》

純米大吟醸 無濾過

軽快 / 滑らか

郷土の繁栄を祈願して命名された銘柄。県産「亀《かめ》の尾《お》系コシヒカリ」を使用。平成26年春以降出荷の全銘柄を純米大吟醸に限定した。

唎き酒NOTE

軽快で滑らかな口当たりが特徴のさっぱりとした辛口。ぬる燗《かん》より高めの45℃前後の「上燗《じょうかん》」にすると、より味わい豊かに楽しめる。

造 純米大吟醸　米 亀の尾系コシヒカリ
精 50%　酵 蔵内酵母　Al 15〜16%
日 +5　酸 1.3　容 720mL　¥ 1770円

〔おすすめの飲み方〕 熱燗 ぬる燗 常温 冷酒 ロック

須藤本家　すどうほんけ　〔笠間《かさま》〕

樹齢870余年のケヤキなどの古木に囲まれ、地元で「杜の蔵」と呼ばれる。自然の循環を念頭においた蔵のあり方を真摯に追求しながら、酒造りを行う。

茨城初の独自酒造好適米《しゅぞうこうてきまい》「ひたち錦《にしき》」を使用

月《つき》の井《い》

純米 無濾過《むろか》生原酒

濃醇 / キレがよい

茨城県産「ひたち錦」を用いた無濾過生原酒。麹《こうじ》や酵母《こうぼ》が発酵を全うできる環境を整え、素材のよさを引き出している。どんな食事とも合う。

唎き酒NOTE

香りは穏やかだが、含んだ瞬間のインパクトは強烈。無濾過生原酒らしく、味わいは濃醇《のうじゅん》だ。後味は非常にキレがよいのに、余韻が深く長い。

造 純米　米 ひたち錦　精 65%
酵 協会601　Al 20%　日 非公開
酸 非公開　容 720mL　¥ 1595円

〔おすすめの飲み方〕 熱燗 ぬる燗 常温 冷酒 ロック

月の井酒造店《つきのいしゅぞうてん》　〔大洗《おおあらい》〕

慶応元年（1865）創業。初代が徳川家の命を受けて酒造りを始めた。以降、港町の大洗町にて、漁船の出船や入船の祝酒として愛飲されてきた。

A 主原料の米による違いを飲み比べてみよう。ラベルに記載されているので、さまざまな米の酒を比べて好みの米を探して。

東京農大花酵母《はなこうぼ》研究会の
ツルバラ酵母を使用

来福《らいふく》

純米吟醸 愛山《あいやま》

上品
ほんのり甘口

「愛山」を50%まで磨き、東京農業大学で分離法を確立したツルバラの酵母で醸した純米吟醸。華やかな香りと柔らかい米の旨みがある。

唎き酒NOTE

高級酒米「愛山」と香りを引き立てるツルバラの花酵母がうまくバランスをとり、エレガントな吟醸香《ぎんじょうか》が魅力。味わいは旨みがあり、ふくよか。

造 純米吟醸　米 愛山　精 50%
酵 花酵母ツルバラ　Al 15%　日 ±0　酸 1.1
容 720mL　¥ 1705円

〔おすすめの飲み方〕
熱燗　ぬる燗　常温　冷酒　ロック

来福酒造 らいふくしゅぞう 〔筑西《ちくせい》〕

約10種類の酒米と約12種類の酵母を使い分ける。酵母はほぼ自家培養。「いい米がいい麹となりいい酵母に出合う」と考え、基本に忠実な酒造りを行う。

チーズやチョコレートに合わせてみたい熟成酒

菊盛《きくさかり》

大吟醸古酒 月下香《げっかこう》

芳醇
まろやか

「山田錦《やまだにしき》」を40%まで磨き、鑑評会用に仕込んだ大吟醸を低温で3年間熟成させた古酒。ふくよかな熟成酒の香りとまろやかなコクが魅力だ。「ロンドン酒チャレンジ2013」にて金賞を受賞。

唎き酒NOTE

熟成由来のふくよかでまろやかな香りに、ほっと癒される。口の中では柔らかくとろりとした味わいが広がり、コクのある旨みが感じられる。3年熟成の古酒の割には軽やか。余韻はかすかな熟成香。

造 大吟醸　米 兵庫県産山田錦　精 40%　酵 オリジナル　Al 16～17%
日 +3　酸 1.5　容 720mL　¥ 5500円

〔おすすめの飲み方〕
熱燗　ぬる燗　常温　冷酒　ロック

菊盛《きくさかり》 純米吟醸

麹作りから全て手作業の仕込みで、兵庫県産「山田錦」を50%まで丁寧に磨いて醸《かも》した純米吟醸。香りは穏やかで旨みとキレのバランスがよく、米本来の旨みを味わえる。貝類などと合わせてみるのもいい。

¥ 2420円（720mL）

〔おすすめの飲み方〕
熱燗　ぬる燗　常温　冷酒　ロック

木内酒造 きうちしゅぞう 〔那珂《なか》〕

庄屋だった初代が文政6年（1823）に創業する。水戸で尊王攘夷《そんのうじょうい》思想が高まるなか、当時その思想を支えた志士たちを支援すべく名付けた酒銘が、皇室の象徴である菊の字を入れた「菊盛」。現在の蔵を支える看板商品だ。地産地消を理想に酒を造る。

↑敷地内には、仕込み蔵、庭園、ショップやききさけ処まである

栃木県
ご当地肴

しもつかれ

節分後の初午の日に作られる。大豆と鮭の頭を酒《さけ》粕《かす》、おろしたダイコン、ニンジンなどと煮込む。

栃木県

もともと南部杜氏《なんぶとうじ》、越後《えちご》杜氏を迎えて酒造りを行う蔵が多かったが、平成18年、地元に「下野《しもつけ》杜氏」が誕生した。

気品あるフルーティな香りと
爽やかな切れ味が新鮮

四季桜《しきさくら》

万葉聖《まんようひじり》

優しい
キレがよい

鬼怒川《きぬがわ》の伏流水と兵庫県産「山田《やまだ》錦《にしき》」を使用。芳香豊かで優しい味わいながら、キレもよい。「万葉聖」の名は、大伴旅人が詠んだ歌から。

唎き酒NOTE

優しい口当たりでゆっくりと口の中に旨みが広がっていく。この柔らかなコクは、湯葉やソフトタイプのチーズに合わせたくなる。

造 大吟醸　米 兵庫県産山田錦
精 35%　酵 熊本香露酵母など
Al 16.5%　日 +5　酸 1.4　容 720mL
¥ 6050円

〔おすすめの飲み方〕
熱燗　ぬる燗　常温　冷酒　ロック

宇都宮酒造《うつのみやしゅぞう》 〔宇都宮〕

創業当初の銘柄は「四季の友《とも》」。「四季桜」は2代目が詠んだ「月雪の友は他になし四季桜」の歌にちなむ。「一杯の盃《さかずき》にも心を込めた酒造り」が信条。

「栃木の地酒」にこだわった
後味軽やかな食中酒向きの大吟醸

澤姫《さわひめ》

大吟醸 真《しん》・地酒宣言《じざけせんげん》

軽やか
フルーティ

蔵のある「白澤宿《しらさわじゅく》」にちなみ命名。米、酵母《こうぼ》、仕込み水、新世代杜氏集団の下野杜氏に至るまで、全て栃木にこだわった地酒だ。

唎き酒NOTE

完熟リンゴやメロンのような甘いフルーツの香りがする。心地よい酸味のハリが辛口を演出、スッと消える後味の軽さも爽快。

造 大吟醸　米 栃木県産ひとごこち
精 40%　酵 栃木酵母T-F/T-Sブレンド
Al 17%　日 +3　酸 1.3
容 720mL　¥ 3300円

〔おすすめの飲み方〕
熱燗　ぬる燗　常温　冷酒　ロック

井上清吉商店《いのうえせいきちしょうてん》 〔宇都宮《うつのみや》〕

旧奥州街道の宿場町にて、地元で愛される酒を醸す。食中酒であることにこだわり、「真・地酒宣言」を信条に、全商品で県産米を100%使用。

「女性が醸《かも》す米と酒」を
テーマにした特別純米酒

結ゆい《むすび》

特別純米酒　赤磐雄町《あかいわおまち》米

ふくよか
芳醇

岡山県産「赤磐雄町」を100%使用。米の栽培も杜氏《とうじ》も女性が務める。柔らかく、ふくよかな味わいのなかにも、力強さを感じられる。

唎き酒NOTE

ふんわりとした吟醸香《きんじょうか》で口当たりは柔らかい。口に含むと、メリハリの利いた「赤磐雄町」の旨みが溢れ出す。酸とのバランスがよく、余韻は長め。

造 特別純米　米 赤磐雄町　精 60%
酵 M310　Al 16%　日 ±0
酸 1.5　容 720mL　¥ 1760円

〔おすすめの飲み方〕
熱燗　ぬる燗　常温　冷酒　ロック

結城酒造《ゆうきしゅぞう》 〔結城《ゆうき》〕

徳川家康の二男秀康とともに伏見より結城へ移り、以来、酒造業を続ける。現在は家族中心の少量生産。寒仕込みで大吟醸並みに丁寧に醸す。

A 酒器の材料は陶磁器、金属、ガラス、木など。形状によって口中への流れ方が変わり、香りや味わいに影響する。

新しい形の本格スパークリング日本酒

開華《かいか》 AWA SAKE《アワサケ》

フルーティ 爽快感

awa酒《あわさけ》協会が規定する厳格な基準を満たした、瓶内二次発酵のスパークリング日本酒。従来のガス充填タイプや、にごり活性タイプとは一線を画す。

唎き酒NOTE

香りは洋ナシやグレープフルーツに加えてミントなどのハーブを感じる。コクのある旨みときれいな酸味が、きめ細やかな泡とともに広がり心地よい。

造 純米　米 非公開　精 非公開　酵 非公開
Al 13%　日 +1　酸 3　容 720mL　¥ 5500円

〔おすすめの飲み方〕
熱燗　ぬる燗　常温　冷酒　ロック

第一酒造 だいいちしゅぞう 〔佐野《さの》〕

栃木県で最も歴史のある延宝元年（1673）の創業。日本名水百選にも選ばれた良質な水と、地元田島町の契約農家や自社水田で栽培する酒米を使用する。

手間のかかる生酛《きもと》仕込みと熟成が生む深みのある豊かな味

惣誉《そうほまれ》 生酛仕込 特別純米

濃醇 やや辛口

エレガントで深みのある生酛を醸《かも》すため、兵庫県特A地区産「山田錦」を100%使用。銘柄は先祖代々襲名される「惣兵衛」の名にちなむ。

唎き酒NOTE

生酛特有の鮮やかな酸味に五感が目覚める。やや辛口だが、熟成がもたらす旨みとのバランスで深みのある味わい。お燗《かん》で旨みが引き立つ。

造 特別純米　米 兵庫県特A地区産山田錦
精 60%　酵 7号、14号など　Al 15%
日 +4　酸 1.8　容 720mL　¥ 1635円

〔おすすめの飲み方〕
熱燗　ぬる燗　常温　冷酒　ロック

惣誉酒造 そうほまれしゅぞう 〔市貝《いちかい》〕

明治5年（1872）より栃木県にて酒造業を営む。生酛造りをはじめとした酒造りに力を注ぐ総勢11名の蔵《くら》人《びと》たちが目指す酒は「辛口にして辛からず」。

洗練された米の旨みがエレガントにふくらむ純米吟醸

鳳凰美田《ほうおうびでん》 芳《かんばし》

中口 滑らか

「美田《びでん》」の名は、蔵のある地名が美《み》田《た》村だったことにちなむ。周辺の田んぼは日光山系の伏流水《ふくりゅうすい》を井戸から汲《く》み上げて潤わされる。

唎き酒NOTE

マスカットを思わせる吟醸香《ぎんじょうか》は爽やかでほのかにスパイシー。洗練された質感の旨みが滑らかに口中に広がる。冷やしすぎない冷酒《れいしゅ》が最高。

造 純米吟醸　米 ひとごこち　精 55%
酵 とちぎ　Al 16%　日 ±0
酸 1.6　容 720mL　¥ 1980円

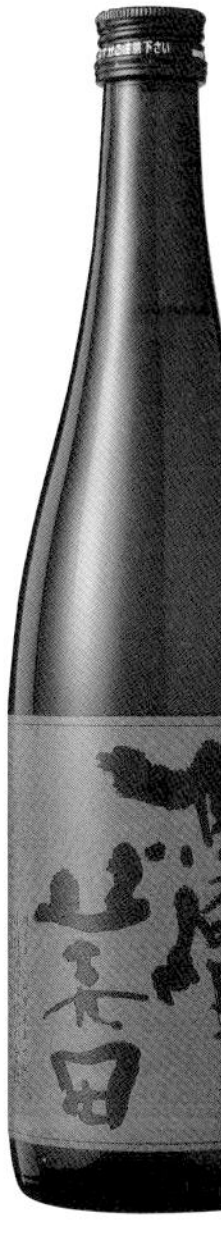

〔おすすめの飲み方〕
熱燗　ぬる燗　常温　冷酒　ロック

小林酒造 こばやししゅぞう 〔小山《おやま》〕

製造する酒は全て吟醸以上という全国有数の吟醸蔵。日本酒は造り手の個性や輝きをそのまま表すとの理念のもと、テロワールを表現する。

日・米・欧で認められた有機清酒

天鷹《てんたか》
有機 純米吟醸

中口
軽やか

正式に「有機清酒」と名乗れる数少ない酒。自社管理圃場《ほじょう》にて、有機JAS認定農家とともに栽培した地元産「有機五百万石」を使用。醸造工程においても有機性を保ちつつ造られている。

唎き酒NOTE

柔らかな酸味とすっきりとした優しい味わいがハーモニーを奏で、ふっと肩の力が抜ける思いがする。飲み疲れしないので、食中酒としてもおすすめ。香りも米由来のほんのりとした甘さで、食事の邪魔をしない。

造 純米吟醸　米 有機五百万石　精 50%　酵 協会901号　Al 15.3%
日 +4　酸 1.7　容 720mL　¥ 1980円

〔おすすめの飲み方〕
熱燗　ぬる燗　常温　冷酒　ロック

天鷹心《てんたかこころ》
純米大吟醸

「純米酒」という言葉のなかった時代から「米だけの酒」として造られてきた。すっきりとした米の旨みと穏やかな香りのバランスがよい。飲みやすく料理と合わせやすい味わい。

¥ 1870円（720mL）

〔おすすめの飲み方〕
熱燗　ぬる燗　常温　冷酒　ロック

天鷹酒造　てんたかしゅぞう　〔大田原《おおたわら》〕

那須高原の南端、清流に挟まれた田園地帯にある蔵。創業以来辛口酒にこだわり、辛口酒のみを造る。近年では全国的にも稀有な「有機清酒」の醸造蔵としても名高い。日本のみならず、有機先進国の欧州連合やアメリカでの有機認証も取得している。

↑那須高原の南端に蔵を構える。大正3年（1914）創業

裏山から湧き出る超軟水《なんすい》で
仕込んだ純米酒

松《まつ》の寿《ことぶき》　純米酒

透明感
キレがよい

栃木県産の「五百万石《ごひゃくまんごく》」を使用。仕込み水は、今も変わらず裏山からこんこんと湧き出る超軟水の天然湧き水。この水のよさを最大限に引き出せるよう努めている。

唎き酒NOTE

香りは控えめで穏やかだが、味わいはハリがあって透明感がある。後味はすっきりキレよく、余韻も短め。川魚や山菜料理に合わせたい。

造 純米　米 栃木県産五百万石　精 65%
酵 K1401　Al 15.4%　日 +4
酸 1.7　容 720mL　¥ 1320円

〔おすすめの飲み方〕
熱燗　ぬる燗　常温　冷酒　ロック

松井酒造店　まついしゅぞうてん　〔塩谷《しおや》〕

慶応元年(1865)、初代が良質な水が湧き出るこの地に、新潟から移り住んで創業したといわれる。創業者の思いを引き継ぎ、一工程ごと丁寧に行う酒造りを心がける。

A 2000年頃からが純米酒、無濾過《むろか》原酒ブーム。現在は引き続き純米酒と、各蔵の個性を打ち出した酒がトレンドに。

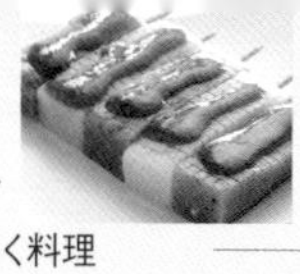

群馬県
ご当地肴

こんにゃく料理
全国の約9割を生産。田楽や煮込みなど料理方法も幅広い。低カロリーでつまみにも健康的。

群馬県

新しく県オリジナルの酒造好適米《しゅぞうこうてきまい》「舞風《まいかぜ》」が誕生。「群馬KAZE酵母《こうぼ》」とともに醸《かも》した県の統一ブランド「舞風」を展開する。

誰もが美味しいと思える
酒を目指して醸造

結人《むすびと》
純吟 N&S 直汲み生

フルーティ
すっきり

5代目兄弟が立ち上げた「結人」には、伝統と革新が醸される。日本酒が初めての人や苦手な人でも美味しいと思える酒質を目指す。

唎き酒NOTE
N&Sは新酒特有の苦味、渋味の頭文字から。瑞々しい香り、ほどよい甘味ときめ細やかな舌触りで、直汲みならではの微発泡感が印象的だ。

造 純米吟醸　米 五百万石　精 55%
酵 自社選抜酵母　Al 15%　日 −2
酸 1.5　容 1800mL　¥ 3135円

〔おすすめの飲み方〕
熱燗　ぬる燗　常温　冷酒　ロック

柳澤酒造《やなぎさわしゅぞう》〔前橋〕

創業は明治10年（1877）。現在では全国的にも珍しい、もち米を最後に加えた「もち米四段仕込み」で造られる、甘口の「桂川《かつらがわ》」が代表銘柄。

女性杜氏《とうじ》が醸し出す
爽やかな味わいの酒

町田酒造《まちだしゅぞう》55
純米吟醸 雄町《おまち》

華やか
ジューシー

県外に広めるべく社名を付けた、利根川の伏流水《ふくりゅうすい》で仕込む酒。直汲《じかぐ》みならではのプチプチとはじけるガス感も楽しいジューシーな生酒《なまざけ》だ。

唎き酒NOTE
香りはイチゴのように爽やか、含むと伸びのある旨みが広がる。舌の上で弾けるガス感は直汲みならでは。後味も果実のよう。

造 純米吟醸　米 岡山県産雄町　精 55%
酵 協会1801号、群馬KAZE酵母
Al 16%　日 −1　酸 1.6　容 720mL
¥ 1650円

〔おすすめの飲み方〕
熱燗　ぬる燗　常温　冷酒　ロック

町田酒造店《まちだしゅぞうてん》〔前橋《まえばし》〕

「きめ細かく丸みのある風味」が創業以来の酒質。利根川の伏流水を用い、4代目の長女が杜氏としてその味を継承する。「町田酒造」シリーズは生酒中心。

日常を楽しむ定番の酒は
果実味にあふれる

モダン仙禽《せんきん》
無垢《むく》

ジューシー
酸味

酸味と甘味を特徴とするモダン・シリーズのひとつ。汚れなく純真であるという意味をもつ「無垢」は、素朴な定番という位置付け。豚や鶏などの軽い肉料理と好相性だ。

唎き酒NOTE
香りは果実味にあふれ、エレガントで伸びやか。味わいはジューシーで、甘酸っぱい酸味が印象的なのは、このシリーズに共通の特徴といえる。

造 純米吟醸　米 栃木県さくら市産山田錦
精 麹:50%、掛:60%　酵 非公開
Al 15%　日 非公開　酸 非公開
容 720mL　¥ 1600円

〔おすすめの飲み方〕
熱燗　ぬる燗　常温　冷酒　ロック

せんきん〔さくら〕

さくら市（旧・氏家町《うじいえまち》）にて、文化3年（1806）より清酒製造業を営む。土地の個性を尊重し、伝統的製法の踏襲、自然派の日本酒造りにこだわる。

もっと知りたい日本酒Q&A Q 日本酒にも時代のトレンドがあると聞くけれど、今はどんな時代？

和食によく合う、食中酒にぴったりの純米酒

左大臣《さだいじん》 純米酒

まろやか
米の旨み豊か

群馬県の酒造好適米《しゅぞうこうてきまい》「若水《わかみず》」を尾瀬の麓《ふもと》の伏流水《ふくりゅうすい》で仕込み、長期低温発酵させたまろやかな純米酒。ほのかな米の香りとしっかりした味わいは冷酒《れいしゅ》でも美味しく、お燗をつけると一層引き立つ。

唎き酒NOTE

穏やかな米の香りにほっと和まされる。柔らかな飲み口は、すっと喉を通る仕込み水にも由来。まろやかな口当たりだが、米の旨みがしっかりと感じられる。

造 純米　米 群馬県産若水　精 65%
酵 協会9号系自家培養　Al 15～16%　日 −1　酸 1.4
容 720mL　¥ 1320円

〔おすすめの飲み方〕
熱燗　ぬる燗　常温　冷酒　ロック

大利根酒造 おおとねしゅぞう 〔沼田《ぬまた》〕

尾瀬の麓に蔵を構える。大自然に育まれた良質な水や米を、伝統手法でまろやかな地酒へと醸《かも》し出す。地元産「コシヒカリ」で造る純米酒も好評。

おいしい飯米を使用して醸される純米酒

シン・ツチダ

骨太
複雑

食べておいしい米の旨さを日本酒で表現しようと、群馬県産の食用米をほぼ精米せず、自然の菌の働きを活用して醸す。全銘柄、醸造アルコール、乳酸、酵素剤などの添加物を使用しない生酛《きもと》造り。

唎き酒NOTE

炊いたお米や乳製品のような香り。含むとトロリとした飲み口から複雑に広がる甘味、旨み。続いて鮮やかな酸味と苦味、渋味も感じる。余韻は長い。

造 純米　米 群馬県産飯米　精 90%　酵 無添加
Al 16%　日 −11～−13　酸 3.6～4.2
容 720mL　¥ 1900円

〔おすすめの飲み方〕
熱燗　ぬる燗　常温　冷酒　ロック

土田酒造 つちだしゅぞう 〔川場《かわば》〕

「造り手の思いは飲む人に伝わる」と、楽しく造ることがモットー。若き6代目が率いる蔵は、売店や食事処を併設。武尊山《ほたかやま》の伏流水で伝統の味を守る。

淡く濁る美しい色合いとサラサラした飲み心地が魅力

巌《いわお》 純米吟醸 ささにごり

旨口
キレがよい

上品で甘くないにごり。長期低温発酵で酵母《こうぼ》が最後まで働くようにし、酸がしっかりと立ち、味の骨格を下支えするよう造られている。生酒《なまざけ》だが、あえてぬる燗《かん》でも。

唎き酒NOTE

心地よい酸味、軽やかな口当たりながら、きりりとキレのあるしっかりした骨格の味わいに。余韻は落ち着いた印象で、米の旨みを堪能できる。

造 純米吟醸　米 五百万石　精 55%
酵 協会1401号　Al 17～18%　日 +3
酸 1.8　容 720mL　¥ 1388円

〔おすすめの飲み方〕
熱燗　ぬる燗　常温　冷酒　ロック

髙井 たかい 〔藤岡《ふじおか》〕

近江商人の初代が、享保14年（1729）に酒蔵を開業。「巌」は、日露戦争で活躍した大山巌元帥から名乗りを許されたもの。基本に忠実に地酒らしさを世に問うことを信条とする。

A 開栓後は栓をして、火入れなら冷暗所で2～3カ月、生酒《なまざけ》、生貯蔵酒、生詰《なまづ》め酒《しゅ》は冷蔵庫で1週間を目安に。

赤城山系の硬水《こうすい》で醸す、すっきりとした「男の酒」

赤城山《あかぎさん》

純米吟醸

淡麗旨口 キレがよい

群馬県の名峰「赤城山」の伏流水で仕込んだ純米吟醸。低温でゆっくり発酵させることで、コクとキレを備えたドライな仕上がりに。すっきり辛口ながら、酵母由来の果実香と芯のある味わいが特徴。

唎き酒NOTE

ふくよかな水のようにするりと喉越しがよいが、厚みのある旨みと辛味がバランスよく口中に広がる。すっきりキレた後に残る甘味が印象的。秋上《あきあ》がりまで熟成すると、艶やかに味がのってまた格別な味わい。

造 純米吟醸　米 五百万石　精 50%　酵 K1801　Al 15.2%　日 +2
酸 1.4　容 720mL　¥ 1630円

〔おすすめの飲み方〕
熱燗　ぬる燗　常温　冷酒　ロック

赤城山《あかぎさん》

辛口

仕込み水は赤城山からの伏流水で硬度は高め。きりりとした男酒《おとこざけ》はこの蔵の真骨頂。お燗酒にするとさらに飲み飽きせず、料理ともよく合う。コストパフォーマンスがよく、晩酌に最適。

¥ 855円（720mL）

〔おすすめの飲み方〕
熱燗　ぬる燗　常温　冷酒　ロック

近藤酒造《こんどうしゅぞう》

〔みどり〕

群馬県を代表する赤城山の麓で、南部《なんぶ》杜氏が酒を醸す。創業以来一貫して辛口の酒を世に問い、「男の酒」赤城山として知られる。すっと喉を通る淡麗辛口タイプが主流。最寄り駅は「わたらせ渓谷鉄道」の大間々《おおまま》。緑豊かな渓谷美を間近に酒を造る。

↑南部杜氏の成子嘉一氏。細やかな品質チェックで「男の酒」の味を守る

上品な米の香りと清涼感が
爽やかな発泡清酒

水芭蕉《みずばしょう》

純米吟醸辛口 スパークリング

辛口 すっきり

米の味わい深さと、しっかりした発泡性が感じられる純米酒。「山田錦《やまだにしき》」と柔らかくほのかに甘い水を使った、上品な香りと気品ある優しい味わいは、尾瀬に咲く水芭蕉を思わせる。

唎き酒NOTE

シュワシュワとした泡立ちが清涼感たっぷり。見るからに爽やかだが、味わいも見た目通り。すっきりした辛口で、焼き鳥などと合わせたい。

造 純米吟醸　米 山田錦　精 60%
酵 群馬KAZE酵母　Al 15%　日 +8　酸 1.4
容 720mL　¥ 1595円

〔おすすめの飲み方〕
熱燗　ぬる燗　常温　冷酒　ロック

永井酒造《ながいしゅぞう》

〔川場〕

創業は明治19年（1886）、「水芭蕉」「谷川岳《たにがわだけ》」が主なブランド。尾瀬の大地でゆっくりと濾過《ろか》された天然水を使い、川場村の自然美を表現するきれいで飲み続けられる酒を醸す。

伝統の山廃《やまはい》造りを継承する本醸造

群馬泉《ぐんまいずみ》 山廃本醸造

濃厚 キレがよい

伝統の山廃造りによる骨太の酒。自然の酸味と熟成による柔らかで奥行きのある味わいは、お燗酒《かんざけ》で一段と冴える。「群馬泉」の名は宝泉村《ほうせんむら》と呼ばれた旧地名から。

唎き酒NOTE

「群馬泉」といえばお燗酒のイメージが定着。温めると味わいに深み、まろやかさが増して圧巻。山廃の酸と熟成味がバランスよく、米の味わいはしっかりあるもののキレもよい。

造 本醸造　米 若水、あさひの夢
精 60%　酵 協会7号　Al 15.2%
日 +3　酸 1.6　容 720mL
¥ 1039円

〔おすすめの飲み方〕
熱燗　ぬる燗　常温　冷酒　ロック

島岡酒造《しまおかしゅぞう》 〔太田《おおた》〕

「生酛《きもと》系山廃造り」を代々守り続ける。米は県産「若水《わかみず》」主体、仕込み水は赤城山系の伏流水《ふくりゅうすい》を使用。越後《えちご》杜氏の技で辛口の落ち着いて飲み続けられる酒を造る。

「福を分ける」こだわりの旨口酒

分福《ぶんぶく》 純米吟醸生原酒 氷温四年貯蔵

濃醇 キレがよい

自然栽培米の「玉栄《たまさかえ》」と「日本晴《にっぽんばれ》」を使用し、手づくりでじっくりと醸《かも》す。3年以上の氷温での熟成を前提として、上槽《じょうそう》時には硬くとも骨格のしっかりした造りを心がける。

唎き酒NOTE

香りは穏やかだが、味わいは個性的。熟成生原酒ならではの深い旨みが、ぐっと押し寄せる。キレある喉越しにふわりと香るカカオフレーバーが印象的。あん肝やもつ煮と好相性。

造 純米吟醸
米 玉栄20%、日本晴80%
精 50%　酵 自社酵母　Al 17.5%
日 +5　酸 1.5　容 720mL
¥ 2464円

〔おすすめの飲み方〕
熱燗　ぬる燗　常温　冷酒　ロック

分福酒造《ぶんぷくしゅぞう》 〔館林《たてばやし》〕

「分福茶釜」の茂林寺《もりんじ》がある館林の城下で、江戸末期に創業。赤城山系の自然水と自然栽培米を原料に、社長杜氏《とうじ》のもと、「昔ながらの手づくり」を守る。

日本酒 COLUMN

初《はつ》呑《の》み切《き》りは夏場の行事

昔、酒は木桶《きおけ》で貯蔵されていた。冬から春にかけて造られた酒は、土蔵蔵《どぞうぐら》の中で貯蔵され、梅雨や暑い夏を経て調熟されていく。無事に調熟が進んでいるかどうか、蔵元《くらもと》や杜氏は心配でならない。その確認をするのが「初呑み切り」である。貯蔵中しっかり封印されている「呑穴《のみあな》」という桶の排出口を、「初めて切って」開けて利《き》き酒《ざけ》することから、そう呼ばれるようになった。現在では、木桶からホーローやステンレスのタンクに変わったため、酒が変質する心配はほとんどない。そのため「初呑み切り」を行わない蔵も増えてきたが、儀式的にでも昔の行事を残していきたいと願う蔵は今でも実施している。蔵元、杜氏、蔵人《くらびと》、それに鑑定官や近場の酒販店が集まって利き酒をし、酒が無事であることを確認して、その後小宴を開いたりするのである。

↑初呑み切りは7月に入ると行われる

A あくまでも目安だが、「日本酒度」でみることが多い。一般的には+5だと辛口、0が普通かやや甘口、−5だと甘口。

埼玉県

埼玉県ご当地肴

ナマズ料理

吉川《よしかわ》市はナマズ料理が名物。この地方独特のナマズのたたきは、包丁でたたき団子にして揚げる。

荒川と利根川の二大水流の恩恵を受けて酒が造られる。平成16年、県で初の酒造好適米《しゅぞうこうてきまい》「さけ武蔵《むさし》」が誕生した。

料理を引き立てる名脇役を目指した大吟醸

菊泉《きくいずみ》 大吟醸

清涼 軽やか

「菊のように香りよく泉のように清らかな酒」を理想に「菊泉」と命名された。蔵人《くらびと》一同が最も集中して手づくりで醸し上げた、酒蔵の顔ともいえる大吟醸。

唎き酒NOTE

構えることなくするすると飲める大吟醸。青リンゴに似た爽やかな香りがする。含み香《か》にはバナナ系の甘味も感じられ、味わいは上品な旨みが特徴。後味はすっきりキレる。

造 大吟醸　米 山田錦　精 40%
酵 非公開　Al 16.4%　日 +5
酸 1.1　容 720mL
¥ 3300円

〔おすすめの飲み方〕
熱燗　ぬる燗　常温　冷酒　ロック

↑酒母《しゅぼ》の温度を調整する滝澤英之杜氏。酒は地元名産の赤レンガを使った蔵で仕込まれる

滝澤酒造 たきざわしゅぞう

〔深谷《ふかや》〕

文久3年（1863）埼玉県小川町《おがわまち》で創業。明治33年（1900）に現在の深谷に移転した。普通酒から大吟醸酒まで麹《こうじ》作りには箱麹《はここうじ》法を採用。手づくりを基本に、「造り手と飲み手の顔が見える酒蔵」を目指し真摯に丁寧に作業を積み重ねる。

地元米「さけ武蔵」の旨みを存分に

鏡山《かがみやま》

斗瓶取り雫酒

辛口 芳醇

「さけ武蔵」は川越で契約栽培。9人の米農家、埼玉県、JAと協力して作った良質な酒米で、全国新酒鑑評会でも唯一この酒米を使った酒を出品する。

唎き酒NOTE

木イチゴを思わせるような、甘酸っぱい香りがチャーミング。口いっぱいに広がる味わいは、豊かで芳醇《ほうじゅん》。余韻は旨みが増幅しつつ、シャープにキレて冴え渡る。

造 大吟醸　米 さけ武蔵　精 35%　酵 K1801号
Al 16%　日 非公表　酸 非公表　容 720mL
¥ 5500円

〔おすすめの飲み方〕
熱燗　ぬる燗　常温　冷酒　ロック

小江戸鏡山酒造《こえどかがみやましゅぞう》

〔川越《かわごえ》〕

創業平成19年。蔵の街・川越にある唯一の酒蔵。テニスコート1面分の日本屈指の極小マイクロブルワリー。酒本来の旨みを存分に味わえ、香味芳醇で華やかな吟香を感じる「鏡山」を造る。

お燗しておいしく、料理の旨みを引き出す

神亀《しんかめ》 純米辛口

旨辛口
長い余韻

料理との相性がよい純米酒。品質のよい米を大切にしていて、稲や田んぼの状態を見に栽培農家や農協へ年3回ほど行く。気温の変化や旬の食材に合うように四季を通じて味わいを変えている。

唎き酒NOTE

2年熟成させているので、熟成香をともなう落ち着いた香りがする。味わいはしっかりした旨みを感じさせ、キレのよい後味が料理の味を引き立てる。

造 純米　米 酒造好適米　精 60%　酵 協会901号
Al 15.5%　日 +5～+6　酸 非公開　容 720mL
¥ 1679円

〔おすすめの飲み方〕
熱燗　ぬる燗　常温　冷酒　ロック

神亀酒造 しんかめしゅぞう 〔蓮田《はすだ》〕

昭和62年（1987）、全量純米蔵となった。杜氏《とうじ》や蔵人《くらひと》中心の「造る」ことだけでなく、熟成過程の温度管理やアルコール分の調整作業も重要な酒造りと考える。

十二分に引き出された豊かな米の旨みと甘味

豊明《ほうめい》 純米吟醸

芳醇
旨口

米の旨みと甘味を引き出した、濃醇《のうじゅん》旨口な酒造りがコンセプト。全工程ほぼ手作業にて、大吟醸と同等の麹《こうじ》作りと低温長期発酵で醸す。酒銘は「飲んだ人が豊かに明るくなるように」との願いから。

唎き酒NOTE

香りは控えめ。すっきりとして爽やかだ。しかし含むと、旨みと甘味が口いっぱいに広がる。酸味とのバランスもよい。余韻は尾を引くように長い。

造 純米吟醸　米 非公開　精 60%　酵 非公開　Al 15%
日 非公開　酸 非公開　容 720mL　¥ 1650円

〔おすすめの飲み方〕
熱燗　ぬる燗　常温　冷酒　ロック

石井酒造 いしいしゅぞう 〔幸手《さって》〕

天保11年（1840）創業。日光街道沿いに蔵を構え、平成12年に現代の造りに適した酒蔵に改装。少量仕込みに特化し高品質な酒造りを目指す。

しっかりとした米の旨みと
すっきりとした飲み口

力士《りきし》
純米酒

辛口
すっきり

「お酒は生き物」との考えから、その年の米の出来や気候、菌の状態などにより変化する発酵具合を常に確認しながら酒を醸《かも》す。米の深い旨みは、ぬる燗《かん》でも引き立つ。

唎き酒NOTE

9号系酵母《こうぼ》使用だが香りは穏やかで落ち着いている。酸度が高く、シャープさと米の旨みが調和した味わい。後味もすっきりしてキレがよい。

造 純米　米 五百万石、一般米
精 65%　酵 協会901号
Al 15%　日 +4.6　酸 1.8
容 720mL　¥ 1320円

〔おすすめの飲み方〕
熱燗　ぬる燗　常温　冷酒　ロック

釜屋 かまや 〔加須《かぞ》〕

寛延元年（1748）創業。銘柄名は李白の「襄陽歌《じょうようのうた》」という詩の一節から。特定名称酒を主体に、原料米にこだわり、利根川の豊富な伏流水《ふくりゅうすい》を使用して、手間を惜しまない酒造りを行う。

A お酒に入っている金箔は厚生労働省の指定検査機関の分析で安全性を確認しているので、飲んでも問題はない。

千葉県

千葉県ご当地肴

さんが焼き

アジ、イワシ、サバなどの魚をたたいて、香味野菜や味噌を混ぜた「なめろう」をハンバーグのように焼く。

江戸時代、利根川の水運により醤油造りとともに酒造業も発達したため、老舗が多い。約40の個性的な酒蔵がある。

万人向けで飲みやすい
定番のロングセラー

腰古井《こしごい》

推奨《すいしょう》

軽快 まろやか

千葉県産米「ふさこがね」を自社精米で時間をかけて丁寧に磨き、山の自然水（軟水《なんすい》）で仕込んでいる。すいすいと杯が進む酒がコンセプト。

唎き酒NOTE

熟成香をともなうまろやかな香り、それに続くアタックもマイルドで飲みやすい。ほんのりした甘味も優しく、すっきりとしたキレで飲み飽きしない。

造 普通酒　米 千葉県産ふさこがね
精 70%　酵 K901　Al 15%　日 +3
酸 1.5　容 720mL　¥ 792円

〔おすすめの飲み方〕
熱燗　ぬる燗　常温　冷酒　ロック

吉野酒造 よしのしゅぞう 〔勝浦《かつうら》〕

創業190年余りの歴史がある蔵。持ち味を生かすべく、大量生産や機械によるものではなく、熟練の南部《なんぶ》杜氏による手づくりの伝統を守り継いでいる。

ライトな口当たりながら
キレのよい酒質を目指す

稲花正宗《いなはなまさむね》

上総国《かずさのくに》 一宮《いちのみや》

フルーティ 軽やか

香りすぎず、食事中に合う純米吟醸。無濾過《むろか》で1回瓶燗火入れを行う。「酒は本来素朴で、端正をもって極上とする」を理念とする。

唎き酒NOTE

清冽で控えめながらフルーティな吟醸香《きんしょうか》。口当たりは軽やかだが、旨みは十分に感じられる。後味はほんわりしつつも、キレがよい。

造 純米吟醸　米 非公開　精 偏平60%
酵 非公開　Al 15.2%　日 非公開
酸 非公開　容 720mL　¥ 1340円

〔おすすめの飲み方〕
熱燗　ぬる燗　常温　冷酒　ロック

稲花酒造 いなはなしゅぞう 〔一宮《いちのみや》〕

江戸文政年間には酒造りをしていたとされる。網主《あみぬし》でもあったので、漁師たちへの振る舞い酒にもされていた。扁《へん》平精米《べいせいまい》を得意とする。

「久留里《くるり》の名水」を仕込み水に
手造りにこだわる

福祝《ふくいわい》

山田錦《やまだにしき》50 純米吟醸

旨口 エレガント

祝い事が重なるようにと命名。「ここで造りの全てが決まる」と、原料処理と蒸し工程にこだわり造られる。火入れは瓶燗《びんかん》火入れを採用。

唎き酒NOTE

香りは華やかでやや甘く心地よい。「山田錦」由来の品格が感じられる純米吟醸。ふくらみのある甘さ、辛味と渋味のバランスも絶妙でキレもよい。

造 純米吟醸　米 山田錦　精 50%
酵 1801号、1401号　Al 16%　日 ±0
酸 1.5　容 720mL　¥ 1980円

〔おすすめの飲み方〕
熱燗　ぬる燗　常温　冷酒　ロック

藤平酒造 とうへいしゅぞう 〔君津《きみつ》〕

古くからの城下町・久留里の名水と厳選した米で醸す。酒造りは「洗いに始まり洗いに終わる」をモットーに、秒単位の洗米と全量手づくりにこだわる。

他に類を見ない、酸味の強い濃厚な味わい

アフス 純米 生

濃厚
酸味

一般的な三段仕込みでなく、原料の米・米麹《こめこうじ》を一度に全て入れて仕込む、「一段仕込み」を行う。開発に携わった3名の頭文字を綴って命名した。

唎き酒NOTE

甘味がある控えめな香りだが、ひと口含めば日本酒離れした強烈な柑橘類を思わせる酸味と甘味。しかしながら意外なほどキレがよく、すっきりしている。

造 純米　米 総の舞　精 65%　酵 自社酵母　Al 13%
日 非公開　酸 非公開　容 500mL　¥ 1650円

〔おすすめの飲み方〕
熱燗　ぬる燗　常温　冷酒　ロック

木戸泉酒造 きどいずみしゅぞう 〔いすみ〕

昭和31年（1956）開発の高温山廃《やまはい》仕込みを採用以降、「旨きよき酒」を基に独自路線を歩む。近年では木桶《きおけ》仕込み、酵母《こうぼ》・乳酸菌無添加酒母《しゅぼ》仕込みや自社での自然栽培米作りと新たな試みにも取り組む。

ミネラル豊富な超硬水《こうすい》を用い、山廃で造る食中酒

岩《いわ》の井《い》 山廃純米吟醸 山田錦 原酒

旨口
キレがよい

山廃酛《もと》にこだわったキレのよい純米吟醸。酒銘は、岩瀬家の敷地内の井戸水を使用していることから。海に近いため貝殻層を通った超硬水を使う。

唎き酒NOTE

香りは穏やかだが、味わいは旨みと酸のバランスがよく、しっかりと存在感をアピール。後味はキレよく、食を誘う。ぬる燗《かん》も冷酒《れいしゅ》もよい。

造 純米吟醸　米 山田錦　精 55%
酵 6号　Al 17%　日 非公開
酸 非公開　容 720mL　¥ 1760円

〔おすすめの飲み方〕
熱燗　ぬる燗　常温　冷酒　ロック

岩瀬酒造 いわせしゅぞう 〔御宿《おんじゅく》〕

蔵は御宿海岸に近く、仕込み水は地下水が貝殻層を通った、硬度12～13度の硬水。そのため、旨みのある芳醇《ほうじゅん》で酸味のしっかりした酒になる。

外房勝浦の地酒として地の肴と相性のよい酒

鳴海《なるか》 純米大吟醸 直詰め生 山田錦

ふくよか
上品

原料米「山田錦《やまだにしき》」の特長を引き出し、柔らかな酒質をもつ。銘柄名の「鳴海」は勝浦湾の別名「鳴海湾」に由来。刺身などとよく合う食中酒。

唎き酒NOTE

華やかではないが、メロンのような柔らかく甘い香り。味わいも柔らかく上品だ。直詰め由来のわずかな発泡感が爽やか。後味はキレよく、食を誘う。

造 純米大吟醸
米 兵庫県産山田錦　精 50%
酵 協会1001号　Al 16%　日 −2
酸 1.2　容 720mL　¥ 1980円

〔おすすめの飲み方〕
熱燗　ぬる燗　常温　冷酒　ロック

東灘醸造 あずまなだじょうぞう 〔勝浦《かつうら》〕

南房総の勝浦で、慶応3年（1867）、君塚五郎右衛門が酒造りを始めた。「美味しいと言っていただける酒を造る」が信条の、地元に根付いた蔵。

A 通常の賞味期限の表示は未開封で3～4カ月だが、冷蔵庫に入れると6カ月くらい、冷凍庫なら1年間は大丈夫だ。

東京都ご当地肴

江戸前寿司

日本食の代名詞的存在。酢飯と江戸前の新鮮な魚介の組み合わせは、日本酒と文句なく相性抜群。

東京都

江戸幕府の命により発展した東京の酒造り。西部の多摩川沿いを中心に、中硬水から奥行きのある淡麗な酒が造られる。

「丁寧に造って丁寧に売る」がモットーの蔵元いち押しの自信作

干《かねじゅう》田《た》むら

吟《ぎん》ぎんが

中口 艶やか

「田むら」は平成16年誕生の新ブランド。「干」は代々福生村《ふっさむら》の名主であった田村家の家印《いえじるし》で、酒銘に冠するのは創業以来初めてのこと。胸を張って誇れる酒との自負が込められている。甘味と辛味がうまくまとまった味わい。

唎き酒NOTE

華やかというより艶やかな吟醸香《ぎんじょうか》がふわり。口当たりは滑らかで、フルーティな甘味が穏やかに口中を潤す。その余韻を後味に長く楽しめる純米吟醸酒。

造 純米吟醸　米 吟ぎんが　精 55%　酵 2種類
Al 16.7%　日 +1　酸 1.7　容 720mL　¥ 1562円

〔おすすめの飲み方〕
熱燗　ぬる燗　常温　冷酒　ロック

干《かねじゅう》田《た》むら 山酒《やまさけ》4号

「吟ぎんが」とは米違いで、山形の酒造好適米《しゅぞうこうてきまい》「山酒《やまさけ》4号」を使用。2種類の酵母を調合し低温長期醪《もろみ》で醸造、手間のかかる瓶燗《びんかん》火入れを採用する。米の旨みがすーっと感じられる厚みのある辛口。

¥ 1562円（720mL）

〔おすすめの飲み方〕
熱燗　ぬる燗　常温　冷酒　ロック

田村酒造場 たむらしゅぞうじょう 〔福生《ふっさ》〕

田村家は江戸時代、福生村の名主総代を務めてきた家柄。9代目が文政5年（1822）に酒造業を興し、明治中期には総本店《そうほんだな》として武州一帯（多摩地区および埼玉・神奈川県の一部）に24の店蔵《みせぐら》を持っていた。伝統のブランドは「嘉泉《かせん》」。敷地内から汲《く》み上げる秩父多摩の伏流水《ふくりゅうすい》が酒造りに最適であることから、喜ぶべき泉の意味をもつ。

↑八角形の赤レンガの煙突は蔵のシンボルであり地域のランドマーク的存在

東京の奥座敷から生まれた自然の息吹を伝える純米酒

澤乃井《さわのい》

純米大辛口

辛口 ドライ

昔から米一粒一粒を大切に辛口の酒を醸《かも》し、地域の食文化とともに今に至る。そのルーツを現代に伝える、芳醇な味わいの辛口純米酒。

唎き酒NOTE

日本酒度＋10の数値が示す通り、すっきりとした辛口タイプ。香りもさらりとしている。味わいにはドライな旨みが感じられ、キレも鮮やか。

造 純米　米 ひとめぼれ　精 65%
酵 協会901号　Al 15～16%
日 +10　酸 1.7～1.9　容 720mL
¥ 1232円

〔おすすめの飲み方〕
熱燗　ぬる燗　常温　冷酒　ロック

小澤酒造 おざわしゅぞう 〔青梅《おうめ》〕

清らかな水が豊かに流れることからその名が付いた、武州澤井村で創業。以来300年、奥多摩の地酒として、自然の息吹を伝える酒造りを目指す。

神奈川県ご当地肴

ねりもの
（はんぺん、かまぼこなど）

水産加工品消費量の多い神奈川。なかでも小田原かまぼこは、全国的に有名。

神奈川県

丹沢《たんざわ》山系からの中硬水《ちゅうこうすい》など、名水に恵まれる。小規模の蔵が多いが、上品で繊細な味わいの酒は近年注目されつつある。

食事を引き立てる辛口仕上げの純米吟醸酒

いづみ橋《ばし》

恵《めぐみ》 純米吟醸 青ラベル

辛口　爽やか

地名と蔵元《くらもと》の屋号から名付けられた「いづみ橋」。自社精米と麹蓋《こうじぶた》による製麹《せいきく》、槽《ふね》での袋搾りにより、食事を引き立てるきれいな辛口に。

唎き酒NOTE

辛口でキレがよく、食中酒として理想的。出汁を使った料理をはじめ、幅広い料理に合うきれいな味わい。香りは青々しく爽やかな印象だ。

造 純米吟醸　米 海老名産山田錦
精 麹:55%、掛:58%　酵 協会9号
Al 16～17%　日 +3～+7程度
酸 1.5　容 720mL　¥ 1760円

〔おすすめの飲み方〕
熱燗　ぬる燗　常温　冷酒　ロック

泉橋酒造　いづみばししゅぞう〔海老名《えびな》〕

全量純米酒の酒蔵。古くからの穀倉地域、海老名耕地《えびなこうち》で、「酒造りは米作りから」を信念に、“栽培醸造蔵”として栽培から精米、醸造まで一貫して行う。

透明感のある味わいと後味のキレのよさ

残草蓬莱《ざるそうほうらい》

四六式《よんろくしき》 特別純米 槽場《ふなば》直詰生原酒

透明感　酸味 鮮やか

7号酵母由来の穏やかな香りを生かしつつ、麹《こうじ》のタイプを作り変えることで味わいに変化をつける。味付けのしっかりしたものと合う。

唎き酒NOTE

グレープフルーツやレモンのような果実感のある香りが爽やか。味わいは、クエン酸のテイストを加えた透明感のあるきれいさが際立っている。

造 特別純米　米 長野県産美山錦
精 60%　酵 協会701号　Al 17%
日 ±0　酸 3,3　¥ 720mL　¥ 1650円

〔おすすめの飲み方〕
熱燗　ぬる燗　常温　冷酒　ロック

大矢孝酒造《おおやたかししゅぞう》　〔愛川《あいかわ》〕

米と米麹だけを原材料とする純米酒のみを製造する全量純米蔵。現在8代目。さまざまな純米酒が食前酒としての幅を広げることに励む。

丹沢の伏流水《ふくりゅうすい》を仕込み水に清冽な空気のなかで醸《かも》す

箱根山《はこねやま》

純米吟醸

軽快　滑らか

昭和40年代、輸出用にと世界的観光地の名を取った「箱根山」は、今や蔵の主力商品。「五百万石《ごひゃくまんごく》」の旨みとフルーティな香りが持ち味だ。

唎き酒NOTE

バナナやメロンのような吟醸香《ぎんじょうか》。優しい酸味、さっぱり感のある甘味と米の旨みが感じられる。後口は軽快で滑らか。刺身などと合わせたい。

造 純米吟醸　米 五百万石　精 50%
酵 協会1401号　Al 15.5%　日 ±0
酸 1.8　容 720mL　¥ 2420円

〔おすすめの飲み方〕
熱燗　ぬる燗　常温　冷酒　ロック

井上酒造　いのうえしゅぞう　〔大井《おおい》〕

井上家6代目が、新しい商売を模索中、徳利《とっくり》の形の石につまずいたことから酒造りを始めたと伝わる。丹沢の伏流水と厳選された原料米で酒を造る。

A 適量のお酒を飲むと胃に流れる血液の量が増えて、全身の血行がよくなり、胃液の分泌が盛んになるためだ。

山梨県

山梨県ご当地肴

ほうとう

小麦粉で練った麺と野菜を味噌ベースの汁で煮込む料理。「農山漁村の郷土料理百選」にも選定されている。

富士川《ふじかわ》、笛吹川《ふえふきがわ》、釜無川《かまなしがわ》の清流沿いに蔵が点在する。自社栽培から自社精米まで米に対する意識が高い蔵が多い。

料理とともに楽しめる
飲み疲れしない大吟醸酒

春鶯囀《しゅんのうてん》のかもさるゝ蔵《くら》

大吟醸

中口
香り フルーティ

酒銘は与謝野晶子が詠んだ和歌から。直筆をラベルに使用している。自社精米され、低温発酵で醸される大吟醸は、柔らかい飲み口。

唎き酒NOTE

「山田錦」と9号系酵母が生み出す華やかな吟醸香は、大吟醸王道の香りだが、飲み口はサラリとしてバランスがよい。食中酒向きの大吟醸。

造 大吟醸　米 山田錦　精 40%
酵 9号系　Al 15.5%　日 +5
酸 1.3　容 720mL　¥ 3584円

〔おすすめの飲み方〕
熱燗
ぬる燗
常温
冷酒
ロック

萬屋醸造店 よろずやじょうぞうてん 〔富士川《ふじかわ》〕

初代萬屋八五郎創業時の銘柄は「一力《いち》正宗《りきまさむね》」。6代目と交流のあった歌人・与謝野晶子夫妻が蔵へ宿泊した際に詠んだ歌から「春鶯囀」が誕生した。

名水の里・白州《はくしゅう》の水を使った
「七賢」の真骨頂

七賢《しちけん》

純米大吟醸 大中屋《おおなかや》

華やか
瑞々しい

酒造好適米《しゅぞうこうてきまい》を37%まで磨き、麹作りから搾りまで、手間ひまを惜しまない造り。南アルプス甲斐駒ヶ岳の伏流水で醸す、瑞々しい純米大吟醸。

唎き酒NOTE

名水の里・白州の造りだけに、水のよさを実感させる。味わいは柔らかく優しい甘味に満たされ、華やかな香りと相まって、瑞々しい余韻で酔わせる。

造 純米大吟醸　米 山田錦　精 37%
酵 非公表　Al 16%　日 非公表
酸 非公表　容 720mL　¥ 5500円

〔おすすめの飲み方〕
熱燗
ぬる燗
常温
冷酒
ロック

山梨銘醸 やまなしめいじょう 〔北杜〕

明治天皇御巡幸の際、「行在所《あんざいしょ》」の指定を受けた由緒ある蔵。「和醸良酒《わじょうりょうしゅ》」を信条に、米栽培から取り組む。見学や体験などで消費者にも広く門戸を開く。

和・洋・中を問わず、料理に
寄り添う懐深い大吟醸

谷櫻《たにざくら》

大吟醸

辛口
喉越し 軽やか

谷間に咲く桜のようにと命名された「谷櫻」。八ヶ岳の弱軟水《なんすい》を使用し、「山田錦《やまだにしき》」を35%まで磨き上げる。上品な香りの飲みやすい酒。

唎き酒NOTE

落ち着いた気品ある香り、すっきりした味わい、穏やかな酸味。そしてすっとキレる後味。どれをとっても食中に向く要素で、幅広い料理と楽しめる。

造 大吟醸　米 山田錦　精 35%
酵 協会1801号　Al 16%　日 +5
酸 1.3　容 720mL　¥ 3609円

〔おすすめの飲み方〕
熱燗
ぬる燗
常温
冷酒
ロック

谷櫻酒造 たにざくらしゅぞう 〔北杜《ほくと》〕

山梨と長野を跨《また》ぐ山塊八ヶ岳の南麓で村の御神酒《おみき》酒屋として創業。精米から全て自社で行う「手づくり谷櫻」の名のもと、安全で高品質の酒造りを目指す。

信越 エリア

日本有数の豪雪地帯で、山々が澄んだ水ときれいな空気を育む。美味しい米の産地でもあり、日本酒造りにはとても恵まれた環境。きれいな味わいの酒が多い。

〈新潟県〉

石本酒造《いしもとしゅぞう》「越乃寒梅《こしのかんばい》」

厳冬に耐えて咲く梅一輪に、一滴の魂を込めて

「藤五郎《とうごろう》」の名をもつ梅の産地として名高い亀田郷《かめだごう》。新潟市の郊外、閑静な田園地帯の亀田郷に、「越乃寒梅」の石本酒造はある。「くね」と呼ばれる竹穂垣《たけほがき》をめぐらし、緑に囲まれた広大な土地で、酒は造られている。

創業は明治40年（１９０７）。厳冬に耐えて、凛《りん》と咲く梅の花に志を重ね、酒銘は名付けられた。昭和の地酒ブームを牽引し、「幻の酒」ともいわれた銘柄だ。

この礎を築いたのは、2代目の石本省吾氏。酒造りへの信念はいくつもの名言を残した。「旨酒《うまざけ》造りにゴールなし」はそのひとつ。当主石本龍則氏は、先々代の思いをこう語る。

1

「旨酒とは、人に飲んでもらって美味しい酒といえます」と。その美味しい酒を造るために、戦中戦後、国策で原料の供給が制限された時代ですら、よい原料を求め、しかも米を磨くことに頑なであったという。今も、旨酒を追求する精神は細部にまで流れている。例えば、社員一同が昼食時に蔵元《くらもと》と同じ賄い飯を食べる習わし。蔵全体で味覚の物差しを共有しているのだ。

「水のごとくさわりなく、スッと飲める酒を祖父は理想としました。濃淳《のうじゅん》な西の酒が主流の時代、うちのような酒は異端でした」。淡麗辛口の信念は、時代に左右されることなく、基本とする吟醸造りに受け継がれている。

酒と地域の未来に貢献すべく「豊かな時を醸す」

「やっていることはシンプルで、喜んでもらえるものをどう造るかという当たり前のこと。品質を突き詰める姿勢は今も変わりません。私の代で変わったとすれば、情報に対する考え方や、表現の仕方です」と4代目。自分たちの信じるものを造るのみならず、どのような状態で喜んでもらえるかを考えていくという。そうした思いから生まれたのが地元への感謝を形にする取り組みだ。地元産の米で造った酒の地元限定販売のほか、令和2年には、新潟市の新成人に向けて、オリジナルボトルの日本酒をプレゼント。「お酒とのいい出合いをして、大人へのいいスタートを切ってほしい」との願いからだ。

さらに、「喜んで飲んでいただく、幸せを感じていただく。それが蔵としての喜び。その循環の場を地元で実現したい」と、石本氏は近い将来の展望を明かす。

「蔵の近くに、日本酒だけでなく、発酵文化や新潟の食文化も感じていただける小規模な工場開設を検討しています」。まずは地元新潟の方に楽しんでもらい、そこから全国、世界に、新潟のよさが伝わっていく。喜びが波紋のように広がり、やがて地元に戻ってくるような循環が理想だという。それは、「旨酒造りにゴールなし」の名言が生んだ、ひとつのエトワールといえる。

1 景観賞を受賞した新潟らしさを残す石本酒造の竹穂垣　2 隅々まで凛とした空気の蔵内でこだわりの吟醸造り　3 令和2年、新潟市の成人式にて「ありがとうを酌み交わそう」をコンセプトにした日本酒を新成人に贈った　4 地元大《おお》江山《えやま》の圃場《ほじょう》でたなびく「越乃寒梅」ののぼり　5 4代目蔵元の石本龍則氏。新施設の建設予定地にて

← 銘柄紹介 P.191

新潟県

新潟県ご当地肴

鮭の酒びたし

村上地方に伝わる珍味。半年以上干した鮭の塩引きを薄くスライスしたもの。酒に浸してから食べる。

日本有数の米どころは、日本酒王国でもあり、淡麗辛口の地酒ブーム発祥地。越後杜氏《えちごとうじ》のふるさとで、酒蔵数も多い。

米焼酎で仕上げる「柱焼酎仕込《はしらしょうちゅう》」製法で高品質を求めた日本酒

金升《かねます》

朱《あか》ラベル

軽やか　キレがよい

銘柄名は屋号からで、「正確、正直さを目指す」の意。自社栽培米を使い自社醸造した米焼酎を添加する「柱焼酎仕込」で造られる。

唎き酒NOTE

滑らかな口当たりで、旨みが穏やかにふくらんでいく。だが、自社製造の柱焼酎を加えた辛口タイプだけに、余韻は短く速やか。スパッとキレる。

造 普通酒　米 越淡麗　精 60%
酵 新潟酵母　Al 15%　日 +8
酸 1.2　容 1800mL　¥ 2310円

〔おすすめの飲み方〕
熱燗
ぬる燗
常温
冷酒
ロック

金升酒造　かねますしゅぞう　〔新発田〕

創業は江戸時代後期。昭和5年(1930)に移転、新発田藩主の薬草園跡にて移転当時のまま酒造りを行う。自社栽培米による地産製造にも取り組む。

搾ったままの味わいを詰めた伝説のロングセラー缶

ふなぐち 菊水《きくすい》

一番しぼり

濃厚　甘口

生産履歴の確かな新潟県産米を100%使用した生原酒は、豊かな味わいの濃厚な酒。味の濃い料理にもよく合い、毎日の晩酌に向く。

唎き酒NOTE

コクのあるしっかりした旨みが広がる。本醸造酒だがフレッシュで果実のような香りがする。鰻の蒲焼きやエビチリ、イカの塩辛とも好相性。

造 本醸造　米 新潟県産米100%
精 70%　酵 協会701号　Al 19%
日 −3　酸 1.8　容 500mL　¥ 784円

〔おすすめの飲み方〕
熱燗
ぬる燗
常温
冷酒
ロック

菊水酒造　きくすいしゅぞう　〔新発田《しばた》〕

140年余の歴史をもつ蔵。昭和47年(1972)に生原酒をアルミ缶に詰めて発売した「ふなぐち菊水一番しぼり」は、今なお続くロングセラーだ。

江戸時代の酒造秘法を家訓に、きれいな味わいを追求

〆張鶴《しめはりつる》 純《じゅん》

純米吟醸

軽やか　エレガント

米の名産地、地元岩船《いわふね》産の良質な「五百万石《ごひゃくまんごく》」を使い、低温でゆっくり発酵。後口のきれいなふくらみのある味わい。「純」は純米の純から。

唎き酒NOTE

優しく穏やかな吟醸香《ぎんじょうか》、淡く滑らかな口当たり、上品にふくらむ旨み。後味もきれいで、軽やかにすっと消えていく。新鮮な魚介と楽しみたい。

造 純米吟醸　米 五百万石　精 50%
酵 自社酵母　Al 15%　日 +2　酸 1.3
容 720mL　¥ 1650円

〔おすすめの飲み方〕
熱燗
ぬる燗
常温
冷酒
ロック

宮尾酒造　みやおしゅぞう　〔村上《むらかみ》〕

「後口のきれいな旨口の酒」が目標。昭和40年代には純米酒造りに取り組み、「〆張鶴純」を発売した。令和2年には満を持して純米大吟醸も登場。

A 江戸時代、大生産地の灘《なだ》から船便で大消費地の江戸へ運ばれたことから、「下り酒」と呼ばれた。

どんな温度やスタイルでも芯のある旨みを伝える吟醸酒

越乃寒梅《こしのかんばい》
吟醸 特撰

上品
きめ細やか

厳選された兵庫県産「山田錦《やまだにしき》」を50％まで磨き、造り上げる吟醸酒。さまざまな温度帯で、余韻まで続く芯のある旨みを楽しめる。きめ細かく上品かつ繊細な味わいは「越乃寒梅」の共通テイスト。

唎き酒NOTE

最初はバランスに優れた酸味と甘味が心地よく、やがて上品かつ力強いボディを発揮。複雑ながらまとまりのある芳醇《ほうじゅん》さ。肉のローストと酸味や甘味のあるソースに合わせると、力強い旨みとコクを引き立てる。

造 吟醸　米 兵庫県産山田錦100％　精 50％　酵 非公開　Al 16％
日 ＋8　酸 非公開　容 720mL　¥ 2200円

〔おすすめの飲み方〕
熱燗　ぬる燗　常温　冷酒　ロック

越乃寒梅《こしのかんばい》
大吟醸 超特撰

厳選した兵庫県産「山田錦」を30％まで磨いて使用。低温醸造、長期低温熟成を経て出荷される。穏やかな吟醸香、すっきりしつつしっかりした旨み、洗練された味わいは上品さを極めている。

¥ 6600円（720mL）

〔おすすめの飲み方〕
熱燗　ぬる燗　常温　冷酒　ロック

石本酒造　いしもとしゅぞう　〔新潟〕

明治40年（1907）創業、淡麗辛口酒人気の火付け役「越乃寒梅」の醸造元。きめ細かくキレのある酒質だが、淡麗ななかに奥深い味わいを秘める。「極めること、頑なであること」を信念に、原料米にこだわり、酒質の向上を最優先。丁寧な造りがにじみ出す酒を醸《かも》す。

←昔ながらの槽《ふね》を使用して行われる、高級酒の上槽《じょうそう》。蔵人総出でチームワークよく作業が進んでいく

奥阿賀《おくあか》の豊かな自然と辛口の味わいを守る

麒麟山《きりんざん》
伝統辛口

淡麗
辛口

地元・奥阿賀産米100％での酒造りにこだわり、飲み飽きしない淡麗辛口な味わいを追求している。銘柄名は地元の名峰「麒麟山」から命名した。

唎き酒NOTE

香り穏やかで食事の邪魔をすることがない。味わいには米の軽やかな旨みを感じる。余韻はすっきりとして淡く、キレがよい。合う肴はニシンの麹《こうじ》漬けやおでんはじめ幅広い。

造 普通酒　米 五百万石、こしいぶき　精 65％
酵 K7　Al 15％　日 ＋6　酸 1.2
容 720mL　¥ 990円

〔おすすめの飲み方〕
熱燗　ぬる燗　常温　冷酒　ロック

麒麟山酒造　きりんざんしゅぞう　〔阿賀《あが》〕

天保14年（1843）創業、新潟を代表する淡麗辛口の蔵元《くらもと》。地元産100％の米作りや山を守る植林活動など、地域に根ざした酒造りに力を入れ、伝統の辛口の味わいを守っている。

手間のかかる山廃《やまはい》仕込みで、地元の歴史を語り伝える酒

願人《ねがいびと》
純米吟醸原酒

濃厚
旨み豊か

水利事業に貢献した先人たちを指す「願人」は、平成20年誕生のブランド。ゆかりの地区で栽培された「越淡麗《こしたんれい》」を生酛《きもと》系山廃造りにした。酸のしっかりした旨み豊かな味わい。

唎き酒NOTE

ほのかにカカオが香るのは山廃仕込みのゆえか。旨みが豊かで、心地よい味の層が口の中に広がる。酸味とのバランスもよく、余韻に多様な味わいが楽しめる。濃いめの料理と好相性。

造 純米吟醸　米 新潟県中野小屋産越淡麗　精 60%　酵 協会9号系
AI 18～19%　日 +3.9　酸 1.9　容 720mL　¥ 1485円

〔おすすめの飲み方〕
熱燗　ぬる燗　常温　冷酒　ロック

カウボーイ ヤマハイ
COWBOY YAMAHAI

酵母《こうぼ》菌・麹《こうじ》菌以外に硝酸還元菌や乳酸菌を利用し、延べ60日間かけて造られた生酛系の酒。酸味を主体とした複雑な味わいが口中に広がる。肉料理に合う酒質であることとアメリカ市場を開拓するという意味を込めて命名。

¥ 1650円(720mL)

〔おすすめの飲み方〕
熱燗　ぬる燗　常温　冷酒　ロック

塩川酒造　しおかわしゅぞう　〔新潟〕

創業は大正期。蔵の位置する町は、信濃川の支流西川と江戸時代に人力で掘削された新川の立体交差が一望でき、新潟の豊かな穀倉地帯が築かれてきた歴史を感じられる地域。砂丘地帯で砂濾過《すなろか》された地下水を使用し、新潟の風土を生かした酒造りを行う。地酒を世界中で楽しんでもらうべく、低精白米の酒や赤い酒など新たな日本酒の開発や、海外での現地製造協力にも積極的に取り組む。

生きた宝石とも呼ばれる
新潟の名産、錦鯉をモチーフに

錦鯉《にしきごい》

華やか
どっしり

水で薄めた酒が出回り「金魚酒《きんぎょざけ》」と揶揄された時代、酒を薄めず出荷し「今代司は金魚酒ならず威風堂々たる錦鯉」と言われた逸話より、日本を代表する酒をと誕生。デザイン、酒質とも国際的な評価を得ている。

唎き酒NOTE

華やかな印象だがどっしり感がある。料理はお酒に合わせて鯉料理がおすすめ。燗《かん》や常温なら鯉の甘露煮、冷酒《れいしゅ》なら鯉の洗いがよく合う。

造 非公開　米 非公開　精 非公開　酵 非公開
AI 17%　日 非公開　酸 非公開　容 720mL
¥ 5940円

〔おすすめの飲み方〕
熱燗　ぬる燗　常温　冷酒　ロック

今代司酒造　いまよつかさしゅぞう　〔新潟〕

全量純米酒仕込みの酒蔵。新潟県産の酒造好《しゅぞうこう》適米《てきまい》を、新潟県の名峰「菅名岳《すがなだけ》」の伏流水《ふくりゅうすい》で仕込む。酒蔵は見学も受け付けており（要予約）、お土産直販コーナーも併設している。

A 酒蔵では10月から酒を造りはじめるところが多く、かつては10月1日を酒造りの元旦として祝っていたことから。

試験酒プロジェクトから生まれたライトな純米酒

サササンデー

フレッシュ 軽やか

試験酒プロジェクト「笹祝challenge brew」から誕生。「酸」「Sun」「Sunday」をコンセプトに、酸を生かし、太陽の出ている昼間や、仕事前の日曜日でも飲めるライトで気持ちのよい酒に仕上げた。

唎き酒NOTE

香りは控えめながら瑞々しくフレッシュ。味わいには爽やかな酸味のなかに柑橘類のようなほろ苦さが感じられる。後味はすっきりしていて心地よい。

造 純米　米 亀の尾　精 65%　酵 非公開
Al 12%　日 非公開　酸 非公開
容 720mL　¥ 1540円

〔おすすめの飲み方〕
熱燗　ぬる燗　常温　冷酒　ロック

笹祝酒造 ささいわいしゅぞう 〔新潟〕

明治32年（1899）創業。「笹祝」は、日本酒の別称「笹」と蔵元笹口家の名にちなむ。「酒造りはイメージ作りから」を信条に越後杜氏が醸《かも》す酒は、地元消費率が高い。

「朱鷺《とき》と暮らす郷《さと》づくり認証米」で造る純米吟醸

真野鶴《まのづる》 朱鷺と暮らす

軽やか 爽やか

牡蛎殻《かきがら》農法で栽培した「朱鷺と暮らす郷づくり認証米」で仕込み、環境配慮型でハーブ感のある味わい。佐渡の風景が浮かぶような酒を心がける。

唎き酒NOTE

柑橘系とハーブの香りが鼻を突き爽やか。口中では軽やかな旨みが広がり、続く余韻も軽やかで爽やか。ハーブを使ったチキンやカキ料理に合わせたい。

造 純米吟醸　米 越淡麗　精 55%　酵 非公開
Al 15.5%　日 +2～+4　酸 非公開　容 720mL
¥ 1760円

〔おすすめの飲み方〕
熱燗　ぬる燗　常温　冷酒　ロック

尾畑酒造 おばたしゅぞう 〔佐渡《さど》〕

酒造りの三大要素といわれる米、水、人に加えて、生産地の「佐渡」。この4つの宝の和をもって醸す酒造り「四宝和醸《しほうわじょう》」をモットーとしている。

蔵元《くらもと》のこだわりが詰まった、飲むほどに旨い本醸造

鶴《つる》の友《とも》 別撰

淡麗旨口 すっきり

旨みとキレのバランスが絶妙で、飲むほどに引き込まれる。生産量は限られるが、西新潟を中心に根強い愛飲者をもつ生粋の地酒。「利潤より長寿に貢献する酒を」という蔵元のこだわりを感じる。

唎き酒NOTE

淡麗ななかにも柔らかい味のふくらみが感じられ、酸味と旨みのバランスが絶妙。後味はスパッとキレて爽快。香りはほんのり青リンゴを思わせる。

造 本醸造　米 五百万石　精 非公開
酵 非公開　Al 16.1%　日 +2
酸 1.2　容 720mL　¥ 1100円

〔おすすめの飲み方〕
熱燗　ぬる燗　常温　冷酒　ロック

樋木酒造 ひきしゅぞう 〔新潟〕

登録有形文化財である蔵の店舗兼母屋を博物館として使用。「日本酒はどんな料理とも相性がよく、"食中酒"として最も優れている」が蔵元の持論。

新潟の3つの素材にこだわって造った純米大吟醸

さんずい　純米大吟醸 無濾過生原酒

フルーティ
キレがよい

山の自然水、新潟県を代表する米の「五百万石《ごひゃくまんごく》」「こしいぶき」、新潟酵母《こうぼ》G9の酵母という新潟の3つのこだわりを杜氏《とうじ》の伝統的な技術で造った酒。「氵《さんずい》」は蔵の命といえる水を表現している。

唎き酒NOTE

メロンを感じさせるフルーティな上立《うわた》ち香《か》。口に含むとジューシーな甘味が広がり、ほのかな酸味がキレのよい後味を作り出す。飲み飽きしない酒だ。

造 純米大吟醸　米 五百万石、こしいぶき　精 50%
酵 新潟G9酵母　Al 16%　日 −6
酸 1.6　容 720mL　¥ 1650円

〔おすすめの飲み方〕
熱燗　ぬる燗　常温　冷酒　ロック

柏露酒造　はくろしゅぞう　〔長岡《ながおか》〕

「今よりもっとうまい酒、愛される酒を」が目標。淡麗辛口かつ、ふくらみのある味を目指す。創業宝暦元年(1751)の蔵と銘柄「柏露」を今に受け継ぐ。

創業以来の伝統の味は新潟ならではの淡麗辛口

越乃景虎《こしのかげとら》　純米大吟醸

やや甘口
軽やか

「山田錦」と「越淡麗《こしたんれい》」を使用し、越後杜氏《えちごとうじ》が醸《かも》した酒。超軟水で仕込むため、きめ細やかな酒質となる。長期低温醪《もろみ》で管理している。

唎き酒NOTE

穏やかな吟醸香と品のよい味わいは、原料米由来と長期低温発酵の製法によるものか。淡麗辛口の景虎にしては甘め。ふんわり感が心地よい。

造 純米大吟醸　米 山田錦、越淡麗　酵 非公開
Al 16.7%　日 +2　酸 1.6　容 720mL　¥ 5500円

〔おすすめの飲み方〕
熱燗　ぬる燗　常温　冷酒　ロック

諸橋酒造　もろはししゅぞう　〔長岡〕

越後の名将・上杉謙信が青年期を過ごした栃尾《とちお》の地で創業。酒銘は謙信の元服名から。新潟産「五百万石」や「越淡麗」を使い、淡麗辛口の酒を造る。

安心・安全をモットーに原料米にこだわる

北雪《ほくせつ》　大吟醸YK35

上品
辛口

酒米として最適な「山田錦《やまだにしき》」を35%まで磨き上げ、低温でじっくりと発酵。雑味のないきれいな酒に仕上げた。北国の雪のようにさらりとした辛口の酒だ。

唎き酒NOTE

「山田錦」35%精米、低温発酵と、王道をゆく大吟醸。華やかな吟醸香《きんじょうか》、ふくらみのある上品な味わい、すっきりしたキレ。優等生の品格を感じる。

造 大吟醸　米 山田錦　精 35%
酵 協会9号酵母　Al 16%　日 +4
酸 1.1　容 720mL　¥ 4950円

〔おすすめの飲み方〕
熱燗　ぬる燗　常温　冷酒　ロック

北雪酒造　ほくせつしゅぞう　〔佐渡《さど》〕

小さな港の海辺の酒蔵。農薬や化学肥料を減らした「朱鷺《とき》と暮らす郷《さと》づくり認証米」なども使い、伝統を引き継ぎながらも常に新しいことに挑戦する。

Ⓐ 長寿の祝いに「鶴」「亀」、結婚なら「寿」など、めでたい漢字の入った酒を選ぶのも面白い。金箔入りの酒もおすすめ。

八海山系の伏流軟水《ふくりゅうなんすい》と吟醸造りが生む高品質な本醸造

八海山《はっかいさん》
特別本醸造

やや辛口
すっきり軽やか

本醸造酒なのに原料米の精米歩合《せいまいぶあい》は55%と吟醸酒並み。しかも麹は手づくり、そして長期低温発酵と、まさしく吟醸造りで仕上げられている。+4の辛口だが、柔らかく豊かな味わい。

唎き酒NOTE

柔らかな口当たりで淡麗な味わい。抵抗なくすっと喉を通る。米の旨みも感じられ、バランスのよさが飲みやすさを生んでいる。燗《かん》をつけたときのほのかな麹の香りもまた、この酒の楽しみのひとつ。

造 本醸造　米 五百万石、トドロキワセほか　精 55%　酵 協会701号
Al 15.5%　日 +4　酸 1.0　容 720mL　¥ 1265円

〔おすすめの飲み方〕
熱燗　ぬる燗　常温　冷酒　ロック

八海山《はっかいさん》 純米大吟醸

45%にまで精米した「山田錦」と「五百万石」に加えて、「美山錦《みやまにしき》」を組み合わせることで、純米でありながら「八海山」らしい、キレがよく飽きのこない純米酒。上品でほのかな吟醸香、透明感のある繊細な味わい。

¥ 2134円(720mL)

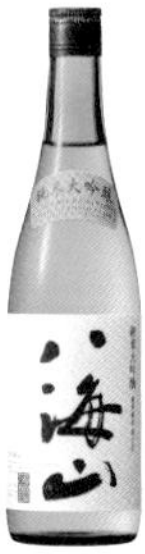

〔おすすめの飲み方〕
熱燗　ぬる燗　常温　冷酒　ロック

八海醸造 はっかいじょうぞう
〔南魚沼《みなみうおぬま》〕

「いくら飲んでも飲み飽きしない酒」を目標に、原料や手間、設備投入を惜しまない。スタンダードレベルの清酒クラスにも吟醸造りを採用、限りなく大吟醸クラスに近づける努力がなされている。創業は大正11年(1922)。酒銘は越後三山のひとつ、八海山に由来。

淡麗ながらもふわりと
柔らかい味わいの純米大吟醸

久保田《くぼた》 萬寿《まんじゅ》

中口
エレガント

創業時の屋号を取った「久保田」。地中深くにある礫層《れきそう》を長い年月をかけて通り、濾過《ろか》された清らかな水を仕込み水に使う。県産米100%の突《つ》き破精麹《はぜこうじ》で、淡麗ながらもふわりと柔らかい味わいに。

唎き酒NOTE

派手さを抑えた穏やかな香り、柔らかな口当たりと調和のとれた旨みをもつ、品格のある新潟淡麗タイプ。爽やかな旨みが広がり、すっと引く軽快さも心地よい。

造 純米大吟醸　米 五百万石、新潟県産米
精 麹:50%、掛:33%　酵 非公開　Al 15%
日 +2　酸 1.2　容 720mL　¥ 4004円

〔おすすめの飲み方〕
熱燗　ぬる燗　常温　冷酒　ロック

朝日酒造 あさひしゅぞう
〔長岡〕

創業は天保元年(1830)。全国的に有名な「久保田」、地元で愛される「朝日山《あさひやま》」などを、品質本位を念頭に醸す。酒米の契約栽培などにも積極的。

米の旨みを大切にする蔵の、伝統的手法で醸《かも》された純米酒

かたふね 純米

中口
まろやか

「かたふね＝潟舟」は蔵近辺の砂丘に点在する「潟《かた》」に由来。ここで雨水が濾過《ろか》され良質な地下水となる。舟は地名の「上小船津《かみこぶなつ》」より。使用米は「越淡麗《こしたんれい》」と「こしいぶき」。

唎き酒NOTE

新潟酒のなかでは希少なコクのある旨口タイプ。柔らかな甘味が口の中に広がる。後味は酸味があるために、すっきりとしている。

造 純米　米 越淡麗、こしいぶき　精 65%　酵 9号系
Al 15.6%　日 －4　酸 1.6　容 720mL
¥ 1386円

〔おすすめの飲み方〕
熱燗　ぬる燗　常温　冷酒　ロック

竹田酒造店 たけだしゅぞうてん 〔上越《じょうえつ》〕

幕末期に創業。その頃からの銘柄が「かたふね」で、コクのある旨口を身上としてきた。深みがありながらも、喉もとですっとキレるのが特徴。

越後杜氏《えちごとうじ》が仕込む新潟淡麗型のきれいな味わいを堪能

謙信《けんしん》 大吟醸

淡麗
やや辛口

兵庫県産「山田錦《やまだにしき》」と新潟県産「越淡麗」を自家精米し、白馬山系姫川の伏流水《ふくりゅうすい》で手づくり。目の行き届く小仕込みで、料理の脇役となる食中酒を目指す。

唎き酒NOTE

リンゴのような瑞々しい酸味が特徴。香りも穏やかなリンゴ系。やや辛口ながら旨みに奥行きがあり、辛みが後味を引き締めている。

造 大吟醸　米 兵庫県産山田錦、新潟県産越淡麗
精 40%　酵 9号　Al 16～17%　日 ＋4　酸 1.2
容 720mL　¥ 3300円

〔おすすめの飲み方〕
熱燗　ぬる燗　常温　冷酒　ロック

池田屋酒造 いけだやしゅぞう 〔糸魚川《いといがわ》〕

文化9年（1812）に酒造りを始める。上杉謙信が敵将武田信玄に塩を贈ったとされる「塩の道街道」沿いに蔵があることから、「謙信」の酒銘が生まれた。

力強い旨みと、豊かで
ふくよかな味わいが人気の一本

鶴齢《かくれい》 特別純米 山田錦

濃厚
穏やかなキレ

米の旨みを最大限に引き出し、ほのかな余韻とキレを両立した特別純米酒。味の濃い料理にもよく合う。銘柄の「鶴齢」は魚沼出身の随筆家、鈴木牧之《ぼくし》が命名したと伝えられる。

唎き酒NOTE

上立《うわた》ち香《か》と含み香はともに穏やかで、ほのかにフルーティ。味わいは太くて芯があり、深いコクと濃厚な旨みに溢れる。後味はほどよい酸味とキレがバランスよく調和。

造 特別純米　米 山田錦　精 55%
酵 協会7号　Al 17%　日 非公開
酸 非公開　容 720mL　¥ 1760円

〔おすすめの飲み方〕
熱燗　ぬる燗　常温　冷酒　ロック

青木酒造 あおきしゅぞう 〔南魚沼《みなみうおぬま》〕

魚沼のなかでも特に上質の水が流れる塩沢《しおざわ》地区にて、300年近い歴史をもつ。造り手、売り手、飲み手、それぞれの調和を大切に、雪国の風土を生かした酒造りを行う。

A 日本酒のカロリーは1合で約200kcal＝ご飯茶碗1杯分。カロリーの低い肴《さかな》にするなど総摂取カロリーに気を付けてみては。

長野県

長野県ご当地肴

コイ料理

信州はコイの養殖が盛ん。低温の水で育つため身が引き締まり臭みもない。洗いやうま煮が有名。

飛騨《ひだ》、木曽《きそ》、赤石《あかいし》と、北・中央・南アルプスの3つの山脈があり、水源にも恵まれる。「美山錦《みやまにしき》」の産地としても有名。

女性杜氏が醸す、
心身を潤すことを願う酒

豊賀《とよか》

純米吟醸

濃醇
酸味豊か

酒銘は、村人の病を治し幸をもたらす酒を醸した天女「豊宇賀能売《とようがのめの》命《みこと》」から。長野の酒米「美山錦」の旨みを凝縮。焼き鳥や馬刺しと。

唎き酒NOTE

熟したメロンのような香り。口に運ぶとやや穀物感のある米の旨みが舌に広がり、次第に豊かな甘味となって五感を潤す。爽やかな酸味も魅力。

造 純米吟醸　米 美山錦
精 59%　酵 長野酵母C　Al 15%
日 +3　酸 1.7　容 720mL
¥ 1540円

〔おすすめの飲み方〕
熱燗
ぬる燗
常温
冷酒
ロック

高沢酒造　たかさわしゅぞう　〔小布施《おぶせ》〕

明治35年(1902)に創業。伝統銘柄は和みの酒「米川《よねかわ》」。4代目蔵元の長女が杜氏として醸す酒は、丁寧な原料処理で米の旨みを引き出している。

長野県最古の酒蔵で、
女性杜氏が手がける

川中島《かわなかじま》 幻舞《げんぶ》

純米吟醸 無濾過《むろか》生原酒

芳醇
甘酸っぱい

長野県産の「美山錦」を使用。麹《こうじ》作り、酒母《しゅぼ》立て、醪《もろみ》管理にこだわり、米本来の旨みを引き出しバランスよく仕上げる。

唎き酒NOTE

果実系のやや甘い香り。口に含むと米の旨みと甘味が大きくふくらむ。酸度が高めで甘酸っぱくキュート、後味はすーっと引いて爽快感がある。

造 純米吟醸　米 美山錦　精 49%
酵 1801号、901号　Al 16.8%
日 ±0　酸 1.6　容 720mL
¥ 1650円

〔おすすめの飲み方〕
熱燗
ぬる燗
常温
冷酒
ロック

酒千蔵野　しゅせんくらの　〔長野〕

天文9年(1540)創業。長野県で最も長い歴史をもち、川中島合戦の折には武田信玄もこの蔵の酒を飲んだと伝わる。杜氏は女性醸造家の第一人者。

蔵人《くらびと》による栽培米のみで
全量を仕込んだ純米酒

月《つき》不《み》見《ず》の池《いけ》

純米酒

旨辛口
バランスがよい

口当たりが柔らかく、きれいな酒質のなかにも味わいがある旨辛純米酒。仕込み水の源泉を同じくすることから、山中にある天然池「月不見の池」から命名。

唎き酒NOTE

新潟G9酵母《こうぼ》は香りのバランスがよく、酸が控えめ。熟れたバナナのような芳香がする。味わいは旨口を辛口でまとめた印象だ。

造 純米　米 たかね錦　精 60%
酵 新潟G9　Al 15%　日 +2
酸 1.2　容 720mL　¥ 1386円

〔おすすめの飲み方〕
熱燗　ぬる燗　常温　冷酒　ロック

猪又酒造《いのまたしゅぞう》　〔糸魚川〕

2000m級の山々を背にした自然豊かな新潟県糸魚川市早川谷《はやかわたに》で酒造りを行う。基本をはずさず、風土を感じる哲学のある酒造りを理念とする。

丁寧な小仕込みで生み出すできたての味わい

信州亀齢《しんしゅうきれい》 美山錦《みやまにしき》純米大吟醸

華やか すっきり

長野県産の「美山錦」を極限まで磨き、繊細でやさしい味わいを壊さないよう、慎重に酒造りを行う。銘柄名は「鶴は千年、亀は万年、飲むごとに長寿を願って」命名した。

唎き酒NOTE

香りにはフルーツを思わせる華やかさがある。味わいは、「美山錦」の優しい旨みを残しながらもすっきりときれい。後味もそれに続いてきれいにキレる。

造 純米大吟醸　米 美山錦　精 39%　酵 非公開
Al 15%　日 非公開　酸 非公開　容 720mL
¥ 3900円

〔おすすめの飲み方〕
熱燗　ぬる燗　常温　冷酒　ロック

岡崎酒造 おかざきしゅぞう 〔上田《うえだ》〕

北国《ほっこく》街道の宿場町、柳町《やなぎまち》で寛文5年(1665)に創業。搾りから瓶詰めを最短で行い、保管も冷蔵で管理して、できたての味わいに。現在、女性杜氏《とうじ》が取り組む。

すっきりとして飲みやすく、雑味のない味を追求

つきよしの 特別純米原酒

すっきり キレがよい

全量槽搾《ふねしぼ》りにこだわり、醪《もろみ》になるべく負荷をかけずに丁寧に搾り、3日以内に瓶詰めをして火入れを行う。目の届く範囲で大切に育てられるように、麹《こうじ》・醪ともに少量で仕込んでいる。

唎き酒NOTE

香りには9号系酵母《こうぼ》由来の華やぎがある。味わいは甘味、酸味に加え若干の苦みを感じる。キレよし。冷酒《れいしゅ》だとさっぱり、燗《かん》だとじんわり余韻が広がる。

造 特別純米　米 ひとごこち　精 59%　酵 K901
Al 16%　日 −2　酸 1.5　容 720mL　¥ 1705円

〔おすすめの飲み方〕
熱燗　ぬる燗　常温　冷酒　ロック

若林醸造 わかばやしじょうぞう 〔上田〕

「山田錦《やまだにしき》」以外の原料米は地元の契約農家から購入し、将来的に全量長野県産の酒米で製造するべく取り組む。時代に合った味わいで飲み飽きない酒を目指す。

風土に根差した伝統手法で愛情込めて造られた酒

橘倉《きつくら》 純米大吟醸 蔵《くら》

華やか 滑らか

屋号「橘倉」を取った純米大吟醸。大切なものをしまう「蔵」の名のもとに酒への愛情をもって名付けられた。平成25年より全銘柄を長野県産米のみで醸造している。

唎き酒NOTE

洋ナシやメロンを思わせる華やかで芳醇な果実香。はちみつを溶いたような上品な甘味。前半は華やかで甘いが、中盤から酸味と旨みが主張する余韻が絶妙。

造 純米大吟醸　米 長野県産美山錦
精 49%　酵 協会1801　Al 16%
日 ±0〜+2　酸 1.3〜1.6
容 720mL　¥ 3025円

〔おすすめの飲み方〕
熱燗　ぬる燗　常温　冷酒　ロック

橘倉酒造 きつくらしゅぞう 〔佐久《さく》〕

元禄9年(1696)創業。「美酒を醸《かも》し、地域の歴史・文化を伝える酒蔵」をモットーに、佐久の風土と伝統に根差し、時代のニーズを捉えた酒造りを行う。

A 日本人は五穀のなかでも米に対する畏敬《いけい》の念は別格で、酒、米、もちなど稲作に由来するものを供えてきた。

アルコール度数18%、コクのある旨みが個性的な吟醸酒

横笛《よこぶえ》 吟醸酒 古道《こどう》

濃厚 深みがある

ロマンチックな酒銘は、滝口入道《たきぐちにゅうどう》と建礼門院《けんれいもんいん》の官女「横笛」の悲恋物語から。霧ヶ峰の伏流水と長野県産「美山錦」を使い、日本酒本来の旨みを強調している。アルコール度の高い濃厚な味わいの酒。

唎き酒NOTE

香り、味わいともに深みがありつつキレがよくすっきりと感じられる。コクのある旨みはロックにしても崩れず、合わせる料理の幅をグンと広げてくれる。

造 吟醸　米 美山錦　精 55%　酵 長野酵母　Al 18%
日 +2　酸 1.4　容 720mL　¥ 1515円

〔おすすめの飲み方〕
熱燗　ぬる燗　常温　冷酒　ロック

伊東酒造 いとうしゅぞう 〔諏訪《すわ》〕

若き3代目が諏訪《すわ》杜氏のもと、しなやかな発想で時代に合う新商品を生み出す。霧ヶ峰の伏流水を使い、酒本来の味を大切に人の手で造れる量だけを丁寧に醸す。

「造り手自身が飲んで旨い酒」造りをポリシーに

真澄《ますみ》 純米吟醸 辛口生一本

辛口 すっきり

透明感のある味わいを目指して改良を重ねた、蔵で最も辛口の酒。米は全て新米の玄米で仕入れて自家精米。酒銘は諏訪大社の御宝物「真澄の鏡」から。山菜料理や苦味のある魚と相性がよい。

唎き酒NOTE

純米吟醸だが香りは米由来の穏やかな香り。辛口だが口中では甘味を感じる。喉越しはすっと軽やかで、後味はきれいにキレる。ぬる燗で料理と合わせたい。

造 純米吟醸　米 長野県産美山錦ほか　精 55%
酵 7号系自社株など　Al 15%　日 +4前後
酸 1.5前後　容 720mL　¥ 1782円

〔おすすめの飲み方〕
熱燗　ぬる燗　常温　冷酒　ロック

宮坂醸造 みやさかじょうぞう 〔諏訪〕

寛文2年（1662）創業。協会7号酵母発祥の酒蔵としても知られる。使用米は長野県産「美山錦」、「ひとごこち」、兵庫県産「山田錦」が中心で、全量自家精米される。

超軟水《なんすい》仕込みの穏やかな発酵が生み出した麗しい酒

瀧澤《たきざわ》 純米吟醸

中口 バランス抜群

現代人に好まれる食中酒として開発。長野県産「ひとごこち」を黒耀《こくよう》水《すい》で仕込む。黒耀石の岩盤で濾過された超軟水で、穏やかな発酵が米本来の旨みを引き出す。

唎き酒NOTE

五味のバランスがとれ、完成された味わい。香りはほのかな果実香、口当たりは滑らかで、艶やかな甘味、洗練された旨みが口中でふくらむ。喉越しはシルキー、後味はスッと消えていく。

造 純米吟醸　米 長野県産ひとごこち
精 55%　酵 自社培養酵母　Al 16%
日 ±0　酸 1.3　容 720mL
¥ 1650円

〔おすすめの飲み方〕
熱燗　ぬる燗　常温　冷酒　ロック

信州銘醸 しんしゅうめいじょう 〔上田〕

仕込み水は美ヶ原高原が源の依田川《よだがわ》伏流水《ふくりゅうすい》と、中山道の和田峠に湧き出す「黒耀水」。吟醸甑《こしき》などの新技術も導入しつつ、伝統の手づくり技「厳守《げんしゅ》相伝《そうでん》」をテーマにしている。

寒さに強い酒造技術による、たくましくも優しい酒

十六代《じゅうろくだい》九郎《くろう》右衛門《えもん》 特別純米ひとごこち

旨口 どっしり

「十六代九郎右衛門」の定番純米酒。米の旨みをたっぷりと引き出し、味の幅の豊かさやメリハリ、余韻の軽快さを求めて醸《かも》している。銘柄名は創業者の名前が由来となっている。

唎き酒NOTE

香りは控えめ。味わいはしっかりした酸味が乗り、加えて米の旨みと甘味もある。骨太でどっしり感が持ち味だ。余韻は軽く、キレよく抜ける。

造 特別純米　米 信州八重原産ひとごこち　精 60%
酵 非公開　Al 16%　日 非公開　酸 非公開　容 720mL
¥ 1430円

〔おすすめの飲み方〕
熱燗　ぬる燗　常温　冷酒　ロック

湯川酒造店 ゆかわしゅぞうてん 〔木祖《きそ》〕

慶安3年(1650)の創業で、木曽路の薮原《やぶはら》という宿場町で酒造りが始められた。感性を大切に、伝統に縛られない柔軟な酒造りを心がけている。

尽くせる限りの手を尽くす蔵の実力を存分に発揮した酒

大信州《だいしんしゅう》 手いっぱい

軽快 華やか

信州松本の恵まれた気候風土を一滴の酒へと醸す「天恵の美酒」。さらに文化を背景にした工芸品の域の日本酒造りを目指している。尽くせる限りの手を尽くすという蔵のこだわりを表現した一本。

唎き酒NOTE

リンゴやパイナップルの香りが見え隠れする華やかで芳醇《ほうじゅん》な香りに、まず魅せられる。味わいはデリシャスリンゴの香味がふくらみ、繊細な印象。

造 非公開　米 長野県産契約栽培金紋錦
精 非公開　酵 自家培養　Al 16%　日 非公開
酸 非公開　容 720mL　¥ 3080円

〔おすすめの飲み方〕
熱燗　ぬる燗　常温　冷酒　ロック

大信州酒造 だいしんしゅうしゅぞう 〔松本《まつもと》〕

原料と原料処理を酒造りの要《かなめ》とし、県内の契約栽培米を自家精米。手頃な価格帯から最上級の酒まで、全工程を大吟醸造りと同様に丁寧に行う。

ほどよい吟醸香《きんじょうか》を出しつつ
甘味と酸味のバランスを考慮

黒松仙醸《くろまつせんじょう》 こんな夜《よる》に… 山女《やまめ》

フルーティ フレッシュ

上伊那産の「美山錦《みやまにしき》」を原料に、長野県開発の「長野D酵母《こうぼ》」で丁寧に発酵。「こんな夜に何を呑もうかな」と迷ったときに選んでもらいたいという思いから命名。

唎き酒NOTE

バナナやリンゴなど果実のような香りがほどよく立ち上がり、口に含むと果実を丸かじりしたようなフレッシュさを感じる。最後は酸が引き締める。

造 純米吟醸　米 長野県産美山錦
精 55%　酵 長野D酵母　Al 16%
日 非公開　酸 非公開　容 720mL
¥ 1650円

〔おすすめの飲み方〕
熱燗　ぬる燗　常温　冷酒　ロック

仙醸 せんじょう 〔伊那《いな》〕

天下第一の桜の名所として知られる信州高遠《たかとう》に、太松《たまつ》酒造店として創業。以来150年余、高遠酒造、現在の仙醸へと名を変えながら伝統を継承する。

A 蔵元は酒造りの方針に従って資金、場所、職人、原材料などを確保するほか、製造免許取得が絶対条件となる。

安曇野《あづみの》で最も親しまれている飲み飽きしない軽快な純米吟醸

大雪渓《だいせっけい》 純米吟醸

軽やか
キレがよい

銘柄は白馬にある日本三大雪渓にちなんで命名された。基本に忠実に仕込まれた純米吟醸酒は、軽快な飲み飽きしない味わい。川魚の塩焼きなど、食事とともに味わいたい。

唎き酒NOTE

控えめで穏やかな米の香りに安らぎを覚える。味わいは軽快、さっぱり感があって杯が進む。後味に米の旨みが感じられ、キレはよい。

造 純米吟醸　米 美山錦　精 55%
酵 熊本酵母＋吟醸酵母　Al 15%　日 ＋3
酸 1.8　容 720mL　¥ 1760円

〔おすすめの飲み方〕
熱燗　ぬる燗　常温　冷酒　ロック

大雪渓酒造 だいせっけいしゅぞう 〔池田《いけだ》〕

「地元の人に愛される酒をより旨く」を信条とし、レギュラー酒の品質向上にも力を入れる。北アルプスの伏流水を仕込み水に、地元契約栽培米の「美山錦」と「ひとごこち」を中心に使う 。

限定吸水、箱麹、小仕込みにより奥信濃《おくしなの》の風土を醸す

水尾《みずお》 純米吟醸

やや甘口
透明感あり

使用米は地元木島平《きじまだいら》で生産される希少品種の「金《きん》紋錦《もんにしき》」。仕込み水には蔵の北15km、野沢温泉村にある水尾山の天然湧水を使用する。飲んで柔らかく深みがあり、かつ透明感のある味わい。

唎き酒NOTE

香りは華やか、口中にはコクを感じる。幅がある味わいだが、後味の苦味がキレを誘い、食が進む。焼きガキ、焼きシイタケなどと合わせてみたい。

造 純米吟醸　米 金紋錦　精 49%　酵 協会14号
Al 15%　日 ±0　酸 1.7　容 720mL　¥ 1870円

〔おすすめの飲み方〕
熱燗　ぬる燗　常温　冷酒　ロック

田中屋酒造店 たなかやしゅぞうてん 〔飯山《いいやま》〕

「地米で造ってこそ地酒」と、全量蔵から5km以内で契約栽培する酒造好適米《しゅぞうこうてきまい》を使う。「奥信濃の当たり前を醸す地酒でありたい」が信条。

オーナー杜氏《とうじ》の卓越した利き酒《きざけ》力が生み出す味わい

美寿々《みすず》 純米吟醸無濾過《むろか》生

フレッシュ感
フルーティ

「美寿々」の名は信濃の国の枕詞「みすずかる信濃の国」より。県産「美山錦《みやまにしき》」と長野酵母、奈良井川《ならいがわ》水系のきめ細かな軟水《なんすい》を使い、突き破精麹《はぜこうじ》に仕上げ小仕込みで醸す。

唎き酒NOTE

フレッシュ感溢れる果実香がチャーミング。瑞々しい酸味が際立つ軽快な味わい、滑らかに喉を落ちた後に広がる柔らかな旨み。その余韻にも酔わされる。

造 純米吟醸　米 美山錦　精 49%
酵 長野D酵母　Al 16.8%
日 ＋5　酸 1.8　容 720mL
¥ 1540円

〔おすすめの飲み方〕
熱燗　ぬる燗　常温　冷酒　ロック

美寿々酒造 みすずしゅぞう 〔塩尻《しおじり》〕

「美味しい酒は麹のよさで決まる」をモットーに、オーナー杜氏が渾身の酒造り。小仕込みで醸す酒は、柔らかく味に奥行きがあると評される。

もっと知りたい日本酒Q&A Q これから蔵元《くらもと》になるには、どんな条件が必要なの？

北陸 エリア

北陸地方の山々のなかでひときわ白く輝く白山《はくさん》。その雪解け水は手取川《てどりがわ》、九頭竜川《くずりゅうがわ》、庄川《しょうがわ》など４本の大河となって大地を潤し、美酒を醸《かも》し出す源となる。

〔石川県〕小堀酒造店《こぼりしゅぞうてん》「萬歳楽《まんざいらく》」

白山水系の水に由来する加賀《かが》の菊酒《きくざけ》

「萬歳楽」の看板を掲げる小堀酒造店は、白山から流れ出す手取川のほとり、白山市鶴来《つるぎ》の古い町並みにある。白山市には全国に知られる銘醸蔵《めいじょうぐら》が5軒。「ここは白山信仰の総本宮があり、古くからの門前町です。室町時代から酒造りが始まり、江戸元禄期には11軒の造り酒屋がありました」。社長の小堀靖幸氏が語る。「鶴来で造られる酒は、昔から加賀の菊酒と呼ばれました。秀吉が、有名な醍醐《だいご》の花見を催す際、諸国の名酒が集められましたが、第一番に挙げられたのは加賀の菊酒でした」。

鶴来を銘醸地にしてきたのは、白山周辺の古い地層から湧き出る水だという。「昔から菊酒の仕込み水は手取川の伏流水《ふくりゅうすい》。バランスよくミネラルを含んだ名水です。白山から鶴来に至る距離が、酒造りに最適のミネラルを水に含ませる距離なんです。かけがえのない恵みを与え続けてくれる白山に、感謝せずにはいられなくなる、そんな酒を醸したい」。江戸期享保年間の創業から約３００年。歴史ある蔵の、白山に向けられる畏敬《いけい》の思いは深い。菊酒の伝統を受け継ぎ守るため、平成17年には白山市の5蔵で「白山菊酒」の産地呼称規定を作り、清酒の地理的表示「白山」として認定されている。

手と心が行き届く森の中の吟醸蔵で酒造り

平成13年、鶴来蔵から車で10分ほどの白山麓《ろく》に「森の吟醸蔵白山」が完成した。杉木立に囲まれたログハウスのような蔵は、階段もシャッターも木製。全量サーマルタンクで、塵《ちり》を吸収する床や、運搬ロボットなどのハイテク設備も取り入れている。「手と心が行き届く小さい蔵です。吟醸専用ですが、今は全部の造りをここでしています」。蔵の周囲には契約栽培の田んぼが青々と広がる。「晩植《ばんしょく》の五百万石《ごひゃくまんごく》です。

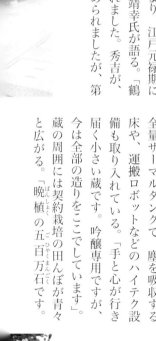

通常より1カ月遅く植えるため、特別の苦労がありますが、酒にきれいさ、滑らかさが加わるんです」。農家と酒米研究会を作り3年かけて実現した栽培法だ。独自に種籾《たねもみ》から復活させた「北陸12号」もあり、酒造米に取り組む熱意が伝わってくる。米の個性を大事にし、あまり磨かず純米酒にする方針。これらの酒は海外のコンテストでも賞に輝いた。

　手取川では6月にアユ釣りが解禁となる。「夕方には釣り竿を担いで川へ急ぎます。5〜6匹釣って帰らないと怒られるんですよ」。家族団らんの穏やかな晩酌風景が浮かぶ言葉だった。

1 自然に溶け込む白山麓の「森の吟醸蔵白山」 2「萬歳楽」は「事始め」の意味で謡曲「高砂」の一節から命名 3 築240年、吹き抜けになった鶴来蔵の「御上の間」 4 契約栽培の田んぼで伸びやかに育つ晩植の「五百万石」

← 銘柄紹介 P.207

富山県ご当地肴

ホタルイカ料理

「富山県のさかな」に指定されるホタルイカは、沖漬けや酢味噌和えなどが簡単に作れ、日本酒党の味方。

富山県

一大穀倉《こくそう》地帯の富山平野を筆頭に各地域で米作りが盛ん。良質な酒造好適米《しゅぞうこうてきまい》も多く、県産米の使用率が高い。

その時代の感性に合った酒造りを追求する

満《ま》寿《す》泉《いずみ》 純米大吟醸

軽やか 気品

米のもつ力を軽やかに、キレよくまとめた逸品。蔵元《くらもと》名の桝田にちなんだ「満寿泉」という非常にめでたい名を付けた。求められる酒の味は時代とともに変化していくため、時代に合った酒を醸《かも》す。

唎き酒NOTE

香りはほどよく落ち着いた吟醸香、味わいは「山田錦《やまだにしき》」由来の品格を感じさせる。ふくよかな旨みと適度な酸のバランスがよく、軽やかな印象。

造 純米大吟醸
米 兵庫県産山田錦　精 50%
酵 金沢酵母　A 16%　日 非公開
酸 非公開　容 720mL
¥ 4400円

〔おすすめの飲み方〕
熱燗
ぬる燗
常温
冷酒
ロック

↑かつて北前船《きたまえぶね》の交易で栄えた往時の繁栄が漂う界隈に蔵を構える

桝田酒造店 ますだしゅぞうてん 〔富山〕

岩瀬の五大家といわれていた廻船問《かいせんどん》屋《や》から嫁を迎えた初代が、北前船に乗り北海道旭川にて酒造業を興した。明治38年（1905）、現在地の岩瀬に戻る。海の幸、山の幸に恵まれた富山では舌が肥えるため、「美味しいものを食べている人しか美味しい酒は造れない」をモットーとする。

立山《たてやま》水系の名水と自社酵母《こうぼ》が織りなす、きれいでピュアな酒

羽《は》根《ね》屋《や》

純米吟醸 煌火《きらび》～ 生原酒

旨口 透明感あり

「羽根屋」は蔵の屋号から。「呑む人の心が浮き立つような酒に」との願いが込められている。「KURA MASTER 2020」にて金賞を受賞。

唎き酒NOTE

パイン系の優雅にして華やいだ香りが新鮮。フルーティなフレッシュさと米の旨みや甘味が響き合う、透明感のある味わい。余韻は長い。

造 純米吟醸　米 国産米　精 60%
酵 自家培養酵母　A 16%　日 ±0　酸 1.5
容 720mL　¥ 1680円

〔おすすめの飲み方〕
熱燗
ぬる燗
常温
冷酒
ロック

富美菊酒造 ふみぎくしゅぞう 〔富山〕

全ての酒に大吟醸と同じ手間をかけ、妥協のない酒造りを行う。平成24年度より四季醸造の設備を整え、年間を通じてフレッシュな生酒《なまざけ》を出荷する。

A 酒造りには大きな場所と資金が必要だ。そのため蔵元には昔からの地主や地元の名士などの資産家が多い。

「毎日の家庭料理に合う酒造り」を信条に醸す

勝駒《かちこま》 純米吟醸

軽快 バランスがよい

「勝駒」の名は日露戦争から帰還した初代が戦勝を記念して名付けたもの。少量生産を貫く蔵が「山田錦」を50%まで磨いて仕込んだ純米吟醸は、優しい香りでするりとすり抜ける喉越しがよい。

唎き酒NOTE

バナナのような、落ち着いた甘さの香りがする。飲み口は柔らかく滑らか。そのなかに確かな米の旨みが感じられ、軽めの酸とのバランスがよい。食中酒向き。

造 純米吟醸　米 山田錦　精 50%　酵 金沢酵母
Al 16%　日 +2　酸 1.6　容 720mL　¥ 2310円

〔おすすめの飲み方〕
熱燗　ぬる燗　常温　冷酒　ロック

清都酒造場　きよとしゅぞうじょう　〔高岡《たかおか》〕

明治時代に建てられた酒蔵を、現在も仕込み蔵として使っている。平成12年には国の有形文化財に登録。「基本に忠実に丁寧に造る」をモットーとする。

酒本来のおいしさをそのまま瓶詰めした無濾過《むろか》生原酒

苗加屋《のうかや》 純米吟醸 琳青《りんのあお》

濃醇 キレがよい

富山県南砺《なんと》産「雄山錦《おやまにしき》」を使用した凛とした味わいの無濾過生原酒。越後杜氏《えちごとうじ》と南部《なんぶ》杜氏が技を競い合っていた時代を見て育った、現杜氏による南部流の濃醇《のうじゅん》さと越後流の淡麗さを併せもつ。

唎き酒NOTE

アルコールの揮発とともに徐々に広がる香りに、バリエーションの豊かさを感じる。続く骨格あるラグジュアリーなボリューム感には圧倒される。

造 純米吟醸　米 雄山錦　精 55%　酵 金沢酵母1401
Al 17%　日 ±0　酸 1.7　容 720mL　¥ 1559円

〔おすすめの飲み方〕
熱燗　ぬる燗　常温　冷酒　ロック

若鶴酒造　わかつるしゅぞう　〔砺波《となみ》〕

庄川の流域に開けた砺波平野で、文久2年（1862）創業。豊かな自然がもたらす清らかな伏流水《ふくりゅうすい》を使い、「地酒らしい地酒」を醸し続ける。主要銘柄は「苗加屋」。

「日本名水百選」の水が湧き出る酒蔵が生む上質感

幻《まぼろし》の瀧《たき》 大吟醸

軽快 バランスがよい

酒銘は地元に実在する剣大滝《つるぎおおだき》の異名から。その姿を誰も見たことがないことから「幻の瀧」と呼ばれる。しっかりした味わいとキレが調和する。

唎き酒NOTE

控えめながらも、ふわりと香る吟醸香《ぎんじょうか》にはバニラのような甘味がひそむ。口当たりはまろやかで、後味はさらり。軽やかな大吟醸。

造 大吟醸　米 山田錦　精 50%
酵 協会9号系　Al 16%　日 +4
酸 1.4　容 720mL　¥ 2750円

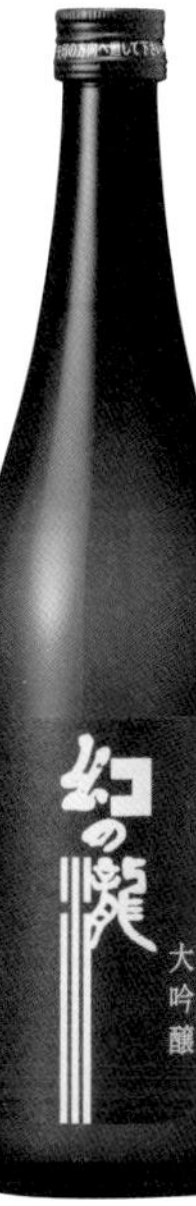

〔おすすめの飲み方〕
熱燗　ぬる燗　常温　冷酒　ロック

皇国晴酒造　みくにはれしゅぞう　〔黒部《くろべ》〕

創業時は「岩瀬《いわせ》酒造」。日清・日露戦争の日本の勝利にあやかり「皇国晴酒造」に生まれ変わる。仕込み水は蔵内にある環境省選定の「日本の名水」。

石川県ご当地肴

かぶら寿司
ブリの塩漬けを同じく塩漬けしたカブに挟み、ニンジンや昆布とともに米麹《こめこうじ》で発酵させた、なれ寿司の一種。

石川県

白山《はくさん》水系の弱軟水《なんすい》や、寒冷な気候に恵まれる。能登杜氏《のととうじ》発祥の地でもあり、伝統的な造りを重んじる蔵も多い。

「加賀《かが》の菊酒《きくさけ》」の伝統を継承する蔵の大吟醸

菊姫《きくひめ》
大吟醸

濃醇
熟成感豊か

自社精米で50%まで磨き、酵母《こうぼ》が発酵できるぎりぎりの低温で醸している。さらに長期熟成することで生まれる、滑らかな舌触りと果実香に似た芳香を楽しめる。

唎き酒NOTE

黄金色が美しく、穏やかな吟醸香《きんじょうか》に甘い熟成香が絡んだ独特の香りが魅惑的。味わいも熟成感豊かで、甘味に深みとまろやかさがある。加賀料理の治部煮《じぶに》に合わせたい。

造 大吟醸　米 兵庫県三木市吉川町特A地区産山田錦
精 50%　酵 自社酵母
Al 17.3%　日 +5
酸 1.2　容 720mL
¥ 6380円

〔おすすめの飲み方〕
熱燗
ぬる燗
常温
冷酒
ロック

↑整然と並ぶ本社蔵のタンク。平成7年には吟醸酒専用の平成蔵も誕生

菊姫 きくひめ 〔白山《はくさん》〕

加賀藩の保護酒として徳川幕府の巡見上使《じゅんけんじょうし》からも寵愛《ちょうあい》を受けたという誇り高き蔵。「日本酒は無形文化財である」との信念で酒を醸す。全国新酒鑑評会で23年間連続して受賞するなど、その高い醸造技術で日本の酒文化を担っている。

「旨みを大切にしながらキレる辛口」を理想に

加賀鳶《かがとび》
純米吟醸

辛口
キレがよい

「加賀鳶」の名は、歌舞伎にも登場する加賀藩江戸屋敷お抱えの大名火消しの粋な姿から。旨みを日本酒の生命線ととらえ、契約栽培米を使って伝統の吟醸造りで醸《かも》す。

唎き酒NOTE

設計通りに、米の旨みが生きたキレのよい飲み口。米由来の落ち着いた香り、穏やかにふくらむ米の風味のバランスがよく、しかもさっとキレて飲み疲れしない。

造 純米吟醸
米 兵庫県産山田錦60%、長野県産金紋錦40%　精 60%（混和率50% 5割、60% 5割）
酵 自社酵母　Al 16%
日 +4　酸 1.4　容 720mL
¥ 1796円

〔おすすめの飲み方〕
熱燗
ぬる燗
常温
冷酒
ロック

↑福光屋金沢店正面玄関。整然と並ぶ酒瓶と酒樽に蔵の誇りと風格が漂う

福光屋 ふくみつや 〔金沢〕

寛永2年（1625）に創業した、金沢で最も長い歴史を誇る酒蔵。平成13年には純米蔵を実現し、全ての酒を純米造りで醸す。長期熟成酒にも積極的。目標は「旨くて軽い酒」。きめ細かい舌触りを理想に、国際酒としての純米酒を志向する。

Ⓐ 酒林《さかばやし》もしくは杉玉《すぎだま》といわれる、杉の葉を球形にまとめたもの。新酒ができたことを知らせる印として吊るされる。

山廃仕込みに独自技術を発揮する「天狗舞」を象徴する酒

天狗舞《てんぐまい》 山廃仕込純米酒

濃厚 インパクトあり

100%酒造好適米《しゅぞうこうてきまい》を用いた、「天狗舞」のシンボル的な酒。その名は、蔵周囲の森の葉ずれの音が天狗の舞う音に聞こえたことに由来。常温ではやや酸味を感じ、お燗酒《かんざけ》にするとまろやかな旨みに。

唎き酒NOTE

乳酸発酵をともなう山廃仕込みならではの香りは、深みがあって複雑。味わいも濃厚な旨みと鮮やかな酸味が調和して個性的だ。余韻も長い。

造 純米　米 五百万石ほか酒造好適米　精 60%
酵 自家培養酵母　Al 16%　日 +4　酸 1.9
容 720mL　¥ 1540円

〔おすすめの飲み方〕
熱燗　ぬる燗　常温　冷酒　ロック

車多酒造 しゃたしゅぞう 〔白山〕

きめ細やかでふくらみある旨き酒は山廃でこそ醸せると、山廃に独自手法を加味した「天狗舞流」を確立。白山水系の伏流水《ふくりゅうすい》を用い、能登杜氏が手づくりで醸す。

白山連峰から流れる伏流水を使った喉越しのいい酒

手取川《てどりがわ》 山廃純米酒

芳醇 辛口

地元を流れる手取川の伏流水を用い、その名を取った酒。蔵に棲《す》みつく乳酸菌を取り込む昔ながらの山廃造りで仕上げた純米酒は、豊かなコクとキレを両立させたバランスが特徴的だ。

唎き酒NOTE

蒸したての米のような優しい香り。口に含めば乳酸の心地よい酸味と旨みが調和して、味わい深いコクが舌をとらえ、後には青リンゴのような香りが残る。

造 純米酒　米 山田錦、五百万石　精 60%　酵 金沢酵母系
Al 15.8%　日 +4　酸 1.5　容 720mL　¥ 1485円

〔おすすめの飲み方〕
熱燗　ぬる燗　常温　冷酒　ロック

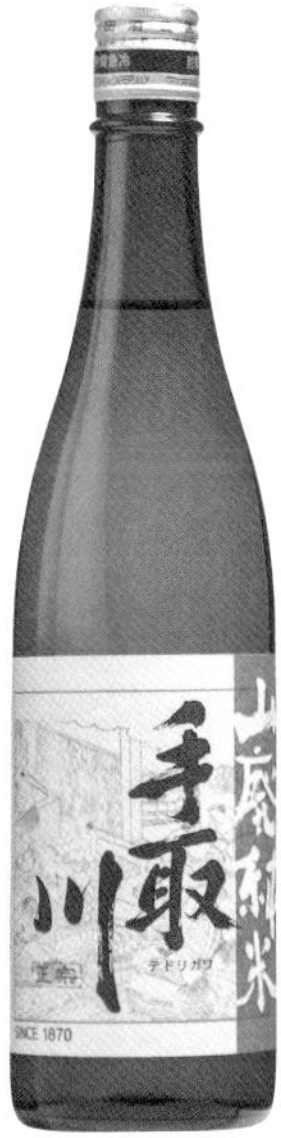

吉田酒造店 よしだしゅぞうてん 〔白山〕

地元で育った酒米、「白山百年水」、自社培養の金沢酵母を使用し、能登杜氏が得意とする山廃仕込みを追求。創業150年を迎え、持続可能な酒造りを目指す。

白山手取川《てどりがわ》流域の清浄な空気感を醸す

萬歳楽《まんざいらく》

剱 山廃純米《つるぎやまはい》

濃厚 キレがよい

蔵元の熱意により実現した、通常より約1カ月遅く植える晩植《ばんしょく》の「五百万石」を使用。山廃酛《もと》を使い、旨みや酸がしっかりのり、かつキレよく飲めるよう設計されている。

唎き酒NOTE

香りは穏やかで落ち着いているが、旨みや酸味がしっかりと感じられ、タフで芯の通った味わい。キレがよく食中酒として楽しめる。

造 純米　米 晩植五百万石　精 68%
酵 協会7号　Al 16%　日 +8　酸 2.3
容 720mL　¥ 1312円

〔おすすめの飲み方〕
熱燗　ぬる燗　常温　冷酒　ロック

小堀酒造店《こぼりしゅぞうてん》 〔白山〕

白山の雪解け水を用いて、雪深い北陸の気候のなかで味わい深い酒を醸す。「酒造りは農業」が蔵元の持論。土作りから研究して酒米作りを進める。

蔵元《くらもと》杜氏が能登流の技で醸《かも》す輪島の地酒

能登末廣《のとすえひろ》 大吟醸

やや濃厚
バランスがよい

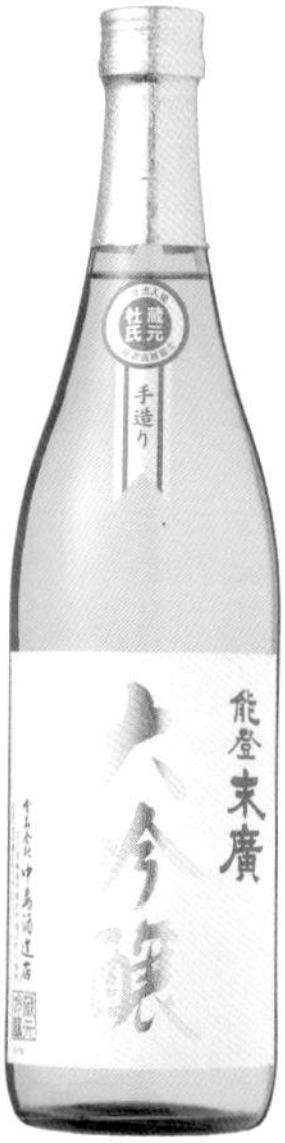

代表銘柄「能登末廣」の最高峰。旨みとふくらみのある能登杜氏流の造りで、口に含むと甘味と華やかな吟醸香《ぎんじょうか》が感じられる。

唎き酒NOTE

精米歩合《せいまいぶあい》40%まで磨いた「山田錦」の米の旨みと甘味をしっかり感じる、やや濃厚タイプの大吟醸。キレがよくすっきりしている。

造 大吟醸　米 山田錦　精 40%　酵 明利酵母
A 17%　日 +1　酸 1.1　容 720㎖　¥ 2970円

〔おすすめの飲み方〕
熱燗　ぬる燗　常温　冷酒　ロック

中島酒造店 なかしましゅぞうてん 〔輪島《わじま》〕

「百石酒屋《ひゃっこくざかや》」を自称する蔵元杜氏が、「派手さはなくても存在感のある酒」を目指し頑固に醸す蔵。新しい県産米「百万石乃白《ひゃくまんごくのしろ》」での酒造りにも挑戦している。

能登産原料にこだわった、食を引き立てる大吟醸

竹葉《ちくは》 能登大吟

柔らか
余韻が長い

仕込み水に使用していた笹川の上流に生い茂る笹の葉にちなんで名付けられた「竹葉」。石川県の酒造好適米《しゅぞうこうてきまい》である能登産「石川門」を原料に、金沢酵母を用いて能登の山湧水で醸す。

唎き酒NOTE

ほのかにリンゴを思わせる柔らかな香り、穏やかな甘味を感じさせる味わい。柔らかな酸が主役の後味。余韻は長く、徐々にドライさを帯びる。

造 大吟醸　米 石川門　精 50%　酵 金沢酵母
A 15%　日 +1.6　酸 1.4　容 720㎖　¥ 2200円

〔おすすめの飲み方〕
熱燗　ぬる燗　常温　冷酒　ロック

数馬酒造 かずましゅぞう 〔能登《のと》〕

生業《なりわい》の味噌・醤油の仕込み水が良質なことから始めた酒造り。「地域資源の価値を最大化するものづくり」を目指し、地元農家と耕作放棄地の解消も進める。

能登《のと》流仕込みによる旨みタイプの純米酒

宗玄《そうげん》 純米酒 Samurai Prince《サムライプリンス》

旨口
キレがよい

兵庫県特A地区産の「山田錦《やまだにしき》」を100%使用し、金沢酵母《こうぼ》で仕込む。先祖武将能登管領畠山氏が使用した剣先のシンボル「剣山」を採用し、Samurai Princeと名付けた。

唎き酒NOTE

香りは穏やかでいかにも食中酒タイプといった趣《おもむき》。「山田錦」由来の旨み豊かな味わいは、上品で心身を癒す。余韻は短めで、後切れがよい。

造 純米　米 兵庫県特A地区産山田錦
精 55%　酵 金沢酵母　A 15%
日 +4　酸 1.4　容 720㎖　¥ 1760円

〔おすすめの飲み方〕
熱燗　ぬる燗　常温　冷酒　ロック

宗玄酒造 そうげんしゅぞう 〔珠洲《すず》〕

能登杜氏《とうじ》が磨き上げた高精白米を、低温発酵で醸《かも》す。目が行き届くよう小仕込みを徹底し、旨口かつキレのよいきれいな酒を目指す。

A 適度な飲酒は、ストレス解消、食欲増進に役立ち、善玉コレステロールを増加させ動脈硬化の危険を和らげるともいわれる。

福井県

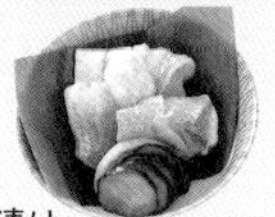

福井県
ご当地肴

小鯛の笹漬け

3枚におろした小鯛を塩と米酢で漬けて、笹の葉を敷いた杉の樽に詰めたもの。鯛本来の味が生きている。

白山《はくさん》山系など良質な水が豊富で、「五百《ごひゃく》万石《まんごく》」の生産量は全国でも有数。旨口の酒が多かったが淡麗辛口が増加中。

繊細な味わいながら程よい旨みがある食中酒

黒《こく》龍《りゅう》 いっちょらい

辛口 爽やか

心地よい吟醸《ぎんじょう》香《か》とクセのない旨さが人気の定番吟醸酒。原酒の段階ではやや控えめに味を整え、貯蔵の段階で低温にてしっかりと熟成することによって、品のよい旨みや柔らかな舌触りを表現している。「いっちょらい」とは福井県の方言で「一張羅」のこと。

唎き酒NOTE

香りには夏のスイカを思わせる爽やかさがある。上品ななかにピリッとした心地よい刺激があり、軽やかな辛口の味わい。エビやイカの料理に合わせたい。

造 吟醸　米 国産酒造好適米　精 55%
酵 蔵内保存酵母　A 15.5%　日 +5.5
酸 1.1　容 720mL　¥ 1320円

〔おすすめの飲み方〕
熱燗　ぬる燗　常温　冷酒　ロック

黒龍《こくりゅう》 石田屋

純米大吟醸を低温熟成させることで、旨さとまろやかさが加わった逸品。するりと広がりつつ、ふわっとソフトな質感もあり、後からじわりと酸味を感じる。強さと優しさ、相反する感覚のバランスが絶妙。香りは控えめだがシトラス、白桃、枇杷とトーンの幅が広い。

¥ 13200円（720mL）

〔おすすめの飲み方〕
熱燗　ぬる燗　常温　冷酒　ロック

黒龍酒造 こくりゅうしゅぞう 〔永平寺《えいへいじ》〕

江戸時代の文化元年（1804）、松岡藩が酒造りを奨励産業とするほど良水に恵まれた地で、初代石田屋二左衛門が創業。以来、歴代の蔵元に受け継がれる「良い酒をつくる」という理念を礎に、日本酒の新しい可能性を探究し酒を醸す。酒造好適米100%での吟醸造りに力を注ぐ。

和釜《わかま》と甑《こしき》で米を蒸し
木製の槽《ふね》で搾り出す

大江山《おおえやま》 復刻版純米酒

辛口 穏やか

精米歩合が高めで、洗米と浸漬は大型機械を使わずに10kgずつ手洗いで行う。100年以上経った木造建築の酒蔵で、大正時代からの木製の槽で搾りを行う。

唎き酒NOTE

穏やかな米の香りは温めるとふくよかさを増す。すっきりとキレある辛口の味わいは、お燗《かん》で穏やかに旨みが広がる。後味はさらっとキレていく。

造 純米　米 石川県産五百万石　精 50%
酵 金沢酵母　A 15～16%　日 +3
酸 1.7　容 720mL　¥ 1540円

〔おすすめの飲み方〕
熱燗　ぬる燗　常温　冷酒　ロック

松波酒造 まつなみしゅぞう 〔能登〕

創業時より能登杜氏による極寒仕込みを続ける蔵。豊かな海の幸に恵まれた能登町なので、旨みのある辛口の酒をメインとしている。

稲作りも手がける蔵の、
手づくり麹《こうじ》から生まれるピュアな酒

花垣《はながき》 純米大吟醸

ふくよか
バランスがよい

ふくよかで華やかな香りを垣根のように連なる満開の桜に例えて、銘柄を「花垣」と命名。完全手づくり麹で醸した純米大吟醸は、清々しく優しさに満ちた味わいだ。

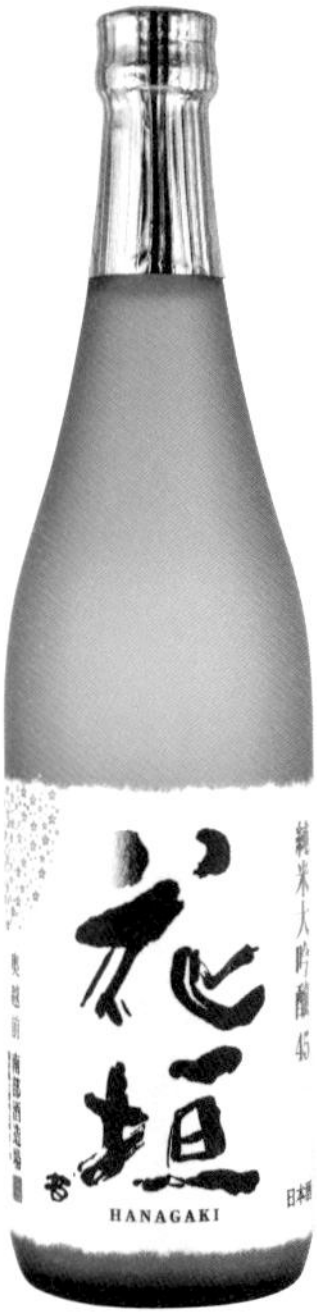

唎き酒NOTE

ふくよかな香りとすっきりとした味わいで、柔らかな輪郭だが、甘味・酸味・渋味が口中で溶け合って、バランスのよさを感じさせる。

造 純米大吟醸　米 非公開
精 45%　酵 協会9号系
A 16%　日 非公開　酸 非公開
容 720mL　¥ 2200円

〔おすすめの飲み方〕
熱燗
ぬる燗
常温
冷酒
ロック

南部酒造場 なんぶしゅぞうじょう 〔大野《おおの》〕

名水の町・大野にたたずむ「天空の城 越前大野城」の麓《ふもと》にて、20年以上前から熟成酒造りに力を入れるなどチャレンジ精神溢れる酒蔵。地元の農家と福井県産の新品種も手がけている。

妥協なき極みの酒造りを信条に、
越前にこだわった逸品

常山《じょうざん》 純米大吟醸

中口
キレがよい

契約農家との深い信頼のもとに育まれた、特別栽培米「越前山田錦《えちぜんやまだにしき》」を使用している。上品な香りと米の深い味わいをもつ純米大吟醸。

唎き酒NOTE

上品ですっきりした味は「山田錦」を使った大吟醸に共通だが、地元越前産にこだわった蔵《くら》元《もと》の熱情が感じられる。越前ガニと合わせてみたい。

造 純米大吟醸　米 越前山田錦
精 50%　酵 KZ-4　A 16.2%
日 +3　酸 1.4
容 720mL　¥ 3000円

〔おすすめの飲み方〕
熱燗
ぬる燗
常温
冷酒
ロック

常山酒造 とこやましゅぞう 〔福井〕

平成26醸造年度より若手主体の新体制で酒造りに臨む。「ひとつひとつを丁寧に」を信条に、原点に立ち返り独自のこだわりで常に進化を目指す。

日本酒 COLUMN

「My猪口《ちょこ》」のススメ

お気に入りの酒器でたしなむ日本酒は格別。気に入った酒器《しゅき》を見つけたら、家で使うのはもちろん、飲み屋や宴《うたげ》の席にも「My猪口」を持参してみよう。そのこだわりが酒をもっと美味しくしてくれるはずだ。お気に入りの「My猪口」を外へ連れ出すのなら、持ち運びにも気を使いたいもの。酒器専用の「My猪口バッグ」をひとつ持っていると便利。

↑ぐい呑みも入る大きめの巾着なら使い勝手もよい。好みの柄の手ぬぐいで手作りも楽しい

A 日本酒に対し醸造アルコール1、醸造用糖類1の割合で3倍に増やしたもの。戦中戦後の米不足の時代に生まれた。

杜氏《とうじ》を中心としたチーム全員で
「健康に、楽しくなる酒造り」

若狭《わかさ》
純米大吟醸

爽やか
華やか

仕込み水、米、酵母《こうぼ》と全て福井県産を使うオール福井の酒。「蒸し米を大切に扱う様子は宝石を扱うようだ」との見学した高校生の感想から、ラベルをブラッシュアップした。

唎き酒NOTE

マスカットのような爽やかな香り、春を思わせる華やかな甘さ、柔らかなアルコール感が残る余韻。名産「小鯛のささ漬け」が食べたくなる。

造 純米大吟醸　米 山田錦　精 38%　酵 FK-801C
ア 16%　日 −2.3　酸 非公表　容 720mL
¥ 4800円

〔おすすめの飲み方〕
熱燗　ぬる燗　常温　冷酒　ロック

小浜酒造 おばましゅぞう 〔小浜《おばま》〕

文政13年(1830)に吉岡蔵《よしおかぐら》として酒造りを開始。その後わかさ富士《ふじ》となり、平成28年、事業継承を行い小浜酒造として再始動。「地元の米と水を使ってこそ地の酒」をモットーに地酒を醸《かも》す。

世界の要人が集まる席で活躍する、
無添加純米蔵の定番酒

梵《ぼん》 特撰純米大吟醸

極旨
後味爽快

兵庫県産「山田錦」を38%まで磨き、0℃で2年熟成させた滑らかな口当たり。柑橘系の香りと骨太な味わいをもつ。「梵」にはさまざまな意味があり、サンスクリット語では「汚れなき清浄」の意。

唎き酒NOTE

グレープフルーツを思わせるような、爽やかな香りが印象的。味わいは骨格がありながら滑らか、後味は名刀のようにスパッとキレる。料理の味を引き立ててくれる味わいの純米大吟醸。

造 純米大吟醸　米 兵庫県特A地区産契約栽培山田錦　精 38%
酵 KATO9号(自社酵母)　ア 16%　日 非公開　酸 非公開　容 720mL
¥ 3000円～

〔おすすめの飲み方〕
熱燗　ぬる燗　常温　冷酒　ロック

梵《ぼん》 超吟《ちょうぎん》(Born:Chogin)

兵庫県特A地区産契約栽培「山田錦」を使用し、マイナス10℃で約5年間熟成させた、精米《せいまい》歩合《ぶあい》20%の究極の純米大吟醸。日本主催の重要な席で、公式酒として数多く使用。素晴らしい香りと深い味は感動を呼ぶ名酒。

¥ 11000円(720mL)

〔おすすめの飲み方〕
熱燗　ぬる燗　常温　冷酒　ロック

加藤吉平商店 かとうきちべえしょうてん 〔鯖江《さばえ》〕

万延元年(1860)、両替商・庄屋の初代が酒造りを始め、代々「吉平《きちべえ》」を襲名。現在世界105カ国へ輸出されており、国内外の重要な席でも使用されている。蔵内平均精米歩合34%と高精白の米を用い、完全無添加の純米酒のみを製造。全ての酒は1年以上氷温熟成させてから出荷する。

東海 エリア

日本三霊山のうち富士山と白山《はくさん》の二山を擁し、厳かな自然が残るエリア。その恵まれた環境から生まれる酒には、大地の息づかいが宿っている。

〔岐阜県〕ぬのや　はらしゅぞうじょう　げんぶん

布屋 原酒造場「元文」

名水の里・奥美濃《おくみの》の豊かな水とともに280余年

古くから東海地方の中京圏の人たちは、彼方《かなた》に白く浮かぶ山「白山」を水神様として崇めてきた。日本を代表する清流長良《ながら》川《がわ》は、この白山の麓《ふもと》が源流の地。岐阜県郡上《ぐじょう》市に発して、奥美濃山地から濃尾《のうび》平野へと流れ下る。

郡上市白鳥町《しろとりちょう》にある布屋原酒造場は、その長良川沿い最北の酒蔵。仕込み水は、白山水系の伏流水《ふくりゅうすい》を自家敷地内の井戸から汲《く》み上げている。「創業時から使っています。柔らかい水なので酒は造りやすいですね。水量は豊かで枯れる心配はありません」と、12代当主の原元文氏は語る。

創業は元文5年（1740）。酒銘の「元文」はこの創業時

1

の年号で、屋号《やごう》の「布屋」には長大な歴史が秘められている。原家は聖徳太子《しょうとくたいし》に仕えた秦《はた》氏の本流。平安時代に藤原姓を賜《たまわ》るが、平氏一族と親交が深かったため源氏に追われた。そのときに布をまとって身を隠したことが屋号の由来に。京から近《おう》江《み》、美濃へと逃れ、姓も藤原から原に改めたという。

建物は堂々たる構えの町家建築。奥の土蔵造りの蔵は創業時からの姿で、土壁には洒落《しゃれ》た飾りごての跡が見られる。搾り機の酒槽《さかぶね》は大正3年（1914）製造のもの。カバノキ科のミズメ材で作られた、林業が盛んだった頃の貴重な文化遺産だ。

天然の花から分離した「花酵母《はなこうぼ》」で仕込む

原氏は、自然界の花から分離した天然の花酵母を使い、自らの手で「郡上乃地酒」である「元文」を醸《かも》す。東京農業大学在学中、現在では花酵母の分離に不可欠な抗菌性物質、イーストサイジンの研究に携わり、恩師が花酵母の分離法を確立すると、全ての酒を花酵母仕込みに変えた。花酵母研究会に所属する蔵は全国に30軒ほどあるが、全量に使うのは原酒造場のみ。つつじ、月下美人、桜、菊。いつの日か、岐阜の県花「れんげ草」でも酒を造りたいと夢を語る。「自然のもつパワーに限りない可能性を感じます。花酵母は発酵力が強いので米を磨きすぎずに、きれいな味わいになります。ほんのり柔らかさもあり、日本酒が苦手な女性にも関心を抱いてもらえるのが嬉しい」と原氏の花酵母への思いは熱い。

原料米は「あきたこまち」。蔵の背後に広がる田んぼで稲穂は実り、秋になれば自らの手で刈り取る。こうしてできた酒からは、自然界とともにあることの穏やかな矜持《きょうじ》が香り立つ。

1 間口の広い町家建築に老舗蔵の風格が漂う　2 蔵では大正期に導入し、戦後改良した搾り機を使用　3 蔵の裏手、長良川河畔に広がる自社田　4 12代当主の原元文氏。自らが杜氏《とうじ》として酒を造る　5 長良川の源流域、白鳥にある阿弥陀ヶ滝

← 銘柄紹介 P.215

岐阜県

岐阜県ご当地肴

朴葉味噌焼《ほおば》

飛騨地方の山に自生する朴の木。この朴の葉の上に味噌をのせ、ネギや飛騨牛などを混ぜて焼いて食べる。

水に恵まれ稲作も盛ん。北部の飛騨《ひだ》では濃醇《のうじゅん》、南部の美濃《みの》では淡麗タイプが多いが、近年は蔵ごとに個性を競っている。

自慢の麹作りから生まれる
香り華やかな旨口酒

黒松白扇《くろまつはくせん》

やや甘口 旨みが豊か

純米大吟醸 馥《ふく》

全工程を手作業で行い、米の旨みを最大限に引き出す。長期低温発酵させた醪《もろみ》を袋吊《ふくろづ》りした、蔵の最高品質酒。魚料理と合わせたい。

唎き酒NOTE

大吟醸ならではの気品ある香りは、フルーツを感じさせる。優しい甘味があり、すっきりとした味わい。香りと味の調和が楽しい。

造 純米大吟醸　米 山田錦　精 35%
酵 非公開　Al 16%　日 −1
酸 1.6　容 720mL　¥ 4400円

〔おすすめの飲み方〕熱燗　ぬる燗　常温　冷酒　ロック

白扇酒造 はくせんしゅぞう 〔川辺《かわべ》〕

古くから地元で「びりんや」と呼ばれ親しまれてきたみりん蔵。明治32年(1899)より酒造りを開始。みりんで培った麹作りで、旨口の酒を醸《かも》す。

ミネラルに富んだ米と水で
造られた長寿を願う酒

百春《ひゃくしゅん》

フルーティ 旨口

**純米吟醸無ろ過原酒
カラフルフルーティ生**

ミネラルに富んだ長良川《ながらがわ》の伏流水《ふくりゅうすい》を使用。銘柄名は百歳まで元気に世を楽しめるようにとの願いから。

唎き酒NOTE

香りはフルーティ。ほんのりマスカットのようで上品だ。味わいにはしっかりとしたボディがあり、余韻は最後まで深みがある。

造 純米吟醸　米 岐阜県産米　精 60%
酵 非公開　Al 16.5%　日 +1
酸 1.6　容 720mL　¥ 1780円

〔おすすめの飲み方〕熱燗　ぬる燗　常温　冷酒　ロック

小坂酒造場《こさかしゅぞうじょう》 〔美濃《みの》〕

安永元年(1772)、尾州藩認可のもと酒造業を始める。建物は創業時の原形を保ち国指定重要文化財。「自然の恵みをそのまま食卓へ」がモットー。

養老山《ようろうさん》系の超軟水《なんすい》を仕込み水に、贅を尽くした造りの一本

醴泉《れいせん》

優雅 やや軽やか

大吟醸 蘭奢待《らんじゃたい》

奈良時代、この地を訪れた元正天皇が滝に名付けたという「醴泉」から命名。全量手洗いと限定吸水を行い、麹《こうじ》は蓋製麹《ふたせいきく》で作られる。

唎き酒NOTE

落ち着いた香りと透明感のある味わいで、気品に満ちた大吟醸。旨みも軽やかさをまとって食事の邪魔をせず、懐の深さを感じさせる。

造 大吟醸　米 兵庫県東条特A地区産山田錦　精 35%　酵 熊本9号系酵母
Al 16〜16.9%　日 +5　酸 1.3
容 720mL　¥ 4455円

〔おすすめの飲み方〕熱燗　ぬる燗　常温　冷酒　ロック

玉泉堂酒造《ぎょくせんどうしゅぞう》 〔養老《ようろう》〕

名水地・養老で文化3年(1806)より酒を造る。平成5年に徹底した少量生産へ方針を移行。垢抜けて品格のある酒質、最高の食中酒を目指す。

A 酒蔵はかつて女人禁制。重労働の男社会で、女性が入ると和が乱れるとされた。現在は女性の造り手も多数活躍している。

一貫して辛口にこだわる蔵による
旨みとキレが調和した純米大吟醸

三《み》千《ち》盛《さかり》
小仕込純米

辛口 旨みが深い

料理を引き立てるべく、極限まで香味を抑えつつ、酒本来の深い味わいを目指して醸した純米大吟醸。和食はもちろん、洋食や中華、スパイシーなエスニック料理とも好相性だ。

唎き酒NOTE

香りは控えめだが熟成感がある。口当たりはさらりとしており、味わいは飲むほどに辛口のなかにも旨みが深まる。後味はキレがよく、すーっと消えていく。

造 純米大吟醸　米 麹・酒母：兵庫県産山田錦、掛：秋田県産美山錦　精 山田錦40%、美山錦30%
酵 G酵母　Al 15.3%　日 +18　酸 1.3
容 720mL　¥ 2200円

〔おすすめの飲み方〕
熱燗　ぬる燗　常温　冷酒　ロック

三千盛 みちさかり 〔多治見《たじみ》〕

江戸時代中期、安永年間に創業。 戦後甘口全盛の時代にも、旨みと切れ味の両立を追求し、辛口にこだわってきた。その酒は辛口でも口当たりは柔らかく、料理の味を引き立てる。

全ての酒が花酵母《はなこうぼ》仕込みの蔵で醸される気品ある酒

元文《げんぶん》
菊《きく》花酵母仕込み

すっきり 凛々しい

菊の花から分離した天然の酵母を使用。花酵母を使う蔵のなかで、「菊」で仕込む酒は他に例がない。それだけに希少な一本。菊の花言葉「高貴・高潔・真の愛」をイメージし、上品な味と香り、キレのある味わいを醸し出す。仕込み水は白山《はくさん》水系の伏流水。

唎き酒NOTE

香りは控えめだが柔らかくフルーティ。リンゴや白い花のイメージが湧く。味わいはすっきりとして凛々しい。アユの塩焼きや、ご当地グルメである味噌漬け鶏の鉄板焼き「鶏《けい》ちゃん焼き」と合わせたい。

造 大吟醸　米 あきたこまち　精 50%　酵 花酵母菊
Al 15.8%　日 +3　酸 1.4　容 720mL　¥ 2020円

〔おすすめの飲み方〕
熱燗　ぬる燗　常温　冷酒　ロック

元文《げんぶん》
さくら花酵母仕込み

爽やかなリンゴ酸を出す桜から分離した酵母で、冷酒《れいしゅ》でもお燗《かん》でも美味しい酒を目指して造られた。華やかな香りと爽やかな酸味をもつ辛口。

¥ 1170円(720mL)

〔おすすめの飲み方〕
熱燗　ぬる燗　常温　冷酒　ロック

布屋 原酒造場《ぬのやはらしゅぞうじょう》 〔郡上《ぐじょう》〕

元文5年(1740)、8代将軍吉宗公の時代に創業し、現在12代目。地元の米・水・造り手にこだわり、当主自らが杜氏《とうじ》として「郡上乃地酒」を醸し出している。「さくら」「つつじ」「菊」「月下美人」と、花酵母を全ての仕込みに使用している。

↑郡上市白鳥町《しろとりちょう》にある蔵の裏手は長良川の土手。白山麓から山の冷気をたたえた清水が流れる

酒造好適米《しゅぞうこうてきまい》「ひだほまれ」の旨みを香りとバランスよく表現

ひだほまれ天領《てんりょう》 純米吟醸

中辛口
キレがよい

飛騨の酒米「ひだほまれ」の名を冠した地酒中の地酒。米の特徴である飲んだときの旨みと後味のキレを生かした純米吟醸は、冷《ひ》やでもぬる燗《かん》でも料理とともに楽しめる。

唎き酒NOTE

食中酒として楽しめるよう、吟醸香《ぎんじょうか》を控えめに造られた純米吟醸。余韻には華やかさも感じるが、喉越しはすっきりしてキレもよい。

造 純米吟醸　米 ひだほまれ　精 50%
酵 花酵母ナデシコ　Al 15～16%　日 +3　酸 1.3
容 720mL　¥ 1760円

〔おすすめの飲み方〕
熱燗　ぬる燗　常温　冷酒　ロック

天領酒造 てんりょうしゅぞう

〔下呂《げろ》〕

飛騨特産「ひだほまれ」を中心に、全量酒造好適米を使用。米の特徴を生かすため、精密な自社精米にこだわる。仕込み水は飛騨山脈系の地下水。

地元の食文化と支え合う酒造りを目標にした純米吟醸

蓬莱《ほうらい》 純米吟醸 家伝《かでん》手造り

上品
バランスがよい

「蓬莱」は仙人が住むといわれる不老長寿の桃源郷。人に慶びをもたらす縁起のよい言葉を銘柄に。派手さを求めず気品ある味わいに仕上げた、高い技術を窺わせるバランスに優れた酒。

唎き酒NOTE

原料の米そのものを思わせるふくよかな香りがする。味わいにはコクがあり、旨み・甘味・酸味が複雑に絡まって余韻として残る。

造 純米吟醸　米 ひだほまれ　精 55%　酵 蓬莱酵母
Al 15.5%　日 +3　酸 1.4　容 720mL　¥ 1445円

〔おすすめの飲み方〕
熱燗　ぬる燗　常温　冷酒　ロック

渡辺酒造店 わたなべしゅぞうてん

〔飛騨《ひだ》〕

創業から140余年以上、飛騨の人々に愛される酒。飛騨の家庭で欠かせない「朴葉《ほおば》味噌」に合う酒を目指し、出荷前には必ず味噌をなめてテイスティングする。

花酵母《はなこうぼ》アベリアを使い、厳冬《げんとう》寒造《かんづく》りで生まれる飛騨《ひだ》の酒

山車《さんしゃ》

大吟醸 花酵母造り あべりあ

爽快
香り華やか

華やかな香りを引き出す「アベリア酵母」を使用。蔵元が惚れ込んだ花酵母は「山車」の酒質を確固たるものにした。酒銘は飛騨高山で行われる高山祭の「山車《だし》」にちなむ。

唎き酒NOTE

酵母由来の華やぎのある香りが特徴。味わいにはすっきり爽快な「山田《やまだ》錦《にしき》」の旨みが感じられる。白身魚の刺身やタラの白子と楽しんでみたい。

造 大吟醸　米 山田錦　精 40%
酵 花酵母アベリア　Al 16.4%　日 +4
酸 1.4　容 720mL　¥ 3640円

〔おすすめの飲み方〕
熱燗　ぬる燗　常温　冷酒　ロック

原田酒造場《はらだしゅぞうじょう》

〔高山《たかやま》〕

飛騨の旧城下町で創業。蔵独自の奥伝・飛騨流厳冬寒造りを伝承し、どのグレードでも満足してもらえる真正面からの酒造りに挑む。

A 一般的に日本酒造りは分業体制で、総監督が杜氏。蔵元《くらもと》から酒造りを任され、職人(蔵人《くらびと》)集団を指揮する。

静岡県
ご当地肴

静岡県

生シラス
駿河湾で獲れるシラスは、潮の流れも穏やかで外敵も少ないため、脂がのって美味しい。

温暖で酒造りは困難とされていたが、静岡酵母《こうぼ》の開発や酒質向上への取り組みにより、全国に静岡吟醸の名を轟《とどろ》かせた。

壜《びん》を開けば香りが十里四方《じゅうりしほう》に広がる極上の酒

開壜十里香《かいびんじゅうりにかおる》 臥龍梅《がりゅうばい》

純米大吟醸 愛山《あいやま》 無濾過《むろか》原酒

芳醇 / デリケート

希少品種である「愛山」は、「山田《やまだ》錦《にしき》」と「雄町《おまち》」の系統を受け継ぐサラブレッド米。原料米を生かした純米酒を展開する蔵の力量が発揮された、上品でコクのある酒。

唎き酒NOTE

「愛山」の特性がよく引き出された奥行きの深い滑らかな含み香《か》、独特の甘味ときめ細かい繊細な味わい。生湯葉などの淡白な味の肴が生きる。

造 純米大吟醸　米 兵庫県産愛山
精 45%　酵 協会10号系
Al 16～17%　日 ±0　酸 1.3
容 720mL　¥ 2860円

〔おすすめの飲み方〕
熱燗　ぬる燗　常温　冷酒　ロック

三和酒造 さんわしゅぞう 〔静岡〕

地に潜み天に昇る時を待つ「臥龍」に志を重ねて命名された「臥龍梅」。「心に響き記憶に残る酒」を構想し、原料米を生かした純米酒原酒での出荷を基本とする。

料理の味を引き立てる辛口タイプの地酒

若竹鬼《わかたけおに》ころし

特別純米 原酒

辛口 / インパクトあり

人々の冷えた体を癒したと古文書に伝わる酒「鬼ころし」を、地元異業種交流会「若竹会」の応援で復活させた。かなりインパクトがある、ごつんと太い辛口の味わい。

唎き酒NOTE

日本酒度＋9の辛口タイプでキリッとした飲み口。中華料理などの味のしっかりした料理とも楽しめる。熱燗《あつかん》からロックまでいろいろ試してみるのも興味深い。

造 特別純米　米 五百万石
精 60%　酵 静岡酵母NO-2
Al 17～17.9%　日 +9　酸 1.4
容 720mL　¥ 1540円

〔おすすめの飲み方〕
熱燗　ぬる燗　常温　冷酒　ロック

大村屋酒造場《おおむらやしゅぞうじょう》 〔島田《しまだ》〕

南アルプスを源とする大井川への架橋を禁じられていた江戸時代から、旅人や川越えの手助けをする川越人《かわごえにん》足《そく》に愛された蔵。地域に根差した酒造りを貫く。

飛騨古川人《ふるかわじん》気質を銘柄名にして郷土に根差した本醸造

白真弓《しらまゆみ》

飛騨乃《ひだの》 やんちゃ酒《ざけ》

コクあり / 後味すっきり

飛騨の気候風土に合う、味わいがしっかりして後口がすっきりした酒を目指す。「やんちゃ」の酒銘は飛騨古川人の気質に由来。誇り高く男気溢れる気質を表現している。

唎き酒NOTE

落ち着いた穀物の香りがする。味わいには旨みとコクが感じられ、インパクトあり。後味の辛味がキリッと締めて軽快に。お燗にするとさらに飲みやすくなる。

造 本醸造　米 ひだほまれ　精 60%
酵 9号　Al 15%　日 +3　酸 1.5
容 720mL　¥ 1188円

〔おすすめの飲み方〕
熱燗　ぬる燗　常温　冷酒　ロック

蒲酒造場 かばしゅぞうじょう 〔飛騨〕

越中との交易で成功した初代がこの地で商いを始める。明治37年（1904）、町内の大火で建物を焼失。再建後は文人・画人の交流の場ともなり、現当主は12代目。

雑味が少なくフレッシュな酒質を目指す

英君《えいくん》 純米大吟醸

爽やか
まろやか

全量静岡酵母《こうぼ》を使い、強い香りよりも爽やかな香味を追究。洗米は小分け、二度洗いなど徹底的に糠《ぬか》を洗い流す。明治時代、駿府《すんぷ》に隠居していた英君(優れた君主)徳川慶喜公から名付けた。

唎き酒NOTE

静岡吟醸酵母由来のメロンやバナナを思わせる香りが鼻をくすぐる。味わいは爽やかかつまろやか。余韻は穏やかにキレる。鯛や鯵の刺身に合わせたい。

造 純米大吟醸　米 山田錦　精 40%
酵 静岡酵母HD-101　Al 15%　日 −3
酸 1.3　容 720mL　¥ 4592円

〔おすすめの飲み方〕
熱燗　ぬる燗　常温　冷酒　ロック

英君酒造 えいくんしゅぞう 〔静岡〕

2代目が良質な桜野沢《さくらのざわ》湧水を求めて山を買って仕込み水とした。徹底的な洗米、温度管理、衛生的な搾り、上槽後すぐの瓶詰めなどでフレッシュな酒質を保つ。

静岡の水と米にこだわって醸《かも》された食中酒

初亀《はつかめ》 特別純米

フルーティ
すっきり

静岡の水と米を用い、丁寧な手仕事で醸される「初亀」の定番酒。控えめな酸とほどよい甘味が料理を引き立てる。銘柄名は初日の出のように光り輝き、亀のように末永く栄えるという願いから。

唎き酒NOTE

使用酵母由来か、トロピカルフルーツのような艶やかさを感じる爽やかな香り。香りに反して味わいはやや辛口だ。後味はすっきりしている。

造 純米　米 静岡県産誉富士　精 麹:55%、掛:60%
酵 自社培養酵母　Al 15%　日 非公表　酸 非公表
容 720mL　¥ 1400円

〔おすすめの飲み方〕
熱燗　ぬる燗　常温　冷酒　ロック

初亀醸造 はつかめじょうぞう 〔藤枝《ふじえだ》〕

創業寛永13年(1636)、静岡最古の酒蔵。「静岡のヒト・食文化の調和」を第一に考え、普通酒から大吟醸まで、丁寧な手作業と感謝の心でクラシックな旨酒《うまざけ》を醸す。

料理にも合う、バランスのとれた飲み飽きしない大吟醸

正雪《しょうせつ》 大吟醸

中辛口
軽やか

地元の英雄で江戸時代の軍学者・由《ゆ》比《い》正雪《しょうせつ》にちなんだ銘柄。限定吸水や長期低温発酵で、可能な限り手間をかける。後口のキレ味のよさを実感できる酒。

唎き酒NOTE

果実のように爽やかな香り、透明感のあるきれいな味わいが特徴。最後に渋味が感じられ、キレ上がるような余韻が印象深い。

造 大吟醸　米 山田錦　精 35%
酵 自社培養酵母　Al 15〜16%　日 +6
酸 1.1　容 720mL　¥ 3300円

〔おすすめの飲み方〕
熱燗　ぬる燗　常温　冷酒　ロック

神沢川酒造場《かんざわがわしゅぞうじょう》 〔静岡〕

静岡県のほぼ中央、古い町並みを残す由比に蔵を構えて100年余り。独自の酒質の完成に向けて、ナンバーワンよりオンリーワンを目指す。

A 杜氏は地域ごとに流派、集団を形成している。集団ごとに酒造りの技術、独自の奥義が伝えられているのだ。

地元産の「山田錦」にこだわって若き杜氏《とうじ》が醸す純米酒

志太泉《しだいずみ》 開龍《かいりゅう》 純米原酒

やや濃醇 キレがよい

仕込み水は井戸から汲み上げる瀬戸川の伏流水。この軟水《なんすい》と藤枝市朝比奈《あさひな》産「山田錦」で醸すキレのよい純米酒。「開龍」の名は、地元伝統行事である「大龍勢《おおりゅうせい》」にちなんで付けられた。

唎き酒NOTE

柔らかな米の旨みがとっぷりと堪能できる。静岡おでんや串揚げと合わせてみたい地酒だ。キレがよいので飲み疲れしない。熟成させてみても楽しみな酒。

造 純米　米 山田錦　精 70%　酵 静岡酵母
Al 17%　日 +5　酸 1.4　容 1800mL　¥ 2640円

〔おすすめの飲み方〕
熱燗　ぬる燗　常温　冷酒　ロック

志太泉酒造《しだいずみしゅぞう》 〔藤枝〕

吟醸造りに早くから取り組み、全国新酒鑑評会でも多数の受賞歴あり。平成21年度から、能登杜氏《のとどうじ》の技術を受け継ぐ新たな杜氏が造りを担当している。

神秘の軟水「長命水《ちょうめいすい》」を仕込み水に

開運《かいうん》 大吟醸

軽やか バランスがよい

地元小貫《おぬき》の発展を祈念して命名された「開運」。NF32精米機やKID洗米機で兵庫県産「山田錦」の旨みを十分に引き出した、蔵の主力商品。

唎き酒NOTE

突出しすぎたものがなく、軽やかな口当たりでとてもバランスがよい。「山田錦」の旨みが口の中で踊るように溢れ、喉を過ぎればサラリと消えていく。

造 大吟醸　米 山田錦　精 40%　酵 静岡酵母HD-1
Al 16%　日 +6　酸 1.3　容 720mL　¥ 3520円

〔おすすめの飲み方〕
熱燗　ぬる燗　常温　冷酒　ロック

土井酒造場《どいしゅぞうじょう》 〔掛川《かけがわ》〕

伝統の技を守りながらも、精米機の変更やパストクーラーの導入など、よい酒を造るための努力を惜しまない。蔵近くの高天神城《たかてんじんじょう》跡の湧水は、地元では長命水と呼ばれる。

「山田錦《やまだにしき》」の最上級クラスを使う贅沢仕様の特別本醸造

磯自慢《いそじまん》 特別本醸造 特撰

軽快 バランスがよい

これが本醸造かと疑うほどのナシやメロンを思わせる含み香《か》、きめ細かな味わい。原料米は全量兵庫県特A地区産「山田錦」。上品な酒質で燗《かん》でも冷やしても美味しい。

唎き酒NOTE

静岡の地魚を使った寿司や和食はもちろん、フレンチやイタリアンとも合うような懐の深さを感じる。バランスがよく落ち着きのある本醸造だ。

造 特別本醸造　米 兵庫県特A地区産特等山田錦　精 麹・酒母:55%、掛:60%
酵 蔵内保存酵母　Al 15.8%　日 +5
酸 1.1　容 1800mL　¥ 3080円

〔おすすめの飲み方〕
熱燗　ぬる燗　常温　冷酒　ロック

磯自慢酒造《いそじまんしゅぞう》 〔焼津《やいづ》〕

平成2～3年にかけて総ステンレス材の低温貯蔵室に蔵を建て替えた。その頑固なまでの品質へのこだわりに、飲み手だけでなく同業者からも信望が厚い。

Q 南部《なんぶ》杜氏、越後《えちご》杜氏、但馬《たじま》杜氏などと聞くけれど、区別の根拠はあるの？

超軟水《なんすい》と静岡酵母《こうぼ》のハーモニーが生む酒

高砂《たかさご》

山廃《やまはい》 純米吟醸

濃醇
旨口

能の名曲「松《まつ》の緑《みどり》」から夫婦長寿を謡う「高砂」を酒銘とする。原料処理を丁寧に行って造られる濃醇《のうじゅん》旨口の山廃純米吟醸は、静岡特産の鰻の蒲焼きとも相性抜群。

唎き酒NOTE

山廃仕込みで醸《かも》されているため、豊かな旨みが感じられる。後味にもほんのり甘味をともなった旨み。お燗酒《かんざけ》にしても美味しい。鰻はもちろんチーズを使った料理にも合う。

造 純米吟醸
米 山田錦100%
精 55%　酵 静岡酵母
Al 15%　日 −3
酸 1.3　容 720mL
¥ 1705円

〔おすすめの飲み方〕
熱燗　ぬる燗　常温　冷酒　ロック

富士高砂酒造《ふじたかさごしゅぞう》 〔富士宮《ふじのみや》〕

富士宮浅間大社《せんげんたいしゃ》のすぐ西側にある約2500石の蔵。杜氏《とうじ》は能登流で、優しい口当たりと少し甘味を感じる酒質を生む「高砂山廃仕込み」を代々伝承する。富士山系の超軟水を仕込み水に、丁寧な酒造りに徹している。

天下を取るような酒を、との願いを込めて

葵天下《あおいてんか》

吟醸

旨口
軽快

「葵天下」は、将軍徳川家康に由来する土地であることから、天下を取るような酒をとの願いを込め誕生した。長期低温発酵で旨みを凝縮した静岡吟醸。

唎き酒NOTE

リンゴのようなフルーツの香りが、まずは鼻腔をとらえる。そして十分に引き出された原料米の旨みも記憶に残る鮮やかさ。静岡の食材を肴にするなら鰻の白焼きか。

造 吟醸　米 兵庫県産山田錦
精 50%　酵 非公開
Al 15～15.9%
日 +4　酸 1.3
容 720mL　¥ 1684円

〔おすすめの飲み方〕
熱燗　ぬる燗　常温　冷酒　ロック

遠州山中酒造《えんしゅうやまなかしゅぞう》 〔掛川《かけがわ》〕

創業時は5つの蔵を構え、昭和4年（1929）に横須賀蔵《よこすかぐら》が独立。平成11年より蔵元《くらもと》自ら醸造を始め現在に至る。仕込み水は赤石山系小笠山《おがさやま》の伏流水《ふくりゅうすい》。吟醸酒には全て兵庫県産「山田錦《やまだにしき》」を100%使用する。

日本酒 COLUMN

日本酒の資格いろいろ

日本酒の知識を深めたいと思ったら、資格に挑戦するという方法もある。最も有名な日本酒の資格といえば、日本酒サービス研究会・酒匠研究会連合会（SSI）が認定する「唎酒師《ききさけし》」。飲食業界などのプロも取得する本格的な資格だ。ほかに、一般社団法人日本ソムリエ協会（J.S.A.）が2017年にスタートさせた「SAKE DIPLOMA（酒ディプロマ）」もある。もっと気軽に挑戦できるのは、SSIが実施する一般の消費者向けの評価検定「日本酒検定」。もちろん知識だけで日本酒が理解できるわけではないが、自分の「日本酒力」を試してみる、といった楽しむ気持ちで資格にチャレンジしてみるのもよい。

■ 唎酒師
日本酒を正しく理解し、飲み手に日本酒と日本酒の楽しみ方を提供できるようになることを目的とした資格。

■ SAKE DIPLOMA（酒ディプロマ）
一般社団法人日本ソムリエ協会（J.S.A.）が認定する、日本酒と焼酎に特化した資格。テイスティングの試験もあり、難易度は高め。

■ 日本酒検定
消費者に日本酒をもっと楽しんでもらうことを目的とした日本酒の知識の評価検定。5級から準1級、1級まで、6段階の階級に分かれている。

A 相手の好みがわかるなら、それを基に酒屋で相談するのが一番。相手の出身地の酒という選び方も面白い。

静岡の米や酵母を使い生酛《きもと》造りで仕込む

白隠正宗《はくいんまさむね》

ふくよか キレがよい

誉富士《ほまれふじ》生酛《きもと》純米酒

静岡県産の「誉富士《ほまれふじ》」や静岡酵母を用いて、昔ながらの生酛造り仕込みを丁寧に行う。「地の食文化に合う酒」をモットーとしている。

唎き酒NOTE

静岡酵母NEW5を使っているので、有機酸が少なく、淡麗なタイプになる傾向をもつ。香りは穏やかで、米の旨みを感じるふくよかな味わい。キレはよく、和食全般に合う。

造 純米　米 誉富士
精 65%
酵 静岡酵母NEW5
A 15%　日 非公開
酸 非公開　容 720mL
¥ 1540円

〔おすすめの飲み方〕
熱燗　ぬる燗　常温　冷酒　ロック

高嶋酒造《たかしましゅぞう》〔沼津《ぬまづ》〕

文化元年（1804）、東海道13番目の宿場町原《はら》にて創業し、明治17年（1878）、「白隠正宗」と命名した。「この地でしか造れない最高の地酒をコミュニケーションツールに」がコンセプト。

富士山の地下を流れる伏流水を仕込み水に

富士錦《ふじにしき》

爽やか キレがよい

純米酒

14代目と親交のあった尾崎行雄（第2次大隈内閣時の司法大臣）が「富士に錦なり」と富士をめでたことから命名。伝承技法「和釜《わがま》蒸し」を守り続け、多くの賞を受賞する。

唎き酒NOTE

静岡酵母由来の爽やかな味わいが特徴。そのなかにも豊かな米のふくらみが感じられる。香りは華やかだが、後味の辛味がキレを呼び、食事の邪魔をしない。

造 純米　米 日本晴　精 65%
酵 静岡酵母　A 15.5%　日 +2
酸 1.5　容 720mL　¥ 1270円

〔おすすめの飲み方〕
熱燗　ぬる燗　常温　冷酒　ロック

↑元禄年間（1688～1704）より現在まで18代続く老舗蔵

富士錦酒造《ふじにしきしゅぞう》〔富士宮〕

小作米で酒を造っていた地主の初代が、戦後の農地解放後、酒造りを本業に。早くから純米酒を造り、昭和42年（1967）に「天然醸造酒」として発売した。富士山の伏流水で仕込む酒は、優しくまろやか。

日本酒COLUMN 花酵母《はなこうぼ》とは?

花酵母とは、その名の通り自然界に咲く花から分離した天然酵母のこと。酵母作りはナデシコの花から始まり、発見された40種類以上が東京農業大学の研究室に保存されている。洋ナシを思わせる香りのナデシコ、リンゴのような香りのツルバラ、バナナのような甘い香りのシャクナゲなど。既存酵母にはない特徴ある香味と、飲みごたえのある酒質となるのが特徴だ。花酵母の生みの親は東京農業大学短期大学部醸造学科酒類学研究室に在籍した中田久保教授。「原料・労働コストを極力抑えた、昔の二級酒のように割安感があってお燗酒が楽しめる酒を主体にしたら、小規模蔵の活性化にもつながる」と考え、米を磨きすぎずともきれいな味に仕上がり、燗《かん》上《あ》がりする酒質になる酵母として開発した。現在、花酵母を使用する30蔵ほどが「花酵母研究会」を運営。試飲会や研究会を行っている。

愛知県ご当地肴

名古屋コーチン鍋

ぷりっとした食感の「名古屋コーチン」はコクがあり、野菜と一緒に水炊きするだけで格別な鍋料理に。

愛知県

東京と大阪を結ぶ中間地点で、江戸時代から酒造りが盛ん。味の濃い郷土食の影響か、旨口の酒を得意とする蔵が多い。

普通酒でも原料米は自家精米、豊かな泉のような酒質を

蓬莱泉《ほうらいせん》

別撰

辛口 / キレがよい

酒粕《さけかす》を再発酵させた自社製アルコールを使用し、食の安全を追求した「蓬莱泉」。中国の蓬莱島から名付けられ、骨太な旨みを備えている。

唎き酒NOTE

晩酌の手が止まらないすっきり辛口酒。淡麗にしてキレあり。手頃な値段でこの酒質は文句なしと評価できる。〆サバやおでんを肴に。

造 普通酒　米 麹:夢山水、掛:チヨニシキ
精 60%　酵 非公開　Al 15.5%　日 非公開
酸 非公開　容 720mL　¥ 957円

〔おすすめの飲み方〕 熱燗　ぬる燗　常温　冷酒　ロック

関谷醸造 せきやじょうぞう 〔設楽《したら》〕

他社に先駆け酒造工程へ積極的に機械を取り入れているのは、労力を減らし「人の手をかける作業」に全力を注ぐため。原料米は全量自家精米する。

豊かな果実味をストレートに感じる

二兎《にと》

純米大吟醸 雄町四十八《おまちよんじゅうはち》

華やか / まろやか

新鮮さ、後味のよさ、食との融合の3点を念頭に置いて造る。空気との触れ合い、時間の経過、温度の変化によってさまざまな表情を見せる。

唎き酒NOTE

ユリの花のような華やかな香りが印象的。洋ナシのような果実味にほどよい酸が合わさり、アロマティックでまろやか。余韻ははかなく消える。

造 純米大吟醸　米 雄町　精 48%
酵 7号系　Al 16%　日 非公開
酸 非公開　容 720mL　¥ 1936円

〔おすすめの飲み方〕 熱燗　ぬる燗　常温　冷酒　ロック

丸石醸造 まるいしじょうぞう 〔岡崎《おかざき》〕

徳川家康公生誕の地である岡崎で、元禄3年（1690）に創業した。酒造りは笑顔づくりと考え、飲んだ人が笑顔になるような酒を造り続けている。

飲んで旨い酒を目指し「米」の力を引き出す酒造り

義侠《ぎきょう》

純米吟醸原酒 40%

辛口 / 軽やか

酒の価格が急騰した時代も契約通りの値を守ったことから、小売り商から名を贈られたという「義侠」。最高級ランクの「山田錦《やまだにしき》」を用いる。

唎き酒NOTE

香りは穏やかで、幅と奥行きのあるしっかりとした味わい。余韻は長めだが、キレのよさももつ。凝縮された米の旨みは熟成させても面白い。

造 純米吟醸　米 兵庫県東条特A地区産山田錦　精 40%　酵 協会9号
Al 16～17%　日 非公開　酸 非公開
容 720mL　¥ オープン

〔おすすめの飲み方〕 熱燗　ぬる燗　常温　冷酒　ロック

山忠本家酒造《やまちゅうほんけしゅぞう》 〔愛西《あいさい》〕

先代の10代目より、金賞狙いの酒造りから「飲んで旨い酒」への追求に移行。最高Aランクの兵庫県東条産「山田錦」の力を最大限に表現すべく邁進《まいしん》する。

A 国税庁統計（事業年度平成30年）では清酒の製造場は1378場。約40年前の約2500場と比べると減少している。

三重県ご当地肴

ハマグリ料理
「その手は桑名の焼きハマグリ」というしゃれ言葉もあるほどの特産品。蒸して醤油を垂らしても美味しい。

三重県

寒暖差が大きい盆地で育つ米と、豊富な伏流水《ふくりゅうすい》が上質な酒を生む。濃醇《のうじゅん》甘口が主流だが、伊賀地方では淡麗タイプも。

淡麗で上品な味わいをコンセプトに仕上げられた大吟醸

宮《みや》の雪《ゆき》
大吟醸

辛口 / キレがよい

蔵元《くらもと》の姓と地元伊勢神宮にちなんだ「宮」と、鈴鹿連峰にかかる「雪」から名付けられた。大吟醸は純白のイメージのごとくさらりと上品。

唎き酒NOTE

辛口の数値を示しているが、酸が低いのでそれほど辛くは感じない。サラリとした口当たりで、食中酒にふさわしい大吟醸といえる。

造 大吟醸　米 山田錦　精 40%　酵 協会1801号ほか　Al 17～18%　日 +8　酸 1.2　容 720mL　¥ 3300円

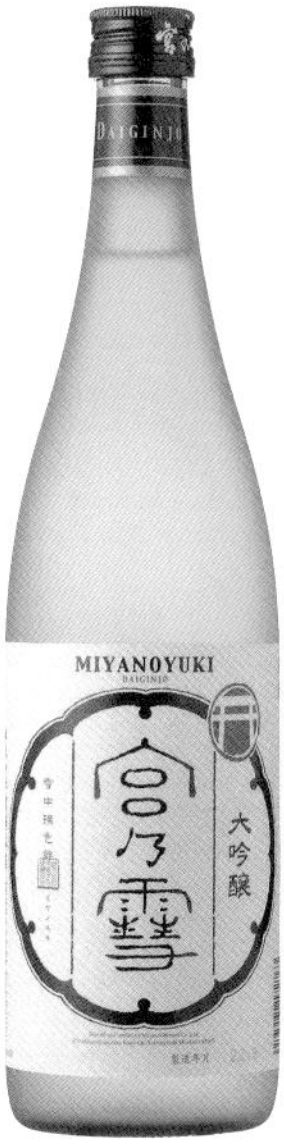

〔おすすめの飲み方〕 熱燗　ぬる燗　常温　冷酒　ロック

宮崎本店　みやざきほんてん　〔四日市〕

「キンミヤ焼酎」やみりんなども手がける総合酒類メーカー。日本酒では、高精白米と長期低温発酵による、高い吟《ぎん》醸《じょうか》香と淡麗で上品な味わいを目指す。

芸能の神の名を取った三重の米で醸す三重の地酒

鈿女《うづめ》
山廃《やまはい》純米 豊穣《ほうじょう》の舞《まい》

まろやか / 酸味豊か

三重県産米、名水「智積養水《ちしゃくようすい》」と呼ばれる伏流水、三重県開発酵母など、県産原料にこだわる。銘柄は、芸能の神の天鈿女之命《あまのうづめのみこと》に由来。

唎き酒NOTE

山廃酛《もと》由来の乳製品の香りに蒸し米の香りが調和。味わいはまろやか。ふくよかな甘味と丸みのある酸味のバランスがよい。後味はスパイシー。

造 特別純米　米 キヌヒカリ、神の穂　精 60%　酵 MK5　Al 15%　日 −2　酸 1.7　容 720mL　¥ 1430円

〔おすすめの飲み方〕 熱燗　ぬる燗　常温　冷酒　ロック

伊藤酒造　いとうしゅぞう　〔四日市《よっかいち》〕

江戸時代末期、初代幸右衛門が創業。当初の銘柄は「伊勢桜《いせざくら》」「三重桜《みえざくら》」、その後「日本華《にほんか》」として好評を博す。「鈿女」の発売は昭和50年（1975）頃。

三重の地から吹きつける爽やかにキレる「一陣の風」

颯《はやて》
純米吟醸 神《かみ》の穂《ほ》

旨口 / 柔らか

三重県の酒米「神の穂」と、三重県工業研究所と共同開発した酵母《こうぼ》で醸《かも》した純米吟醸。酒銘は三重から爽やかな風を吹かせたいと命名。

唎き酒NOTE

香りは、甘く華やかな吟醸香《ぎんじょうか》。口に含めば心地よい旨みがふくらみ、喉越しは柔らかい。後味にはすっきりとした旨みが感じられる。

造 純米吟醸　米 神の穂　精 55%　酵 MK-9（三重県酵母）　Al 16%　日 +2　酸 1.6　容 720mL　¥ 1600円

〔おすすめの飲み方〕 熱燗　ぬる燗　常温　冷酒　ロック

後藤酒造場　ごとうしゅぞうじょう　〔桑名《くわな》〕

大正6年（1917）創業。「料理の味を引き立ててなお旨みを味わえる酒」を理想とする。伝統銘柄は「青雲《せいうん》」で、新展開する「颯」シリーズが充実。

米にこだわり無農薬か減農薬有機栽培の地元酒米中心

るみ子《こ》の酒《さけ》 純米酒 伊勢錦《いせにしき》

深みとコク / キレがよい

漫画『夏子の酒』の原作者である尾瀬あきら氏より命名され、ラベルのデザインも氏によるもの。三重県固有の希少品種である「伊勢錦」を原料にして仕上げた特別純米酒。

唎き酒NOTE

派手さはないが、酵母《こうぼ》由来か比較的華やかな香りを感じる。地元の酒米・伊勢錦は深みとコクがある。余韻も頼もしく、しかしスパッとキレもよい。

造 特別純米　米 伊賀産伊勢錦　精 60%
酵 協会9号酵母　Al 15%　日 +8　酸 1.5
容 720mL　¥ 1457円

〔おすすめの飲み方〕
熱燗　ぬる燗　常温　冷酒　ロック

森喜酒造場 もりきしゅぞうじょう 〔伊賀《いが》〕

全量が純米酒となり、自社田で農薬不使用の「山田錦《やまだにしき》」の栽培も行う。小規模の酒蔵だからこそできる徹底した手作業で、造り手の気持ちが伝わるよう心がける。

三重県産の酒造好適米《しゅぞうこうてきまい》と三重県酵母で地酒度アップ

半蔵《はんぞう》 純米大吟醸 神《かみ》の穂《ほ》

中口 / キレがよい

三重県産「神の穂」を全量使用。さらに三重酵母を使い、三重の地酒として旨みのある酒を目指す。丁寧な造りで、ふくらみのある柔らかな酒質に仕上げている。

唎き酒NOTE

一番の特徴は後味のキレがよく、もう一杯飲みたくなること。肴は刺身や生ハム、魚介類料理がよく合いそう。香りは爽やかだ。

造 純米大吟醸　米 神の穂　精 50%
酵 三重酵母MK-3　Al 15～16%　日 +2
酸 1.5　容 720mL　¥ 1760円

〔おすすめの飲み方〕
熱燗　ぬる燗　常温　冷酒　ロック

大田酒造 おおたしゅぞう 〔伊賀〕

伊賀忍者の頭領の名にちなんだ「半蔵」シリーズは幅広いラインナップ。原料米は伊賀産「山田錦《やまだにしき》」「うこん錦《にしき》」「神の穂」など、地元米にこだわる。

バランスがとれていて
キレがあるがソフトな味わい

作《ざく》

雅《みやび》乃《の》智中取《ともなかど》り

フルーティ / バランスがよい

醪《もろみ》を搾る際の最初の「あらばしり」と最後の「責《せ》め」を除いた、中間のクリアな部分である「中取り」のみを瓶詰めした酒。フルーツのタルトとも合う。

唎き酒NOTE

香りには洋ナシ、プラム、パイナップルに加えてバラの花を感じる。穏やかな酸と甘味のバランスが心地よい。ソフトな味わいで余韻は長く続く。

造 純米大吟醸　米 山田錦
精 50%　酵 自社酵母　Al 16%
日 +1　酸 1.6　容 720mL
¥ 2310円

〔おすすめの飲み方〕
熱燗　ぬる燗　常温　冷酒　ロック

清水清三郎商店《しみずせいざぶろうしょうてん》 〔鈴鹿《すずか》〕

「作」のほかに、創業以来の伝統を引き継いだ、地元が誇る「鈴鹿川《すずかがわ》」を造る。常に前年より1ミリでもよい酒を造ることを目標としている。

Ⓐ 日本酒の生産量1位は兵庫県、2位京都府、3位新潟県。ほか、秋田県、愛知県、埼玉県、福島県も多い。

東海
三重県

美しく清らかな自然郷にて「而今」の精神で造る酒

而今《じこん》 特別純米

やや甘口
クリア

190年以上続く蔵で、昔ながらの製法で醸す。改善の繰り返し、と杜氏《とうじ》自ら全霊を注ぐ「而今」は、口中で旨みが広がりきれいに抜けるクリアな味わい。「今を生きる」という道元の言葉を酒銘とした。

唎き酒NOTE

柑橘系の爽やかな吟醸香《ぎんじょうか》を主体とする香り、しっかりと詰まった旨みとやや高めの酸度のバランス、すーっと消えていくキレ具合が、この酒の個性。

造 特別純米　米 五百万石、山田錦　精 60%　酵 自社9号
Al 16%　日 +1　酸 1.7　容 720mL　¥ 1650円

〔おすすめの飲み方〕
熱燗　ぬる燗　常温　冷酒　ロック

木屋正酒造 きやしょうしゅぞう 〔名張《なばり》〕

創業以来、当時の土蔵で酒造りを続ける、県内でも希有な蔵。地元で愛される「高砂《たかさご》」と並び、若き杜氏の醸す「而今」は、いまや名実ともに名酒の道を歩む。

「平成の名水百選」を使い、少数精鋭で醸す純米吟醸

瀧自慢《たきじまん》 純米吟醸

中口
しっとり

「日本の滝百選」にも入る地元の赤目四十八滝《あかめしじゅうはちたき》にちなみ付けられた「瀧自慢」。優しい香りと柔らかな味わいは、淡雪のように消えていく飲み飽きしない口当たりとしっとりした質感をもつ。手頃な価格も魅力。

唎き酒NOTE

口に含むとマスカットを思わせる香りと旨みが口中に広がり、滑らかにフェードアウトしていく。ほのかな甘味の後にくる酸味・渋味とのバランスもよい。

造 純米吟醸　米 麹:山田錦、掛:神の穂ほか
精 麹:50%、掛:55%　酵 蔵内自家培養酵母　Al 16%
日 +7　酸 1.3　容 720mL　¥ 1628円

〔おすすめの飲み方〕
熱燗　ぬる燗　常温　冷酒　ロック

瀧自慢酒造 たきじまんしゅぞう 〔名張〕

「平成の名水百選」赤目四十八滝の伏流水《ふくりゅうすい》を使用。「百人が一杯飲む酒より、ひとりが百杯飲みたくなる酒」を目指し、隅々まで手をかけた酒造りを行う。

伊賀の自然とともに醸《かも》す、すっきり洗練された酒

若戎《わかえびす》 大吟醸

やや軽やか
クセがない

松尾芭蕉が詠んだ句から付けられたといわれる「若戎」の最高峰酒。40%まで磨いた三重県産「山田錦」を低温長期発酵で醸し、澄み切った優しい味わいに。

唎き酒NOTE

香りはフルーティで華やいでいる。味わいはすっきり、後味にクセがなく酒だけでも楽しめる。肴を選ぶなら白身魚の刺身、塩焼き、酒蒸しなどか。

造 大吟醸　米 三重県産山田錦
精 40%　酵 自家保存酵母ほか
Al 16 ～ 17%　日 ＋3　酸 1.2
容 720mL　¥ 3850円（カートン入り）

〔おすすめの飲み方〕
熱燗　ぬる燗　常温　冷酒　ロック

若戎酒造 わかえびすしゅぞう 〔伊賀〕

嘉永6年（1853）に酒造りの印札《いんさつ》を受け創業。盆地特有の気温差、蔵を囲む山々から湧く清水など、恵まれた自然のなかで、酒造りに精魂を込める。

関西エリア

屈指の銘醸地《めいじょうち》である灘《なだ》、伏見《ふしみ》を擁するエリア。造り手は但馬杜氏《たじまとうじ》が主流。兵庫は酒造好適米《しゅぞうこうてきまい》の王様「山田錦《やまだにしき》」の一大生産地、滋賀は近江米《おうみまい》の産地としても名高い。

〈和歌山県〉

名手酒造店《なてしゅぞうてん》「黒牛《くろうし》」

「黒牛」の名に込められた万葉のロマン

紀伊《きい》半島の南部・熊野周辺は、古《いにしえ》の時代から自然崇拝の地。温暖な気候と大量の雨に育まれた大森林は、森の霊気を感じる癒しと再生の地であり、人々を「熊野詣《くまのもうで》」へと誘《いざな》った。京都・奈良を出発し、最初に海を見るのは和歌山市の南に広がる黒江《くろえ》の入江。遠浅の浜に黒牛が寝そべる姿の岩があったことから、「黒牛潟《くろうしがた》」と呼ばれ、柿本人麻呂《かきのもとのひとまろ》などの万葉歌人も歌に詠んでいる。

「黒牛」の醸造元・名手酒造店は、この海南《かいなん》市黒江の町なかにある。蔵元《くらもと》の名手孝和氏は「黒牛岩は地震による隆起と埋め立てで、江戸時代には地中深くに埋まってしまいました。ちょうどこの蔵のあたりにあったといわれています」と語る。黒江は漆器の町であり、

1

紀州藩の財政を支えるほど繁栄。熊野詣と深く関わりながら発展した。「初代は、漆器で財を成した問屋の旦那衆や木地《きじ》師《し》、塗師《ぬし》、蒔絵師《まきえし》などの職人を顧客に、酒造りを始めたようです」。創業は幕末の慶応2年（1866）のことという。

純米酒に特化した「黒牛」ブランドが誕生したのは平成2年。「地酒の名前にしては変わっているとよく言われました。正統な純米酒を醸《かも》すにあたって、地元の伝承を背負う覚悟を示したものです」。現在、純米酒比率は95%。万葉の昔を偲《しの》べるまろやかな味わいを目指していると、口調に固い信念をのぞかせる。

1 2 黒漆喰に連子格子《れんじこうし》の趣《おもむき》も深い名手家の蔵と、通りを挟んで建つ「黒牛茶屋」 3 蔵の裏手にある中言《なかごと》神社の境内には「万葉黒牛の水」が湧く 4 酒造りの資料を収集・公開する「温故伝承館」 5 蔵元の名手孝和氏

純米酒は2杯目、3杯目からがより美味しい

純米酒を造るにあたって一番こだわるのは、酒造米の品質だという。兵庫、岡山、滋賀、富山など、酒米の名産地へ生産者とのいい出会いを求め、丹念に歩いた。原料処理にも細やかな配慮が必要と、新しい精米機や洗米機も導入している。

「純米酒本来の美しい味を大事にしたいのです。醸造アルコールを添加した酒に比べ、飲み口は重いですが旨みがあり、まろやか。食中酒には純米酒です。ひと口飲み、食べてからまた飲む。ひと口目とは別の味わいで、2杯目、3杯目からが美味しい酒に……」。純米酒を語り始めると穏やかな人柄が別人のように熱くなる。「和歌山県産米にこだわる蔵元の会」を発足させ、地元でも酒米の契約栽培に取り組んできた。「高品質化には不断の努力が必要です。手の届く価格帯での高品質化でなければ意味がないですから」と自らに厳しい。

仕込み水は弱硬水《こうすい》。貝殻層を通して汲《く》み上げるのでミネラル分が適度にあり、豊かな発酵力をもつという。

← 銘柄紹介 P.241

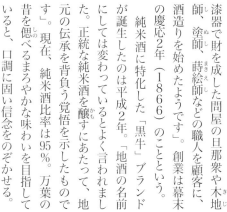

滋賀県ご当地肴

鮒《ふな》寿司

なれ寿司の一種。腹開きした鮒を数カ月塩漬けにし、ご飯を詰めてさらに発酵させる。お茶漬けにも合う。

滋賀県

鈴鹿《すずか》山系、比良《ひら》山系の豊かな伏流水《ふくりゅうすい》を使用し、全地域で酒造りの盛んな県。良質な近江米《おうみまい》の産地としても有名。

古《いにしえ》の手法が生み出す濃密にして爽やかな味わい

萩《はぎ》乃《の》露《つゆ》

濃醇

爽やか

特別純米 十水《とみず》仕込《じこみ》 雨垂《あまだ》れ石《いし》を穿《うが》つ

通常米10：水12のところ、米10：水10で仕込む、江戸時代に行われていた「十水仕込」で造られる。幅広い料理と相性がよく、冷やしても燗《かん》でも楽しめる懐の深い酒。

唎き酒NOTE

メロンやウリを思わせる穏やかな吟醸香《ぎんじょうか》に魅せられる。味わいは濃密にして爽やか。柔らかい甘味と濃い旨みがあり、飲みやすさとコク深さが両立している。余韻は長い。

造 特別純米
米 山田錦、吟吹雪
精 60%
酵 9号酵母　Al 15%
日 −5　酸 1.6
容 720mL
¥ 1650円

〔おすすめの飲み方〕
熱燗
ぬる燗
常温
冷酒
ロック

福井弥平商店 ふくいやへいしょうてん 〔高島《たかしま》〕

江戸中期の創業以来270年間、酔うための酒ではなく味わうための酒を造ることを信条として、まろやかさが味わえる、後味のすっきりとした酒を目指している。

地元農家と提携して無農薬の酒米で醸《かも》す純米酒

七本鎗《しちほんやり》

濃醇辛口

まろやか

無農薬純米 無《む》有《う》

滋賀の米・水・環境にこだわり醸された地酒。「無有」の名は、「農薬を無くすことで、農家と酒蔵双方の想いの有る新たな価値有るモノを生む」との想いから。

唎き酒NOTE

食中酒をコンセプトにするだけに、穀物を思わせる穏やかな香りが持ち味。味わいは柔らかな旨みとキレのいい酸がバランスをとり、後味に米の旨みがじんわりと広がる。

造 純米
米 滋賀県産無農薬栽培玉栄
精 60%
酵 協会901号酵母
Al 15%　日 非公開
酸 非公開　容 720mL
¥ 1925円

〔おすすめの飲み方〕
熱燗
ぬる燗
常温
冷酒
ロック

↑「七本鎗」は秀吉を天下人へと導いた武将たち「賤《しず》ヶ《が》岳《たけ》の七本槍」にちなむ

冨田酒造 とみたしゅぞう 〔長浜《ながはま》〕

琵琶湖最北端、賤ヶ岳の麓《ふもと》で480年以上の歴史を刻む蔵。地酒の「地」にこだわり、地元の米と水で醸した北近江発の食中酒を発信。15代目の若き蔵元《くらもと》が、同世代の農家との契約栽培など、日本酒文化に新風を吹き込むべく奮闘している。

A 灘のある兵庫県、伏見のある京都府、この2県で全国生産量の約5割を生産している。

辛いだけではない、旨みのあるたおやかな辛口

喜楽長《きらくちょう》 辛口 純米吟醸

辛口 旨み

口にすると心が優しくなるような、たおやかな酒を目指して醸される辛口の酒は、麹《こうじ》由来の深い旨みが滑らかに広がる。「喜楽長」の名は「喜び楽しくお酒を飲んで長生きを」という願いから。

唎き酒NOTE

香りは上品で透明感のある吟醸香、味わいはスペックが語るように超辛口。トップには麹由来の旨み、その後に広がる旨みと両立した辛味は強烈。

造 純米吟醸　米 山田錦　精 55%　酵 14号系自家酵母
Al 17%　日 +14　酸 1.6　容 720mL　¥ 1650円

〔おすすめの飲み方〕
熱燗　ぬる燗　常温　冷酒　ロック

喜多酒造 きたしゅぞう 〔東近江《ひがしおうみ》〕

文政3年（1820）創業。愛知川《えちがわ》の清らかな伏流水《ふくりゅうすい》と近江米を使用して酒を造る。作り込まれた味わい深い麹を生かし、たおやかな酒質の日本酒を目指す。

日本酒新時代の旗手《きしゅ》を目標に、時代性を問う酒

笑四季《えみしき》 センセーション 黒《くろ》ラベル

旨口 骨太

普段使いできる価格とワンランク上の味わいを創造した「Sensation」シリーズ。酸を多く生成する酵母と滋賀県産米を使い、無濾過《むろか》生原酒の状態で瓶詰めし、瓶燗《びんかん》火入れ、瓶貯蔵する。

唎き酒NOTE

バナナ系のフルーツ香がチャーミング。やや強めの口当たりで米の旨みがじわり。余韻は意外と短い。こってりめの料理にも負けないしっかりした味わい。

造 純米　米 滋賀県産玉栄　精 50%　酵 自社酵母
Al 16%　日 +2　酸 1.7　容 720mL　¥ 1375円

〔おすすめの飲み方〕
熱燗　ぬる燗　常温　冷酒　ロック

笑四季酒造 えみしきしゅぞう 〔甲賀《こうか》〕

先進技術も導入し個性派路線を探求、貴腐《きふ》ワインを日本酒で表現する貴醸酒《きじょうしゅ》造りを礎に、独自の濃醇《のうじゅん》製法を確立。にごりや花酵母《はなこうぼ》の貴醸酒も発売する。

幅広い料理に合わせやすく、飲み疲れしない酒

浪乃音《なみのおと》 ええとこどり 純米吟醸酒

中辛口 さっぱり

「山田錦《やまだにしき》」を100％使用。蔵元3兄弟のもと、小仕込みで丁寧な作業と管理で醸される酒は、飲み疲れしないすっきり旨口タイプ。県外に向け「ええとこどり」と命名された。

唎き酒NOTE

フルーティな香りがかすかに漂うさっぱり系。米の旨みは柔らかく、酸度が高いので後味が締まる。刺身、おでんなどさまざまな料理と楽しみたい。

造 純米吟醸　米 山田錦　精 50%
酵 1401　Al 16%　日 +1～+3
酸 1.5～1.8　容 720mL　¥ 1870円

〔おすすめの飲み方〕
熱燗　ぬる燗　常温　冷酒　ロック

浪乃音酒造《なみのおとしゅぞう》 〔大津《おおつ》〕

文化2年（1805）、比叡山《ひえいざん》の高僧が「浪乃音」と命名。平成14年より、兄弟3人で酒造りを行う。食中に合う飲み疲れしない酒を心がけている。

京都府ご当地肴

おばんざい
（竹の子の炊いたん）
京都における日常的な「惣菜」。旬の食材なども取り入れて手間をかけずに作る。

京都府

銘醸地《めいじょうち》伏見《ふしみ》は400年の歴史をもつ。酒造好適《しゅぞうこうてき》米《まい》「祝《いわい》」の復活もあり、近年、蔵ごとに個性のある酒を追求している。

発泡性が口中をリセットし、中華にもよく合う

月《つき》の桂《かつら》

純米にごり酒

爽快
喉越しがよい

にごり酒には純米と純米大吟醸があるが、力強い味わいのなかに、ほんのり優しい甘味と爽やかな酸味が広がる。より飲みやすくより爽やかに進化した。

唎き酒NOTE

香りはフルーティでバナナを思わせる。味わいは爽やかな酸味が印象的。口中で弾ける泡とドライ感のある喉越し、すっきりとキレる後味。中華料理にも抜群の相性だ。

造 純米　米 非公開　精 60%　酵 非公開　Al 17.2%
日 非公開　酸 非公開　容 720mL　¥ 1650円

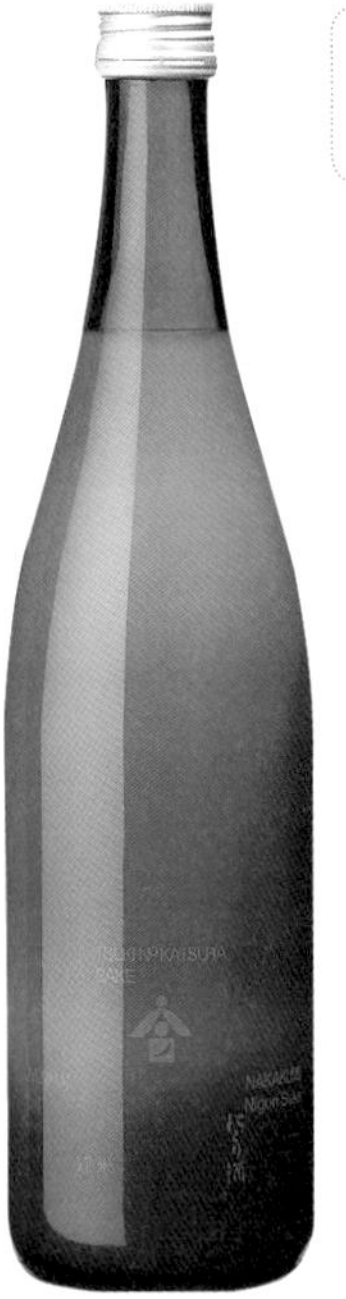

〔おすすめの飲み方〕
熱燗　ぬる燗　常温　冷酒　ロック

月《つき》の桂《かつら》
祝米《いわいまい》 純米大吟醸にごり酒
伏見の農家と契約した「祝」を使用。香りはやや強く、まろやかな甘味とフレッシュでシャープな味わい。
¥ 3300円（720mL）

〔おすすめの飲み方〕
熱燗　ぬる燗　常温　冷酒　ロック

増田徳兵衛商店　ますだとくべえしょうてん　〔京都〕

延宝3年（1675）創業の老舗蔵。昭和39年（1964）ににごり酒を発売した、にごり酒の元祖。吟味した米を原料に、丁寧な仕込みから生まれる淡麗でパンチの効いた喉越しは、人々に驚きを与え、日本酒文化の新境地を開いた。

創造性・革新性をもって醸《かも》される絶妙な味わい

月桂冠《げっけいかん》

鳳麟《ほうりん》 純米大吟醸

やや辛口
やや濃醇

低温で約30日をかけ発酵。香りと風味がじわじわと醸された最高級クラスの純米大吟醸。滑らかな味わいに思わず杯が進む。キリッと冷やし刺身と楽しみたい。

唎き酒NOTE

美味しくエレガントに酔わされる純米大吟醸。風格あるパッケージだが、味わいはさりげなく、滑らかさと複雑さが絶妙。まさしく、「やや辛口」にして、かつ「やや濃醇《のうじゅん》」。

造 純米大吟醸　米 山田錦、五百万石　精 50%　酵 月桂冠酵母
Al 16%台　日 非公開　酸 非公開　容 720mL　¥ 2750円

〔おすすめの飲み方〕
熱燗　ぬる燗　常温　冷酒　ロック

月桂冠《げっけいかん》 大吟醸 生詰《なまづめ》
月桂冠が独自に開発した新酵母《こうぼ》を使用。フレッシュでフルーティな香りと、すっきりとした口当たりのよさが特徴。
¥ 1202円（720mL）

〔おすすめの飲み方〕
熱燗　ぬる燗　常温　冷酒　ロック

月桂冠　げっけいかん　〔京都〕

寛永14年（1637）創業。明治時代には酒造りに科学技術を導入し、樽詰め全盛期に防腐剤なしの瓶詰め酒を発売した。四季醸造システムも構築し、新技術で酒を醸造する。近年では「米国月桂冠㈱」を通じて日本酒の国際化に貢献。

A 世界最古の酒というワインは紀元前から飲まれていたとされるが、日本酒の存在を示す最古の記述は3世紀が定説。

蔵に棲《す》みつく微生物を最大限に生かす「自然仕込」

玉川《たまがわ》
自然仕込 純米酒(山廃《やまはい》)無濾過《むろか》生原酒

旨口
パワフル

熟成を主なテーマにしており、酒が生まれた瞬間から熟成酒に変化していくプロセスを大切にしている。旨みを中心に、五味がしっかり感じられることが特徴。酵母《こうぼ》無添加の生酛《きもと》・山廃酛《もと》で造るシリーズ「自然仕込」は、「玉川」の根幹といえる酒を醸している。

唎き酒NOTE

香りには穀物やナッツ、ベリー、酸味の効いたフルーツが感じられる。旨みは深く、パワフルな酸味がバランスをとって絶妙。口中に長く留まる穀物の旨みも印象的。発酵食品、揚げ物、濃厚な魚介料理などと合う。

造 純米　米 北錦　精 66%　酵 無添加　Al 19～21%
日 非公開　酸 非公開　容 720mL　¥ 1485円

〔おすすめの飲み方〕
熱燗　ぬる燗　常温　冷酒　ロック

玉川《たまがわ》
Time Machine《タイムマシーン》 ビンテージ

300年以上前の江戸時代の製造法を復活させた日本酒「Time Machine 1712」を常温で3年以上熟成させた。時間とともに凝縮された濃厚な旨みと甘味がある。前半の強烈な濃厚さが、後を引かずスッと切れる。

¥ 1760円（360mL）

〔おすすめの飲み方〕
熱燗　ぬる燗　常温　冷酒　ロック

木下酒造　きのしたしゅぞう　〔京丹後《きょうたんご》〕

約180年にわたり、久美浜の地で酒造りを継承、現在は11代目が担う。現在の杜氏はイギリス人のフィリップ・ハーパー氏が務め、豊かな発想力と挑戦的な酒造りで新しい商品を開発。新たなファンをつくり出している。

↑平成27年に仕込み蔵などを大幅に増築。蔵に棲みついた微生物を生かすべく、既存の蔵も残す形に

きれいな赤色で果実酒を思わせる風味

伊根満開《いねまんかい》
古代米仕込み

甘酸っぱい
爽やか

今までにない古代米の赤い色をした日本酒を造ってみようというコンセプトから生まれた一本。旨み、辛味、甘味、酸味、苦味の5つのバランスをうまくとることを心がけている。

唎き酒NOTE

日本酒度－40、酸度6というスペックからわかるように、かなり甘くて酸っぱい。果実を思わせる鮮烈さがある。冷酒《れいしゅ》もいいが熱燗《あつかん》もいける。

造 純米　米 京の輝、紫小町　精 70%、90%
酵 701号　Al 14%　日 －40　酸 6.0
容 720mL　¥ 2100円

〔おすすめの飲み方〕
熱燗　ぬる燗　常温　冷酒　ロック

向井酒造　むかいしゅぞう　〔伊根《いね》〕

京都府北部の伊根町の漁師町に蔵があり、日本でいちばん海に近い蔵ともいわれている。日本酒の新しい発見を楽しめるよう、新酒開発にも力を入れている。

大阪府
ご当地肴

大阪府

てっちり

猛毒のあるフグを「鉄砲」に例えたことから、刺身を「てっさ」、フグちり鍋を「てっちり」と呼ぶ。

江戸時代より「天下の台所」と称される、多彩な食文化が集まる土地柄。料理に合うバランスのいい酒を醸《かも》す蔵が多い。

シャトー型の造りから生まれた厳選純米大吟醸

秋鹿《あきしか》
純米大吟醸

辛口
すっきり

「山田錦《やまだにしき》」の低たんぱく質な品種特性を生かし切るため、麹《こうじ》、酒母《しゅぼ》、醪《もろみ》のすべての工程で米を溶かし粕を極力出さないことを最優先に考え酒造りを実践する。

唎き酒NOTE

立ち香は控えめで含み香が口中で広がる。「山田錦」の丸みのある豊かな味わいと独特の酸が調和。後口はスパッと切れ、食中酒に向く。

造 純米大吟醸　米 山田錦　精 50%
酵 9号酵母　A 16%　日 +5
酸 2.1　容 720mL　¥ 2860円

〔おすすめの飲み方〕
熱燗　ぬる燗　常温　冷酒　ロック

秋鹿酒造　あきしかしゅぞう　〔能勢《のせ》〕

丹波山地の入口にある山里で、米作りから酒造りまで一貫して行うシャトー型の造り。丹誠込めて育てた「山田錦」や「雄町《おまち》」で、純米酒のみを醸す。

五味の調和がとれた、杯の進む本醸造酒

呉春《ごしゅん》
本丸《ほんまる》

穏やか
バランスがよい

「呉服《くれは》の里」(池田の古称)で生まれた「呉春」。本醸造は滑らかな口当たりのなかにほのかな甘味を秘める。仕込み水は五月山《さつきやま》から流れる地下水脈の伏流水《ふくりゅうすい》。

唎き酒NOTE

まろやかさのなかにほのかな甘味と酸味、かすかな渋味や苦味が潜む。とがったところがなく、ゆったり味わえる。天ぷらなどの揚げ物にも合う。

造 本醸造　米 山田錦、八反錦　精 65%
酵 協会9号　A 15.9%　日 ±0
酸 1.3　容 1800mL　¥ 2250円

〔おすすめの飲み方〕
熱燗　ぬる燗　常温　冷酒　ロック

呉春　ごしゅん　〔池田《いけだ》〕

江戸中期には下《くだ》り酒《ざけ》の銘醸地《めいじょうち》として栄えた池田で、時代に流されず「池田の酒」を守り続ける蔵。自家精米で造られる「呉春」は一升瓶のみの販売。

契約農家で栽培したこだわりの「亀の尾《かめのお》」を低温長期発酵

弥栄鶴《やさかつる》
亀の尾蔵舞《かめのおくらぶ》2020

甘口
滑らか

ひと握りの種籾《たねもみ》から栽培を始めた「亀の尾」を100%使用。搾ったその日に無濾過《むろか》生原酒のまま瓶詰めして瓶燗《びんかん》火入れし、搾りたての風味が味わえるよう心がけている。

唎き酒NOTE

日本酒度から見るとかなりの甘口だが、米由来の穏やかな甘味で口当たりは滑らか。微炭酸と酸味が爽やかな、すっきり旨口タイプ。

造 純米　米 京都府産亀の尾　精 60%
酵 協会1801ほか　A 17.7%　日 −5
酸 1.64　容 720mL　¥ 1903円

〔おすすめの飲み方〕
熱燗　ぬる燗　常温　冷酒　ロック

竹野酒造　たけのしゅぞう　〔京丹後《きょうたんご》〕

丹後半島の竹野川流域に蔵を構えたのは昭和23年(1948)。当時休業中だった4蔵が合同で設立し、海の幸と合う米の旨み豊かな酒を造る。

A かつては日本酒などの醸造酒《じょうぞうしゅ》は二日酔いになりやすく、焼酎などの蒸留酒はなりにくいといわれたが、根拠のない説だ。

兵庫県

兵庫県ご当地肴

イカナゴのくぎ煮

イカナゴの稚魚を水分がなくなるまで煮て佃煮にしたもの。錆びた釘に見えるため名付けられたという説も。

六甲山《ろっこうさん》系伏流水の宮水《みやみず》に恵まれた灘五郷《なだごごう》は、古くからの銘醸地。南西部には良質な「山田錦」の一大産地がある。

「技術の伝承」を目標に造る複雑な味わいの生酛《きもと》

龍力《たつりき》 特別純米 山田錦 生酛仕込み

華やか／深み

江戸時代に現在の兵庫県で花開いた生酛仕込みの技術を伝承すべく、簡略化しない昔ながらの手順で1カ月かけて酒母を造る。「山田錦」を100%使用し、柔らかさを表現。最高品温15℃で発酵させることで、ふくらみがあり余韻の長い複雑な味わいに。

唎き酒NOTE

リンゴやバナナ、マンゴーのような甘い香りがエレガント。米由来の旨み、生酛仕込み由来の酸味が酒の骨格となり、味わい深い。こうした重厚さに反して、原形精米ゆえか余韻はきれいで爽やか。

造 特別純米　米 兵庫県特A地区産山田錦　精 65%(原形精米)
酵 9号系　Al 16%　日 +3　酸 1.6　容 720mL　¥ 1650円

〔おすすめの飲み方〕
熱燗　ぬる燗　常温　冷酒　ロック

龍力《たつりき》 米のささやき 秋津《あきつ》

兵庫県加東市秋津にて有機肥料・低農薬・への字型栽培・稲木掛け自然乾燥により手塩にかけて栽培された高品質の「山田錦」を使用した純米大吟醸。香り、味わい、キレの絶妙なバランスを堪能できる。

¥ 16500円(720mL)

〔おすすめの飲み方〕
熱燗　ぬる燗　常温　冷酒　ロック

本田商店 ほんだしょうてん 〔姫路《ひめじ》〕

播州《ばんしゅう》杜氏の総取締役として元禄時代より酒造りに専念する。「米の酒は米の味」を信念に掲げ、県が誇る酒造好適米《しゅぞうこうてきまい》「山田錦」をメインに、収穫された土地の味わいを引き出す酒造りがモットー。「龍力」は、真言宗の始祖「龍樹菩薩《りゅうじゅぼさつ》」の長寿の力をいただくという意味から命名された。仕込み水は、地元揖保川《いぼがわ》の伏流水を使用する。

日本酒の極致を目指す
総合酒類メーカーの大吟醸酒

神鷹《かみたか》 大吟醸

軽やか／上品

正義の象徴「神鷹」は、日本酒の極致を目指すブランド。大吟醸は、兵庫県三木市産「山田錦」を100%使用し、自社精米で50%まで磨く。きめ細かく淡麗な味わいをもつ。

唎き酒NOTE

ほどよい吟醸香《ぎんじょうか》とともに甘味が口中にふわりと広がる。柔らかな口当たりで、全体としてもソフトで上品。「山田錦」を使った大吟醸だが、明利《めいり》系酵母のゆえか個性が感じられる。

造 大吟醸　米 兵庫県三木市産山田錦　精 50%
酵 明利系　Al 15%　日 −0.5　酸 1.0
容 720mL　¥ 2302円

〔おすすめの飲み方〕
熱燗　ぬる燗　常温　冷酒　ロック

江井ヶ嶋酒造 えいがしましゅぞう 〔明石《あかし》〕

日本酒以外にもみりん、焼酎、ウイスキー、ワイン、甘味果実酒などを製造する総合酒類メーカー。よい原料で可能な限り高品質なものを造り、できるだけ安く提供することにこだわる。

兵庫県産酒造好適米《しゅぞうこうてきまい》で造る丹波《たんば》杜氏渾身の一本

鳳鳴《ほうめい》

純米吟醸

穏やか
深いコク

「山田錦」と「五百万石」を高精白し、丹波杜氏が醸し上げた、米の旨みをダイレクトに感じられる純米吟醸。「鳳鳴」の名は、鳳凰が鳴いた年は天下太平であるという中国の故事から付けられた。

唎き酒NOTE

穏やかでふくらみのある香り、力強く深いコクのある味わいが持ち味。「山田錦」の上品さ、「五百万石」のふっくらとした甘味など、米の旨みがダイレクトに感じられる。どんな料理にも寄り添ってくれる。

造 純米吟醸　米 山田錦、五百万石　精 山田錦:50%、五百万石:60%
酵 協会9号系　Al 15～16%　日 +5　酸 1.5　容 720mL　¥ 1593円

〔おすすめの飲み方〕
熱燗　ぬる燗　常温　冷酒　ロック

夢《ゆめ》の扉《とびら》 純米吟醸

音楽を振動に変換して酵母《こうぼ》菌を活性化させて造った音楽振動醸造酒《じょうぞうしゅ》。純米吟醸にはモーツァルト、本醸造にベートーベン、普通酒には民謡を使っている。まろやかな口当たりで甘めだが苦味もあり煮物などと好相性。

¥ 1972円（720mL）

〔おすすめの飲み方〕
熱燗　ぬる燗　常温　冷酒　ロック

鳳鳴酒造　ほうめいしゅぞう〔丹波篠山《たんばささやま》〕

丹波篠山は篠山城の城下町。丹波杜氏の故郷でもある。創業は寛政9年（1797）。「酒は文化なり」を基本に地元文化を尊重。各地で酒造りを終え帰ってきた杜氏や、地元の人がほっとできる酒を目標とする。丹波の名産黒豆や栗を使ったリキュールも発売。

↑江戸期の建物は「ほろ酔い城下蔵」として公開されている

希少な地元但馬《たじま》産の酒米を使い手間をかけ醸《かも》す辛口タイプ

香住鶴《かすみつる》

山廃《やまはい》 純米

辛口
キレがよい

兵庫県の北部地域のみで栽培されている「兵庫北錦《ひょうごきたにしき》」を使用。栄養分が多い「兵庫北錦」の旺盛な発酵力を生かし、低温発酵させ、シャープな辛口に仕上げている。

唎き酒NOTE

ライチに加えて、乳製品や香辛料、穀物などの複雑な香りがする。味わいはシャープ。旨みのある酸がバランスのよさを引き立てる。余韻は長めで、キレのある酸と旨みのある後味が特徴。

造 純米　米 兵庫北錦　精 63%
酵 協会901号　Al 15%　日 +6
酸 1.7　容 720mL　¥ 1705円

〔おすすめの飲み方〕
熱燗　ぬる燗　常温　冷酒　ロック

香住鶴　かすみつる〔香美《かみ》〕

兵庫県豊岡産の「五百万石《ごひゃくまんごく》」や、兵庫県産の「山《やま》田錦」をはじめとした地元但馬産の酒米にこだわる。但馬杜氏《とうじ》伝統の製造法である生酛《きもと》造り、山廃《やまはい》造りで日本海の海の幸に合う酒を醸す。

A 山、鶴のほか、正宗《まさむね》、菊などが付く名前が多い。地域の自然や神事とともに育まれたことが背景といえるだろう。

コストパフォーマンスに優れたオールマイティな酒

辛丹波《からたんば》

上撰

辛口
軽やか

「辛丹波」の名は丹波杜氏伝承の技で醸す辛口の酒であることを表現している。原料米には兵庫県産米を100%使用し、麹米《こうじまい》には「山田錦」を使用。辛口ながらふくよかで雑味のない酒質に仕上げている。

唎き酒NOTE

本醸造だがアルコール臭は感じさせず、米麹の香ばしい香りがする。日本酒度＋7の辛口タイプながら、口当たりはふくよか。雑味のない引き締まった後口は軽快で、お燗酒《かんざけ》にしてもよい。

造 本醸造　米 山田錦ほか　精 70%　酵 自社育種　Al 15%
日 +7　酸 1.4　容 720mL　¥ 942円

〔おすすめの飲み方〕
熱燗　ぬる燗　常温　冷酒　ロック

極上《ごくじょう》の甘口《あまくち》

馴染《なじ》みのない人も楽しめる日本酒として開発。日本酒度－50と驚きの甘口数値だが、酸味もあり後口は軽やか。フルーティな香りも心地よい。

¥ 1013円（720mL）

〔おすすめの飲み方〕
熱燗　ぬる燗　常温　冷酒　ロック

大関　おおぜき　〔西宮《にしのみや》〕

正徳元年（1711）創業の酒造場。東京オリンピックの開催年に発売された「ワンカップ大関」を知らない人はいないほど、灘《なだ》の日本酒を一躍有名にした。「魁《さきがけ》の精神」をモットーに、常に人々のニーズをとらえる新しい酒造りへチャレンジを重ねる。

↑高級酒を中心に醸す寿蔵《ことぶきぐら》は昭和35年（1960）に完成した

冷やしてグラスで楽しみたい
ミディアムボディの大吟醸

ひやしぼり

大吟醸

華やか
瑞々しい

深井戸から汲《く》む六甲長尾山系伏流水《ふくりゅうすい》を用い、伝統の技と近代の設備を併用して醸される大吟醸。使用する米はその都度厳選し、裏ラベルのQRコードで産地を開示している。

唎き酒NOTE

香りは華やかでチャーミング。口の中で搾りたてのフレッシュな香りが広がる。口当たりは瑞々しく、冷やすとさらにすっきりした旨みが感じられる。グラスを使うのがおすすめ。

造 大吟醸　米 麹:酒造好適米、掛:酒造用米
精 50%　酵 自社酵母　Al 15～16%
日 +1　酸 1.4　容 720mL　¥ 1092円

〔おすすめの飲み方〕
熱燗　ぬる燗　常温　冷酒　ロック

小西酒造　こにししゅぞう　〔伊丹《いたみ》〕

創業は天文19年（1550）。470年余の歴史を誇り、「山は富士、酒は白雪」のキャッチフレーズで親しまれてきた酒蔵。「不易流行《ふえきりゅうこう》」の経営理念のもと、伝統と革新を追求し酒造りに取り組む。

長寿を願う名をもつ旨みのあるきれいな酒

黒松白鹿《くろまつはくしか》 豪華千年壽《ごうかせんねんじゅ》 純米大吟醸

芳醇
調和

50%まで磨いた「山田錦《やまだにしき》」と「日本晴《にっぽんばれ》」を使用。「山田錦」ならではの糖化《とうか》力の高い総破精麹《はぜこうじ》と宮水で仕込む。力強い酵母を低温でゆっくりと発酵させた、旨みのあるきれいな酒質。

唎き酒NOTE

爽やかで芳醇な香り、すっきりと滑らかな口当たり。甘味と酸味が調和した、豊かなコクと旨みを感じる味わい。喉越しよく、余韻に爽やかな酸味と旨みが続く。

造 純米大吟醸　米 麹:山田錦、掛:日本晴
精 50%　酵 非公開　Al 15～16%　日 ±0　酸 1.4
容 720mL　¥ 2725円

〔おすすめの飲み方〕
熱燗　ぬる燗　常温　冷酒　ロック

辰馬本家酒造　たつうまほんけしゅぞう　〔西宮〕

「酒は造るものではなく育てるもの」を信念とし、自然環境と微生物を主役にした酒造りを心がける。宮水や六甲おろしになどの豊かな風土を利用した、丹波杜氏《たんばとうじ》伝承の「白鹿伝承蒸米仕込」で酒を醸す。

「味」吟醸にこだわる蔵の純米大吟醸酒

沢《さわ》の鶴《つる》 超特撰 純米大吟醸 瑞兆《ずいちょう》

マイルド
フルーティ

「山田錦」を47%まで磨いた、清々しい喉越しの味吟醸。慶びの兆しを意味する「瑞兆」は、慶びのひとときに飲んでほしいという願いを込めて名付けられた。

唎き酒NOTE

ビワ、マンゴーに似た甘い香りが印象的。味わいにはまろやかな甘味ときめ細やかな酸味があり、含み香《か》は熟成した果実を思わせる。長く続く余韻も心地よい。

造 純米大吟醸　米 山田錦　精 47%　酵 自社酵母
Al 16.5%　日 +3　酸 1.4　容 720mL　¥ 2200円

〔おすすめの飲み方〕
熱燗　ぬる燗　常温　冷酒　ロック

沢の鶴　さわのつる　〔神戸《こうべ》〕

享保2年（1717）、米屋を営んでいた初代が「※」のマークを掲げて、副業として灘で酒造りを始めたのが蔵の起源。香りを抑えて米の旨みを最大限に引き出した味吟醸を追求している。

生酛《きもと》造りと灘《なだ》の宮水《みやみず》が生み出す通好みの「男酒《おとこざけ》」

白鷹《はくたか》 吟醸純米 超特撰

やや辛口
コクあり

酒銘は千年に一度現れるという霊鳥「白鷹」から。生酛による深い味わいが酒通好み。お燗酒《かんざけ》にするとさらにまろやかさを増す。

唎き酒NOTE

穀物由来のふっくらとした香りが控えめに漂う。芳醇《ほうじゅん》でコクがあり、頼もしさを感じさせる味わい。キレもよく、食中酒としても秀逸。

造 純米吟醸　米 山田錦　精 60%
酵 協会9号　Al 16～16.9%　日 +3
酸 1.7　容 720mL　¥ 1650円

〔おすすめの飲み方〕
熱燗　ぬる燗　常温　冷酒　ロック

白鷹　はくたか　〔西宮《にしのみや》〕

文久2年（1862）に創業し、生酛造りを主体とした一季醸造を伝承する。硬水《こうすい》の宮水を仕込み水に、「灘の男酒」と言わしめたコクのある酒を醸《かも》す。

A 一升瓶＝約1800mL、四合瓶＝約720mLが基本。最近は低アルコール酒などで200mL程度のおしゃれな瓶も。

独自の酒米、伝統の技と最新技術で生まれる酒

白鶴《はくつる》 翔雲《しょううん》 純米大吟醸 自社栽培白鶴錦《はくつるにしき》

華やか
ふくよか

「白鶴錦」は10年以上かけ独自に育種開発した酒米。農業法人「白鶴ファーム」が丹波篠山《たんばささやま》市で丹精込めて育てた「白鶴錦」を使用し、270年以上にわたる伝統の技と最新技術で醸す。

唎き酒NOTE

ハイナップルやピーチを思わせる華やかな果実香、エレガントでふくよかな甘味と穏やかな酸味が滑らかに調和した味わい。余韻には、フルーツの香りとナッツのような芳醇な香りが感じられる。

造 純米大吟醸　米 白鶴錦　精 50%　酵 非公開　Al 15～16%
日 +1　酸 1.5　容 720mL　¥ 5500円

〔おすすめの飲み方〕
熱燗　ぬる燗　常温　冷酒　ロック

白鶴《はくつる》 超特撰 純米大吟醸 白鶴錦《はくつるにしき》

良質な酒米「山田錦」を再交配させ独自開発した「白鶴錦」を100%使用。蔵期待の米の名を取った純米大吟醸は、華やかさと爽やかさ、ふたつの香りを併せもつ。味わいはふんわりと優しい。

¥ 3300円（720mL）

〔おすすめの飲み方〕
熱燗　ぬる燗　常温　冷酒　ロック

白鶴酒造　はくつるしゅぞう　〔神戸〕

灘五郷《なだごごう》のひとつ、御影郷《みかげごう》の地に蔵を構え、寛保3年（1743）の創業以来2世紀半以上清酒醸造を続ける、日本でも有数の老舗蔵。豊富なラインナップを誇る日本酒のほかにも、焼酎、ワイン、みりんなどの販売を通して、日本の酒造文化のみならず、食文化全般の担い手となっている。

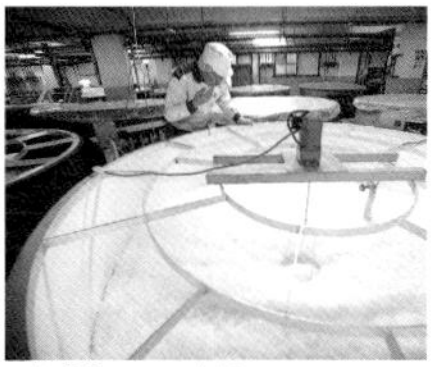

↑上槽《じょうそう》タンクで醪《もろみ》をチェック。眼差しは真剣そのもの

日本酒の歴史に名を刻む
老舗蔵の純米酒

櫻正宗《さくらまさむね》 焼稀《やきまれ》 生一本

旨口
キレがよい

江戸時代、櫻正宗の上等酒に「稀」の焼き印が押され、「焼稀」は高級酒の代名詞となった。「山田錦」の柔らかな米の旨みとすっきりとしたキレ味が魅力。

唎き酒NOTE

精米歩合《せいまいぶあい》70%の純米酒ゆえか、米の旨みが鮮やか。香りも抑えられていて、味わいが強調されている。余韻は残らず、すっきりとキレるので料理の邪魔をしない。

造 純米　米 兵庫県産山田錦　精 70%
酵 協会10号　Al 15.5%　日 +2　酸 1.35
容 720mL　¥ 1235円

〔おすすめの飲み方〕
熱燗　ぬる燗　常温　冷酒　ロック

櫻正宗　さくらまさむね　〔神戸〕

創醸《そうじょう》より約400年。清酒に「正宗」の名を付けた元祖だといわれる。宮水の発見、協会1号酵母の発祥蔵であるなど、日本酒文化に数々の足跡を残す、日本酒史に名を刻む老舗蔵。

奈良県
ご当地肴

柿の葉寿司

サバや小鯛の切り身をひと口大の酢飯と合わせ、柿の葉で包み押し寿司にしたもの。柿の葉の香りが風雅。

奈良県

「奈良流は酒造り諸流の根源なり」の言い伝えと、酒の神が大神神社《おおみわじんじゃ》に祀られることから、清酒発祥の地とされている。

地元の契約栽培米を用いた
無濾過《むろか》無加水の生酒

風《かぜ》の森《もり》
秋津穂《あきつほ》507

果実感
キレがよい

米は主に契約農家の作る「秋津穂」を使用。ジューシーな味わいと、とろっとした質感が特徴。「50」は精米歩合、「7」は7号系酵母《こうぼ》を表す。

唎き酒NOTE

洋ナシや青リンゴを思わせる香りが爽やか。やや辛口だが、ライチのような果実感溢れる上品な味わい。後味はキレよくスッキリとしている。

造 純米　米 奈良県産秋津穂
精 50%　酵 7号系酵母　Al 16%
日 非公開　酸 非公開　容 720mL
¥ 1650円

熱燗
ぬる燗
常温
冷酒
ロック
〔おすすめの飲み方〕

油長酒造　ゆうちょうしゅぞう　〔御所《ごせ》〕

搾りたてのそのままの酒を飲んでほしいという想いから「風の森」が生まれた。「KIKKA GIN」という柑橘の香りあふれるクラフトジンも手がける。

すっきりとしてキレがよく
味わいのある純米吟醸

春鹿《はるしか》
純米吟醸 吟麗《ぎんれい》

旨口
キレがよい

「吟麗」の名は「春鹿」の純米吟醸にふさわしい、厳選し吟味された原材料を元に醸すという想いから。冷酒はもちろんぬる燗《かん》もおすすめ。

唎き酒NOTE

香りは華やかな吟醸香《ぎんじょうか》でベリー類を感じさせる。飲み口は柔らかな米の味わいが持ち味。そして喉越しすっきりとキレよく、余韻は短め。

造 純米吟醸　米 山田錦
精 60%　酵 春鹿7号
Al 15%　日 −3　酸 1.4
容 720mL　¥ 1496円

熱燗
ぬる燗
常温
冷酒
ロック
〔おすすめの飲み方〕

今西清兵衛商店《いまにしせいべえしょうてん》　〔奈良〕

米・水・技・心の4つを磨くことを基本理念とし、まろやかな口当たりかつキレのよい酒を醸す。世界数十カ国にも輸出しているグローバルな酒蔵。

複雑な味わいが醸《かも》し出す
ふくよかな奥行き

瑞穂黒松剣菱《みずほくろまつけんびし》

ふくよか
キレがよい

兵庫県特A地区の「山田錦《やまだにしき》」を使用。その年の米の状態を見極め、旨みを引き出せる精米歩合《せいまいぶあい》を決める。軽やかな酸味と旨みの強さ、コクの深さ、キレのよさが持ち味。

唎き酒NOTE

香りはシック。穀物、キノコ、はちみつ、ブイヨンなどを感じる。味わいはコクのある円熟味と、芳醇《ほうじゅん》な深み。余韻は華やかで上品な印象だ。

造 純米　米 兵庫県産山田錦
精 65～75%　酵 剣菱蔵付き酵母
Al 17.5%　日 ±0～+1　酸 2～2.2
容 720mL　¥ 1642円

熱燗
ぬる燗
常温
冷酒
ロック
〔おすすめの飲み方〕

剣菱酒造　けんびししゅぞう　〔神戸《こうべ》〕

永正2年(1505)に創業。杉の甑《こしき》、蓋《ふた》麹《こうじ》、山廃《やまはい》仕込みなど伝統製法を守り続ける。原料米にもこだわり、21の村落と契約している。

A 西澤保彦《にしざわやすひこ》著『下戸は勘定に入れません』(中央公論新社)、秋川滝美《あきかわたきみ》著『居酒屋ぼったくり』(アルファポリス)など。

山深い立地である奈良吉野の風土に寄り添う酒

花巴《はなともえ》 水酛

旨口
乳酸系

室町時代の僧侶が創醸《そうじょう》した、生米を水に漬けて乳酸菌を生み出す製法を基に醸した純米酒。まるでヨーグルトやチーズのような、発酵を感じるニュアンスを引き出している。

唎き酒NOTE

香りはナチュラルな雰囲気。チーズやヨーグルトのような乳酸系のニュアンスと、梅や果物のニュアンスを感じる。味わいは米の旨みとキレのよい酸が秀逸。

造 純米　米 奈良県産契約栽培酒米
精 70%　酵 無添加　Al 17%　日 非公開
酸 非公開　容 720mL　¥ 1650円

〔おすすめの飲み方〕
熱燗　ぬる燗　常温　冷酒　ロック

美吉野醸造 みよしのじょうぞう 〔吉野《よしの》〕

多湿な山林地帯の奈良吉野は、麹菌が力強く働き、酸や旨みをうまく引き出せる地域。発酵による酸を抑制するのではなく、酸を解放する酒造りを行っている。

ワイングラスで飲めば洋食、盃《さかずき》で飲めば和食に合う酒

三日踊《みっかおどり》 純米吟醸　山乃《やまの》かみ酵母

ジューシー
華やか

銘柄名のごとく、酵母増殖を待つ踊《おどり》の日を通常より多い3日として、十分な量の酵母菌で性能を十分に発揮させている。圧搾直後の新鮮な風味を封じ込め、ひと口目で感動を与えることを心がける。

唎き酒NOTE

百合の花酵母《はなこうぼ》「山乃かみ酵母」の働きもあって、バナナの香りとリンゴ果汁のようなジューシー感が鮮烈。鼻に抜ける香りは薔薇のようで華やか。

造 純米吟醸　米 奈良県産山田錦　精 60%
酵 山乃かみ酵母(百合の花酵母)　Al 16.5%　日 +1
酸 1.6　容 720mL　¥ 1430円

〔おすすめの飲み方〕
熱燗　ぬる燗　常温　冷酒　ロック

中谷酒造 なかたにしゅぞう 〔大和郡山《やまとこおりやま》〕

清酒発祥の地といわれる奈良で、安土桃山時代の酒甕が伝わる蔵。「正しい清酒造り」をモットーに、社員総出で田植えや稲刈りをするなど、米質にこだわった酒造りを追求する。

蔵周辺で栽培した「山田錦」を田んぼごとに精米して醸す

櫛羅《くじら》

純米吟醸 中取り生酒

辛口
キレがよい

自作米「山田錦」だけを使う「櫛羅」ブランドのなかで最も古くから造り続けている酒。蔵のある御所市櫛羅産の「山田錦」を使用するため地名を酒銘にした。

唎き酒NOTE

穏やかなほんのり甘い香り、喉元をすーっと通る微発泡感、そして豊かな米の旨み。香りに反して辛口で、後味はキレがよい。

造 純米吟醸　米 山田錦　精 50%
酵 きょうかい9号　Al 17%　日 +6
酸 2　容 720mL　¥ 2200円

〔おすすめの飲み方〕
熱燗　ぬる燗　常温　冷酒　ロック

千代酒造 ちよしゅぞう 〔御所〕

純米酒にこだわり、酒米作りから醸造までの一貫造り。「時間と手間をかけ、風土を醸す」を信条とする。米の旨み豊かな、どぶろくも造っている。

和歌山県ご当地肴

クエ鍋

幻の魚といわれるクエ。本場紀州産は脂がのってしっとり甘い。豪快に切り水炊きにするクエ鍋は冬鍋の王様。

和歌山県

高野《こうや》山系からの伏流水《ふくりゅうすい》に恵まれた地。酒米は県外産に頼る蔵も多いが、但馬杜氏《たじまとうじ》のもとでコクのある酒が造られる。

洗米から瓶詰めまでほぼ手作業
職人の感性と感覚で醸《かも》す酒

羅生門《らしょうもん》 龍寿《りゅうじゅ》

香り華やか
キレがよい

黒澤明監督の作品のように世界へ通用する酒を、と命名。原料米には兵庫県内の特A地区産の「山田錦」を使用している。

唎き酒NOTE

黄桃や南国のフルーツを連想させる濃厚な香りに魅了される。口当たりは柔らかく、深みのある味わい。深みからくる余韻は長く、キレはよい。

造 純米大吟醸　米 山田錦　精 39%
酵 非公開　Al 16%　日 +3.5
酸 1.3　容 720mL　¥ 5500円

〔おすすめの飲み方〕
熱燗　ぬる燗　常温　冷酒　ロック

田端酒造 たばたしゅぞう

〔和歌山〕

嘉永4年(1851)の創業から160年余、機械管理に頼らず、できる限り手作業で酒を造る。「羅生門 龍寿」は、モンドセレクション最高金賞を30年以上連続で受賞している。

手間を惜しまず、フレッシュさと芳醇《ほうじゅん》さを封じ込めた一本

南方《みなかた》 純米吟醸

厚みあり
バランスがよい

南方熊楠《みなかたくまぐす》ゆかりの蔵であり、その情熱と探究心を引き継ぐ覚悟を込めて名付けられた「南方」。麹《こうじ》作りに手間をかけ、搾った酒は瓶詰め後に加熱急冷。フレッシュさと芳醇さを封じ込めた、厚みのある味わいの純米吟醸。

唎き酒NOTE

「山田錦《やまだにしき》」のほか厳選された酒米が使われた厚みのある味わいに、地酒としての個性が感じられる。芳醇な味わいとキレのよさのバランスがよい。馬刺しやブリ大根と合わせたい。

造 純米吟醸　米 麹：山田錦、掛：国産米　精 50%　酵 自社酵母
Al 16.7%　日 +2　酸 1.3
容 720mL　¥ 1540円

〔おすすめの飲み方〕
熱燗　ぬる燗　常温　冷酒　ロック

世界一統《せかいいっとう》 上撰

「世界一統」の命名者は大隈重信。明治40年(1907)に2代目が早稲田大学で師事した縁で、「酒界の一統たれ」の意味を込めて贈られた。上撰はスッキリした喉越しのいい旨口。

¥ 2165円(1800mL)

〔おすすめの飲み方〕
熱燗　ぬる燗　常温　冷酒　ロック

世界一統 せかいいっとう

〔和歌山〕

明治17年(1884)創業。清酒「世界一統」の醸造元は和歌山が生んだ知の巨人、南方熊楠の生家。熊楠は大英博物館で研究して世界の植物学・民俗学に貢献。自然保護活動の先駆者でもあり、熊野古道の自然保護に影響を与えたとされる。その情熱と探究心は蔵に引き継がれ、「温故知新」を基本に日本酒らしさを大事にした進化の追求を続ける。

Ⓐ 一般的な日本酒醸造にかかる日数は60日前後。酒母《しゅぼ》が速醸《そくじょう》系か、乳酸菌を取り込む生酛《きもと》系かなどの造りによっても異なる。

紀州の柔らかい水を使って
若い醸造家が取り組む地酒

紀土《きっど》

無量山《むりょうざん》　純米吟醸

滑らか
フルーティ

「紀土」の最高峰シリーズ。米は全て兵庫県の特A地区の「山田錦」を、水は紀土の原点である紀州の柔らかくきれいな水を用いて、紀州の風土の至高の味わいを追求する。

唎き酒NOTE

「山田錦」の穏やかでコクのある味わい、滑らかな口当たりがよく生かされている。フルーティで爽やかな香りもとても上品だ。

造 純米吟醸　米 兵庫県特A地区産山田錦
精 50%　酵 協会901号酵母　Al 15%
日 +2.5　酸 1.6　容 720mL　¥ 2530円

〔おすすめの飲み方〕
熱燗　ぬる燗　常温　冷酒　ロック

平和酒造　へいわしゅぞう　〔海南〕

昭和3年(1928)、蔵元《くらもと》の山本家が酒造りを開始。幾度かの廃業の危機を乗り越え、近年は若い杜氏や蔵人《くらびと》が集まり、日本酒の文化を日本だけでなく世界に根付かせることを理念に挑む。

純米に特化した「黒牛」ブランドのプリンス

黒牛《くろうし》

純米酒

芳醇
旨口

香りがほどよく、米の旨みもほどよい旨口純米酒。とりわけ食中酒に向くよう仕上げられている。仕込み水はミネラル分が適度な弱硬水《こうすい》。発酵力が豊かなので、コシのある酒となる。

唎き酒NOTE

香りは穏やかで柔らかく上品。味わいにはふくらみと幅があり、芳醇。深みが感じられる。しかしながら後味はすっきり、きれいにキレる。どんな料理にも合いそうだが、濃いめの味にベストマッチ。

造 純米　米 山田錦、酒造好適米　精 麹:50%、掛:60%
酵 協会901号　Al 15.6%　日 +4　容 720mL　¥ 1257円

〔おすすめの飲み方〕
熱燗　ぬる燗　常温　冷酒　ロック

純米黒牛《じゅんまいくろうし》
瓶燗急冷《びんかんきゅうれい》 雄町《おまち》60%精米

力強い酒になりやすい酒米とされる「雄町」を、まろやかで優しい味わいに仕上げた純米酒。ラベルのデザインも手伝い、初心者でも女性でも手に取りやすい「雄町」の酒だ。

¥ 1430円（720mL）

〔おすすめの飲み方〕
熱燗　ぬる燗　常温　冷酒　ロック

名手酒造店　なてしゅぞうてん　〔海南《かいなん》〕

「飲んで体に優しく、食べながら飲むのに一番」と、純米酒への思い入れが熱い蔵。暮らしのなかで親しまれる名酒を目標に、純米特化の銘柄「黒牛」を展開する。品質を維持して安定供給するため、米は複数の名産地と契約。自社での精米、原料処理にこだわる。

↑ここは「黒牛潟《くろうしがた》」と万葉集に詠まれた地。その歌碑が敷地内にある

もっと知りたい日本酒Q&A　Q 原料の米が日本酒に仕上がるまで、およそ何日くらいかかるの？

中国 エリア

出雲杜氏《いずもとうじ》、広島杜氏、備中杜氏《びっちゅう》、大津杜氏《おおつ》と各県に杜氏集団があり個性ある酒造りが行われる。岡山県の「雄町《おまち》」、広島県の「八反《はったん》」「八反錦《はったんにしき》」をはじめ酒米の品種も豊か。

賀茂鶴酒造「賀茂鶴」

〈広島県〉 かもつるしゅぞう かもつる

西国の酒都《しゅと》「西条《さいじょう》」に白壁《しらかべ》の蔵を連ねる

酒に関する研究機関「酒類総合研究所」は、広島県東広島市にある。表玄関である西条は吟醸酒の里として知られる、灘《なだ》、伏見《ふしみ》と並ぶ西国《さいごく》の酒都だ。西条駅近くの酒蔵通りには、著名な酒銘を掲げた赤レンガの煙突が、きら星のごとく並び立つ。

この通りに、ひときわ優美に白壁となまこ壁を連ねているのが賀茂鶴酒造である。本社の2号蔵と8号蔵は、吟醸酒以上の特定名称酒が造られる伝統的な手づくり蔵。仕込みの際に米を蒸す甑《こしき》は木製で、蔵のこだわりだという。特に8号蔵の甑は日本一の大きさ。甑は6~7年ごとに新しく吉野杉で作る。その職人は、もはや全国にひとりしかいないそうだ。レギュラー

1

1 本館は昭和2年(1927)建造の洋館　2 徹底した手づくり蔵の8号蔵　3 天然伏流水の仕込み水は一般にも提供　4 令和元年にオープンした、見学室直売所　5 総杜氏の友安浩司氏

酒は、平成30年に改築し、再稼働した4号蔵で造られている。

西条が銘醸《めいじょう》地《ち》となったのは、高原盆地の気候風土と水に恵まれているためという。仕込み水には賀茂《かも》山系に降る雨が、15年かけて流れてくる伏流《ふくりゅう》水《すい》を使用。「西条の水は中硬水《こうすい》で、特徴は素材のよさを引き出す力」と総杜氏の友安浩司氏。硬水で知られる灘の「男酒《おとこざけ》」、対して軟水《なんすい》の伏見が醸《かも》す「女酒《おんなざけ》」。西条はその中間で「賀茂鶴は味に旨みがあって喉越しのいい酒」と話す。水源の保護活動には西条酒造協会として取り組み、間伐材《かんばつざい》は肥料化して酒米の田んぼで土に還すという。

吟醸造りの開発に力を尽くして

江戸時代、山陽道の宿場町であった西条。ここに本陣「御茶《おちゃ》屋《や》」が設けられ、賀茂鶴酒造の敷地には今もその豪壮《ごうそう》な門構えが残されている。

「賀茂鶴」の名は明治6年（1873）に誕生した。この明治の世、100年以上も昔に吟醸仕込みを開発しており、昭和33年（1958）には大吟醸酒を世に送り出している。その当時は大吟造《だいぎんぞう》と呼んでいたという。その酒は「特製ゴールド賀茂鶴」。発表から50年以上経つ今も、賀茂鶴酒造を代表する銘柄である。賀茂鶴の名に込めた品質日本一へのチャレンジ精神は、今も健在だ。

「酒造りは生き物相手の仕事。マニュアル通りにはいかないものです。微生物のつぶやきを感じられるよう五感をフルに使います」。友安杜氏の酒に向けるまなざしに慈愛が宿る。

← 銘柄紹介 P.252

鳥取県

鳥取県ご当地肴

松葉がに料理

この地方で水揚げされたズワイガニの雄をブランド化したもの。山陰の贅沢な冬の味覚。

大山《だいせん》からの雪解け水で醸《かも》される酒は、まろやかでふくよか。一度は消滅した酒米「強力《ごうりき》」の復活に、各蔵の意欲も高まっている。

原料処理から出荷まで、心を配って生産される郷土の味

千《ち》代《よ》むすび

純米吟醸 強力 50

やや濃厚
やや辛口

戦前に鳥取県の推奨品種だった酒米「強力」を復活栽培。無濾過《むろか》で1本ずつ瓶燗《びんかん》火入れをし、冷蔵貯蔵する。しっかりと芯の通った味わい。

唎き酒NOTE

郷土の酒米「強力」の旨みと渋味が十分に感じられる純米吟醸。香りは控えめだがフルーティ、後味には酸味が広がって爽やかさも感じる。

造 純米吟醸　米 強力
精 50%　酵 協会9号系
Al 16%　日 +5　酸 1.6
容 720mL　¥ 1650円

〔おすすめの飲み方〕
熱燗
ぬる燗
常温
冷酒
ロック

ちよむすびしゅぞう
千代むすび酒造

〔境港《さかいみなと》〕

「強力」をはじめとした県産酒造好適米《しゅぞうこうてきまい》は全量自家精米。「蒸し」には特に力を入れ、大小2基の甑《こしき》を使い分けて間接蒸気で蒸し、自然放冷する。

酒米「強力」の重厚な酸と旨みを引き出す

日《ひ》置《おき》桜《ざくら》

純米吟醸 伝承強力

香り穏やか
どっしり

米の生産者ごとに仕込み桶を分け、素材の個性を尊重。素材と微生物の力を信じ、必要以上に余計なことはせず、シンプルで精度の高い造りを心がける。

唎き酒NOTE

立ち香はほとんどなく、含み香《か》にバナナに似た微香を感じる。味わいは冷・温で静、お燗《かん》で動といった趣《おもむき》。ぜひ常温や熱燗を試してほしい。余韻は短めですっととキレる。

造 純米吟醸
米 強力
精 55%　酵 協会7号
Al 15.7%　日 +11　酸 2.3
容 720mL　¥ 1870円

〔おすすめの飲み方〕
熱燗
ぬる燗
常温
冷酒
ロック

やまねしゅぞうじょう
山根酒造場

〔鳥取〕

因幡《いなば》の国の最西端、日置郷《ひおきごう》と呼ばれた雪深い里に位置。米は完全契約栽培により、低農薬・減肥栽培で作られる。「醸《じょう》は農《のう》なり」が信条。銘柄は村のシンボルの桜の銘木にちなむ。

Ⓐ 熟成とは、酒をタンクや瓶内で貯蔵して酒質を落ち着かせること。味わいはまろやかになり、やや黄色く色が付く。

島根県ご当地肴

ノドグロ

島根県浜田市で水揚げされるものが有名。最高峰品質とされ、幻の魚といわれた。脂ののった白身が美味。

島根県

酒にまつわる伝説が多い酒大国。「改良雄町《かいりょうおまち》」や「佐香錦《さかにしき》」など良質な酒米にも恵まれる。出雲杜《いずもとう》氏《じ》・石見《いわみ》杜氏の出身地。

ふっくら旨い温もりのある特別純米酒

豊《とよ》の秋《あき》

特別純米 雀《すずめ》と稲穂《いなほ》

芳醇 / 燗上がり

五穀豊穣と芳醇な酒が生まれることを願い命名。口に含むとまろやかな米の旨みを感じる。穏やかな香りは和食と相性がよい。燗《かん》上《あ》がりの酒として楽しめる。

唎き酒NOTE

炊きたてのご飯を思わせるふっくらした香り。ラベルからも想像できるように、米の旨さをしみじみ味わえる。お燗にするとふくらみとキレが一段と冴える。

造 特別純米
米 山田錦、改良雄町、五百万石
精 58%　酵 協会901号
Al 15～15.9%
日 +3.5　酸 1.5
容 720mL　¥ 1320円

〔おすすめの飲み方〕
熱燗
ぬる燗
常温
冷酒
ロック

米田酒造　よねだしゅぞう　〔松江〕

松江の食文化に根付いた酒造りを続ける蔵。「ふっくら旨く、心地よく」をテーマとして水、米、杜氏にこだわり、地元の酒造好適米を中心に、全量自家精米している。

日本の酒文化普及に思いを込めて醸される

李《り》白《はく》

純米大吟醸

ふくよか / キレがよい

良質な酒造好適米「山田錦《やまだにしき》」を丁寧に磨き上げ、ふくよかで芳醇《ほうじゅん》な味わいを引き出した純米大吟醸。「李白」は、元首相の若槻礼次郎によって命名された。

唎き酒NOTE

さっぱりとして品のいい大吟醸。味わいのトーンはやや軽め、甘辛度はやや辛口。香りふくよかにして後キレもよい。日本酒ビギナーも抵抗なく楽しめる。

造 純米大吟醸
米 山田錦
精 45%　酵 61K-1
Al 16%　日 +4　酸 1.8
容 720mL　¥ 3300円

〔おすすめの飲み方〕
熱燗
ぬる燗
常温
冷酒
ロック

李白酒造　りはくしゅぞう　〔松江《まつえ》〕

島根県産の酒造好適米を使った酒造りを行う。酒文化を普及させ正しく後世に継承することを理念とし、酒文化の拡大に力を注ぐ。海外への輸出にも意欲的に取り組んでいる。

もっと知りたい日本酒Q&A　Q 日本酒を熟成させるというのは、どういうこと？　味がどう違ってくるの？

「泡なし酵母」発祥の蔵の厳選酒

七冠馬《ななかんば》 特別純米

中口
食中酒向き

七冠の競走馬「シンボリルドルフ号」にちなんだ銘柄。県産の酒造好適米を厳選使用し、味わい深く飲み飽きしない酒質に。吟醸に近い贅沢な造りの特別純米酒。

唎き酒NOTE

香り控えめで柔らかく、ほどよい味わいで飽きのこない酒質。喉越しも爽やかで食中酒に向いている。郷土島根のおすすめの肴はサバの一本炭火焼き。鰻の蒲焼きにも合う。

造 特別純米
米 麹：島根県産改良雄町、掛：島根県産五百万石 精 55%
酵 泡無901号 Al 15.5%
日 +4 酸 1.5 容 720mL
¥ 1760円（ケース付）

〔おすすめの飲み方〕
熱燗
ぬる燗
常温
冷酒
ロック

簸上清酒《ひかみせいしゅ》 〔奥出雲《おくいずも》〕

出雲大社がある地「簸川《ひかわ》」へと流れてゆく斐伊川《ひいかわ》。その上流に位置することが「簸上」の由来。奥出雲の地で300年、地元の食文化を担う酒を醸し続けている。

ヤマタノオロチを酔わせた伝説の酒を再現

國暉《こっき》 八塩折《やしおり》（紫《むらさき》）

濃醇
超甘口

『古事記』『日本書紀』に登場する「八塩折の酒」を再現すべく誕生。醸《かも》した酒でさらに酒を仕込む「再仕込み」を繰り返して造られる。貴醸酒《きじょうしゅ》とも異なる、濃度調整をしない独自の手法だ。

唎き酒NOTE

カラメルのような甘さを感じる香り。濃密な甘さのなかに酸が調和した味わい。余韻にも熟成したカラメル感が続く。デザート酒におすすめ。アイスクリームと合わせたい。

造 普通酒（特殊醸造）
米 五百万石 精 70%
酵 島根61K-1酵母
Al 15% 日 −60
酸 2.8 容 200mL
¥ 5500円

〔おすすめの飲み方〕
熱燗
ぬる燗
常温
冷酒
ロック

國暉酒造《こっきしゅぞう》 〔松江《まつえ》〕

明治7年（1874）、松江藩の土蔵を譲り受けて仕込み蔵として酒造業を開始。「酒造りは日本人の魂を背負っている」を胸に、造り手の心を映す酒を醸《かも》している。

日本酒 COLUMN

あなたは縄文人？ 弥生人？

酒を飲むと赤くなる人は、アジア人、特に日本人が多いといわれる。日本では44％の人がグラス１杯で赤くなるという。ところが北米では6～7％、ヨーロッパ、アフリカになるとほぼいない。この現象の原因は弥生時代までさかのぼる。縄文人は火入れした酒を飲み、大陸から環太平洋地域へ移住・渡来した弥生人は生酒《なまざけ》を飲んだが、この生酒のカビ菌により肝臓酵素が突然変異し、ALDH（アセトアルデヒド脱水素酵素）Ⅰ型欠損を招いた。体内に発生したアセトアルデヒドには、副交感神経を刺激する作用があり、顔などの毛細血管が拡張される。その遺伝子を受け継いだ弥生人タイプの人は、顔が赤くなるというわけだ。飲んでも赤くならない縄文人タイプの人は、アセトアルデヒドがⅠ型、Ⅱ型とも機能しているという。顔が赤くなるかならないかで、縄文人か弥生人か判別できるというわけだ。

A 蔵人《くらびと》として杜氏のもと現場で学んでいくことが多かったが、現在は大学で醸造学を学び実家の蔵を継ぐ若き杜氏も。

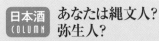

生酛《きもと》造りで手間をかけ、
慈しむように造られた純米吟醸酒

開春《かいしゅん》
純米吟醸 生酛

やや濃厚
酸味 鮮やか

銘柄は、酒の愛飲家であった中国の大詩人・陶淵明《とうえんめい》の詩から取った。天然の酵母を取り込む生酛造りで醸した純米吟醸は、料理とともに楽しみたい奥行きのある優しい味わい。

唎き酒NOTE

穏やかな香りだが、とろみのある口当たり、酸味鮮やかな味わいに、天然の酵母を生かした生酛造りの力強さがのぞく。ほっとする落ち着いた余韻が心地よい。お燗《かん》もおすすめ。

造 純米吟醸　米 山田錦　精 50%
酵 生酛(酵母無添加)　Al 15.5%　日 −3　酸 2
容 720mL　¥ 1950円

〔おすすめの飲み方〕
熱燗　ぬる燗　常温　冷酒　ロック

若林酒造　わかばやししゅぞう　〔大田〕

創業は明治2年(1869)。地元契約栽培の「山田錦」を積極的に使用し、作り手の顔が見える米で酒造り。木桶《きおけ》仕込みなどにも取り組む。蔵が発見した岩清水《いわしみず》は、地元住民にも利用されている。

一度消えた酒米「改良八反流《かいりょうはったんながれ》」の旨みを凝縮

石見銀山《いわみぎんざん》
特別純米

旨口
フレッシュ

栽培の難しさから一度は姿を消した「改良八反流」。この希少な酒米を100%使用した、旨みたっぷりの特別純米酒。醸造後ただちに瓶詰めして加熱急冷、フレッシュな味わいを残す工夫をしている。

唎き酒NOTE

開栓すると酵母由来の華やかな香りと、フレッシュ感が溢れ出す。口に含むと瑞々しくてジューシー、そのなかに米本来のコクと旨みが感じられる。肉料理や味のしっかりしたものにもよく合う。

造 特別純米　米 改良八反流　精 60%　酵 島根大学酵母HA-11号
Al 16%　日 +1〜+3　酸 1.9　容 720mL　¥ 1595円

〔おすすめの飲み方〕
熱燗　ぬる燗　常温　冷酒　ロック

石見銀山《いわみぎんざん》
純米吟醸 佐香錦

県の新品種「佐香錦」を使用。生酒の風味をなるべくそのまま味わえるよう、瓶詰め後に加熱急冷し低温熟成を行う。キレがよく軽快、爽やかな苦味が喉をすり抜けていく。香りも軽やか。

¥ 2035円(720mL)

〔おすすめの飲み方〕
熱燗　ぬる燗　常温　冷酒　ロック

一宮酒造　いちのみやしゅぞう　〔大田《おおだ》〕

酒造りを始めて120余年。地元特産品を使い話題となったバラ酒など、時代の風をとらえた新商品も開発してきた。現在は30代の若夫婦が二人三脚で酒を醸す。主要銘柄「石見銀山」は、お膝元の遺跡が世界遺産に登録され注目度アップ。消えた酒米の復活にも力を入れている。

↑石見銀山遺跡のある大田市の玄関口に蔵を構える

澄んだ水で造る滑らかな口当たりの純米大吟醸

環日本海《かんにほんかい》 純米大吟醸 水澄《みずす》みの里《さと》

華やか
滑らか

「山田錦」を40%まで磨き、柔らかく優しい吟醸《ぎんじょう》香《か》と滑らかな口当たりの酒に。仕込み水は中国山脈のひとつ、弥畝《やうね》山系の伏流水《ふくりゅうすい》。蔵がある三《み》隅町《すみちょう》は「水澄みの里」と呼ばれている。

唎き酒NOTE

香りは柔らかで優しいが華やいだ印象。口当たりは滑らかで、上品な旨みがふくらむ。甘さのなかに柔らかな酸を感じさせ、余韻にも酸味がある。

造 純米大吟醸　米 山田錦　精 40%
酵 協会1801号　Al 16%　日 +3　酸 1.2
容 720mL　¥ 4180円

〔おすすめの飲み方〕
熱燗　ぬる燗　常温　冷酒　ロック

日本海酒造 にほんかいしゅぞう 〔浜田《はまだ》〕

明治21年（1888）創業。島根県西部の日本海沿岸に蔵を構える。「人と人との心をつなぐ酒」をモットーに、旨みがありキレのよい酒を醸《かも》す。

良質な水に恵まれた自然豊かな地で醸す純米吟醸

隠岐誉《おきほまれ》 純米吟醸

旨口
キレがよい

歴史と観光の島「隠岐」を誇りに5蔵が協同して設立。代表銘柄の「隠岐誉」の名前は、公募により選ばれた。「山田錦」を使い、米の旨みが穏やかな余韻として広がる。酒質は魚介類とよく合う。

唎き酒NOTE

香りは爽やか。口当たり滑らかで、米由来の旨みとキレのいい酸味が調和し、心地いい。後味としてコクが穏やかに残る。カニ料理と相性抜群。

造 純米吟醸　米 山田錦　精 55%　酵 協会901号
Al 15%　日 +7　酸 1.7　容 720mL　¥ 1705円

〔おすすめの飲み方〕
熱燗　ぬる燗　常温　冷酒　ロック

隠岐酒造 おきしゅぞう 〔隠岐《おき》の島《しま》〕

昭和47年（1972）、菊水《きくすい》、高正宗《たかまさむね》、沖鶴《おきづる》、初桜《はつざくら》、御《ご》所《しょ》の隠岐の5つの醸造元（西郷《さいごう》酒造組合全蔵元）が、合併して設立。焼酎、リキュール、スピリッツも製造。

袋吊《ふくろづ》りにして、したたる雫を集めた極上の酒

誉池月《ほまれいけづき》 純米大吟醸 袋吊り 雫《しずく》原酒

芳醇
フルーティ

『平家物語』の宇治川の合戦に登場する伝説の名馬名から命名された「誉池月」。純米大吟醸は「山田錦《やまだにしき》」を40%まで磨き、米の旨みと酵母《こうぼ》の華やかな香りを引き出した。

唎き酒NOTE

酵母由来の吟醸香《きんじょうか》はフルーティで、華やかに香り立つ。味わいは芳醇《ほうじゅん》。米の旨みがしっかり感じられ、原酒なので後切れもすっきりしている。

造 純米大吟醸
米 島根県邑南町産山田錦　精 40%
酵 自社協会10号系　Al 16%　日 +1.0
酸 1.3　容 720mL　¥ 5000円

〔おすすめの飲み方〕
熱燗　ぬる燗　常温　冷酒　ロック

池月酒造 いけづきしゅぞう 〔邑南《おおなん》〕

蛍舞う中国山地で創業110年余。機械に頼らず、木槽《きふね》搾りなど昔ながらの手作業で酒を造る。原料米は全て島根県産と広島県産の契約栽培米。

A 香りや味わいが主張しすぎず、料理を引き立てるような酒が食中酒向き。酸味や余韻の苦味も料理を引き立てる要素。

岡山県ご当地肴

ママカリの酢漬け

ニシン科の魚。あまりの旨さに隣家の飯《まま》を借りても食べたことから名付けられた。酢漬けはつまみ向き。

岡山県

県を代表する酒造好適米《しゅぞうこうてきまい》「雄町《おまち》」。この誇り高き米と三大河川の恩恵を受けて備中杜氏《びっちゅうとうじ》が醸す酒は芳醇な旨口が多い。

竹林寺山《ちくりんじさん》から湧き出る伏流水でこだわりの自社栽培米を醸す

竹林《ちくりん》 かろやか

華やか / ドライ

有機栽培と、稲を3回飢餓状態にさせ潜在能力を引き出す「三黄《さんおう》の稲作り」で、「山田錦」を自社栽培。生酒《なまざけ》で−5℃貯蔵、ブレンドして瓶詰めする。

唎き酒NOTE

香りはとても華やか、ほどよい酸味も感じる。口に含むと瞬間甘く感じるが、すぐにドライに変化。香りと米の旨みとのバランスがよく、キレもよい。

造 純米大吟醸　米 自社栽培山田錦　精 50%　酵 協会1801号　Al 15%　日 +2　酸 1.2　容 720mL　¥ 1925円

〔おすすめの飲み方〕 熱燗 / ぬる燗 / 常温 / 冷酒 / ロック

丸本酒造 まるもとしゅぞう 〔浅口《あさくち》〕

「酒造りは米作りから始まる」との考えから、最高の酒米といわれる「山田錦」を自社栽培。備中杜氏《びっちゅうとうじ》の技で米の美味しさを伝える酒造りを行う。

幻の「雄町米」を復活させ米作りから酒造りまで一貫

赤磐雄町《あかいわおまち》 純米大吟醸

華やか / 力強い

幻の米と呼ばれた「雄町米」を復活させて醸した純米大吟醸酒。「地の米・地の水・地の気候と風土」で醸してこそ、真の地酒だと考える。

唎き酒NOTE

華やかな吟醸香が魅力的。それに負けないボディをもつ。力強いアタック、酸とミネラルの豊かさ。スパイシーかつフルーティな余韻まで印象的だ。

造 純米大吟醸　米 雄町　精 40%　酵 自社酵母　Al 15%　日 +4　酸 1.4　容 720mL　¥ 3300円

〔おすすめの飲み方〕 熱燗 / ぬる燗 / 常温 / 冷酒 / ロック

利守酒造 としもりしゅぞう 〔赤磐〕

自社田で「雄町米」の栽培も行い、原料すべてを自社で賄う「米作りから酒造りまで一貫した造り」をする蔵を目指す。"IWC Trophy"など受賞多数。

「雄町」の本場・備前赤磐《びぜんあかいわ》生まれの旨みの詰まった酒

櫻室町《さくらむろまち》 純米吟醸 備前幻《びぜんまぼろし》

旨口 / マイルド

コンピュータ制御精米機での丁寧な精米と限定吸水で、軟質米の特性を考慮した、より硬い蒸し米に仕上げ、低温発酵の手法で醸される。

唎き酒NOTE

ほのかに甘い香り、やや辛口の味わい。口当たりはマイルドだが、後から旨みがふくらんでくる。後味はほのかに甘く、優しい喉越し。

造 純米吟醸　米 雄町　精 60%　酵 室町酵母　Al 15.3%　日 +2.5　酸 1.6　容 720mL　¥ 1650円

〔おすすめの飲み方〕 熱燗 / ぬる燗 / 常温 / 冷酒 / ロック

室町酒造 むろまちしゅぞう 〔赤磐《あかいわ》〕

元禄元年（1688）創業の歴史ある蔵。地元赤磐産「雄町」と日本の名水百選「雄町の冷泉《れいせん》」を使用し、地元に根差した"純粋雄町"の酒を造り続ける。

広島県
ご当地肴

広島県

カキ

広島湾はカキの養殖に最適な環境で、全国出荷量の約6割が広島県。大きな身と濃厚な味が特徴。

明治時代、醸造家《じょうぞうか》である三浦仙三郎氏が開発した「軟水《なんすい》醸造法」により、銘醸地《めいじょうち》となる。柔らかく旨口の酒が多い。

トロリと甘くて飴色、
女性に圧倒的人気の貴醸酒《きじょうしゅ》

華鳩《はなはと》 貴醸酒

濃厚
デザート酒にも

8年熟成古酒 亀甲《きっこう》ラベル

水の代わりに酒で仕込む貴醸酒。甘さと酸を大切に造られ、濃厚なのに飲みやすい口当たりに。重めの肉料理やチョコレートにも合う。

唎き酒NOTE

カラメル、ナッツ、ドライフルーツを感じる熟成香。とろりと濃厚で超甘口、はっきりとした酸味と、かなり個性的。複雑な香味と酸味が利いて食後酒にも。

造 貴醸酒　米 広島県産中生新千本
精 65%　酵 協会9号系　Al 16.5%
日 −44　酸 3.4　容 720mL
¥ 4818円

〔おすすめの飲み方〕
熱燗　ぬる燗　常温　冷酒　ロック

榎酒造 えのきしゅぞう 〔呉〕

瀬戸内海に浮かぶ倉橋島《くらはしじま》の音戸町《おんどちょう》に蔵を構える。国内外で数々の賞を受賞する貴醸酒をはじめ、若き蔵人《くらびと》たちが「ホッとやすらぐ酒」を手作業で醸す。

フルーティな香りと米の旨みで
「穏やかな心」を表現

雨後《うご》の月《つき》

穏やか
フルーティ

大吟醸

酒銘は、徳富蘆花《とくとみろか》の「自然と人生」より、雨後の月が照らしたときの穏やかな心を酒で表現したいと命名された。透明感のある酒質。

唎き酒NOTE

メロンやマスカットを思わせる香りを忍ばせた、甘くフルーティな吟醸香《きんじょうか》。味わいは力強く押し流す大河のようで、ゆるりとたゆたう気分になれる。

造 大吟醸　米 山田錦　精 40%
酵 協会9号、1801号　Al 17.1%
日 +3　酸 1.2　容 720mL
¥ 3300円

〔おすすめの飲み方〕
熱燗　ぬる燗　常温　冷酒　ロック

相原酒造 あいはらしゅぞう 〔呉《くれ》〕

「上品で美味しい透明感のある酒をベストな方法で醸す」がモットー。全ての酒を大吟醸と同じ造りで醸す。早くから高級酒造りに取り組んでいる。

岡山県産米100％で醸《かも》した
蔵を代表する純米大吟醸

嘉美心《かみこころ》

華やか
旨口

純米大吟醸

地元岡山県産の米を100％使い、「家族の口に入れさせたくないものは造らない」をモットーに酒を造る。「ワイングラスでおいしい日本酒アワード2021」で金賞を受賞。

唎き酒NOTE

香りは華やか。栓を開けた瞬間に広がる熟したリンゴのような香りが印象的。味わいは爽快で米本来の旨みが感じられる。後味のキレはよい。

造 純米大吟醸　米 岡山県産米
精 50%　酵 自社酵母　Al 15.5%
日 −3　酸 1.4　容 720mL
¥ 1788円

〔おすすめの飲み方〕
熱燗　ぬる燗　常温　冷酒　ロック

嘉美心酒造《かみこころしゅぞう》 〔浅口《あさくち》〕

瀬戸内海を望む小さな町に蔵を構える。酒銘には、「身も心も清らかにして酒を醸したい」との願いがこもる。創業以来「米旨口」の酒を追求する。

Ⓐ 個人差が大きいが、アルコールが体内から消える目安としては、体重60～70kgの人で、日本酒1合あたり3時間ほど。

広島独自の米や酵母を使って仕上げた純米大吟醸

白牡丹《はくぼたん》 純米大吟醸 原酒 万年蔵《まんねんぐら》

爽やか
きめ細やか

自社精米した県独自の酒米「千本錦」と、爽やかな香りを生む「広島もみじ酵母」を使用し、「広島らしさ」にこだわった純米大吟醸。広島伝統の軟水醸造法により上品できめ細やかな味わいに。

唎き酒NOTE

穏やかで上品な上立《うわだ》ち香《か》が特徴。酒を舌の上でころがすと、広がる旨みと後追いの酸が、きめ細やかで味わいを深くする。後味には流れるような余韻が。

造 純米大吟醸　米 千本錦　精 38%
酵 広島もみじ酵母　Al 16.5%
日 +1　酸 1.6　容 720mL　¥ 5500円

〔おすすめの飲み方〕
熱燗　ぬる燗　常温　冷酒　ロック

白牡丹酒造 はくぼたんしゅぞう 〔東広島〕

延宝3年（1675）創業。西条《さいじょう》の酒蔵通りに蔵を構える。棟方志功や夏目漱石が愛した酒としても知られる。地産地消を意識し、県産米を中心に使用する。

広島の風土、食材との相性を追求した広島地酒

西條鶴《さいじょうつる》 純米酒 大地《だいち》の風《かぜ》

芳醇
キレがよい

旨みが広がり酸でキレる、伝統的な淡麗旨口に仕上げた広島流辛口純米酒。広島のソウルフードであるお好み焼をはじめ、瀬戸内の魚介など、広島の食とともに味わいたい。

唎き酒NOTE

香りは穏やか。味わいは、柔らかな旨みをもちながらも男性的な辛口。後味は酸味が鮮やかでキレもよい。冷酒《れいしゅ》で刺身、常温でお好み焼きに合わせたい。

造 純米　米 広島県産米　精 70%
酵 協会6号、協会9号　Al 15%　日 +5 ～ +8
酸 2.0 ～ 2.2　容 720mL　¥ 1298円

〔おすすめの飲み方〕
熱燗　ぬる燗　常温　冷酒　ロック

西條鶴醸造 さいじょうつるじょうぞう 〔東広島〕

明治37年（1904）に創業。平成18年秋より季節杜氏を廃止し社員での酒造りに移行。「口福と幸福をお届けする」をテーマに酒を醸す。

広島の米と酵母《こうぼ》を使い、
広島杜氏《とうじ》の技で醸される酒

本州一《ほんしゅういち》 無濾過《むろか》 純米酒

濃厚
フレッシュ

おり引きのみで生詰《なまづ》め、瓶燗《びんかん》火入れ、急冷を行い、−5℃で貯蔵。広島県産米「千本錦《せんぼんにしき》」の旨みが引き出されている。酒銘は、日本一の造り酒屋になるという願いを込めて。

唎き酒NOTE

無濾過《むろか》らしい、インパクトのある味わい。米の旨み・甘味とフレッシュな酸味が口中にほとばしる。香りはフルーティで、後味はすっとキレて爽やか。

造 純米　米 広島県産千本錦　精 65%
酵 広島吟醸酵母　Al 16 ～ 17%
日 +4　酸 1.4　容 720mL　¥ 1265円

〔おすすめの飲み方〕
熱燗　ぬる燗　常温　冷酒　ロック

梅田酒造場《うめだしゅぞうじょう》 〔広島〕

蔵の裏手にある岩滝山《いわたきやま》からの伏流水《ふくりゅうすい》と地元広島の米、酵母を使用。華やかな風味で、日本酒に不慣れな人でもわかりやすく楽しめる酒質が特長。

山吹色の純米酒に「米の恵み」を宿す酒

賀《か》茂《も》泉《いずみ》

純米吟醸 朱泉《しゅせん》 本仕込

やや甘口
ふくよか

「賀茂泉」の代表ブランド。米、米麹《こめこうじ》のみを原料とし三段仕込みで醸す「本仕込」で、活性炭素による濾過《ろか》をせず造られる。米由来の複雑な旨みとコクが感じられる。

唎き酒NOTE

炊きたての白米のような香り、米のしっかりした旨み、ふくよかでコクのある味わい。米の魅力を余すところなく引き出している。お燗《かん》ではキレが増して新たな魅力を発見できる。

造 純米吟醸
米 広島八反、中生新千本
精 58%　酵 KA-1-25
Al 16%　日 +1　酸 1.6
容 720mL
¥ 1785円

〔おすすめの飲み方〕
熱燗
ぬる燗
常温
冷酒
ロック

賀茂泉酒造《かもいずみしゅぞう》

〔東広島〕

昭和47年（1972）、6年の試行錯誤の末、「純米清酒本仕込賀茂泉」を発売。純米醸造のパイオニアとして全国に名を馳せる。米の恵みを最大限生かすため、活性炭素による濾過を廃止。完全発酵、自然熟成で、米本来の味わいを醸す。

↑黄金色に色付いた稲穂と醸造蔵の延寿蔵《えんじゅぐら》。蔵は"酒のまち"西条にある

多くの名杜氏《とうじ》を生んできた名門蔵の大吟醸

賀《か》茂《も》鶴《つる》 双鶴《そうかく》

大吟醸

華やか
エレガント

精米に約100時間かけ、「賀茂鶴」伝統の技法で醸《かも》す。平成28年のG7外相会談で振る舞われた大吟醸。鶴は一生添い遂げるといわれ、贈答品にも人気。

唎き酒NOTE

果実のような芳香、華やかな吟醸香《ぎんじょうか》と、エレガントで深みのある味わいが持ち味。余韻にも果実のような香りがほのかに残る。生ハムメロンと合わせてみたい。

造 大吟醸　米 山田錦
精 32%　酵 非公開
Al 16～17%　日 +3.5
酸 1.2　容 720mL
¥ 5500円

〔おすすめの飲み方〕
熱燗
ぬる燗
常温
冷酒
ロック

賀茂鶴酒造《かもつるしゅぞう》

〔東広島〕

明治時代から先進的精米技術を取り入れ、大正6年（1917）には全国清酒品評会において最初の名誉賞を受賞した。以来、数々の賞を受賞、多くの名杜氏を生んできた。今も杜氏・蔵人《くらびと》が心魂を傾けて「賀茂鶴」は生み出されている。

↑「西国の酒都」西条《さいじょう》にある本社。2号蔵と8号蔵は伝統の完全手づくり蔵

Ⓐ 麹米《こうじまい》の使用割合を15%以上にし、原料米は農産物検査法により3等以上に格付けされたものか相当するものを使用すること。

広島の酒造好適米《しゅぞうこうてきまい》を使った無添加生酛《きもと》の酒

ふくらみ / キレがよい

龍勢《りゅうせい》 生酛八反陸拾《はったんろくじゅう》

広島の酒造好適米「八反35号」を100%使用した、無添加生酛。原料米の特性を引き出し、キレがよく、飲み飽きしない。食事を邪魔しないので、食中酒に最適。

唎き酒NOTE

香り穏やかで、ほのかに涼しさを感じさせる。味わいは、豊かなふくらみの後でシャープにキレていくメリハリのあるタイプ。しかも余韻は長く、食を誘う。

造 純米吟醸
米 八反35号 精 60%
酵 無添加 Al 16%
日 +8 酸 2.2
容 720mL ¥ 1782円

〔おすすめの飲み方〕
熱燗 / ぬる燗 / 常温 / 冷酒 / ロック

藤井酒造《ふじいしゅぞう》 〔竹原《たけはら》〕

江戸時代、製塩業で栄えた竹原の地で文久3年(1863)創業。「燗酒《かんざけ》で美味しく、燗冷めしてなお美味《うま》い酒」を理想に、伝統の酒造りで純米酒のみを醸す。使用米は「八反錦」「山田錦」「雄町《おまち》」「八反」のみ。

復活させた酒米「八反草《はったんそう》」で醸す

爽やか / 柔らか

富久長《ふくちょう》 純米吟醸 八反草

広島県最古の酒米の在来品種「八反草」を復活させて、契約農家と米作りから取り組む。広島の吟醸らしく柔らかい旨みと心地よい香りを目指している。

唎き酒NOTE

やや華やかさのある香りは広島県酵母《こうほ》由来か。上品で繊細さを感じる。軟水《なんすい》ならではの柔らかな口当たり、八反草のもつピュアな酸味も新鮮。キレは潔い。

造 純米吟醸 米 八反草
精 麹:50%、掛:60%
酵 広島県酵母 Al 16%
日 +2程度 酸 1.5程度
容 720mL ¥ 1760円

〔おすすめの飲み方〕
熱燗 / ぬる燗 / 常温 / 冷酒 / ロック

今田酒造本店《いまだしゅぞうほんてん》 〔東広島〕

瀬戸内海に面した安芸津《あきつ》町《ちょう》は広島杜氏の里。軟水醸造法と吟醸造りの祖・醸造家の三浦仙三郎氏はこの町で技を極めた。彼の座右の銘「百試千改《ひゃくしせんかい》(=百回試して千回改める)」を理念に酒造りを行う。

日本酒COLUMN 「一麹《こうじ》、二酛《もと》、三醪《もろみ》」酒造りで大切なこと

「一麹、二酛、三醪」と昔からよく言われる。酒造りにとって大切な順番だとする人もいれば、単に造りの順番だという説もある。「うちの蔵は一蒸、二蒸、三麹」と言う蔵元《くらもと》もいる。いい蒸し米ができないことにはいい酒は造れない、と断言もする。本当はどの酒造工程も重要な作業なのだが、こうした言葉を作ることによって、自らを戒《いまし》めていこうとする杜氏や蔵人たちの姿勢が読み取れる。最近では、これにもうひとつ加えるとするなら、濾過《ろか》だと言う人もいる。米の精米《せいまい》歩合《ぶあい》がどんどん上がっている今日、活性炭素を大量に使用して濾過すると、せっかくの風味が取られすぎて味気ない酒になってしまうというわけだ。酒造りは奥が深い。

米作りから取り組む一貫造りで風土を表現

美和桜《みわさくら》

純米吟醸

やや辛口 / ふくよか

蔵を構える三和町《みわちょう》が桜の名所であることから命名された「美和桜」。広島の酒らしいしっかりとした米の旨みを、ふくよかな香りとともに閉じ込めて仕上げられた純米吟醸。

唎き酒NOTE

日本酒度＋5のやや辛口ながら、米の旨みあり。甘酸っぱい酸味から後味のキレまでの流れがよく、喉を落ちた後にも心地よさを感じる。

造 純米吟醸　米 八反35号
精 50%　酵 広島吟醸酵母
Al 15～16%　日 ＋5
酸 1.5　容 720mL
¥ 1923円

〔おすすめの飲み方〕
熱燗 / ぬる燗 / 常温 / 冷酒 / ロック

美和桜酒造《みわさくらしゅぞう》〔三次〕

広島の酒造好適米《しゅぞうこうてきまい》「八反《はったん》」「八反錦《はったんにしき》」の主産地にある蔵。米作りから手がけ、米に忠実な酒造りを行う。近年は、全国新酒鑑評会での金賞受賞も多数。

蔵付きの微生物で醸《かも》す、伝統の生酛《きもと》仕込み

瑞冠《ずいかん》

純米大吟醸 きもと 50

旨み / 酸味

広島県産「山田錦《やまだにしき》」を100%使用。食事に合わせゆっくり味わえるよう、豊かな旨みとしっかりした酸味を備え、香味のバランスが整うよう、2年間の熟成を経て出荷。

唎き酒NOTE

柑橘系の香りが穏やかで品がある。口中では滑らかに豊かな旨みが広がり、圧巻。その旨みを微量の苦味と酸味が包み込み、バランスのとれた喉越しにつなげる。

造 純米大吟醸　米 山田錦
精 50%　酵 蔵付き1号
Al 16.5%　日 ＋3
酸 1.8　容 720mL
¥ 2750円

〔おすすめの飲み方〕
熱燗 / ぬる燗 / 常温 / 冷酒 / ロック

山岡酒造《やまおかしゅぞう》〔三次《みよし》〕

酒米の産地として名高い三次市甲奴《こうぬ》に位置する酒蔵。使用米は「亀《かめ》の尾《お》」を中心に地元農家と契約栽培を実現、自社田では合鴨《あいがも》農法により無化学肥料栽培に取り組む。

日本酒 COLUMN 「金賞受賞酒」の価値

年に一度、全国の蔵が厳選した酒を出品する「全国新酒鑑評会」。通常、出品される酒は、450～650kgの小仕込みタンクで仕込んだ酒から選定される。この小仕込みは、小さな蔵では3本ほどしか仕込まないというところもあれば、30本、40本と仕込む大きな蔵もある。タンクごとに搾られた酒は、10個ほどの斗瓶《とびん》に分けられ、そのなかで最も金賞が取れそうな斗瓶を選ぶ。残った酒は、他の酒に混ぜたり大吟醸として販売されたりするわけだ。見事金賞が取れた蔵は、その斗瓶が採れたタンクの酒を「金賞受賞酒」として販売することが多い。価格は720mLで5千～1万数千円。なかには高いと感じる人もいると思うが、原料コスト、人件費、そのほか経費を考慮すれば、それだけの価値は十分あるといえるだろう。

A 明治時代、重要な財源物資として高率の酒税を課し国税収入の約3割を占めたこともある。

山口県ご当地肴

フク刺し
フグ刺しはフグの身の刺身。通常はポン酢で食べる。山口ではフグを濁らずに「フク」と言う場合がある。

山口県

瀬戸内海や日本海の沿岸を中心に蔵が点在。県産米を使って独特の酒質を生み出すなど、オリジナリティ溢れる蔵が多い。

爽やかでキレ感を大切にした食中酒

村重《むらしげ》

純米酒

すっきり 爽やか

蔵を代表する王道の「ザ・辛口酒」。主張しすぎず、料理に寄り添う酒質。コンセプトに合わせた酒質設計で醸造管理、衛生管理を徹底している。

唎き酒NOTE

香りは控えめ、ほどよい旨みとすっきりとしたキレのある食中酒。キレ感を大切にした酒質のため、余韻は短めとなっている。白身魚の刺身や寿司によく合う。

造 純米
米 麹:山田錦、掛:西都の雫
精 70%　酵 山口 9E
Al 15%　日 +6.5　酸 1.5
容 720mL
¥ 1430円

〔おすすめの飲み方〕
熱燗
ぬる燗
常温
冷酒
ロック

↑山あいにあり、寒冷清涼、豊富な水で醸造する

村重酒造　むらしげしゅぞう　〔岩国〕

昭和26年（1951）に明治初期創業の森乃井酒造を継承して今に至る。「酒造りは環境づくりから」をモットーに掲げ、自由な発想で酒造りに専心している。

仕込み水は錦帯橋《きんたいきょう》が架かる錦川《にしきがわ》の伏流水《ふくりゅうすい》

五橋《ごきょう》

純米酒 木桶《きおけ》造り

酸味鮮やか 旨み

昔ながらの木桶を用いて、日本酒の伝統的製法である生酛で醸した純米酒。全量山口県産米を使い精米《せいまい》歩合《ぶあい》は70%に留め、味わいを感じられる酒質。

唎き酒NOTE

香りは控えめで穏やかだが、味わいは複雑で甘味酸味辛味苦味渋味の五味を感じさせる。飲んだ後は、心地いい酸味が余韻として口中に残り、旨みのしっかりした食を誘う。

造 純米
米 イセヒカリ、山田錦
精 70%
酵 きょうかい701号
Al 15%　日 +2
酸 2.1　容 720mL
¥ 1650円

〔おすすめの飲み方〕
熱燗
ぬる燗
常温
冷酒
ロック

↑蒸し米、麹《こうじ》、水を摺りつぶす「山卸《やまおろ》し（酛《もと》摺《す》り）」作業

酒井酒造　さかいしゅぞう　〔岩国《いわくに》〕

日本三名橋の一つ、錦帯橋の美しさに名を求めて「五橋」と命名。昭和22年（1947）春の全国新酒鑑評会で1位になったことから、全国に名を知られるようになった。

精米歩合《せいまいぶあい》の極限に挑んだ革新的純米大吟醸

獺祭《だっさい》

磨《みが》き二割三分《にわりさんぶ》

淡麗
旨口

正岡子規の俳号に由来する「獺祭」は、獺《かわうそ》が捕った魚を並べる姿を祭りに例えた言葉。精米歩合23%と高度に磨かれていても、淡麗さのなかに米の旨みが残る。

唎き酒NOTE

淡麗ではあるが、米の旨みは感じられる。はちみつのようなきれいな甘味は、繊細にしてエレガント。淡く甘味を残しながらキレていく余韻も風雅だ。淡白な料理に合う。

造 純米大吟醸
米 山田錦　精 23%
酵 非公開　Al 16%
日 非公開　酸 非公開
容 720mL
¥ 5390円

〔おすすめの飲み方〕
熱燗
ぬる燗
常温
冷酒
ロック

旭酒造《あさひしゅぞう》 〔岩国〕

美味しいと信じる酒しか造らない、という確固たる信念のもと、「山田錦《やまだにしき》」を使った純米大吟醸を仕込む蔵。昭和23年（1948）に櫻井《さくらい》酒場から旭酒造へ改組した。より優れた酒造りを目指し、常に革新を続けている。

↑徹底した手作業による酒造りは、杜氏《とうじ》制ではなく、社員だけで行われる

口当たり滑らかに含み香《か》が口中を満たす

雁木《がんぎ》

ノ弐《のに》 純米吟醸 無濾過《むろか》生原酒

バランスがよい
キレがよい

かつて蔵の前に船着き場があり、原料米を荷揚げしていた栈橋の呼び名「雁木」を銘柄名に。各工程の判断では人の「触感」を大切に、酒を醸《かも》す。

唎き酒NOTE

立ち香は控えめだが、含み香にはメロンのようなフルーティさがある。味わいは舌触り滑らか、甘味・酸味・旨みのバランスがよい。キレ味も抜群。

造 純米吟醸
米 山田錦　精 50%
酵 山口酵母9H
Al 17%　日 非公開
酸 非公開　容 720mL
¥ 1760円

〔おすすめの飲み方〕
熱燗
ぬる燗
常温
冷酒
ロック

八百新酒造《やおしんしゅぞう》 〔岩国《いわくに》〕

岩国藩の御蔵を譲り受け、明治24年（1891）に創業。微生物との対話を可能にする少量生産を信念に、清流錦川《にしきがわ》の恩恵を受けて酒造りを続ける。全量10kg分けの洗米・浸漬《しんせき》による綿密な吸水管理を徹底し、酒質の向上に努めている。

↑蔵の敷地内には岩国の天然記念物「白蛇」を祀った白龍神社の祠も

A 日本酒の味わいは複雑。例えば、「口に含んだときは甘味を感じ、喉を通るとき辛さがある」という場合もある。

高級酒米「山田錦」をあまり磨かずに醸す

貴《たか》 濃醇《のうじゅん》辛口80

濃醇
辛口

「山田錦」を80%の低精白で仕込んだ、その名の通り「濃醇辛口純米酒」。口に含んだ瞬間、豊かな米の旨みが広がり、喉を突き抜けてスパッとキレる面白い一本。個性的でパンチの効いた純米酒だ。

唎き酒NOTE

その名が示す通り、濃醇にして辛口タイプ。米の味が溢れんばかりに広がって、スパッとキレる。エスニック料理や揚げ物と好相性。

造 純米　米 山田錦　精 麹:60%、掛:80%
酵 山口9号系　Al 15.8%　日 非公開　酸 非公開
容 720mL　¥ 1263円

〔おすすめの飲み方〕
熱燗　ぬる燗　常温　冷酒　ロック

永山本家酒造場 ながやまほんけしゅぞうじょう 〔宇部《うべ》〕

明治21年（1888）創業。創業来の銘柄は「男山《おとこやま》」。ラベルをはみ出しそうな墨字が印象的な「貴」は、現杜氏永山貴博氏が打ち出す純米酒専用ブランドだ。

米の丸み、甘み、旨みをもった透明感のある酒

東洋美人《とうようびじん》 壱番纏《いちばんまとい》純米大吟醸

透明感
爽やか

伝統製法に則った「王道の日本酒造り」を第一に100%の再現性を求めて、日本人のDNAに響く日本酒造りにこだわる。「稲をくぐり抜けた水」を思わせる、透明感を感じられる酒を目指している。

唎き酒NOTE

青リンゴのような爽やかで華やいだ香りが印象的。味わいには「山田錦」らしい米の旨みをはじめ、酸味と甘味が鮮やか。後味はスッキリとキレがある。

造 純米大吟醸　米 山田錦　精 40%　酵 自社保存株
Al 16%　日 −8　酸 1.5　容 720mL　¥ 3850円

〔おすすめの飲み方〕
熱燗　ぬる燗　常温　冷酒　ロック

澄川酒造場 すみかわしゅぞうじょう 〔萩《はぎ》〕

平成25年、豪雨災害により壊滅的な被害を受けるが、懸命な復旧支援を得て同年内に酒造りを再開。翌年、地上3階建ての新蔵を建設した。

山口独自の酒米
「西都の雫」が原料米

山頭火《さんとうか》 純米吟醸 西都《さいと》の雫《しずく》

やや甘口
透明感

俳人・種田山頭火の名を取った酒。山口県独自の酒米「西都の雫」を100%使用した純米吟醸は、少し固めの原料米の旨みを引き出すように工夫されている。

唎き酒NOTE

米の甘い味わいや旨みと、爽やかな酸味が感じられる。すっきりと透明感のある後味で、全体のバランスがよい。香りは穏やか、ほのかに甘い。

造 純米吟醸　米 西都の雫　精 55%
酵 協会9号系　Al 15.5%　日 +1.5
酸 1.5　容 720mL　¥ 1595円

〔おすすめの飲み方〕
熱燗　ぬる燗　常温　冷酒　ロック

金光酒造 かねみつしゅぞう 〔山口〕

廃業となった酒蔵を買い上げ、大正15年（1926）に創業。昔ながらの手づくりの味を大切にし、地元産米を使うなど、食の安全と地産地消を念頭に置き酒を造る。

四国・九州 エリア

四国・九州には豪快に飲酒を楽しむ地域や、個性に富んだ地酒どころが少なくない。また華やかな吟醸香《ぎんじょうか》を生む協会9号酵母《こうぼ》は熊本県で誕生している。

〔佐賀県〕天吹酒造 あまぶきしゅぞう 「天吹」 あまぶき

「日本酒で乾杯」文化を全国へ

「最初の一杯には香りがあって品よく、すっと入っていくものがいいですね」と、天吹酒造の木下武文会長。日本酒造組合中央会が全国展開する「日本酒で乾杯推進会議」運営委員を、長らく務めた。乾杯文化への思いは深い。

「日本人は古来、自然を崇拝して神さまに酒を供え、五穀豊穣・家内安全を願ってきました。今も乾杯するとき、皆さまのご多幸を祈念して、と言いますよね。祈念とは神さまにお願いすること。だから乾杯はやはり日本酒でしょうね」と含蓄《がんちく》のある解説。最初の一杯は美味しい日本酒で……この出合いが日本酒ファンを生むキッカケになるはず、と折あるごとに語ってきた。地元では佐賀県酒造組合会長はじめ、法人会や商工会、観光協会などの会長や役員を歴任し、地域と酒類業の振興に寄与。旭日小綬章《きょくじつしょうじゅしょう》の叙勲《じょくん》の栄にも浴している。蔵の周囲は有数の米どころ筑紫《つくし》平野。悠然と流れる筑後川《ちくごがわ》流域は、古くから酒造りの盛んな地域だ。

登録文化財の仕込み蔵で醸《かも》す花酵母《はなこうぼ》の酒

天吹酒造は元禄年間の創業、300年以上の歴史がある。木下氏はその10代目となるべく「幼稚園生の頃から洗脳されて育ちました」と、蔵でこそっと酒を舐めたり、酒粕《さけかす》をかすめて過ごした少年時代を楽しげに語った。広大な敷地、長いスロープの奥にたたずむかつての母屋は、国の登録有形文化財。明治期に改築しているが、ステンドグラスのはめ込まれた木製の引き戸を開けると、昔ながらの土間空間に創業以来の時が漂っているかのようだ。裏手にはイギリス積み赤レンガの煙突。なんと蔵《くら》人《びと》用の賄いを作る台所の煙突だったという。「私が子どもの

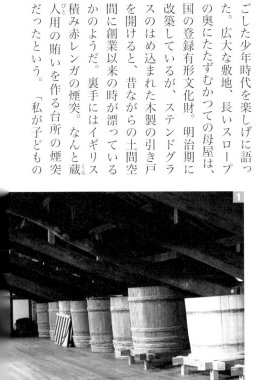

頃は長崎県の生月島《いきつきしま》から杜氏《とうじ》のおとっつぁんが来ていたのです。多いときは20人ぐらいの集団で」。扉の絵ガラスと賄い台所の煙突が、ここでひとつになった。

圧巻は中庭を挟んで建つ仕込み蔵だ。築100年の2階建て土蔵、外壁に風神の鏝絵《こてえ》が施され「風神蔵《ふうじんぐら》」と呼ばれる。同じく登録文化財で今も仕込みに使い、ズラリと並ぶ600kgの小仕込みタンクは花酵母仕込みが中心。輸出先で人気のイチゴのほかアベリア、ナデシコ、しゃくなげなど花から分離した天然酵母を使っており、杜氏である次男は東京農大花酵母研究会の会長を務めている。また、山口県から「日下無双《ひのしたむそう》」の銘柄が加わって、新たな息吹も芽生えている。背振《せふり》山系の旨き水と、文化遺産の建造物を揺りかごに生まれる香り華やかな「天吹」から は、龍神の怒りを鎮めた弁財天の伝説がある、創業にゆかりの「天吹山《あまぶきやま》」の浪漫が香り立つ。

1「風神蔵」2階のギャラリーに残る木桶《きおけ》は昭和30年代半ばまで使われていたもの　2登録有形文化財になっている建物群　3イギリス積み赤レンガの煙突も美しい　4国の登録有形文化財である母屋　5木下武文会長。現在は11代目の壮太郎氏が蔵元《くらもと》を務める

← 銘柄紹介 P.267

徳島県ご当地肴

鳴門鯛

渦潮《うずしお》にもまれた鳴門鯛は、身が締まり味がよいことで名高い。活造り、鯛茶漬け、鯛飯などで楽しめる。

徳島県

讃岐《さぬき》山脈《さんみゃく》と剣山《つるぎさん》地《ち》の間を流れる吉野川の流域を中心に酒蔵が点在。仕込み水が軟水《なんすい》のため、まろやかな中甘口の酒が多い。

飲み飽きせず、料理との相性が幅広いすっきりタイプの大吟醸

芳水《ほうすい》

大吟醸

辛口　すっきり

かつて詩人たちに「芳水」と讃えられた吉野川にちなんで命名。バランスのよいすっきりとした大吟醸は、「もう1杯」と杯が進む味わい。

唎き酒NOTE

落ち着きのある上品な香り、辛口仕上げのキレのある味わい。香りとすっきりした味わいのバランスがとれている。余韻に感じる辛味も心地よい。

造 大吟醸　米 兵庫県産山田錦　精 40%
酵 熊本酵母　Al 16.2%　日 +2
酸 1.2　容 720mL　¥ 2365円

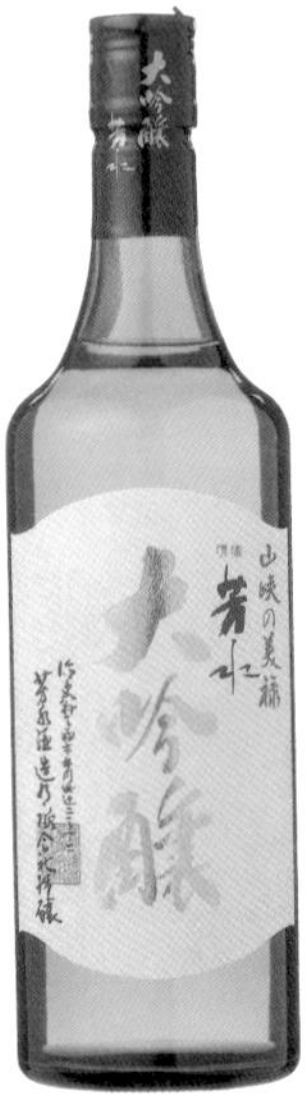

〔おすすめの飲み方〕熱燗　ぬる燗　常温　冷酒　ロック

芳水酒造 ほうすいしゅぞう 〔三好〕

大正2年（1913）、清流吉野川の南岸で創業。味わい深く喉越しのよい「自分が美味しいと思える酒」を醸すべく、精米や麹作りにこだわっている。

トレンドを大事に蔵元《くらもと》杜氏《とうじ》が指揮して造る純米大吟醸

三芳菊《みよしきく》

純米大吟醸 座花酔月《ざかすいげつ》

濃厚　中甘口

酒銘は中国の漢詩から。「山田錦《やまだにしき》」100%の米の旨みと、味、香り、アルコールのバランスの調和により、洋食にも負けないコクを目指す。

唎き酒NOTE

軽やかな柑橘系の香り、甘味豊かでコクのある味わい。純米造りならではの米の旨みが後味にも感じられる。鯛のアラ煮や角煮と好相性。

造 純米大吟醸　米 徳島県産山田錦
精 40%　酵 徳島酵母　Al 17.4%
日 +4　酸 1.6　容 720mL
¥ 3300円

〔おすすめの飲み方〕熱燗　ぬる燗　常温　冷酒　ロック

三芳菊酒造 みよしきくしゅぞう 〔三好《みよし》〕

蔵元自ら杜氏を務める。伝統を守りつつ、現代人が楽しめる“今”の酒にこだわる。徳島県酵母《こうぼ》を開発し、酵母に合わせた麹《こうじ》作り、仕込みを行う。

200年余りの伝統ある造りと新しい技の融合から生まれる

鳴門鯛《なるとたい》

純米大吟醸

芳醇　優雅

「鳴門鯛のごとく美味で優雅であるように」との願いを込めて命名された。徹底した醪《もろみ》管理で味のバランスを追求。食事の邪魔をしない味わいに。

唎き酒NOTE

香りはフルーティで上品。味わいは甘味豊かたがきめ細やかな酸味が融合して優雅。後味にはまろやかな香ばしさも。白身魚の酒蒸しに合う。

造 純米大吟醸　米 山田錦100%　精 40%
酵 LED夢酵母　Al 16～17%　日 +2
酸 1.2　容 720mL　¥ 3850円

〔おすすめの飲み方〕熱燗　ぬる燗　常温　冷酒　ロック

本家松浦酒造場《ほんけまつうらしゅぞうじょう》 〔鳴門《なると》〕

文化元年（1804）創業。品質を高めるため、常に新しい技術を取り込み、伝統の技に磨きをかける。品質本位の造りで醸《かも》す酒は、海外での評価も高い。

A 値段の差は使用米の種類と精米歩合《せいまいぶあい》によるところが大きい。美味しいと感じるかは好みによるだろう。

香川県ご当地肴

小魚の佃煮

小豆島は醤油と佃煮の名産地。瀬戸内海産のちりめんをじっくり炊き上げ、旨みを凝縮させている。

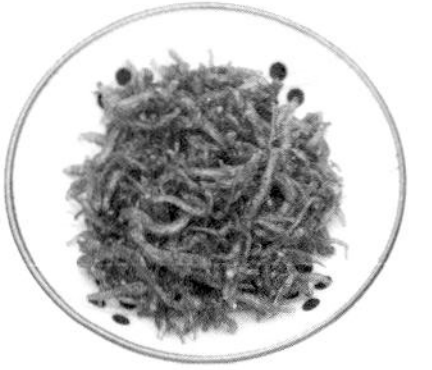

香川県

かつては稲作に不向きだったが、良質な米の収穫が可能に。香川県で栽培されている酒米「オオセト」を「山田錦」と交配し「さぬきよいまい」を開発。

瀬戸内の食材と相性抜群
オール瀬戸内産で造る酒

Setouchi KAWATSURU《セトウチ カワツル》

純米吟醸 さぬきオリーブ酵母仕込み

軽快 フレッシュ

瀬戸内が育んだ素材のみを使用。小豆島のオリーブから採取した「さぬきオリーブ酵母」と県産米「オオセト」を用い丁寧に手づくりする。

唎き酒NOTE

フルーツを思わせるほのかに甘く上品な香り。瑞々しくフレッシュで軽快な味わい。そして、酸味鮮やかなアフターが、キレをよくしている。

造 純米吟醸　米 香川県産オオセト　精 55%　酵 さぬきオリーブ酵母　Al 14%　日 ±0　酸 2.2　容 720mL　¥ 1716円

〔おすすめの飲み方〕
熱燗　ぬる燗　常温　冷酒　ロック

川鶴酒造 かわつるしゅぞう 〔観音寺《かんおんじ》〕

自然豊かな水田地帯で、明治24年(1891)創業。「川鶴」の名は、初代が蔵の裏に流れる財田川《さいたがわ》へ舞い降りた華麗な鶴の姿を夢枕に見たことから。

原料米の個性を引き出す
食事に合う純米大吟醸

悦凱陣《よろこびがいじん》

燕石《えんせき》 純米大吟醸

豊潤 濃厚

少量仕込みで、高精白米から低精白米までほぼ同じように手をかけて、原料米の個性を引き出せるような造りを心がけている。

唎き酒NOTE

「山田錦」「9号酵母」「精米歩合《せいまいぶあい》35%」と、YK35で醸した王道の大吟醸の造り。圧倒的存在感のある旨み、酸味がバランスよく調和し、かつ上品。

造 純米大吟醸　米 山田錦　精 35%　酵 熊本9号　Al 17.2%　日 +8　酸 1.7　容 720mL　¥ 5500円

〔おすすめの飲み方〕
熱燗　ぬる燗　常温　冷酒　ロック

丸尾本店 まるおほんてん 〔琴平《ことひら》〕

江戸末期、旧榎井村《えないむら》の豪農長谷川佐太郎より、当時番頭格だった初代丸尾忠太が酒造業を受け継ぐ。自然に近い米を使い、食事に合う酒を手づくりする。

オリーブの島の小さな蔵から
瀬戸内の風を発信

うとうと。

濃厚 辛口

伝統的な小仕込みで、しっかりとした旨みをもつ「印象に残る酒」を目指す。「うとうと」とは瀬戸内海に舞うカモメを表している。

唎き酒NOTE

まろやかな甘味に熟成酒のニュアンスあり。口当たりはとろりと甘いが、辛みが追いかけてきて後味を支配。芳醇な旨みの辛口酒。

造 純米　米 八反錦　精 60%　酵 協会1801号、協会901号　Al 17%　日 +3　酸 1.6　容 720mL　¥ 1745円

〔おすすめの飲み方〕
熱燗　ぬる燗　常温　冷酒　ロック

小豆島酒造《しょうどしましゅぞう》 〔小豆島《しょうどしま》〕

小豆島唯一の新しい酒蔵。美味しい水を求めて小豆島に渡り、地域の人々に支えられ地酒を復活。敷地内にはカフェ、ショップ、ベーカリーも。

もっと知りたい日本酒Q&A Q 値段の高い酒って、誰が飲んでも美味しいもの？

愛媛県ご当地肴

ジャコ天

近海で獲れたホタルジャコなどをすり身にし、小判型にして揚げた練り製品。魚本来の旨みが味わえる。

愛媛県

軟水《なんすい》～中硬水《こうすい》が生むまろやかさが特徴。地元米「松山三井《まつやまみい》」を大粒にした、県初の酒造好適米《しゅぞうこうてきまい》「しずく媛《ひめ》」も誕生している。

3杯目からが一段と美味しい酒質を目指す

石鎚《いしづち》

純米吟醸 緑ラベル

穏やか

シルキー

「食中に生きる酒造り」をモットーに、手作業による洗米や吟醸造り、槽《ふね》搾りなどを行う。穏やかな香りと滑らかさをもつ食中酒に向く味わい。

唎き酒NOTE

香り控えめ、口当たり滑らかな辛口。早熟なメロンのような清々しさ、シルキー＆ジューシーな酒質を「山田錦《やまだにしき》」と「松山三井」、自家培養酵母で表現。

造 純米吟醸　米 麹:山田錦、掛:松山三井

精 麹:50%、掛:60%　酵 自家培養KA-1

Al 16%　日 +5　酸 1.6

容 720mL　¥ 1485円

〔おすすめの飲み方〕

熱燗

ぬる燗

常温

冷酒

ロック

石鎚酒造 いしづちしゅぞう 〔西条《さいじょう》〕

石鎚山の懐、名水の町として名高い西条市に蔵を構える。創業は大正9年（1920）。平成11年に杜氏制度を廃止し、家族中心の酒造りに転向。

水のきれいな今治で醸《かも》す優しく、穏やかな酒

山丹正宗《やまたんまさむね》

しずく媛《ひめ》 純米吟醸

穏やか

柔らか

愛媛県が開発した「しずく媛」に、愛媛県酵母「EK-1」を合わせ、地元の杜氏《とうじ》集団、越智《おち》杜氏の技術で仕込んだ、オール愛媛の酒。

唎き酒NOTE

バナナを思わせる柔らかく甘い香り、上品で穏やかな旨みに豊かな酸味が合わさった味わい。長く続く心地よい余韻にも、うっとり酔わされる。

造 純米吟醸　米 しずく媛

精 50%　酵 EK-1　Al 16%

日 +3　酸 1.8

容 720mL　¥ 1595円

〔おすすめの飲み方〕

熱燗

ぬる燗

常温

冷酒

ロック

八木酒造部 やぎしゅぞうぶ 〔今治《いまばり》〕

今治でも水が最もよいとされる地に蔵を建てた。仕込み水は高縄山《たかなわさん》を水源とする蒼社川《そうじゃがわ》の伏流水《ふくりゅうすい》。主要商品の9割以上が愛媛県産米を使用する。

夏越えすると旨みの増す「松山三井」の酒

初雪盃《はつゆきはい》

特別純米酒

すっきり

米の旨み

コンセプトは、料理を引き立てる食中酒。味に幅が出る県内産「松山三井」を使用。全量手洗いの限定吸水で吟醸造りを行っている。

唎き酒NOTE

酵母《こうぼ》由来の香りはリンゴに似ている。ふくらみのある米の旨みがまろやかに広がる。キレがよく、後味はすっきりしつつも渋味などの味わいが残る。

造 純米　米 愛媛県産松山三井

精 60%　酵 愛媛県培養酵母

Al 15%　日 −0.5　酸 1.9

容 720mL　¥ 1400円

〔おすすめの飲み方〕

熱燗

ぬる燗

常温

冷酒

ロック

協和酒造 きょうわしゅぞう 〔砥部《とべ》〕

米と酵母の特徴を引き出す酒造りを心がける。基本的に炭素濾過《ろか》はせず、酒本来の味わいを生かした形で出荷。コストパフォーマンスの高さも追求する。

Ⓐ 原材料名のほか、特定名称や精米歩合などが記載されたラベルも多く、その酒の素顔を知るヒントの宝庫といえる。

酵母を生かす酒造りが生む、優しい辛口

梅錦《うめにしき》 大吟辛口

やや辛口
キレがよい

麹室《こうじむろ》の改造を行って麹作りを基本から見直し、酵母の特徴を生かす酒造りを心がけ、柔らかくきれいな辛口酒に仕上げた。

唎き酒NOTE

リンゴの香り、柔らかい口当たり、すっとキレのよい辛口仕上げ。旨みの幅があって、優しい旨みとさっぱりした辛味が同居する。食中酒として楽しめる大吟醸。

造 大吟醸　米 山田錦　精 50%　酵 協会1901号
Al 15.8%　日 +5　酸 1.1　容 720mL
¥ 2200円

〔おすすめの飲み方〕
熱燗　ぬる燗　常温　冷酒　ロック

梅錦山川 うめにしきやまかわ 〔四国中央《しこくちゅうおう》〕

明治5年（1872）創業。昭和後期より、単純な労力を機械化し、人間の感性を十分に生かすことで手づくりの旨さを守る「酒造りの道具化」に取り組む。

地元の食文化に合わせた酒がコンセプト

宮乃舞《みやのまい》 純米吟醸

柔らか
やや辛口

酒銘は「神社への奉納舞のように豊饒《ほうじょう》優美な酒であれ」との思いから命名。愛媛県産「しずく媛」100％で醸す優しい味わいは、和食や魚料理によく合う。

唎き酒NOTE

米の旨みを感じる穏やかな香りと、丸みのある優しい味わい。やや辛口で食中酒として楽しめる。愛媛名物「ジャコ天」、アジやサバの刺身と合わせたい。

造 純米吟醸　米 愛媛県産しずく媛　精 55%
酵 愛媛酵母　Al 15～16%　日 +1　酸 1.2
容 720mL　¥ 1870円

〔おすすめの飲み方〕
熱燗　ぬる燗　常温　冷酒　ロック

松田酒造 まつだしゅぞう 〔伊方《いかた》〕

瀬戸内海と太平洋を望む四国佐田岬《さだみさき》半島は、伊方《いかた》杜氏のふるさと。愛媛産の酒米にこだわり醸される酒は、地元の食文化に合う優しい味わい。

愛媛の水・人・米にこだわり
食事の名脇役となる酒

伊予賀儀屋《いよかぎや》

無濾過 純米大吟醸 グリーンラベル

旨辛口
すっきり

愛媛県初の酒米「しずく媛」を使い、旨みをしっかり閉じ込めた。肩の力を抜いてさまざまな食事と一緒に気軽に楽しみたい一本。

唎き酒NOTE

香りには落ち着いた上品な甘さがある。口に含むと最初に旨みが広がり、次第にすーっとキレていく。盃を重ねたくなる、さばけのよさが特徴的。

造 純米大吟醸　米 愛媛県産しずく媛
精 45%　酵 愛媛酵母EK-1
Al 16.5%　日 +4
酸 1.7　容 720mL　¥ 2008円

〔おすすめの飲み方〕
熱燗　ぬる燗　常温　冷酒　ロック

成龍酒造 せいりょうしゅぞう 〔西条〕

成龍酒造の前身、鍵屋本家は代々米蔵の鍵を預かってきたが、9代目のときに酒造業を開始。先祖への感謝と尊敬の念を込め屋号「かぎや」を酒銘に。

高知県ご当地肴

カツオのたたき

表面をあぶったカツオに、ニンニク、青じそなどをのせてタレをかけたものを包丁でたたき、味を馴染《なじ》ませる。

高知県

昔から日本酒飲酒量が多く、辛口酒が愛されてきた。きりっと力強い酒が多い。四万十川《しまんとがわ》などの清流もよい酒造りに貢献。

1000kg以下の少量仕込みで醪《もろみ》管理を徹底する

文佳人《ぶんかじん》 リズール 純米吟醸

軽やか

キレがよい

搾りたてのおいしさを味わえるよう、昔ながらの酒槽《さかぶね》で醪を搾る。上槽《じょうそう》後、低温のままおり引きをし、ただちに瓶詰め。一度の瓶火入れの後、急冷し氷温の冷凍庫で保管している。

唎き酒NOTE

香りにはマスカットのような爽やかさを感じる。口中ではさらさらとほどけるような旨みが広がり、ハーブのような苦味が食を誘う。余韻はやや長いが、最後にスッと消える。

造 純米吟醸　米 非公開　精 50%
酵 非公開　Al 16.5%
日 非公開　酸 非公開
容 720mL　¥ 1595円

〔おすすめの飲み方〕

熱燗　ぬる燗　常温　冷酒　ロック

↑酒槽で醪を搾り、原酒と酒粕《さけかす》に分ける「上槽」の工程

アリサワ ありさわ 〔香美《かみ》〕

明治10年(1877)、太平洋に面した高知県中部にある土佐山田町にて創業。以来140年以上、創業当時と変わらぬ場所に酒蔵がある。現在は5代目当主が杜氏《とうじ》を兼任し、より高品質の美酒を目指して吟醸造りに励んでいる。酒米は「吟《ぎん》の夢《ゆめ》」をメインで使用。搾りたての味を届ける。

量を追わずに味を求める酒造りから生まれた、辛口土佐酒

南《みなみ》 純米吟醸

濃厚

辛口

米は愛媛県産の「松山三井《まつやまみい》」を使用。味を重視した造りで、飲み手が旨さに感動し、「もう1杯飲みたい」と思えるような酒質を目指す。

唎き酒NOTE

ずっしり感のある香り、旨みのある味わい。シャープな酸が生む切れ味。土佐のカツオと合わせたら、杯が進みそうな辛口土佐酒だ。

造 純米吟醸　米 松山三井　精 50%
酵 高知酵母　Al 16.8%　日 +8
酸 1.8　容 720mL　¥ 1760円

〔おすすめの飲み方〕

熱燗　ぬる燗　常温　冷酒　ロック

南酒造場 みなみしゅぞうじょう 〔安田《やすだ》〕

明治2年(1869年)創業。地元では「玉《たま》の井《い》」の銘柄で知られる。蔵は、太平洋と清流安田川に面した安田町にあり、良質な伏流水《ふくりゅうすい》にも恵まれる。

A 上槽《じょうそう》後、仕込み水を加えアルコール度数を調整する「割り水(加水)」を行わない酒。アルコール度が高く味わいも濃厚だ。

土佐酒伝来の「骨太な淡麗辛口」を目指して醸《かも》す純米酒

司牡丹《つかさぼたん》 豊麗《ほうれい》

淡麗
やや辛口

酒銘は「牡丹は花の王者、さらに牡丹の中の司《つかさ》たるべし」という意味。米の旨みを生かした、飲み飽きしない骨太な淡麗辛口の酒。

唎き酒NOTE

艶のある香りに誘われて口に含めば、コクがありながらサラリとした飲み口。純米らしい米の重厚感が味わえ、料理を引き立てる酸味もある。

造 純米　米 北錦、山田錦　精 65%
酵 協会9号　Al 15.5%　日 +6　酸 1.5
容 720mL　¥ 1166円

〔おすすめの飲み方〕
熱燗　ぬる燗　常温　冷酒　ロック

司牡丹酒造　つかさぼたんしゅぞう　〔佐川《さかわ》〕

慶長8年（1603）、山内一豊《やまうちかずとよ》の首席家老にともない佐川に入った酒造りの商家が前身。以来伝統の酒造りを守る。軟水《なんすい》の仁淀川《によどがわ》水系の湧水を使う。

カツオのタタキなどの高知の料理とともに

久礼《くれ》 辛口純米+10

辛口
淡麗

高知県の酵母《こうぼ》を自家培養し、できるだけ地元の水と米を使い、地元でしかできない酒を造る。土佐の水と米への感謝と、料理とともに飲んでほしいとの思いが込められた、高知料理に合う地酒。

唎き酒NOTE

香りは穏やか、味わいは日本酒度＋10のスペックが語るように、ずばり辛口。後味もすっきりしている。カツオのタタキや赤身の刺身と合わせたい。

造 純米　米 松山三井100%　精 60%　酵 自家酵母
Al 16%　日 +10　酸 非公開　容 720mL
¥ 1265円

〔おすすめの飲み方〕
熱燗　ぬる燗　常温　冷酒　ロック

西岡酒造店　にしおかしゅぞうてん　〔中土佐《なかとさ》〕

黒潮おどるカツオの国の清流四万十川源流域の町に、天明元年（1781）、初代井筒屋仁助が創業し、現在10代目。約240年の歴史をもつ高知県最古の酒蔵。

料理のよさを引き出す
「酔鯨」を代表する純米吟醸

酔鯨《すいげい》 純米吟醸 吟麗《ぎんれい》

すっきり
酸度が高い

「酔鯨」が本格的に吟醸酒の販売を始めた最初の商品。「吟風《ぎんぷう》」を使用し、旨みと酸味を組み合わせ、幅のある味わいとキレを両立している。

唎き酒NOTE

香りは吟醸香《ぎんじょうか》を抑えてあくまで控えめ。味わいは五味を引き出し、幅が広い。適度な酸味が旨みとのバランスもよく、かつすっきりさせている。

造 純米吟醸　米 北海道産吟風
精 50%　酵 熊本酵母KA-1
Al 16%　日 +7　酸 1.7
容 720mL　¥ 1551円

〔おすすめの飲み方〕
熱燗　ぬる燗　常温　冷酒　ロック

酔鯨酒造　すいげいしゅぞう　〔高知〕

高知の酒の特徴である「食中酒」を追及した酒造りを目指す。新しい技術や設備を取り入れ、小規模で丁寧な醸造を行う。創業は明治5年（1872）。

福岡県ご当地肴

めんたいこ

スケソウダラの子を唐辛子などで調味した汁に漬け込んだ。博多の名産品で、全国で親しまれている。

福岡県

筑後川《ちくごがわ》や遠賀川《おんががわ》など豊かな水流に恵まれる。軟水《なんすい》仕込みが主流。まろやかでクセがなく、飲み口のよい酒が多い。

設備やデータ管理、技術を重要視した緻密《ちみつ》な酒造り

喜多屋《きたや》

純米吟醸 吟《ぎん》のさと

芳醇　キレがよい

「山田錦」を親にもつ「吟のさと」を、地元の契約農家と栽培。米作りからこだわり、勘に頼りがちな技術を理論的に分析した造りを行う。

唎き酒NOTE

香りはフルーティな吟醸香《ぎんじょうか》、口に含むとふくらみのある芳醇《ほうじゅん》な味わいが広がる。すっきりとした喉越しで、後味はキレがよい。

造 純米吟醸　米 福岡県八女産吟のさと　精 59%　酵 自社酵母　AI 15～16%　日 +3　酸 1.5　容 720mL　¥ 1408円

〔おすすめの飲み方〕熱燗　ぬる燗　常温　冷酒　ロック

喜多屋 きたや 〔八女《やめ》〕

文政3年(1820)、九州一の穀倉地帯、筑紫平野南部の八女市に創業し、約200年。「主人自ら酒造るべし」が家憲となり今日まで踏襲している。

焼酎に使われる黒麹《くろこうじ》で仕込んだ酸度高めの酒

黒兜《くろかぶと》

山田錦 純米吟醸

果実香　甘酸っぱい

通常は焼酎や泡盛に使われる黒麹で仕込むユニークな日本酒。全量「山田錦」を使用。高めの酸度が特徴で、冷酒《れいしゅ》で一段と美味しくなる。

唎き酒NOTE

イチゴのように甘酸っぱい香り。柔らかな旨みのなかに鮮やかな酸味を感じるのは、黒麹がもつクエン酸由来。熟した果物のようで個性的な一本。

造 純米吟醸　米 山田錦　精 50%　酵 9号系自社培養　AI 15%　日 −2　酸 2.2　容 720mL　¥ 1760円

〔おすすめの飲み方〕熱燗　ぬる燗　常温　冷酒　ロック

池亀酒造 いけかめしゅぞう 〔久留米〕

明治8年(1875)創業。筑後川沿いの「久留米酒街道」の一軒。冷やして美味しい酸味のある日本酒を構想し、ワイン愛好者も楽しめる商品を創り出す。

自社酵母《こうぼ》を使って醸《かも》す「お替わりしたくなる酒」

庭《にわ》のうぐいす

特別純米

シャープ　キレがよい

酒銘は、5代目当主が蔵にある湧き水で喉を潤す鶯《うぐいす》の姿を見て酒造りを決心したことから。米の特徴をとらえたうえで旨みを生かす。

唎き酒NOTE

香りは落ち着いている。含むと意外にもシャープでドライな味わい。後味もキレがよく、盃が進む。素材の味を生かしたシンプルな料理と合う。

造 特別純米　米 麹:山田錦、掛:夢一献　精 60%　酵 自社培養酵母　AI 15%　日 +2　酸 1.2　容 720mL　¥ 1419円

〔おすすめの飲み方〕熱燗　ぬる燗　常温　冷酒　ロック

山口酒造場《やまぐちしゅぞうじょう》 〔久留米《くるめ》〕

創業は天保3年(1832)。蔵元《くらもと》、杜氏《とうじ》自ら田んぼを見てまわり、米の生育状況を把握し酒造りを行う。原料米は全量県産の「山田錦《やまだにしき》」と「夢一献《ゆめいっこん》」。

A 日本酒度との相対関係もあるので一概にはいえないが、アミノ酸や酸度が高いほどより濃厚に感じる傾向がある。

佐賀県ご当地肴

ムツゴロウ

有明海の珍しい魚、ムツゴロウ。蒲焼きや甘露煮などで滋味豊かな味わいを楽しむことができる。

佐賀県

「The SAGA認定酒」を認定する産地呼称《こしょう》制度にも取り組み、九州の酒どころとして評価が高い県。良質な水源と農家の積極的な酒米栽培、その恩恵を個性に変えるべく、記憶に残る酒を目指す蔵が増えている。

天山のミネラル豊富な水と
地元産米で醸す伝統と革新の酒

天山《てんざん》
純米吟醸

旨口
バランスがよい

「天山」の名は、酒蔵の北側に堂々とした山容を見せる秀峰天山に由来。山頂に弁財天があることから天山と呼ばれるように。天山の中腹から湧く伏流水《ふくりゅうすい》で仕込んでいる。

唎き酒NOTE

香りは華やか。口に含むとラ・フランスのような香りが広がる。味わいは米の旨みと甘味が主体。後味にも旨み・甘味がほどよくふくらむ。

造 純米吟醸　米 山田錦　精 55%
酵 非公開　Al 16%　日 +0.8
酸 1.3　容 720mL　¥ 1650円

〔おすすめの飲み方〕
熱燗　ぬる燗　常温　冷酒　ロック

天山酒造《てんざんしゅぞう》
〔小城《おぎ》〕

「酒造りは米作りから」をモットーに自社田で「山田錦」を栽培。地元農家と「天山酒造米栽培研究会」を立ち上げ、米からの品質向上に腐心する。

自然からの贈り物、花酵母《はなこうぼ》にこだわり小仕込みで醸造

天吹《あまぶき》 純米吟醸 いちご酵母 生

やや濃厚
甘酸っぱい

天然花酵母の「いちご酵母」を使用。イチゴの味わいを酒で表現することを試みた。鑑評会出品酒も含め、特定名称酒には全量花酵母を採用。十数種の花酵母でシリーズ展開し、海外でも評価される。

唎き酒NOTE

味わいは甘酸っぱくてジューシー。香りよりも味わいに、イチゴを感じる。甘味と酸味が調和して旨みはほどよく、キレもある。肉料理の脂の旨み、バターやチーズのコクともマッチする、輸出品一番人気も納得の味わい。

造 純米吟醸
米 山田錦または雄町　精 55%
酵 いちご酵母　Al 16.5%
日 +1.5　酸 1.6　容 720mL
¥ 1760円

〔おすすめの飲み方〕
熱燗　ぬる燗　常温　冷酒　ロック

↑国登録有形文化財の母屋。戸にはステンドグラスがはめ込まれている

天吹酒造《あまぶきしゅぞう》
〔みやき〕

元禄年間の創業以来300年の歴史をもつ。「天吹」の名は、蔵の北東にある天吹山にちなみ創業者が付けた。敷地内の主屋、仕込み蔵、貯蔵庫、煙突など一連の建造物は国登録有形文化財。蔵見学にて公開している。

地元で支持される酒造りを理念に、米の特性を生かす

東一《あづまいち》 山田錦 純米酒

やや甘口
やや濃厚

「東一」の名には「東洋一」の思いが込められている。自ら米作りをすることで「米から育てる酒造り」を実現。人、米、造りが一体となり、米の旨みを十分に引き出した食中酒に仕上げる。

唎き酒NOTE

米のもつ穏やかな香り。米の旨みがしっかり出た味わい。後味に個性的な酸味、渋味も感じられ、食中酒に向く。和・洋・中いずれにも合いそう。ぬる燗《かん》がおすすめ。

造 純米　米 山田錦　精 64%　酵 熊本系自家培養酵母
Al 15%　日 +1　酸 1.3　容 720mL　¥ 1375円

〔おすすめの飲み方〕
熱燗　ぬる燗　常温　冷酒　ロック

五町田酒造 ごちょうだしゅぞう 〔嬉野《うれしの》〕

「地元に愛され、誇りとしてもらえる地酒」を目指す。昭和63年（1988）より「山田錦」を栽培。米の特性を生かし、技術研鑽《けんさん》を重ね、安定した酒造りに努める。

兵庫県特A地区の「山田錦」を贅沢に磨いて醸造

鍋島《なべしま》 大吟醸

旨口
上品

仕込み水には多良岳《たらだけ》山系の地下水、原料米は全量兵庫県特A地区産「山田錦」を使用。35%精米、小仕込み、長期低温発酵と手をかけて、甘味とキレ、全体のバランスが絶妙な酒を醸《かも》す。

唎き酒NOTE

フルーティな柑橘系の香りが爽やか。原料米「山田錦」らしい上品な旨みが感じられる。豊かな甘味と後味のキレとのバランスもよく、王道をゆく大吟醸。

造 大吟醸　米 兵庫県特A地区産山田錦　精 35%
酵 非公開　Al 17%　日 +4　酸 1.2
容 720mL　¥ 3300円

〔おすすめの飲み方〕
熱燗　ぬる燗　常温　冷酒　ロック

富久千代酒造 ふくちよしゅぞう 〔鹿島《かしま》〕

有明海に面した鹿島の酒蔵。平成14年からは蔵元が自ら杜氏《とうじ》を務めている。いろいろな酒造好適米《しゅぞうこうてきまい》を試すなど、蔵の個性を出すための挑戦が続いている。

シンプルな味付けの魚介類と相性がよい純米吟醸

古伊万里《こいまり》 前《さき》 純米吟醸

フレッシュ
上品

佐賀県産「山田錦《やまだにしき》」を使い、フレッシュな味わいを届けるために励む。酒名は、古伊万里100年の歴史を礎に「前」に進むとの思いと、蔵元《くらもと》前田家の名前にも由来する。

唎き酒NOTE

イチゴなどのベリー系の香りがチャーミング。開栓したてはやや微発泡感あり。酸は少なく、心地よい米の甘味が広がる。後味はすっきり。

造 純米吟醸　米 佐賀県産山田錦
精 55%　酵 非公開　Al 16%
日 非公開　酸 非公開
容 720mL　¥ 1848円

〔おすすめの飲み方〕
熱燗　ぬる燗　常温　冷酒　ロック

古伊万里酒造《こいまりしゅぞう》 〔伊万里《いまり》〕

有田《ありた》焼の積出港、伊万里の港で呉服店を営んだ後、明治42年（1909）、現在の地で酒蔵を創業した。「笑顔になる日本酒」を届けるべく酒造りに励む。

A 規定量内の醸造アルコールを使用することによって、味がキリリと引き締まり、酒の香味を調整できるためだ。

長崎県ご当地肴

からすみ

長崎の名物として知られるからすみは、ボラの卵を塩漬けにして天日干ししたもの。酒が進む味わい。

長崎県

海産物が豊富に獲れる立地。その海の幸を使った食事に合うよう、料理を引き立てる優しく丸い味わいの食中酒が多い。

キンキンに冷やして
ワイングラスで楽しむ純米吟醸

よこやま 純米吟醸 SILVER7《シルバー》

中口 ジューシー

「山田錦」の特性を生かしてフレッシュ&ジューシーに仕上げる。低温熟成させても崩れず、バランスのよい味わいに。最新式の設備を使って分析、味の検証をする。

唎き酒NOTE

マスカットを思わせるフレッシュな香り。味わいはジューシーで米の旨みが広かる。甘めだが酸とのバランスがよく、すっきりとキレる。フレンチやイタリアンとも相性がよい。

- 造 純米吟醸
- 米 山田錦
- 精 麹:50%、掛米:55%
- 酵 協会701号　Al 16%
- 日 非公開　酸 非公開
- 容 720mL　¥ 1639円

〔おすすめの飲み方〕熱燗　ぬる燗　常温　冷酒　ロック

重家酒造 おもやしゅぞう 〔壱岐《いき》〕

大正13年（1924）に日本酒蔵、焼酎蔵を創業。平成2年から日本酒製造を休止してしたが、澄川《すみかわ》酒造場で約5年造りを学び、平成30年に日本酒蔵を建設。約30年ぶりに日本酒を復活させた。世界を見据えた日本酒造りを心がける。

250年の伝統を守り、
九州の地で寒造《かんづく》りされる酒

六十餘洲《ろくじゅうよしゅう》 純米吟醸

中甘口 軽快

銘柄は、以前日本に60余りの国々があったことから。全国の人々に飲んでほしいという蔵元の願いが込められている。全量「山田錦」を使い、50%まで磨いて造られる。

唎き酒NOTE

穏やかで上品な香り。軽快感のある甘味と後味に感じる渋味が印象的。和食はもちろん、洋食や麻婆豆腐など辛い料理と合わせてもよい。

- 造 純米吟醸
- 米 山田錦　精 50%
- 酵 自社酵母　Al 16%
- 日 −0.7　酸 1.7
- 容 720mL
- ¥ 1870円

〔おすすめの飲み方〕熱燗　ぬる燗　常温　冷酒　ロック

今里酒造 いまざとしゅぞう 〔波佐見《はさみ》〕

創業は安永元年（1772）。以来250年、蔵人《くらびと》の和を重んじ、伝統の手づくりを頑なに守り続ける。蔵のある波佐見町は、周囲を山に囲まれた盆地。県内で2番目に寒いともいわれる立地を生かし、九州での寒造りを行っている。

熊本県ご当地肴

馬刺し
低カロリーで高たんぱく。鮮やかな桜色から、桜肉ともいわれる。ショウガ醤油やニンニク醤油でいただく。

熊本県

「熊本(協会9号)酵母《こうぼ》」誕生の地。北部が清酒圏、南部は焼酎圏といわれる。旨みのあるふくよかで骨太な酒が多い。

熊本の豊富で優良な地下水と
熊本酵母で醸《かも》す芳醇《ほうじゅん》な酒

吉祥瑞鷹《きっしょうずいよう》 吟醸酒

華やか
マイルド

鷹が羽ばたき勇ましく酒蔵に舞い降りた瑞兆を機縁として命名された。華やかな吟醸香とふくらみのあるバランスのよい味わいが特長。「ワイングラスでおいしい日本酒アワード2021 にて最高金賞を受賞した。

唎き酒NOTE
熊本酵母由来の華やかな吟醸香が圧巻。その香りとふくらみのある旨みがバランスよく、マイルドな味わい。米の旨みを感じる香り高い酒質だ。

造 吟醸酒
米 山田錦、吟のさと
精 58%
酵 1801号、熊本酵母
Al 15%　日 +3
酸 1.2　容 720mL
¥ 1485円

〔おすすめの飲み方〕
熱燗
ぬる燗
常温
冷酒
ロック

瑞鷹 ずいよう 〔熊本〕

慶応3年(1867)、熊本市の旧河港町の川尻《かわじり》にて創業。江戸時代「赤酒《あかざけ》」が主流だった熊本で、いち早く清酒造りに着手。地元熊本で自然農法の酒米造りを行い、豊富な地下水と熊本酵母を用いた「地場に根ざした酒造り」を続けている。

9号酵母発祥の蔵が手がける
和食に合う純米吟醸

香露《こうろ》 純米吟醸

中甘口
軽快

「山田錦《やまだにしき》」を使った、香りだけが際立つのではなく、味わいとのバランスを重視した純米吟醸。華やかな香りを生む9号酵母だが、派手ではなく軽やかな香り。「香露」の名は、創立時の一般公募により決定した。

唎き酒NOTE
フルーティで心地よい香り。味わいには軽い熟成感があり、後味は軽やかにキレていく。エレガントな味わいて和食全般に向く。この酒の秀逸なバランスを楽しみたい。

造 純米吟醸　米 山田錦
精 麹:45%、掛:55%
酵 熊本酵母
Al 16%　日 +0.5
酸 1.6　容 720mL
¥ 3190円

〔おすすめの飲み方〕
熱燗
ぬる燗
常温
冷酒
ロック

熊本県酒造研究所 くまもとけんしゅぞうけんきゅうしょ 〔熊本〕

明治42年(1909)、「酒の神様」と呼ばれた野白金一氏を初代技師長に迎え、熊本の蔵元たちが酒造研究所を設立。「熊本(協会9号)酵母」を生み出すなど、熊本のみならず全国の吟醸造りに貢献し牽引し続ける。

A お燗酒《かんざけ》なら保温性のある陶器、冷酒《れいしゅ》なら冷涼感のある磁器、透明なガラス素材なら酒の色が楽しめる。

大分県

冬に寒冷になる盆地などで酒が造られる。海側が辛口、山側が甘口とされ、旨みのなかに軽快さのある味わいが特徴。

大分県ご当地肴

関《せき》さば

豊後水道で一本釣りされた真サバのことで、関あじとともにブランド魚として名高い。とろけそうな味わい。

久住山《くじゅうさん》の恩恵を受け、寒造《かんづく》り生酛《きもと》仕込みで醸す純米酒

千羽鶴《せんばづる》

生酛造り 純米酒

ウッディ 芳醇

比較的冷涼な気候を生かし、大分で生酛に挑戦した意欲作。久住山の麓《ふもと》に湧き出る名水を使用し、生酛ならではの芳醇さを醸し出す。

唎き酒NOTE

ヨーグルトのような乳酸と、ウッディな香ばしさを感じる。常温では重みがあるが、お燗《かん》にすると味が丸みを帯び、その飲み比べも面白い。

造 純米　米 五百万石、あきげしき
精 65%　酵 協会901号　Al 15.5%
日 −1　酸 1.6　容 720mL
¥ 1350円

〔おすすめの飲み方〕熱燗　ぬる燗　常温　冷酒　ロック

佐藤酒造 さとうしゅぞう 〔竹田《たけた》〕

温暖な大分県において標高約700mという寒造りに適した立地で酒を造る。酒銘は当時の蔵元と深い交流があった文豪川端康成の作品から。

臼杵《うすき》の米、水、人で醸された地元への愛着溢れる純米酒

USUKI《ウスキ》

特別純米 無濾過《むろか》生原酒

濃醇 キレがよい

臼杵市産の酒造好適米《しゅぞうこうてきまい》「若水《わかみず》」を100%使用。無濾過生原酒ならではの米の旨みが凝縮されたフルボディで優しい味わいが魅力だ。

唎き酒NOTE

9号酵母使用と無濾過生原酒ゆえに、香りのインパクトは強い。味わいも米の旨みが凝縮されたフルボディタイプ。ロックでも十分楽しめる。

造 特別純米　米 大分県臼杵市産若水
精 55%　酵 協会901号　Al 17%
日 +3.4　酸 1.6　容 720mL
¥ 1650円

〔おすすめの飲み方〕熱燗　ぬる燗　常温　冷酒　ロック

久家本店 くげほんてん 〔臼杵〕

万延元年（1860）創業。地元の米を積極的に使い、地産地消のサイクルを創造する。温暖な地域ゆえ、徹底した温度管理で醸造、貯蔵を行う。

モーツァルトの音楽を流して、よりよい発酵を促す

ちえびじん

純米酒

穏やか 中口

地下200mより汲《く》む地下水で、とろみが出て口当たりの優しい酒に。杵築《きつき》市山香町《やまがまち》栽培の「山田錦」と、うるち米「ヒノヒカリ」を使用。

唎き酒NOTE

香りはクリアで華やか。味わいは優しく、米の甘味をしっかり感じることができる。酸味はきれいで穏やか。出汁の効いた料理に合いそうだ。

造 純米　米 ヒノヒカリ、山田錦
精 70%　酵 自社酵母　Al 16%
日 ±0　酸 1.7　容 720mL
¥ 1430円

〔おすすめの飲み方〕熱燗　ぬる燗　常温　冷酒　ロック

中野酒造 なかのしゅぞう 〔杵築〕

江戸時代の風情が残る城下町杵築市は、昔は酒蔵が軒を連ねていたが、現在では一番小さかった中野酒造1軒に。蔵の建物は市の有形文化財に指定。

宮崎県
ご当地肴

地鶏炭火焼き

地鶏を炭火の直火で焼き上げた宮崎の代表料理。地鶏ならではの歯ごたえと香ばしさが楽しめる。

宮崎県

海の幸、山の幸に恵まれた九州でも有数の観光地。焼酎蔵が圧倒的に多いが、恵まれた水を使い日本酒も造られている。

米の旨みを1滴1滴に封じ込めた、飲みごたえある純米酒

千徳《せんとく》

宮崎の純米酒

繊細

飲みごたえあり

米の旨みを大切に、また食中酒としてのバランスに配慮して醸造。「千徳」の名には「多くの徳が届くように」そして「数多くの飲み手に数多くの徳があるように」との造り手の願いが込められている。

唎き酒NOTE

かすかに甘い繊細な米の香りがする。口当たりも柔らかいが飲みごたえあり。米の旨みが瑞々しい酸味やかすかな苦味をともなって現れ、柔らかく消えていく。後味には軽い渋味が酸味、甘味とともに残る。

造 純米　米 山田錦　精 60%
酵 自社酵母　Al 15%　日 +3
酸 1.5　容 720mL　¥ 1300円

〔おすすめの飲み方〕
熱燗　ぬる燗　常温　冷酒　ロック

千徳酒造《せんとくしゅぞう》

〔延岡《のべおか》〕

明治36年（1903）創業。焼酎文化圏の宮崎で唯一の日本酒専業蔵であり、蔵元《くらもと》杜氏が地元の米と水にこだわった地酒造りに取り組んでいる。主な使用米は県産の「はなかぐら」および「山田錦《やまだにしき》」。「手を抜くことなく正直に真面目に酒造り」がモットー。

歴史が薫る酒蔵で丁寧な
麹《こうじ》作りから生まれる

薫長《くんちょう》

純米酒

甘辛混在

ドライタイプ

杜氏《とうじ》の口癖は「丁寧な麹作りが酒の味を決める」。天領日田《ひた》の豊かな水と、厳選した酒米で丁寧に造られる「薫長」の純米酒は、辛味がしっかりと引き立つ。

唎き酒NOTE

甘味と辛味が混在するしっかりした味わい。旨みがありながら、全体的に引き締まったドライタイプ。後味には軽快な酸味とかすかな苦味も。

造 純米　米 麹:五百万石、掛:ヒノヒカリ
精 65%　酵 協会9号　Al 15%
日 +1　酸 1.25　容 720mL
¥ 1324円

〔おすすめの飲み方〕
熱燗　ぬる燗　常温　冷酒　ロック

クンチョウ酒造《くんちょうしゅぞう》

〔日田〕

江戸時代に建てられた、築300年を超える酒蔵で現在も酒造りを行っている。蔵の一部を開放した酒蔵資料館も併設。酒造りの歴史や文化を今に伝えている。

A 日本料理はもちろん、チーズ、クリーム系の洋食から濃厚な中華料理まで、日本酒に合う料理は実に幅広い。

日本酒COLUMN 酒蔵に今も息づく日本酒の神々

酒は古くから神様と切り離せない存在だ。『古事記』や『日本書紀』にも、スサノオノミコトが八《や》塩《し》折《おり》之《の》酒《さけ》をヤマタノオロチに飲ませて退治した話をはじめ、酒と神様にまつわる神話がたびたび登場する。神話のなかには酒の神様も登場し、これらの酒神は現在でも日本各地の神社に祀《まつ》られている。

酒蔵には必ずといっていいほど神棚があり、醸造《じょうぞう》の安全を祈願したお札が祀られている。なかでも多くの酒蔵で目にするのが、酒造りの神様として信仰されている京都の松《まつ》尾《お》大社《たいしゃ》のお札だ。松尾大社が酒造りの神様として信仰されるようになったのは、室町時代末期以降。秦《しん》の始皇帝の子孫と称する（近年の研究では朝鮮半島・新《しら》羅《ぎ》の豪族の子孫とされている）秦《はた》氏と深い関係がある。大陸から渡来した秦一族は、堤防などを築き、周辺の荒野を農耕地へと開拓していくのと同時に、酒造りの技術も伝えたとされている。江戸時代から、新酒造りが始まる前に松尾大社で醸造の安全を祈願するのが習わしとなり、敷地内にある「亀《かめ》の井《い》」という井戸の水で酒を造ると腐らないとも言い伝えられている。

↑←酒蔵では神棚に醸造の安全を祈願するお札が祀られている

↑杉玉とも呼ばれる酒林は酒蔵のシンボル的存在

もうひとつ、酒蔵のシンボルとしてなくてはならない存在が、軒先に吊るされている酒林《さかばやし》だ。現在では、新酒ができたことを知らせる役割を担っている酒林だが、もともとは新酒の仕込みの開始とともに吊るされ、蔵人《くらびと》が醸造の安全を願うものであった。この酒林と深い関わりがあるのが、奈良県の大神《おおみわ》神社。大神神社では、毎年11月に大《おほ》三《み》輪《わ》之《の》神《かみ》として知られる大物主神《おおものぬしのおおかみ》に醸造の安全を祈願する祭りが行われる。その際、御神体である三《み》輪《わ》山《やま》の神杉《かみすぎ》の葉を球状に束ねた杉玉《すぎだま》を持ち帰り、軒先に吊るしたのが酒林の始まりとされている。

醸造技術が発達していない時代、仕込み前の醸造の安全祈願は蔵人《くらびと》にとって重要なものであった。そして現代でも、酒蔵では神棚や酒林から、日本酒の神々が静かに酒造りを見守っている。

日本酒用語集

あ

熱燗　あつかん
温度が約50℃の燗酒。

アミノ酸度　あみのさんど
アミノ酸の濃度を示し、旨みの濃淡の目安となる。高いほど濃醇《のうじゅん》な味わいという評価になるが、あまりに数値が高すぎると雑味の原因になることも。

あらばしり　あらばしり
醪《もろみ》を搾った際に、最初に出てくる淡く濁った酒。その名のごとく弾けるようなフレッシュな味わいが特徴。しぼりたて全般を総称して呼ぶ場合もある。

アルコール添加　あるこーるてんか
通称「アル添」と呼ばれる、上槽《じょうそう》直前の醪に醸造アルコールを加えて酒質を調整する行為。

アルコール度数　あるこーるどすう
酒中に含まれるエチルアルコールの量。日本酒の平均は15〜16%、原酒になると20%近くのものもある。

う

上立ち香　うわだちか
瓶から器に酒を注いだ直後に感じられる第一の香り。

お

おり　おり
搾られた後に残る白濁物質（米の破片や酵母《こうぼ》）のこと。

おり引き　おりびき
上槽後、タンクの中でしばらく放置しておりを沈殿させ、上部の澄んだ部分と分ける作業。

か

櫂　かい
長い棒の先に小さな板を付けた道具。櫂入れに使用する。

櫂入れ　かいいれ
発酵を平均化させるために酒母《しゅぼ》や醪を混ぜること。

皆造　かいぞう
仕込んだ醪を全て搾り終える日のこと。「掛留《かけどめ》」とも呼ばれ、これを終えると各蔵では蔵人《くらびと》たちの労をねぎらうために、「皆造祝い」や「掛留祝い」を催したりする。

掛け米　かけまい
酒母や醪に使用される蒸した原料米。酒造りに使用される米の総量の7〜8割を占める。

頭　かしら
杜氏《とうじ》の補佐役で麹《こうじ》や醪の責任者。

片口　かたくち
一方だけに注ぎ口のある器。猪口《ちょこ》と対になっているものも多い。

活性清酒　かっせいせいしゅ
発泡性のある日本酒。発泡性清酒(発泡清酒)とも呼ばれる。出荷の際、加熱・殺菌をしないため、酵母菌が生きていて炭酸ガスを含むものが多い。開栓時には注意が必要。

釜屋　かまや
洗米、蒸し米を担当する責任者。

燗酒　かんざけ
湯煎《ゆせん》などで温めた酒。温度によって味わいががらりと変わる。燗酒は日本酒独特の文化。

燗どうこ　かんどうこ
湯煎で酒を温める道具。電気式で温度を調節できるものも。

寒造り　かんづくり
11月頃〜3月頃の厳冬《げんとう》期に行われる酒造りのこと。寒い季節は酒造りに適した条件が揃っている。

き

木桶仕込み　きおけじこみ
ホーロータンクが開発されるまで、主に行われていた酒造りの伝統的な仕込み。近年、木桶仕込みを復活させる蔵も見られる。

利（唎）き酒　ききざけ
日本酒の味わいを物理的、感覚的にみて総合的に見定める作業。色を見て、香りを嗅ぎ、最後に口に含んで分析する。

利（唎）き猪口　ききちょこ
利き酒のための猪口。通常は白色の磁器で、底面に青色の蛇《じゃ》の目模様があり、透明度と色を判定しやすくしている。

貴醸酒　きじょうしゅ
仕込み水の代わりに、一部清酒を用いて造られる酒。琥珀系の色調、味は濃く甘口で、デザートに合わせたり食前酒としても好まれる。

生酛系酒母　きもとけいしゅぼ
天然の乳酸菌を取り込み、雑菌を排して酵母を育てる酒母造りの手法。山卸《やまおろ》し（酛摺《もとす》り）の有無により、生酛と山廃《やまはい》酛に分かれる。⇔速醸系酒母

生酛仕込み　きもとじこみ
天然の乳酸菌を取り込む、伝統的な酒母造りを用いて酒を仕込む手法。米を摺りつぶし糖化《とうか》を促進させる山卸し(酛摺り)を行う。この手法で造られた酒母が生酛。

協会酵母　きょうかいこうぼ
公益財団法人日本醸造協会が頒布《はんぷ》している酵母。それまで優れた「自家酵母」に恵まれなかった蔵にも良質の酵母が入るようになり、酒質が向上した。

吟醸香　ぎんじょうか
リンゴやバナナなどを思わせる独特の華やかな芳香。

吟醸酒　ぎんじょうしゅ
精米歩合《せいまいぶあい》60%以下の高精白米を使用し、長期低温発酵させた、固有の香味、色沢が良好な吟醸造りの酒。

く

ぐい呑み　ぐいのみ
通常の猪口より寸胴《ずんどう》で大ぶりの酒器。

蔵入り　くらいり
秋になり、酒造りのために蔵人が蔵へ集まってくること。最初は蔵内の徹底的な掃除からスタートする。

酒林　さかばやし
杉の小枝を束ね球状にして軒先に吊るすもの。新酒の出来上がりを知らせるもので、現在は蔵のシンボル的存在。杉《すぎ》玉《たま》ともいう。

酒袋　さかぶくろ
酒を搾る際に使われた綿布。昔は、大糸を粗めに織った手織り木綿に柿渋を塗って使った。

三段仕込み　さんだんじこみ
醪を仕込む際、蒸し米と麹、仕込み水を、初添《はつぞ》え、仲添《なかぞ》え、留添《とめぞ》えの3回に分けて酒母に加える製法。一度に仕込むと雑菌が増殖しやすくなるためこの製法を用いる。

酸度　さんど
酒の中の有機酸（コハク酸、乳酸、リンゴ酸など）の総量を示した数値。酸度が高いほど辛く、低いほど甘く感じられる。

し

仕込み水　しこみみず（すい）
酒母や醪の仕込みなど、酒造工程で使用する水。山や川からの伏流水《ふくりゅうすい》を使用する蔵が多い。地域により硬水と軟《なん》水《すい》があり、酒質に影響をもたらす。

しぼりたて　しぼりたて
➡新酒

熟酒　じゅくしゅ
濃厚な香りと芳醇《ほうじゅん》な味わいの酒。熟成酒、古酒に多く見られる。

酒造好適米　しゅぞうこうてきまい
酒造りに適した米。米粒が大きく、心白《しんぱく》の発現率が高く、タンパク質が少ないことなどが条件。「山田錦《やまだにしき》」、「五百万《ごひゃくまん》石《ごく》」をはじめ、県によってさまざまな酒造好適米が生産される。

酒造年度　しゅぞうねんど
➡BY（ブリュワリー・イヤー）

酒母　しゅぼ
蒸し米、米麹《こめこうじ》、水に酵母を加え、酵母を大量に培養したもの。

醇酒　じゅんしゅ
ふくよかな香りとコクのある味わいで食中酒に向く。山廃、生酛系の純米酒に多い。

純米酒　じゅんまいしゅ
醸造アルコールなどを添加せず、米、米麹《こめこうじ》、水だけで造った酒。

常温　じょうおん
約20℃の飲用温度。冷《ひ》やともいう。

上燗　じょうかん
温度が45℃前後の燗酒。

上撰　じょうせん
メーカーによって付けられた日本酒のランク。平成4年に級別制度が廃止されて以来、特級＝特撰、一級＝上撰、二級＝佳撰に位置付けられた。

上槽　じょうそう
醪を搾り、原酒と酒粕《さけかす》に分離すること。酒袋に入れて吊るしたり、槽《ふね》、または自動圧搾機で搾る。

蔵人　くらびと
杜氏のもとで酒の製造に従事する職人たち。蔵子《くらこ》ともいう。

蔵元　くらもと
酒の醸造元。また、その代表者を指すこともある。

薫酒　くんしゅ
華やかな香りと爽やかな味わいをもつ酒。吟醸系の酒に多いとされる。

け

原酒　げんしゅ
醪を搾ったものに水や醸造アルコールを加えず（アルコール分1%未満の加水調整を除く）、アルコール度数を落としていない酒。17～20%程度が平均。

限定吸水　げんていきゅうすい
精米した米に設定した比率の水を吸わせる作業で、洗米、浸漬《しんせき》をストップウォッチで正確に計測しながら行う。この作業が酒質に大きく影響する。

こ

麹　こうじ
蒸し米に麹カビを繁殖させたもので、米のデンプン質を糖化させる役割を担う。麹作りは酒造りの工程で最も神経を使う作業ともいわれる。日本酒では主に黄《き》麹《こうじ》菌を使用。

麹蓋　こうじぶた
麹作りの際に使用される杉板でできた長方形の箱。細かい温度管理が可能なため、主に吟醸造りの際に用いられる。

麹米　こうじまい
麹作りに必要な原料米。原料米総量の約2割を占めるといわれる。掛《か》け米《まい》よりも米の品種にこだわる蔵が多い。

麹屋　こうじや
麹作りの責任者。

硬水　こうすい
カルシウムやマグネシウムなどのミネラル分が多い水。辛口で酸度の高い酒ができやすい。

酵母　こうぼ
麹によって生じた糖分をエタノール（アルコール）と、炭酸ガスに分解する性質をもつ単細胞微生物。風味、香味を作り出す。

甑　こしき
大きな釜の上で原料米を蒸す大きなセイロ。その年で初めて甑に米を入れ、蒸し米作業を始める日のことを「甑起こし」と呼ぶ。

甑倒し　こしきたおし
酒造り終盤に、釜から甑をはずす日。最後の仕込みに使う米を蒸し終えたことを意味する。

古酒　こしゅ
一般的には2年以上貯蔵されて出荷される酒を指すが、明確な規定はない。琥珀色で複雑な熟成香をもつ。⬌新酒

さ

盃　さかずき
酒を飲むための小さな器で、口がアサガオ型に開いたもの。

た

暖気樽　だきだる
湯を詰めて酒母や醪《もろみ》の加温に使用する道具。水や氷を入れて冷却するためにも使う。樽型の容器で、上部に湯や水、氷を詰め出しする呑み口が付いている。

種麹　たねこうじ
蒸し米に麹菌を繁殖させるために使用される、麹カビを培養して乾燥させたもの。種麹の製造には、必要な麹以外の菌を殺菌する木炭が加えられる。

樽酒　たるざけ
主に杉の樽で貯蔵された酒。木の香りがほのかに酒に移り、独特の味わいを醸《かも》し出す。

淡麗辛口　たんれいからくち
喉越しのすっきりとした、キレのある日本酒を指す言葉。地酒ブームの発端ともいわれる新潟の酒は、総称してそう呼ばれていた。⇔濃醇旨口

ち

長期低温発酵　ちょうきていおんはっこう
醪を低温の状態で長期間発酵させること。ゆっくりと発酵させることできれいな味わいの酒になるといわれる。

チロリ　ちろり
酒を温める容器。錫《すず》、銅、または真鍮《しんちゅう》製。下の方がやや細い筒形で、取っ手と注ぎ口が付いている。

て

低アルコール日本酒　ていあるこーるにほんしゅ
アルコール度約13%以下の酒。日本酒入門者や、アルコールに弱い人にも飲みやすい。

と

杜氏　とうじ、とじ
酒を造る職人集団の長。南部《なんぶ》杜氏、越後《えちご》杜氏、但馬《たじま》杜氏など、出身地によりいくつもの集団がある。流派によって方針が異なり、杜氏の采配が酒質の指針となる。

特定名称酒　とくていめいしょうしゅ
国税庁が告示した条件を満たした酒の種類。本醸造酒系、純米酒系、吟醸酒系がこれにあたる。⇔普通酒

徳利　とっくり
酒を入れる陶製・金属製などの首の細い容器。

飛び切り燗　とびきりかん
温度が55℃以上の燗酒《かんざけ》。

斗瓶囲い(斗瓶取り)　とびんかこい(とびんどり)
斗瓶と呼ばれる18ℓの特殊な瓶に集めて、貯蔵された酒。

な

中取り　なかどり
最初の白濁したあらばしりと最後の責めを除いた澄んだ酒。味わいのバランスがとれている。中垂《なかだ》れ、中汲《なかぐ》みともいう。

に

にごり酒　にごりざけ
醪を目の粗い布や網で搾ったときに出る白く濁った酒のこと。生酒（活性酒）であることが多い。

醸造アルコール　じょうぞうあるこーる
主にサトウキビを原料にしたアルコール。酒に添加すると保存性を高め、すっきりとした味わいになる。また乳酸菌（火《ひ》落《お》ち菌)の増殖を防ぎ、酒の香味を劣化させない効果もある。

新酒　しんしゅ
その酒造年度(7月1日から翌年6月30日まで）に造られた酒。特にしぼりたての酒を意味する場合が多い。冬季に販売されることが多く、熟成が進んでいないため、特有の若い香りがある。⇔古酒

浸漬　しんせき
必要な水分を米に吸水させる作業。酒の品質に大きく関わる繊細さを要する工程である。

心白　しんぱく
米の中央部にある白く不透明な部分。組織の粗いデンプン質からなる。心白が大きいことは酒米としての重要な要素。

す

涼冷え　すずびえ
約15℃の冷酒《れいしゅ》の呼称。

せ

製麹　せいきく(ぎく)
蒸し米に麹《こうじ》カビを繁殖させ麹を作る作業。麹菌《こうじきん》が繁殖するのに適した約35℃に保たれた作業部屋は「製麹室」「麹室《こうじむろ》」と呼ばれる。

精米　せいまい
酒の香味バランスを崩したり、雑味を増長させたりする可能性のあるタンパク質、脂質部分（表層部）を削り取る作業。米を磨くともいう。

精米歩合　せいまいぶあい
玄米を磨いて残った白米の割合を%で表したもの。例えば精米歩合70%の場合、玄米の表層部を30%削り取ることをいう。

責め(攻め)　せめ
上槽《じょうそう》の中取《なかど》りが出終わり、圧力をかけて搾ること、またそうして出てきた酒。力強く濃醇《のうじゅん》な味わい。

全国新酒鑑評会　ぜんこくしんしゅかんぴょうかい
独立行政法人酒類総合研究所と日本酒造組合中央会が共催する、全国の蔵が酒質のクオリティを競い合い技術向上を図るコンテスト。明治44年（1911）年に第1回開催。

洗米　せんまい
白米の表面に付着した糠《ぬか》を水で洗い流す作業。高精白米ほど吸水力が高いので、短時間で行われる。

そ

爽酒　そうしゅ
軽快でフレッシュな味わいの酒。生酒《なまざけ》や生貯蔵酒、本醸造から吟醸系まで幅広い。

速醸系酒母　そくじょうけいしゅぼ
醸造用の乳酸を添加して造られる酒母《しゅぼ》。明治43年（1910）に考案された。乳酸菌が関与せず、副産物の影響が少ないため、生酛《きもと》系酒母に比較し淡麗な酒質に仕上がる。
⇔生酛系酒母

ほ

放冷　ほうれい
蒸し米を麹用、酒母用、掛《か》け米《まい》用に分け、それぞれの使用目的の温度まで冷ますこと。むしろの上で自然冷却したり、専用の機械で冷ましたりする。

本醸造酒　ほんじょうぞうしゅ
精米歩合が70%以下の白米、米麹《こめこうじ》、醸造アルコール（重量は白米重量の10%以下）を原料とした清酒で、香味、色沢が良好なもの。

む

蒸し米　むしまい
白米を洗って水に浸漬した後、ほどよく水分を含んだ生米を蒸したもの。米をα《アルファ》化（糊化《こか》）し、デンプンを糖化《とうか》しやすくするために行われる。

も

酛　もと
➡酒母

酛屋　もとや
酒母を造る責任者。

もやし　もやし
➡種麹

醪　もろみ
仕込みの工程で、酒母、蒸し米、麹、仕込み水を混ぜアルコール発酵させたもの。

や

山廃仕込み　やまはいじこみ
生酛仕込みから「山卸《やまおろ》し（酛摺《もとす》り）」を廃止して効率化された酒母造り。この手法で造られた酒母を山廃酛《やまはいもと》という。

和らぎ水　やわらぎみず（すい）
日本酒を飲みながらその合間に飲む水のこと。アルコールの吸収を穏やかにし、悪酔《わるよ》いを防ぐ効果も。

ゆ

雪冷え　ゆきびえ
温度が約5℃の冷酒。

よ

四段仕込み　よんだんじこみ
三段仕込みの工程に、もう一度蒸し米や麹を足して仕込む方法。発酵によって分解されず醪内に残る糖分が多くなるため、甘口の酒に仕上がる。

ろ

濾過　ろか
おり引きの後、残っているおりを完全に除去する清澄作業。わざと濾過をせず、本来の風味と色調を残した酒を「無濾《むろ》過《か》」という。

わ

割り水　わりみず
貯蔵された酒に仕込み水を加えてアルコール度数を調整する作業。

日本酒度　にほんしゅど
日本酒の比重を表すために定められた単位。一般的に糖分の比重が大きいとマイナスに傾き、逆の場合はプラスに傾く。味わいの目安となる。

ぬ

ぬる燗　ぬるかん
温度が約40℃の燗酒。

の

濃醇旨口　のうじゅんうまくち
味わいが濃厚でしっかりとした旨みを感じる日本酒を指す言葉。⇔淡麗辛口

呑み切り　のみきり
熟成中の貯蔵酒の品質チェック。年に何回か行われる。最初に呑み口を切る（酒の取り出し口を開ける）ことを「初呑み切り」という。

は

破精　はぜ
麹菌の菌糸《きんし》の繁殖具合。米の表面から内部にまで菌糸が深く食い込んだ「総破精型」や、表面は菌糸の食い込みが斑点のようにまだらな「突き破精型」などがある。

花冷え　はなびえ
温度が約10℃の冷酒。

ひ

火入れ　ひいれ
清酒を低温加熱殺菌すること。酒を腐敗させる微生物の死滅とともに、酵素による熟成の進行を停止させて、品質を安定させるために行われる。

人肌燗　ひとはだかん
温度が約35℃の燗酒。

日向燗　ひなたかん
温度が約30℃の燗酒。

ひやおろし　ひやおろし
厳寒《げんとう》期に醸造した酒をひと夏越して熟成させ、秋口に入ってほどよい熟成状態で出荷する酒。生詰《なまづ》め酒《しゅ》の場合が多い。秋上《あきあ》がりともいう。

ふ

普通酒　ふつうしゅ
特定名称酒の規定からはずれた酒を指す総称。レギュラー酒ともいわれる。⇔特定名称酒

槽　ふね
上槽に用いられる道具。形が舟に似ているところからこのように呼ぶ。またこの道具を使った昔ながらの方法で搾ることを「槽搾り」という。

BY（酒造年度）　ブリュワリー・イヤー（しゅぞうねんど）
日本酒独自の期間区分で、7月1日から翌年の6月30日までを指す。"25BY"なら、平成25年7月1日から平成26年6月30日までに造られた酒となる。

銘柄INDEX

問い合わせ先一覧

販売の項目は、2021年7月現在、酒蔵からの各手段での直接販売の有無を示している。蔵見学については、見学の可否に加え予約が必要かについても掲載。臨時休業や変更の場合もあるので事前に確認を。

エリア	酒蔵名	住所	TEL	販売			蔵見学・予約 ○は可能、×は不可、要は要予約。		掲載ページ
				TEL	FAX	HP			
北海道	男山	北海道旭川市永山2-7	0166-48-1931	○	○	○	×・要/資料館のみ見学可		148
	三千櫻酒造	北海道上川郡東川町西2号北23	0166-82-6631	×	×	○	○・要/紹介のみ可		148
	国稀酒造	北海道増毛郡増毛町稲葉町1-17	0164-53-1050	○	○	○	○・不要/団体は要予約		148
青森県	西田酒造店	青森県青森市油川大浜46	017-788-0007	×	×	×	×		149
	三浦酒造	青森県弘前市石渡5-1-1	0172-32-1577	×	×	×	×		149
	八戸酒造	青森県八戸市大字湊町字本町9	0178-33-1171	○	○	○	○	要	149
岩手県	南部美人	岩手県二戸市福岡字上町13	0195-23-3133	○	○	○	○・要/土日、祝日は見学不可		11・150
	菊の司酒造	岩手県盛岡市紺屋町4-20	019-624-1311	○	○	○	×		150
	あさ開	岩手県盛岡市大慈寺町10-34	019-652-3111	○	○	×	○	要	110・151
	赤武酒造	岩手県盛岡市北飯岡1-8-60	019-681-8895	×	×	×	×		14・151
	月の輪酒造店	岩手県紫波郡紫波町高水寺字向畑101	019-672-1133	○	○	○	○・要/土 午後		151
	廣田酒造店	岩手県紫波郡紫波町宮手字泉屋敷2-4	019-673-7706	○	○	○	○	要	152
宮城県	内ヶ崎酒造店	宮城県富谷市富谷新町27	022-358-2026	×	×	○	○	要	146・152
	勝山酒造	宮城県仙台市泉区福岡字二又25-1	022-348-2611	○	○	○	×		153
	佐浦	宮城県塩竈市本町2-19	022-362-4165	×	×	○	×・要/外観のみガイドあり		153
	阿部勘酒造	宮城県塩竈市西町3-9	022-362-0251	×	×	×	×		153
	一ノ蔵	宮城県大崎市松山千石字大欅14	0229-55-3322			○	○	要	17・20・154
	新澤醸造店	宮城県大崎市三本木字北町63	0229-52-3002	×	×	×	×		154
	平孝酒造	宮城県石巻市清水町1-5-3	0225-22-0161	×	×	×	×		154
	墨廼江酒造	宮城県石巻市千石町8-43	0225-96-6288	×	×	×	×		155
秋田県	新政酒造	秋田県秋田市大町6-2-35	018-823-6407	×	×	×	×		14・22・155
	秋田酒類製造	秋田県秋田市川元むつみ町4-12	018-864-7331	○	×	○	○	要	156
	小玉醸造	秋田県潟上市飯田川飯塚字飯塚34-1	018-877-2100	○	○	○	×		156
	山本酒造店	秋田県山本郡八峰町八森字八森269	0185-77-2311	×	×	×	×		97・156
	齋彌酒造店	秋田県由利本荘市石脇字石脇53	0184-22-0536	○	○	○	×		157
	天寿酒造	秋田県由利本荘市矢島町城内字八森下117	0184-55-3165	○	○	○	○	要	157
	飛良泉本舗	秋田県にかほ市平沢字中町59	0184-35-2031	○	○	○	×		157
	佐藤酒造店	秋田県由利本荘市矢島町七日町26	0184-55-3010	○	○	○	○	要	158
	栗林酒造店	秋田県仙北郡美郷町六郷字米町56	0187-84-2108	×	×	×	×		158
	両関酒造	秋田県湯沢市前森4-3-18	0183-73-3143	○	○	○	×		158
山形県	秀鳳酒造場	山形県山形市山家町1-6-6	023-641-0026	×	×	×	×		159
	出羽桜酒造	山形県天童市一日町1-4-6	023-653-5121	×	×	○	○	要	109・159
	水戸部酒造	山形県天童市原町乙7	023-653-2131	×	×	×	×		160
	高木酒造	山形県村山市大字富並1826	0237-57-2131	×	×	×	×		160
	東北銘醸	山形県酒田市十里塚字村東山125-3	0234-31-1515	○	○	○	○	不要	160
	酒田酒造	山形県酒田市日吉町2-3-25	0234-22-1541	×	×	×	×		161
	菊勇	山形県酒田市黒森字葭葉山650	0234-92-2323	×	×	○	×		161
	楯の川酒造	山形県酒田市山楯字清水田27	0234-52-2323	×	×	○	×		161
	高橋酒造店	山形県飽海郡遊佐町吹浦字一本木57	0234-77-2005	×	×	×	×		162
	竹の露酒造場	山形県鶴岡市羽黒町猪俣新田字田屋前133	0235-62-2209	×	×	×	○	要	47・162
	渡會本店	山形県鶴岡市大山2-2-8	0235-33-3262	○	○	×	×/資料館のみ見学可		162
	小嶋総本店	山形県米沢市本町2-2-3	0238-23-4848	×	×	○一部商品のみ	×/資料館のみ見学可		140・163
	樽平酒造	山形県東置賜郡川西町大字中小松2886	0238-42-3101	○	○	○	○	要	163
	東の麓酒造	山形県南陽市宮内2557	0238-47-5111	○	○	○	○	要	164
福島県	大七酒造	福島県二本松市竹田1-66	0243-23-0007	○	○	○	○	要	164
	人気酒造	福島県二本松市山田470	0243-23-2091	×	×	○	×		164
	奥の松酒造	福島県二本松市長命69	0243-22-2153	○	○	○	○・要/一部見学可		13・165
	渡辺酒造本店	福島県郡山市西田町三町目字桜内10	024-972-2401	○	○	○	×		165
	仁井田本家	福島県郡山市田村町金沢字高屋敷139	024-955-2222	○	○	○	○	要	19
	大木代吉本店	福島県西白河郡矢吹町本町9	0248-42-2161	○	○	×	×		166
	夢心酒造	福島県喜多方市字北町2932	0241-22-1266	×	×	×	○	要	166
	末廣酒造	福島県会津若松市日新町12-38	0242-27-0002	○	○	○	○		101・129・167
	宮泉銘醸	福島県会津若松市東栄町8-7	0242-27-0031	×	×	×	×		167
	曙酒造	福島県河沼郡会津坂下町字戌亥乙2	0242-83-2065	×	×	×	×		168
	廣木酒造本店	福島県河沼郡会津坂下町字市中二番甲3574	0242-83-2104	×	×	×	×		168
	国権酒造	福島県南会津郡南会津町田島字上町甲4037	0241-62-0036	×	○	×	×		168
	花泉酒造	福島県南会津郡南会津町界字中田646-1	0241-73-2029	×	×	×	×		169

エリア	酒蔵名	住所	TEL	販売			蔵見学・予約		掲載ページ
				TEL	FAX	HP	○は可能、×は不可、要は要予約。		
	鈴木酒造店	福島県双葉郡浪江町大字幾世橋字知命寺40	0240-35-2337	○	○	×	×		169
茨城県	月の井酒造店	茨城県東茨城郡大洗町磯浜町638	029-266-2168	○	×	○	○	要	17・172
	須藤本家	茨城県笠間市小原2125	0296-77-0152	×	○	○	○	要	172
	府中誉	茨城県石岡市国府5-9-32	0299-23-0233	×	×	×	×		172
	木内酒造	茨城県那珂市鴻巣1257	029-298-0105	○	○	○	○	要	173
	来福酒造	茨城県筑西市村田1626	0296-52-2448	×	×	×	○	要	173
	結城酒造	茨城県結城市大字結城1589	0296-33-3344	×	×	×	○	要	18・174
栃木県	井上清吉商店	栃木県宇都宮市白沢町1901-1	028-673-2350	○	○	×	×/アンテナショップでの試飲、予約制蔵開放イベントあり		174
	宇都宮酒造	栃木県宇都宮市柳田町248	028-661-0880	○	×	×	○	要	174
	若駒酒造	栃木県小山市小薬169-1	0285-37-0429	○	×	×	○	要	19
	小林酒造	栃木県小山市大字卒島743-1	0285-37-0005	×	×	×	×		140・175
	第一酒造	栃木県佐野市田島町488	0283-22-0001	○	○	○	○	要	175
	惣誉酒造	栃木県芳賀郡市貝町大字上根539	0285-68-1141	×	×	×	×		175
	松井酒造店	栃木県塩谷郡塩谷町船生3683	0287-47-0008	○	○	○	×		176
	天鷹酒造	栃木県大田原市蛭畑2166	0287-98-2107	○	○	○	○	要	16・176
	せんきん	栃木県さくら市馬場106	028-681-0011	×	×	×	×		18・177
群馬県	町田酒造店	群馬県前橋市駒形町65	027-266-0052	×	×	×	×		177
	柳澤酒造	群馬県前橋市粕川町深津104-2	027-285-2005	×	×	×	×		105・177
	高井	群馬県藤岡市鮎川138	0274-24-0011	○	○	○	○	要	178
	大利根酒造	群馬県沼田市白沢町高平1306-2	0278-53-2334	○	○	○	○	要	178
	土田酒造	群馬県利根郡川場村川場湯原2691	0278-52-3511	○	○	○	○		15・140・178
	永井酒造	群馬県利根郡川場村門前713	0278-52-2311	×	×	×	×		10・179
	近藤酒造	群馬県みどり市大間々町大間々1002	0277-72-2221	○	○	○	×		179
	分福酒造	群馬県館林市野辺町137	0276-72-0017	×	○	○	×		180
	島岡酒造	群馬県太田市由良町375-2	0276-31-2432	×	×	×	×		180
埼玉県	小江戸鏡山酒造	埼玉県川越市仲町10-13	049-224-7780	○	○	○	×		181
	滝澤酒造	埼玉県深谷市田所町9-20	048-571-0267	×	×	○	○	要	11・181
	釜屋	埼玉県加須市騎西1162	0480-73-1234	○	○	○	○	要	182
	神亀酒造	埼玉県蓮田市馬込3-74	048-768-0115	×	×	×	×		182
	石井酒造	埼玉県幸手市南2-6-11	0480-42-1120	○	○	○	○	要	182
千葉県	藤平酒造	千葉県君津市久留里市場147	0439-27-2043	○	○	○	×		183
	稲花酒造	千葉県長生郡一宮町東浪見5841	0475-42-3134	×	×	○	○	要	21・183
	吉野酒造	千葉県勝浦市植野571	0470-76-0215	○	○	○	×		183
	東灘醸造	千葉県勝浦市串浜1033	0470-73-5221	○	○	×	○	要	15・184
	木戸泉酒造	千葉県いすみ市大原7635-1	0470-62-0013	×	×	○	×		184
	岩瀬酒造	千葉県夷隅郡御宿町久保1916	0470-68-2034	○	○	○	○	要	184
東京都	小澤酒造	東京都青梅市沢井2-770	0428-78-8215	○	○	○	○	要	185
	田村酒造場	東京都福生市福生626	042-551-0003	×	×	○	○	要	170・185
神奈川県	井上酒造	神奈川県足柄上郡大井町上大井552	0465-82-0325	×	×	○	○	要	186
	大矢孝酒造	神奈川県愛甲郡愛川町田代521	046-281-0028	×	×	×	○	要	186
	泉橋酒造	神奈川県海老名市下今泉5-5-1	046-231-1338	○	×	×	○	要	186
山梨県	谷櫻酒造	山梨県北杜市大泉町谷戸2037	0551-38-2008	○	○	○	○	要	187
	山梨銘醸	山梨県北杜市白州町台ヶ原2283	0551-35-2236	○	○	○	×		12・187
	萬屋醸造店	山梨県南巨摩郡富士川町青柳町1202-1	0556-22-2103	○	○	○	○	要	187
新潟県	宮尾酒造	新潟県村上市上片町5-15	0254-52-5181	○	○	×	×		190
	菊水酒造	新潟県新発田市島潟750	0120-23-0101	○	○	○	○	要	190
	金升酒造	新潟県新発田市豊町1-9-30	0254-22-3131	○	○	○	○	要	190
	麒麟山酒造	新潟県東蒲原郡阿賀町津川46	0254-92-3511	×	×	×	×		191
	石本酒造	新潟県新潟市江南区北山847-1	025-276-2028	○	×	○	×		94・188・191
	今代司酒造	新潟県新潟市中央区鏡が岡1-1	025-245-3231	○	○	○	○	要	192
	塩川酒造	新潟県新潟市西区内野町662	025-262-2039	×	×	×	○	要	192
	樋木酒造	新潟県新潟市西区内野町582	025-262-2014	×	×	×	要問い合わせ		193
	笹祝酒造	新潟県新潟市西蒲区松野尾3249	0256-72-3982	○	○	○	○	要	193
	尾畑酒造	新潟県佐渡市真野新町449	0259-55-3171	○	○	○	○		193
	北雪酒造	新潟県佐渡市徳和2377-2	0259-87-3105	○	○	○	○	要	194
	柏露酒造	新潟県長岡市十日町字小島1927	0258-22-2234	○	○	○	○・要/30名以内		194
	諸橋酒造	新潟県長岡市北荷頃408	0258-52-1151	×	×	×	×		194
	朝日酒造	新潟県長岡市朝日880-1	0258-92-3181	×	×	○	○		92・195
	新潟銘醸	新潟県小千谷市東栄1-8-39	0258-83-2025	×	×	○	×		119

エリア	酒蔵名	住所	TEL	販売			蔵見学・予約 ○は可能、×は不可。要は要予約。		掲載ページ
				TEL	FAX	HP			
	八海醸造	新潟県南魚沼市長森1051	0800-800-3865	×	×	○	×		95・195
	青木酒造	新潟県南魚沼市塩沢1214	025-782-0012	×	×	○	×		196
	竹田酒造店	新潟県上越市大潟区上小船津浜171	025-534-2320	○	○	×	○	要	196
	池田屋酒造	新潟県糸魚川市新鉄1-3-4	0255-52-0011	○	○	×	×		196
	猪又酒造	新潟県糸魚川市新町71-1	025-555-2402	×	×	×	×		197
長野県	酒千蔵野	長野県長野市川中島町今井368-1	026-284-4062	○	○	○	×		197
	高沢酒造	長野県上高井郡小布施町大字飯田776	026-247-2114	×	×	×	×		197
	橘倉酒造	長野県佐久市臼田653-2	0267-82-2006	○	○	○	○	要	198
	岡崎酒造	長野県上田市中央4-7-33	0268-22-0149	×	×	×	×		198
	若林醸造	長野県上田市中野466	0268-38-2526	○	○	○	○	要	198
	信州銘醸	長野県上田市長瀬2999-1	0268-35-0046	×	×	×	×		107・199
	伊東酒造	長野県諏訪市諏訪2-3-6	0266-52-0108	○	○	○	○	要	199
	宮坂醸造	長野県諏訪市元町1-16	0266-52-6161	○	○	○	○	要	12・199
	仙醸	長野県伊那市高遠町上山田2432	0265-94-2250	○	○	○	×		200
	湯川酒造店	長野県木曽郡木祖村大字薮原1003-1	0264-36-2030	×	×	×	×		21・200
	大信州酒造	長野県松本市島立2380	0263-47-0895	○	○	×	×		200
	美寿々酒造	長野県塩尻市大字洗馬2402	0263-52-0013	×	○	○	○	要	129・201
	大雪渓酒造	長野県北安曇郡池田町大字会染9642-2	0261-62-3125	○	○	○	○	要	201
	田中屋酒造店	長野県飯山市大字飯山2227	0269-62-2057	○	○	○	×		201
富山県	富美菊酒造	富山県富山市百塚134-3	076-441-9594	×	×	×	×		204
	桝田酒造店	富山市東岩瀬町269	076-437-9916	×	×	×	×		204
	皇国晴酒造	富山県黒部市生地296	0120-38-3928	○	○	○	×・要/応相談		205
	清都酒造場	富山県高岡市京町12-12	0766-22-0557	×	×	×	×		205
	若鶴酒造	富山県砺波市三郎丸208	0763-32-3032	○	○	○	○	要	205
石川県	中村酒造	石川県金沢市長土塀3-2-15	076-248-2435	×	×	○	×		17
	福光屋	石川県金沢市石引2-8-3	076-223-1161	○	○	○	○	要	16・206
	菊姫	石川県白山市鶴来新町タ8	076-272-1234	○	×	×	×		206
	小堀酒造店	石川県白山市鶴来本町1-ワ47	076-273-1171	○	○	○	×		202・207
	車多酒造	石川県白山市坊丸町60-1	076-275-1165	×	×	×	×		207
	吉田酒造店	石川県白山市安吉町41	076-276-3311	○	×	×	×		207
	宗玄酒造	石川県珠洲市宝立町宗玄24-22	0768-84-1314	○	×	○	×		208
	中島酒造店	石川県輪島市鳳至町稲荷町8	0768-22-0018	○	○	○	○	要	208
	数馬酒造	石川県鳳珠郡能登町宇出津へ字36	0768-62-1200	○	○	○	×		208
	松波酒造	石川県鳳珠郡能登町松波30-114	0768-72-0005	○	○	○	○・要/1週間前までに電話で確認		209
福井県	黒龍酒造	福井県吉田郡永平寺町松岡兼定島11-58	0776-61-6110	×	×	×	×		209
	常山酒造	福井県福井市御幸1-19-10	0776-22-1541	○	○	×	×		210
	南部酒造場	福井県大野市元町6-10	0779-65-8900	○	○	○	×		210
	加藤吉平商店	福井県鯖江市吉江町1-11	0778-51-1507	×	×	×	×		211
	小浜酒造	福井県小浜市中井18-34	0770-64-5473	×	×	○	○	要	211
岐阜県	白木恒助商店	岐阜県岐阜市門屋門61	058-229-1008	○	○	○	○	要	129
	玉泉堂酒造	岐阜県養老郡養老町高田800-3	0584-32-1155	×	×	×	×		214
	小坂酒造場	岐阜県美濃市相生町2267	0575-33-0682	○	○	○	○	要	214
	白扇酒造	岐阜県加茂郡川辺町中川辺28	0120-873-976	○	○	○	×		214
	布屋 原酒造場	岐阜県郡上市白鳥町白鳥991	0575-82-2021	○	○	○	○	要	212・215
	三千盛	岐阜県多治見市笠原町2919	0572-43-3181	○	○	○	×		215
	原田酒造場	岐阜県高山市上三之町10	0577-32-0120	○	○	○	○	要	216
	天領酒造	岐阜県下呂市萩原町萩原1289-1	0576-52-1515	○	○	○	○	要	216
	渡辺酒造店	岐阜県飛騨市古川町壱之町7-7	0577-73-3311	○	○	○	○	要	216
	蒲酒造場	岐阜県飛騨市古川町壱之町6-6	0577-73-3333	○	○	○	○	要	140・217
静岡県	大村屋酒造場	静岡県島田市本通1-1-8	0547-37-3058	×	×	×	×		217
	三和酒造	静岡県静岡市清水区西久保501-10	054-366-0839	×	○	○	×		99・217
	神沢川酒造場	静岡県静岡市清水区由比181	054-375-2033	×	×	×	×		218
	英君酒造	静岡市清水区由比入山2152	054-375-2181	×	×	×	×		218
	初亀醸造	静岡県藤枝市岡部町岡部744	054-667-2222	○	○	○	×		218
	磯自慢酒造	静岡県焼津市鰯ヶ島307	054-628-2204	×	×	×	×		219
	志太泉酒造	静岡県藤枝市宮原423-22-1	054-639-0010	○	×	×	○	要	219
	土井酒造場	静岡県掛川市小貫633	0537-74-2006	○	○	○	×		219
	遠州山中酒造	静岡県掛川市横須賀61	0537-48-2012	○	○	×	×		220
	富士高砂酒造	静岡県富士宮市宝町9-25	0544-27-2008	○	○	○	○	要	220
	富士錦酒造	静岡県富士宮市上柚野532	0544-66-0005	○	○	○	○	要	221

エリア	酒蔵名	住所	TEL	販売			蔵見学・予約 ○は可能、×は不可。要は要予約。		掲載ページ
				TEL	FAX	HP			
	高嶋酒造	静岡県沼津市原354-1	055-966-0018	×	×	×	×		221
愛知県	山忠本家酒造	愛知県愛西市日置町1813	0567-28-2247	×	×	×	×		222
	丸石醸造	愛知県岡崎市中町6-2-5	0564-23-3333	×	×	×	×		222
	関谷醸造	愛知県北設楽郡設楽町田口字町浦22	0536-62-0505	○	○	○	×		222
三重県	後藤酒造場	三重県桑名市赤尾1019	0594-31-3878	○	○	×	○	要	223
	伊藤酒造	三重県四日市市桜町110	059-326-2020	○	○	○	○	要	223
	宮﨑本店	三重県四日市市楠町南五味塚972	059-397-3111	×	×	○	○	要	223
	清水清三郎商店	三重県鈴鹿市若松東3-9-33	059-385-0011	×	×	×	×		224
	森喜酒造場	三重県伊賀市千歳41-2	0595-23-3040	×	○	○一部 商品のみ	○	要	19・224
	大田酒造	三重県伊賀市上之庄1365-1	0595-21-4709	○	○	○	○	要	224
	若戎酒造	三重県伊賀市阿保1317	0595-52-1153	○	○	○	○・要/10名以上		225
	木屋正酒造	三重県名張市本町314-1	0595-63-0061	×	×	×	×		225
	瀧自慢酒造	三重県名張市赤目町柏原141	0595-63-0488	○	○	×	×		225
滋賀県	冨田酒造	滋賀県長浜市木之本町木之本1107	0749-82-2013	×	×	×	×		228
	福井弥平商店	滋賀県高島市勝野1387-1	0740-36-1011	○	○	○	×		228
	浪乃音酒造	滋賀県大津市本堅田1-7-16	077-573-0002	○	○	○	×		229
	喜多酒造	滋賀県東近江市池田町1129	0748-22-2505	×	×	×	×		229
	笑四季酒造	滋賀県甲賀市水口町本町1-7-8	0748-62-0007	×	×	×	×		229
京都府	月桂冠	京都府京都市伏見区南浜町247	0120-623-561	○	×	○	○・要/詳細はHP参照		230
	増田徳兵衛商店	京都府京都市伏見区下鳥羽長田町135	075-611-5151	○	○	○	○	要	230
	向井酒造	京都府与謝郡伊根町平田67	0772-32-0003	○	○	○	×		231
	木下酒造	京都府京丹後市久美浜町甲山1512	0772-82-0071	×	×	×	×		26・231
	竹野酒造	京都府京丹後市弥栄町溝谷3622-1	0772-65-2021	○	○	○	○	要	232
大阪府	呉春	大阪府池田市綾羽1-2-2	072-751-2023	×	×	×	×		232
	秋鹿酒造	大阪府豊能郡能勢町倉垣1007	072-737-0013	○	○	×	×		232
兵庫県	江井ヶ嶋酒造	兵庫県明石市大久保町西島919	078-946-1001	○	○	○	×		233
	本田商店	兵庫県姫路市網干区高田361-1	079-273-0151	○	○	×	○・要/2・3月のみ可		233
	香住鶴	兵庫県美方郡香美町香住区小原600-2	0796-36-0029	○	○	○	○	要	234
	鳳鳴酒造	兵庫県丹波篠山市呉服町73	079-552-1133	○	○	○	○・要/ほろ酔い城下蔵: 079-552-6338		110・234
	小西酒造	兵庫県伊丹市東有岡2-13	072-775-0524	×	×	○	×		235
	大関	兵庫県西宮市今津出在家町4-9	0798-32-2016	×	×	○	×		235
	白鷹	兵庫県西宮市浜町1-1	0798-33-0001	×	×	○	○・要/1・2月のみ可		236
	辰馬本家酒造	兵庫県西宮市建石町2-10	0798-32-2727	○	○	○	×		236
	沢の鶴	兵庫県神戸市灘区新在家南町5-1-2	078-881-1234	×	×	○一部 商品のみ	×		236
	櫻正宗	兵庫県神戸市東灘区魚崎南町5-10-1	078-411-2101	○	×	×	×		237
	白鶴酒造	兵庫県神戸市東灘区住吉南町4-5-5	078-822-8901	○	○	○	○・要/団体は要予約		237
	剣菱酒造	兵庫県神戸市東灘区御影本町3-12-5	078-451-2501	×	×	○	×		238
奈良県	今西清兵衛商店	奈良県奈良市福智院町24-1	0742-23-2255	○	○	○	○・要/2月土日のみ要予約		238
	油長酒造	奈良県御所市1160	0745-62-2047	×	×	×	×		21・238
	千代酒造	奈良県御所市櫛羅621	0745-62-2301	×	×	×	×		239
	美吉野醸造	奈良県吉野郡吉野町六田1238-1	0746-32-3639	○	○	○	○	要	239
	中谷酒造	奈良県大和郡山市番条町561	0743-56-2296	○	○	○	○	要	239
和歌山県	世界一統	和歌山県和歌山市湊紺屋町1-10	073-433-1441	○	○	○	○	要	240
	田端酒造	和歌山県和歌山市吹屋町5-13-1	073-424-7121	○	○	○	×		240
	名手酒造店	和歌山県海南市黒江846	073-482-0005	○	○	×	×		140・226・241
	平和酒造	和歌山県海南市溝ノ口119	073-487-0189	×	×	×	×		241
鳥取県	山根酒造場	鳥取県鳥取市青谷町大坪69-1	0857-85-0730	×	×	○	×		244
	千代むすび酒造	鳥取県境港市大正町131	0859-42-3191	○	○	○	○	要	244
島根県	李白酒造	島根県松江市石橋町335	0852-26-5555	○	○	○	×		245
	米田酒造	島根県松江市東本町3-59	0852-22-3232	○	○	○	○	要	245
	國暉酒造	島根県松江市東茶町8	0852-25-0123	○	○	○	○	要	246
	簸上清酒	島根県仁多郡奥出雲町横田1222	0854-52-1331	○	○	○	○・要/当日予約不可、 土日、祝日不可		246
	一宮酒造	島根県大田市大田町大田ハ271-2	0854-82-0057	○	○	○	○	要	20・247
	若林酒造	島根県大田市温泉津町小浜ロ73	0855-65-2007	○	○	○	×		247
	池月酒造	島根県邑智郡邑南町阿須那1-3	0855-88-0008	○	○	○	○	要	248
	日本海酒造	島根県浜田市三隅町湊浦80	0855-32-1221	○	○	○	×		248

エリア▼	酒蔵名	住所	TEL	販売			蔵見学・予約 ○は可能、×は不可。要は要予約。		掲載ページ
				TEL	FAX	HP			
	隠岐酒造	島根県隠岐郡隠岐の島町原田174	08512-2-1111	○	○	○	○	要	248
岡山県	室町酒造	岡山県赤磐市西中1342-1	086-955-0029	○	○	○	○	要	249
	利守酒造	岡山県赤磐市西軽部762-1	086-957-3117	○	○	○	×		249
	丸本酒造	岡山県浅口市鴨方町本庄2485	0865-44-3155	○	○	○	○	要	249
	嘉美心酒造	岡山県浅口市寄島町7500-2	0865-54-3101	○	○	○	○	要	250
広島県	相原酒造	広島県呉市仁方本町1-25-15	0823-79-5008	○	○	○	×		250
	榎酒造	広島県呉市音戸町南隠渡2-1-15	0823-52-1234	○	○	○	○	要	250
	梅田酒造場	広島県広島市安芸区船越6-3-8	082-822-2031	×	×	○	○	要	251
	白牡丹酒造	広島県東広島市西条本町15-5	082-423-2202	○	○	○	×		251
	西條鶴醸造	広島県東広島市西条本町9-17	082-423-2345	○	○	○	○	要	251
	賀茂鶴酒造	広島県東広島市西条本町4-31	0120-422-212	○	○	○	×		242・252
	賀茂泉酒造	広島県東広島市西条上市町2-4	082-423-2118	○	○	○	○	要	252
	今田酒造本店	広島県東広島市安芸津町三津3734	0846-45-0003	×	×	○	×		15・253
	藤井酒造	広島県竹原市本町3-4-14	0846-22-2029	○	×	○	○・不要/酒蔵交流館のみ可		47・101・253
	山岡酒造	広島県三次市甲奴町西野489-1	0847-67-2302	○	○	○	○	要	13・254
	美和桜酒造	広島県三次市三和町下板木262	0824-52-2011	○	○	○	○・要/11~4月は不可		254
山口県	酒井酒造	山口県岩国市中津町1-1-31	0827-21-2177	○	○	○	○	要	255
	村重酒造	山口県岩国市御庄5-101-1	0827-46-1111	×	×	○	○	要	255
	八百新酒造	山口県岩国市今津町3-18-9	0827-21-3185	○	○	×	○	要	256
	旭酒造	山口県岩国市周東町獺越2167-4	0827-86-0120	×	×	○	○	要	13・256
	金光酒造	山口県山口市嘉川5031	083-989-2020	○	○	○	○	要	257
	永山本家酒造場	山口県宇部市車地138	0836-62-0088	×	×	○	○	要	257
	澄川酒造場	山口県萩市大字中小川611	08387-4-0001	×	×	×	×		257
徳島県	本家松浦酒造場	徳島県鳴門市大麻町池谷字柳の本19	088-689-1110	○	○	○	○	要	260
	三芳菊酒造	徳島県三好市池田町サラダ1661	0883-72-0053	○	○	○	○	要	260
	芳水酒造	徳島県三好市井川町辻231-2	0883-78-2014	○	○	○	○	要	260
香川県	小豆島酒造	香川県小豆郡小豆島町馬木甲1010-1	0879-61-2077	○	○	○	○	要	261
	丸尾本店	香川県仲多度郡琴平町榎井93	0877-75-2045	×	×	×	×		261
	川鶴酒造	香川県観音寺市本大町836	0875-25-0001	○	○	×	×		261
愛媛県	協和酒造	愛媛県伊予郡砥部町大南400	089-962-2717	○	○	○	○	要	262
	八木酒造部	愛媛県今治市旭町3-3-8	0898-22-6700	○	○	○	○	要	262
	石鎚酒造	愛媛県西条市氷見丙402-3	0897-57-8000	×	×	×	×		262
	成龍酒造	愛媛県西条市周布1301-1	0898-68-8566	×	×	○一部商品のみ	○	要	263
	梅錦山川	愛媛県四国中央市金田町金川14	0896-58-1211	○	○	○	○	要	263
	松田酒造	愛媛県西宇和郡伊方町湊浦1003-2	0894-38-1111	○	○	×	×		263
高知県	南酒造場	高知県安芸郡安田町安田1875	0887-38-6811	○	○	×	×		264
	アリサワ	高知県香美市土佐山田町西本町1-4-1	0887-52-3177	×	×	×	×		264
	酔鯨酒造	高知県高知市長浜566-1	088-841-4080	○	○	×	○・要/木~日、土佐蔵のみ可		265
	司牡丹酒造	高知県高岡郡佐川町甲1299	0889-22-1211	○	○	○	○	要	265
	西岡酒造店	高知県高岡郡中土佐町久礼6154	0889-52-2018	○	×	×	○・不要/団体は要予約		265
福岡県	山口酒造場	福岡県久留米市北野町今山534-1	0942-78-2008	×	×	×	×		266
	池亀酒造	福岡県久留米市三潴町草場545	0942-64-3101	○	○	○	○	要	266
	喜多屋	福岡県八女市本町374	0943-23-2154	×	×	○	○	要	266
佐賀県	天吹酒造	佐賀県三養基郡みやき町東尾2894	0942-89-2001	○	○	○	○	要	258・267
	天山酒造	佐賀県小城市小城町岩蔵1520	0952-73-3141	○	○	×	○	要	267
	古伊万里酒造	佐賀県伊万里市二里町中里甲3288-1	0955-23-2516	○	○	○	×		268
	五町田酒造	佐賀県嬉野市塩田町五町田甲2081	0954-66-2066	×	×	×	×		268
	富久千代酒造	佐賀県鹿島市浜町1244-1	0954-62-3727	×	×	×	×		268
長崎県	今里酒造	長崎県東彼杵郡波佐見町宿郷596	0956-85-2002	×	×	×	×		269
	重家酒造	長崎県壱岐市石田町池田西触545-1	0920-40-0061	×	×	×	×		269
熊本県	熊本県酒造研究所	熊本県熊本市中央区島崎1-7-20	096-352-4921	×	×	×	×		270
	瑞鷹	熊本県熊本市南区川尻4-6-67	096-357-9671				○/東肥大正蔵(売店)のみ		270
大分県	中野酒造	大分県杵築市大字南杵築2487-1	0978-62-2109	×	×	×	○	要	271
	久家本店	大分県臼杵市江無田382	0972-63-8000	○	○	○	○	要	271
	佐藤酒造	大分県竹田市久住町大字久住6197	0974-76-0004	○	○	○	○	要	271
	クンチョウ酒造	大分県日田市豆田町6-31	0973-23-6262	○	○	○	○	要	272
宮崎県	千徳酒造	宮崎県延岡市大瀬町2-1-8	0982-32-2024	○	○	○	○	要	272

写真・取材協力 & 参考文献一覧

写真協力

●酒器・グッズ

江戸切子協同組合 TEL 03-3681-0961 HP https://www.edokiriko.or.jp/
暮らしのうつわ 花田 TEL 03-3262-0669 HP http://www.utsuwa-hanada.jp/
(株)サンシン TEL 03-3970-0943 HP http://www.kk-sanshin.com
酒器 今宵堂 HP http://koyoido.com/
酒器道楽 MAIL sasaki_018@drink-style.com HP https://www.facebook.com/drinkstyle
surou n.n TEL 03-5641-7663 HP http://surou.livedoor.biz/
東洋佐々木ガラス(株) TEL 03-3663-1140 HP http://www.toyo.sasaki.co.jp
白白庵 MAIL info@pakupakuan.jp HP https://pakupakuan.shop/
(株)丸勝 TEL 0572-65-3659 HP http://www.maru-katsu.co.jp/

●造り・その他

石本酒造/一ノ蔵/奥の松酒造/賀茂泉酒造/賀茂鶴酒造/木内酒造/菊姫/月桂冠/小坂酒造場/小嶋総本店/小堀酒造店/三和酒造/島岡酒造/大七酒造/田村酒造場/出羽桜酒造/冨田酒造/南部美人/新潟県醸造試験場/日本醸造協会/布屋 原酒造場/沼田市役所観光交流課/本田商店/湯川酒造店/吉川まちづくり公社

●都道府県別・ご当地肴

福島紅葉漬(株)/栃木県/吉川市/館山市/越後村上うおや/石川県観光連盟/(公社)福井県観光連盟/高山市/(公財)名古屋観光コンベンションビューロー/京都のおばんざい(HP http://www.kyo-kurashi.com/)/鳥取県/(一社)愛媛県観光物産協会/東京竹八(株)/大分県

取材協力

地酒屋こだま TEL 03-3944-0529 HP https://sake-kodama.jimdofree.com/
天吹酒造/新政酒造/池亀酒造/石本酒造/賀茂鶴酒造/木内酒造/木下酒造/小嶋総本店/小堀酒造店/田村酒造場/名手酒造店/布屋 原酒造場

参考文献

『愛と情熱の日本酒 ―魂をゆさぶる造り酒屋たち』山同敦子著(ダイヤモンド社)
『美味しい酒マガジン 月刊ビミー』(名酒センター)
『The World of ARAMASA 新政酒造の流儀』馬渕信彦監修(三才ブックス)
『さらに極める日本酒味わい入門』尾瀬あきら著(幻冬舎)
『世界に誇る 一品格の名酒』友田晶子著　ギャップ・ジャパン編集部編(GAP JAPAN)
『知識ゼロからの日本酒入門』尾瀬あきら著(幻冬舎)
『日本酒の選び方』(枻出版社)
『日本酒の基礎知識』(枻出版社)
『日本酒の教科書』木村克己著(新星出版社)
『日本酒の知識蔵』(枻出版社)
『日本酒の基(MOTOI)』(NPO法人FBO(料飲専門家団体連合会)公認・認定資格　日本酒サービス研究会・酒匠研究会連合会(SSI)認定 講習会テキスト)右田圭司総合監修(NPO法人 FBO(料飲専門家団体連合会))
『日本酒 百味百題』小泉武夫監修(柴田書店)

監修者
八田信江（はったのぶえ）
日本酒専門誌『月刊ビミー』編集人、フリー編集者。

KKワールドフォトプレス「ワールド・トラベル・ブック」編集長を経てフリーの編集者に。2003年より名酒センター（株）発行『美味しい酒マガジン 月刊ビミー』の編集制作に携わり、日本全国の蔵元を取材。ほかにも日本酒関連の書籍の企画・取材・執筆や日本酒のイベントなどを通じて、日本酒文化の啓蒙に力を注いでいる。

SSI認定唎酒師・日本酒学講師

編集協力 ● 谷岡幸恵、新藤史絵（株式会社アーク・コミュニケーションズ）、岸並徹
本文デザイン ● 遠藤嘉浩、遠藤明美（遠藤デザイン）
撮影 ● 清水亮一、田村裕美（株式会社アーク・コミュニケーションズ）、石井勝次
校正 ● 有限会社槍楯社
カバー画像 ● PIXTA
編集担当 ● 遠藤やよい（ナツメ出版企画株式会社）

本書に関するお問い合わせは、書名・発行日・該当ページを明記の上、下記のいずれかの方法にてお送りください。電話でのお問い合わせはお受けしておりません。

・ナツメ社webサイトの問い合わせフォーム
https://www.natsume.co.jp/contact
・FAX（03-3291-1305）
・郵送（下記、ナツメ出版企画株式会社宛て）

なお、回答までに日にちをいただく場合があります。

正誤のお問い合わせ以外の書籍内容に関する解説・個別の相談は行っておりません。あらかじめご了承ください。

ナツメ社Webサイト
https://www.natsume.co.jp
書籍の最新情報（正誤情報を含む）はナツメ社Webサイトをご覧ください。

最新版《さいしんばん》 日本酒《にほんしゅ》 完全《かんぜん》バイブル

2021年11月1日 初版発行
2024年11月1日 第7刷発行

監修者 八田信江《はったのぶえ》 Hatta Nobue, 2021
発行者 田村正隆

発行所 株式会社ナツメ社
東京都千代田区神田神保町1-52 ナツメ社ビル1F（〒101-0051）
電話 03（3291）1257（代表） FAX 03（3291）5761
振替 00130-1-58661

制作 ナツメ出版企画株式会社
東京都千代田区神田神保町1-52 ナツメ社ビル3F（〒101-0051）
電話 03（3295）3921（代表）

印刷所 ラン印刷社

ISBN978-4-8163-7100-4 Printed in Japan